校企合作双元开发新形态信息化教材
职业教育机械智能制造技能型人才培养实用教材

零部件智能精密测量

主　编　梁伟东　翟晓岚　肖方敏
副主编　袁晨峰　庞德标　甘　静
参　编　卢新祖　王炬达　程刚健
陈炜航　黄伟群　宁志良
李壮威　唐任蓬　崔晓玲
刘少桐　胡小辉

西南交通大学出版社
·成 都·

图书在版编目（CIP）数据

零部件智能精密测量 / 梁伟东，翟晓岚，肖方敏主编. -- 成都：西南交通大学出版社，2024.4
ISBN 978-7-5643-9717-3

Ⅰ. ①零… Ⅱ. ①梁… ②翟… ③肖… Ⅲ. ①智能技术－应用－零部件－精密测量 Ⅳ. ①TG801-39

中国国家版本馆 CIP 数据核字（2024）第 029656 号

Lingbujian Zhineng Jingmi Celiang
零部件智能精密测量

主编　梁伟东　翟晓岚　肖方敏

责任编辑	罗在伟
封面设计	何东琳设计工作室
出版发行	西南交通大学出版社 （四川省成都市金牛区二环路北一段 111 号 西南交通大学创新大厦 21 楼）
营销部电话	028-87600564　028-87600533
邮政编码	610031
网　址	http://www.xnjdcbs.com
印　刷	四川森林印务有限责任公司
成品尺寸	185 mm × 260 mm
印　张	17
字　数	446 千
版　次	2024 年 4 月第 1 版
印　次	2024 年 4 月第 1 次
书　号	ISBN 978-7-5643-9717-3
定　价	48.00 元

前　言

中国共产党第二十次全国代表大会报告指出："建设现代化产业体系。坚持把发展经济的着力点放在实体经济上，推进新型工业化，加快建设制造强国、质量强国、航天强国、交通强国、网络强国、数字中国。实施产业基础再造工程和重大技术装备攻关工程，支持专精特新企业发展，推动制造业高端化、智能化、绿色化发展。"其中，制造强国和质量强国的建设都离不开产品的检测，本教材主要介绍零部件的不同检测方式。

精密检测是一门集光学、电子、传感器、图像、制造及计算机技术为一体的综合性交叉学科，它和精密/超精密加工技术相辅相成，为精密/超精密加工提供了评价和检测手段。它广泛应用于航空航天、军工、汽车、3C 电子产品、机械、模具等行业领域的产品检测。

本书以原理和思路讲解为指引，以应用技术操作为重点，以源于工程实际的项目案例为载体，按照产品检测需求的流程设计学习任务，由浅入深地讲解各种检测方式，包括传统量具的检测、三坐标测量机检测、二维视觉检测、三维数字化检测等。本书由企业技术人员、培训师和一线教师共同编写，每个案例都配套详细的操作讲解。本书可作为高等院校机械设计与制造、数字化设计与制造技术、数控技术、模具设计与制造等相关专业的教材，也可作为质检工程技术人员的培训教程或参考书。本书具有以下特色：

1. 先进检测技术，突出技术应用

围绕新技术、新方法、新标准在典型产品检测过程中的应用，采用三坐标测量机、手持式激光三维扫描仪、工业视觉等先进测量设备，选用 Rational DMIS、Geomagic Control X、SciSmart 等业内领先的检测软件，同时引入质量管理软件，分析产品检测数据等新技术，在内容选取上力求能反映行业最新动态和最新技术的实际应用。

2. 校企双元合作，内容真实实用

联合杭州中测科技有限公司等具有 20 余年从事精密检测技术研发、精密检测应用和人才培训的企业合作，由企业工程师、培训师和学校一线教师共同组成教材编写团队，校企双元合作，共同编写教材，共同制作配套教学资源。企业工程师在大量工程项目中积累了丰富的工程项目经验，企业培训师和学校一线教师具有丰富的教学经验，强强联手，选取的项目案例充分反映了精密检测技术的真实应用，编写的教材内容符合学生的认知规律，便于学生理解和掌握。

3. 基于工作过程，设计教材结构

遵循“基于工作过程”的高职课程改革理念，以典型产品的精密检测为项目载体，按照产品检测的工作流程：检测需求→检测规划→检测实施，设计教材结构，组织教学任务。在完成项目的过程中，学习知识、技术和方法，使学生对不同的检测方法有整体的认识。通过对项目中涉及的重要知识点进行系统的指导、对项目相关的实践经验技巧加以概括总结，强化学生对精密检测技术的理解和应用能力。在任务设计上，兼顾了不同技术知识掌握和应用能力的培养。以蜗轮蜗杆升降机为被测产品，根据产品各零部件的结构特点和检测需求，采取不同的检测方式进行产品的零部件检测。在项目中体现工作流程，在工作流程中融入知识和技能，全面支持“做中教，做中学”。

为方便读者学习，本书提供配套数字化资源，包括案例操作的数据文件和视频文件等，以便读者通过实践操作掌握精密检测技术。

本书由梁伟东（广州市轻工职业学校）、翟晓岚（广州市轻工职业学校）、肖方敏（杭州中测科技有限公司）担任主编，袁晨峰（广州市轻工职业学校）、庞德标（广州市轻工职业学校）、甘静（广州市机电技师学院）担任副主编，卢新祖（杭州中测科技有限公司）、王炬达（杭州中测科技有限公司）、程刚健（杭州中测科技有限公司）、陈炜航（杭州中测科技有限公司）、黄伟群（广州市轻工职业学校）、宁志良（广州市轻工职业学校）、李壮威（广州市轻工职业学校）、唐任蓬（广东元本科技有限公司）、崔晓玲（广州市轻工职业学校）、刘少桐（广州市轻工职业学校）、胡小辉（广州市轻工职业学校）为参编。此外，本书在编写过程中，获得了杭州中测科技有限公司的帮助，在此表示衷心的感谢！

鉴于作者水平和经验有限，书中存在疏漏及不足之处在所难免，欢迎各位专家、同仁批评指正，提出宝贵意见。

编　者

2024 年 1 月

数字化教学资源目录

目录

绪 论

1. 蜗轮蜗杆升降机

蜗轮蜗杆升降机由闷盖、透盖、蜗轮轴、蜗杆轴和箱体等部件构成，是一种基础升降设备，主要由蜗杆传动组成，具有传动比大、结构紧凑、工作平稳、噪声小，以及不需要其他辅助机构即能获得传动反行程自锁等优点，所以得到越来越广泛的运用。

古希腊阿基米德生活的时期就有了蜗杆传动，它可以看作是由简单机械之一的螺旋机构演化而来的。人们很早就注意到蜗杆传动的大减速比、增力作用和反向自锁功能。帆船上的舵原来是用缠绕在鼓轮上的绳索来驱动的，当帆船转向时，需要几个船工来拉动绳索。用蜗杆传动来代替绳索是帆船发展史上的一大进步。随着工业革命时期压力机、输送机、电梯和旋转工作台的出现，蜗杆传动获得了广泛的应用。

蜗轮蜗杆升降机的应用越来越广泛，为保证产品的使用寿命，其检测的方式方法也越来越多样化、先进化。本教材以蜗轮蜗杆升降机的各部件为载体，采用传统手工量具检测、三坐标精密检测、二维视觉检测和三维数字化检测等方式进行检测，分析不同检测方式的应用特点。

某企业承接一批蜗轮蜗杆升降机生产订单，现已完成各零件加工，需送检测组进行终检。图 0-1 所示为蜗轮蜗杆升降机总装图，按要求完成蜗轮蜗杆升降机检测，并提交检测报告。

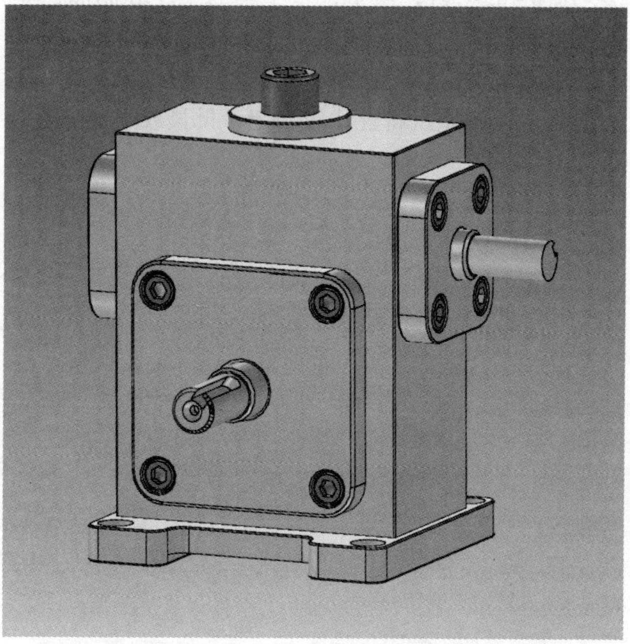

图 0-1 蜗轮蜗杆升降机总装图

2. 互换性

在日常生活、工作中经常可以发现这样的一些现象：房间内照明用的灯泡坏了，购买一个新的同型号灯泡安装到灯架上，就能发出与原来灯泡一样强度的光；由不同厂家生产的同型号电池都可以安装到遥控器上，为遥控器提供电源；汽车某一零部件损坏，一个新的同型号零部件可以安装到汽车上，迅速地恢复汽车的功能。以上现象说明这些产品有这样的一个性质：商店的灯泡、电池、零部件与使用中的灯泡、电池、零部件可以互相替换使用。在生产过程中产品、零部件可以互相替换使用的性能称为互换性。

同一规格的产品（包括零件、部件、构件）之间在几何参数、功能上能够彼此互相替换使用的性能称之为互换性。

在工业生产中，零、部件的互换性是指在同一规格的一批零件或部件中，任取其一，不需任何挑选或附加修配就能装在机器上，达到规定的性能要求。

3. 检 测

检测包含检验与测量。检验是指确定零件的集合参数是否在规定的极限范围内，并做出合格性判断，而不必得出被测量的具体参数；测量是指将被测量与作为计量单位的标准量进行比较，以确定被测量具体数值的过程。

检测不仅用来评定产品质量，还用于分析产生不合格品的原因，及时调整生产，监督工艺过程，预防废品产生。检测是机械制造的“眼睛”。无数事实证明，产品质量的提高，除设计和加工精度的提高外，往往更有赖于检测精度的提高。按照检测方法分类，一般可分为全检和抽检。

全检是指根据质量标准对送交检验的全部产品逐件进行试验测定，从而判断每一件产品是否合格的检验方法，又称全面检验，普遍检验。一般应用于重要的、关键的和贵重的制品；对以后工序加工有决定性影响的项目；质量严重不均的工序和制品；不能互换的装配件；批量小，不必抽样检验的产品。

抽检是从一批产品中随机抽取少量产品（样本）进行检验，据以判断该批产品是否合格的统计方法和理论。一般用于检测质量特性比较稳定，批量或不能全数检验的产品。

项目1

闷盖的检测

学习目标

1. 知识目标

（1）掌握尺寸、偏差和公差等基本术语及其概念。
（2）掌握测量误差的概念及其来源。
（3）掌握公差带图的绘制方法，并分析其含义。
（4）掌握三坐标测量机的工作原理。

2. 技能目标

（1）能熟练使用常见的传统量具。
（2）熟练使用常见量具进行闷盖的检测。
（3）能掌握三坐标测量机的简单使用方法。
（4）能使用三坐标测量机的手动检测方式进行闷盖的检测。

3. 素养目标

（1）具有理解问题、分析问题、解决问题的能力。
（2）具有认真、细心的学习态度和精益求精的工匠精神。

考核要求

（1）完成本项目学习内容，能够读懂简单的图纸。
（2）熟练掌握常见量具及三坐标测量机的使用方法。
（3）能使用不同的检测方式对闷盖进行检测，并出具检测报告。

任务 1.1 闷盖检测任务描述

某企业承接一批闷盖加工订单，现已完成铣削加工，需送检测组进行终检，表 1-1 为需要检测的尺寸，图 1-1 和图 1-2 所示为闷盖的零件图和图纸，按要求完成闷盖检测，并提交检测报告。

表 1-1 闷盖检测表　　单位：mm

序号	方位	尺寸类型	公称尺寸	上偏差	下偏差
1	B1	*O*	75	0.05	−0.05
2	B5	*L*	11.5	0.05	−0.05
3	B5	*L*	21.5	0.05	−0.05
4	B5	*ϕ*	40	0	−0.06
5	B5	*ϕ*	68	0	−0.09

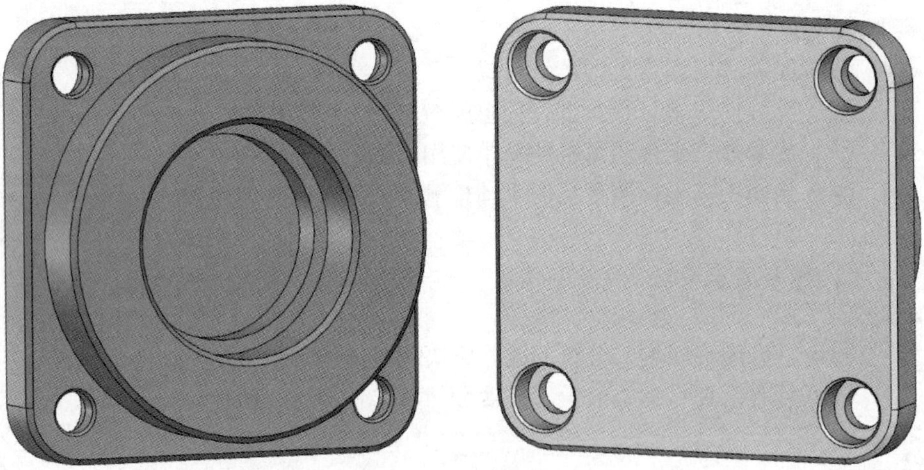

图 1-1 闷盖零件图

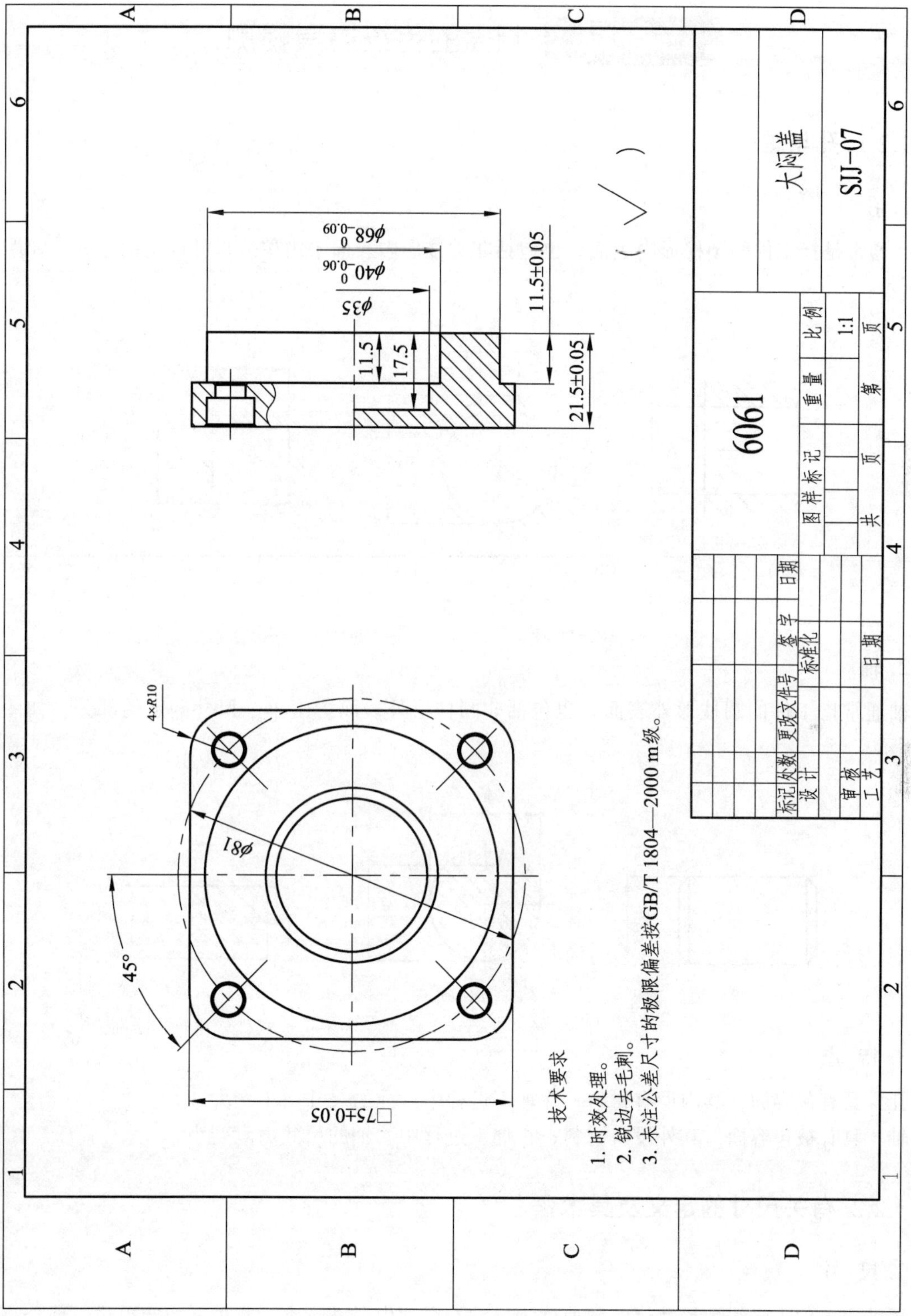
技术要求
1. 时效处理。
2. 锐边去毛刺。
3. 未注公差尺寸的极限偏差按GB/T 1804—2000 m级。
□75±0.05
4×R10
φ81
45°
φ68$^{\ 0}_{-0.09}$
φ40$^{\ 0}_{-0.06}$
φ35
11.5
17.5
11.5±0.05
21.5±0.05
大闷盖
SJJ-07
6061
标记 处数 更改文件号 签字 日期
设计 标准化
审核
工艺 日期
图样标记 重量 比例
1:1
共 页 第 页

图 1-2　闷盖图纸

任务1.2 闷盖的传统量具检测

1.2.1 孔与轴

1. 孔

孔通常是指工件的圆柱形内表面，也包括非圆柱形内表面中由单一尺寸确定的部分，如图1-3所示。

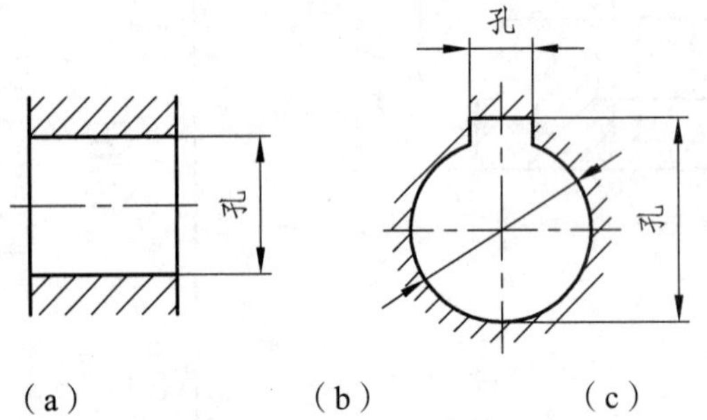

图1-3 孔

2. 轴

轴通常指工件的圆柱形外表面，也包括非圆柱形外表面中由单一尺寸确定的部分，如图1-4所示。

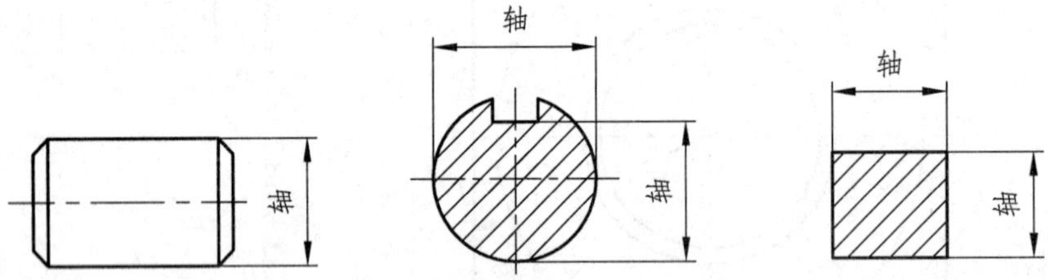

图1-4 轴

3. 特 点

孔：具有包容面，其内没有材料；在加工过程中，孔的尺寸由小变大。

轴：具有被包容面，其外没有材料；在加工过程中，轴的尺寸由大变小。

1.2.2 有关尺寸的定义及其术语

1. 尺 寸

用特定单位表示线性尺寸值的数值称为尺寸。尺寸由尺寸形态、数值和特定单位三部分组成。例如，一个尺寸标注为 ϕ20 mm，尺寸形态符号 ϕ 表示直径，尺寸数值是 20，尺寸单位是毫米（mm）。在机械制图中，图样上的尺寸通常以毫米（mm）为单位。

2. 公称尺寸

公称尺寸又称基本尺寸，是设计者根据零件的使用要求，通过计算、试验或按类比法确定的尺寸。公称尺寸是在图样规范中给出的，所确定的要素为理想形状要素，通过运用上、下极限偏差可算出极限尺寸，是确定公差值和偏差值的依据。孔、轴的公称尺寸分别用 D、d 表示。如图 1-5 所示，ϕ20 mm 及 30 mm 为圆柱销直径和长度的公称尺寸。

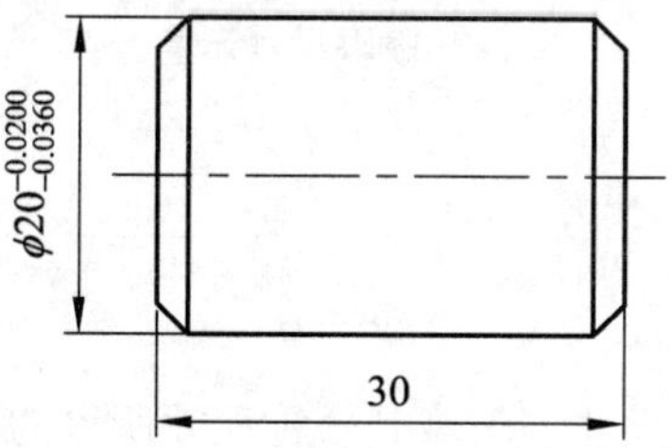

图 1-5 圆柱销

3. 实际尺寸

通过测量获得的尺寸称为实际尺寸。由于加工误差的存在，半径、宽度、深度、高度按同一图样要求所加工的各个零件，其实际尺寸往往不相同。即使是同一零件，不同位置、不同方向的实际尺寸也往往不一样（见图 1-6），故实际尺寸是零件上某一位置的实际测得值。孔、轴的实际尺寸分别用 D_a、d_a 表示。

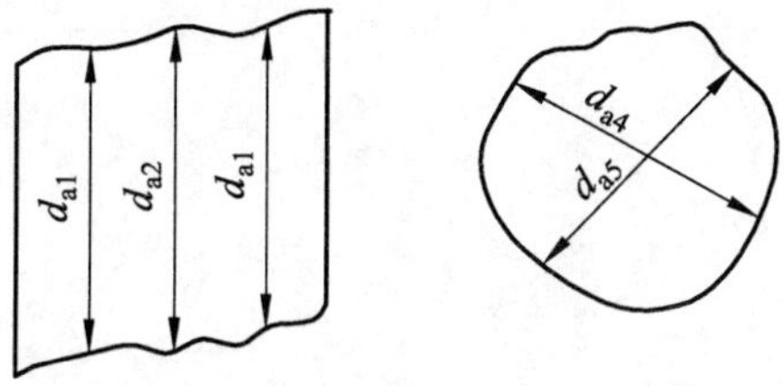

图 1-6 圆柱销实际尺寸

4. 极限尺寸

允许尺寸变化的两个界限值称为极限尺寸。上极限尺寸（最大极限尺寸）是指尺寸要素允许的最大尺寸；下极限尺寸（最小极限尺寸）是指尺寸要素允许的最小尺寸。孔和轴的最大极限尺寸分别用 D_{max} 和 d_{max} 表示，孔和轴的最小极限尺寸分别用 D_{min} 和 d_{min} 表示。

极限尺寸是以公称尺寸为基数来确定的，它可以大于、小于或等于公称尺寸。公称尺寸可以在极限尺寸所确定的范围内，也可以在极限尺寸所确定的范围外。零件尺寸合格与否取决于实际尺寸是否在极限尺寸所确定的范围之内，而与公称尺寸无直接关系。图 1-7 所示为极限尺寸示意图。

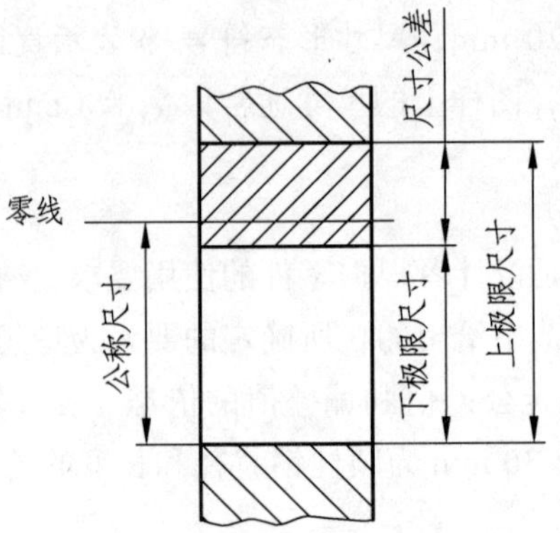

图 1-7 极限尺寸示意图

1.2.3 偏差与公差

1. 偏 差

某一尺寸（实际尺寸、极限尺寸等）减其公称尺寸所得的代数差称为偏差。

偏差为代数差，偏差可以为正值、负值或零值。在使用时，一定要注意偏差值的正负号，不能遗漏。

2. 极限偏差

极限尺寸减其公称尺寸所得代数差称为极限偏差。上极限偏差（上偏差）是上极限尺寸减其公称尺寸所得的代数差；下极限偏差（下偏差）是下极限尺寸减其公称尺寸所得的代数差。孔和轴的上偏差分别用 ES 和 es 表示，孔和轴的下偏差分别用 EI 和 ei 表示。

孔的极限偏差：

$$ES = D_{\max} - D \tag{1-1}$$

$$EI = D_{\min} - D \tag{1-2}$$

轴的极限偏差：

$$es = d_{\max} - d \tag{1-3}$$

$$ei = d_{\min} - d \tag{1-4}$$

极限偏差标注的高度：极限偏差数字比基本尺寸的数字小一号。

极限偏差标注的位置：上偏差应注在基本尺寸数字的右上方，下偏差注在基本尺寸数字的右下方，并且下偏差的数字必须与基本尺寸数字注在同一底线上。

在标注极限偏差时，上、下偏差的小数点必须对齐，小数点后有效数字右端的“0”一般不予注出；如果为了使上、下偏差值的小数点后的位数相同，可以用“0”补齐。

当极限偏差中的某一偏差（上偏差或下偏差）为“0”时，用数字“0”标出，这个“0”为个位数，应与另一偏差（下偏差或上偏差）小数点前的个位数对齐，但“0”前不加符号，“0”后不加小数点。

当公差带相对于基本尺寸对称地配置，即上、下偏差的绝对值相同时，极限偏差数字可以只注写一次，并应在极限偏差数字与基本尺寸之间注出符号“±”，且两者数字高度相同。图 1-8 所示为极限偏差示意图。

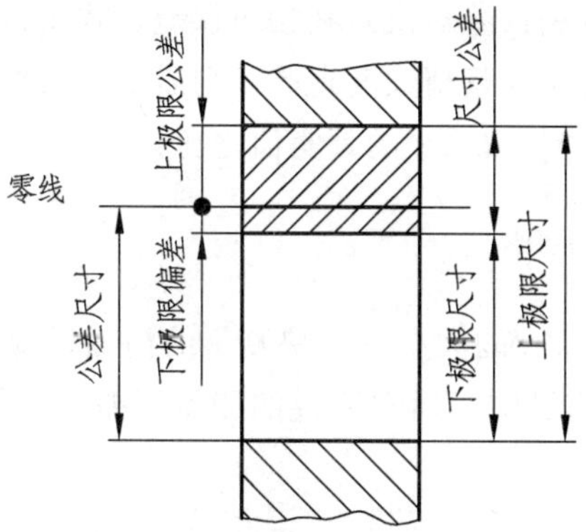

图 1-8　极限偏差示意图

3. 实际偏差

实际尺寸减其公称尺寸所得代数差称为实际偏差。合格零件的实际偏差应在规定的上、下偏差之间。

判断零件尺寸合格的方法有两种：零件的实际尺寸应在规定的上、下极限尺寸之间，或零件的实际偏差在规定的上、下极限偏差之间。

4. 尺寸公差

尺寸公差（简称公差）是允许尺寸的变动量，等于上极限尺寸减其下极限尺寸所得的差值，或上极限偏差减下极限偏差所得的差值。公差与极限尺寸、极限偏差的关系用公式表示如下：

孔：　$$T_h = |D_{\max} - D_{\min}| = |ES - EI| \tag{1-5}$$

轴：　$$T_s = |d_{\max} - d_{\min}| = |es - ei| \tag{1-6}$$

公差以绝对值定义，没有正负的含义。因此，在公差值的前面不应出现“+”号或“−”号。另外，由于加工误差不可避免，所以不能取零值。

1.2.4 测量误差

1. 测量误差的基本概念

测量结果与被测量的真值之间的差统称为测量误差，即

$$\delta = l - L \tag{1-7}$$

式中 δ——测量误差；

l——测量结果；

L——被测量的真值。

由于 l 可能大于或等于 L，所以 δ 可能是正值或负值，如果不计其符号的正负，则也可表示为 $L = l \pm |\delta|$，说明测量误差绝对值的大小决定了测量精度。误差的绝对值越大，精确度越低，反之则越高。

测量误差有两种表示方法：绝对误差和相对误差。式（1-7）中的 δ 为绝对误差。若对大小不同的同类量进行测量，要比较其精确度高低，则需要采取测量误差中的另一种表示方法（相对误差），即测量的绝对误差与被测量的真实值之比：

$$f \approx \frac{|\delta|}{l} \times 100\% \tag{1-8}$$

当被测量相对或相近时，δ 的大小可反映测量的精确程度；当被测量值相差较大时，用相对误差比较合理。在长度测量中，通常所说的测量误差，一般是指绝对误差，而相对误差应用较少。

2. 测量误差来源

产生测量误差的原因很多，一般从测量装置、环境条件、人员及测量方法四个方面分析。

1）测量装置误差

标准器误差：作为标准量具的标准器本身存在的误差。例如：量块的制造误差。

计量器具误差：计量器具的内在误差，包括设计原理、制造、装配调整、测量力所引起的变形和瞄准所存在的误差。

2）环境误差

测量时的环境条件所引起的误差，例如温度、湿度、气压等不符合标准以及计量器具上有灰尘引起的误差。

3）人员误差

测量人员的主观因素（如技术熟练程度、分辨能力等）引起的误差，例如计量器具调整不正确、量值估读错误等引起的误差。

4）方法误差

测量方法不完善（包括公式不精确、方法选得不当、工件安装不合理）所产生的误差，如对圆的直径测量，然后按公式计算，由于取值不一样，所以计算结果中会带有方法误差。

3. 测量误差分类

按照误差的特点和性质，测量误差可分为系统误差、随机误差和粗大误差。

1）系统误差

在相同的条件下，多次重复测量时，绝对值和符号保持不变或按一定规律变化的误差称作系统误差。例如，在比较仪上，用某一量块调整示值指零，此量块的误差对多次测量的测得值影响都一样。由于系统误差的规律是可知的，因此系统误差可以设法加以消除或在测量结果中加以修正。

2）随机误差

在相同的条件下，多次重复测量时，绝对值和符号以不可预测方式变化的误差，称作随机误差，又称偶然误差。随机误差的大小和方向是随机的，其产生的原因往往比较复杂，这是由于测量中不稳定因素：量仪示值变化、读数不一致、温度波动等综合造成的。例如，斜视标尺读数，总是偏向一方造成系统误差；如果是或左或右读数，则会造成随机误差。任何一次随机误差都是不可避免的，虽然随机误差不能消除，但是可以减少并控制其对测量结果的影响。

3）粗大误差

由于测量者主观上的疏忽或客观条件的改变，如突然振动等造成的误差。粗大误差使测量结果明显歪曲，应剔除有粗大误差的测量值。

4. 测量精度

测量精度是指测得值与真值的接近程度。精度与误差是相对的概念。

1）正确度

正确度表示测量结果中系统误差大小的程度，是所有系统误差的综合，理论上可以用修正值来消除。

2）精密度

精密度表示测量结果中的随机误差大小的程度，是指同一条件下进行多次测量时，所得结果彼此之间符合的程度。

3）精确度

精确度是指测量的精密和正确程度的综合反映，说明测量结果与真实值的一致程度，又称作准确度。

在具体测量中，当精密度高时，正确度不一定高；当正确度高时，精密度也不一定高；但当精确度高时，精密度和正确度都高。

如图 1-9 所示，以射击为例，图 1-9（a）表示系统误差小而随机误差大，即正确度高而精密度低；图 1-9（b）表示系统误差大而随机误差小，即正确度低而精密度高；图 1-9（c）表示系统误差和随机误差都小，即精确度高。

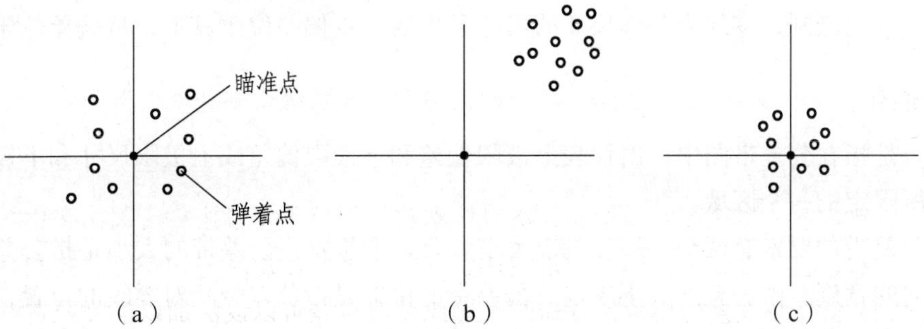

图 1-9 射弹散布精度

例 1-1：已知某一轴的公称尺寸为ϕ40 mm，上极限尺寸为ϕ39.991 mm，尺寸公差为 0.025 mm，求其下极限尺寸、上极限偏差和下极限偏差。

解：

由公式（1-6）得

$$d_{min} = d_{max} - T_s = 39.991 - 0.025 = 39.966\ (mm)$$

由公式（1-3）得

$$es = d_{max} - d = 39.991 - 40 = -0.009\ (mm)$$

由公式（1-4）得

$$ei = d_{min} - d = 39.966 - 40 = -0.034\ (mm)$$

1.2.5 公差带图解

对于光滑圆柱体，上极限尺寸确定了实际孔、轴的最大极限状态，下极限尺寸确定了最小极限状态，对于圆柱形的孔和轴，该极限状态代表一个理想圆柱面。合格的孔、轴表面应在这两个同轴的理想圆柱面之间的区域内，如图 1-10 所示。

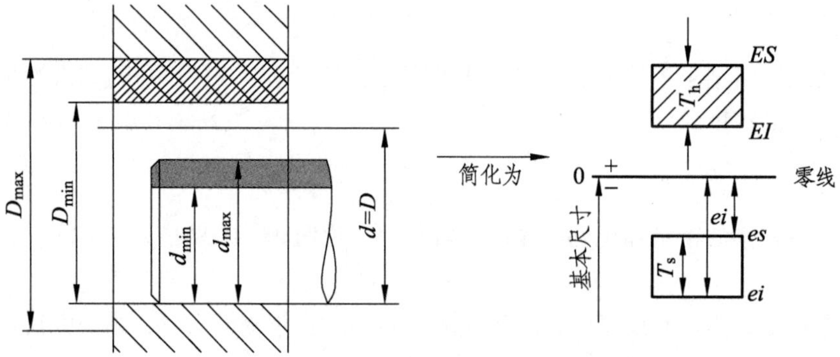

图 1-10 公差带图的演化

1. 零 线

零线是在公差带图解中，表示公称尺寸的一条直线，以其为基准确定偏差和公差。通常，零线沿水平方向绘制，零线为公称尺寸的尺寸上界线，正偏差位于其上，负偏差位于其下。

2. 公差带

公差带是指在公差带图中，由代表上极限偏差和下极限偏差或上极限尺寸和下极限尺寸的两条直线所限定的一个区域。

确定公差带的要素有两个——公差带大小和公差带位置。公差带的大小是指公差带沿垂直于零线方向的宽度，由公差的大小决定。公差带的位置是指公差带相对零线的位置，由靠近零线的那个极限偏差决定。

例 1-2：请绘制孔直径 $\varphi 25_{0}^{+0.03}$ mm 的尺寸公差带图。

解：

$$D_{\max} = 25 + 0.03 = 25.030\text{（mm）}$$

$$D_{\min} = 25 + 0 = 25\text{（mm）}$$

$$T_h = |ES - EI| = |0.03 - 0| = 0.03\text{（mm）}$$

根据上述结果绘制的尺寸公差带如图 1-11 所示。

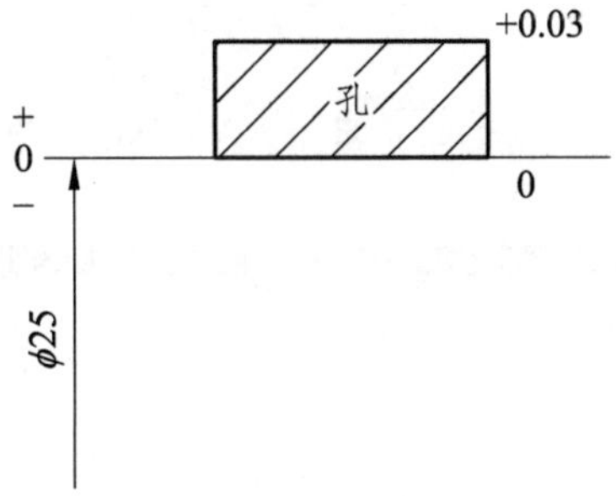

图 1-11　$\phi 25_{0}^{+0.03}$ mm 的尺寸公差带图

1.2.6 闷盖的传统量具检测

微课：闷盖的传统量具检测

1. 测量前准备工作

测量前，需对游标卡尺做“归零”检查，如图 1-12 所示。

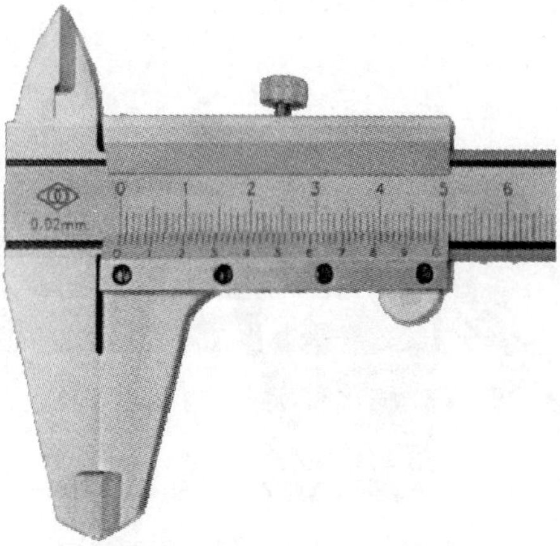

图 1-12　游标卡尺“归零”

2. 设计检测计划表

如图 1-13 所示，根据检测表和图纸信息，在 ZC-QDM 软件中创建闷盖的检测计划表。

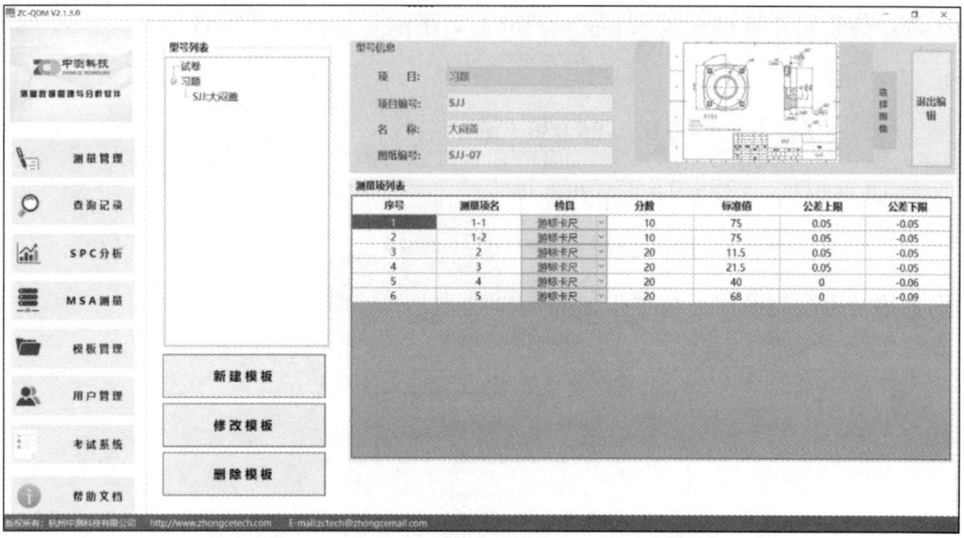

图 1-13 在 ZC-QDM 软件中创建检测计划表

3. 闷盖的尺寸检测示范

1）长度检测

图 1-14 所示为数显卡尺长度检测示意图，具体操作步骤如下：

（1）左手握持零件，右手握持卡尺，拇指扶着指轮；

（2）拇指向右拉动指轮，使卡尺两测量面之间距离大于被测长度；

（3）拇指慢推指轮，使卡尺两测量面接触零件；

（4）拇指扶着微调滚轮轻轻用力，微微晃动尺身，使两测量面贴合被测表面，然后进行读数，并且按下数据发射器按钮，进行数据传输。

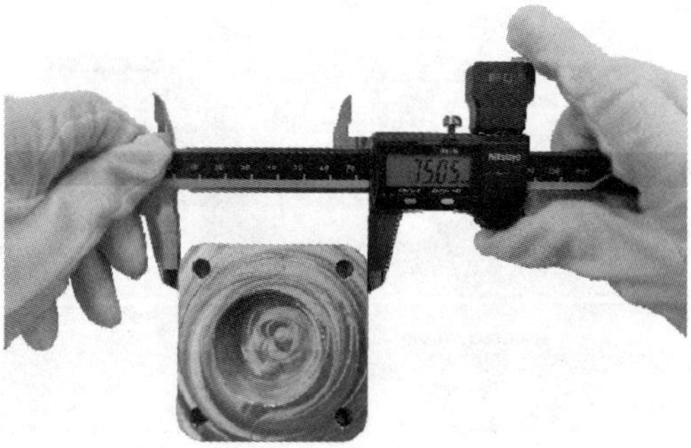

图 1-14 数显卡尺长度检测示意图

2）深度检测

图 1-15 所示为卡尺深度检测示意图，具体操作步骤如下：

（1）将零件放置工作平面，右手握持尺框，左手扶稳尺身；

（2）将尺身深度测量面放置零件顶面，尺身深度测量面与零件顶面尽可能保持贴合状态；

（3）通过右手将指轮往下拉，直至深度杆测量面与被测量面接触；

（4）通过固定螺钉锁住尺身，进行读数，并且按下数据发射器按钮，进行数据传输。

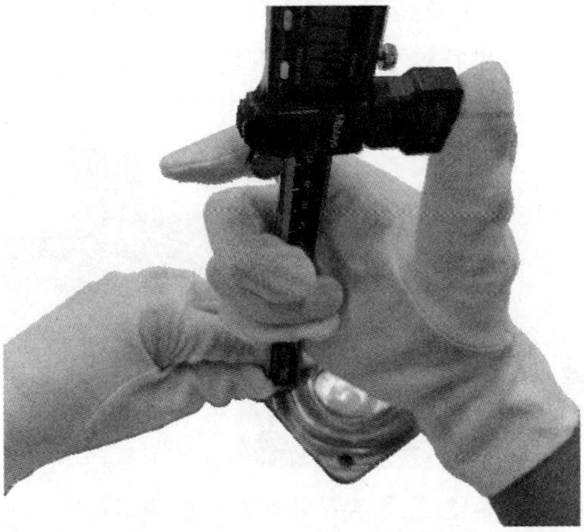

图 1-15 数显卡尺深度检测示意图

3）内孔直径检测

图 1-16 所示为数显卡尺内孔直径检测示意图，具体操作步骤如下：

（1）右手握持卡尺，拉动指轮，使卡尺内测量爪之间距离小于被测内孔；

（2）缓慢拉动指轮，使内测量爪接近零件表面；

（3）旋转摆正工件，前后摆正工件，拉动指轮，直至内测量爪完全紧贴零件被测量面，进行读数，并且按下数据发射器按钮，进行数据传输。

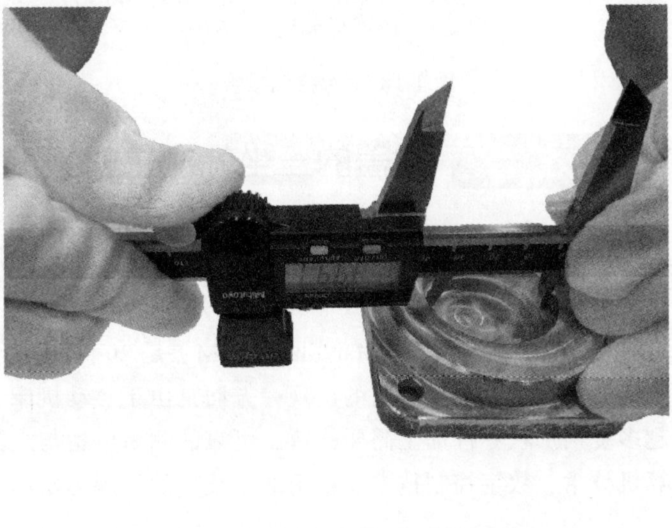

图 1-16 数显卡尺内孔直径检测示意图

4）外圆直径检测

图 1-17 所示为数显卡尺外圆直径检测示意图，具体操作步骤如下：

（1）右手握持卡尺，拉动指轮，使卡尺两测量面之间距离大于被测外圆；

（2）缓慢拉动指轮，使两测量面之间距离大于被测量直径；

（3）左右摆正零件，矫正圆柱最高点，然后前后摆正零件，如零件能够正常前后滑动，则已找到外圆直径最大位置，可进行读数并且按下数据发射器按钮，进行数据传输。

图 1-17 数显卡尺外圆直径检测示意图

4. 闷盖的检测报告

如图 1-18 所示，在 ZC-QDM 软件中保存并导出检测报告。

	C	D	E	F	G	H	I
1	标准值	上偏差	下偏差	检具	实测值1	实测值2	实测值3
2	75	0.05	-0.05	SF游标卡尺	75.04	75.03	75.03
3	75	0.05	-0.05	SF游标卡尺	75.04	75.05	75.04
4	11.5	0.05	-0.05	SF游标卡尺	11.24	11.25	11.24
5	21.5	0.05	-0.05	SF游标卡尺	21.64	21.66	21.64
6	40	0	-0.06	SF游标卡尺	40.38	40.38	40.40
7	68	0	-0.09	SF游标卡尺	68.01	68.01	68.03

图 1-18 保存检测报告

任务 1.3 闷盖的三坐标测量机检测

1.3.1 三坐标测量机简介

三坐标测量机（Coordinate Measuring Machine, CMM）是 20 世纪 60 年代发展起来的一种新型、高效、多功能的精密测量仪器。它的出现一方面是由于自动机床、数控机床的高效率加工，以及越来越多复杂形状零件加工需要快速、可靠的测量设备与之配套；另一方面是由于电子技术、计算机技术、数字控制技术及精密加工技术的发展为坐标测量机的产生提供了技术基础。

现代三坐标测量机不仅能在计算机控制下完成各种复杂测量，还可以通过与数控机床交换信息，实现在线检测，对加工中零件的质量进行控制，并且可根据测量的数据实现逆向工程。图 1-19 所示为具有典型代表的现代三坐标测量机。

图 1-19　现代三坐标测量机

目前，三坐标测量机已广泛用于机械制造业、汽车工业、电子工业、航空航天工业和国防工业等各个行业，成为现代工业检测和质量控制不可缺少的万能测量设备。

1.3.2　三坐标测量机的原理

坐标测量技术的原理：任何形状都是由空间点组成的，所有几何量的测量都可以归结为空间点的测量，因此精确进行空间点坐标的采集，是评定任何几何形状的基础。

三坐标测量机的基本原理是将被测零件放入允许的测量空间，精确地测出被测零件表面的点在空间 3 个坐标位置的数值，将这些点的坐标数值经过计算机数据处理，拟合形成测量元素，如圆、球、圆柱、圆锥、曲面等，如表 1-2 所示，再经过数学计算的方法得出其形状、位置公差及其他几何量数据。

表 1-2　元素的拟合

图样	零件		
理论元素	实际元素	测量点	拟合元素
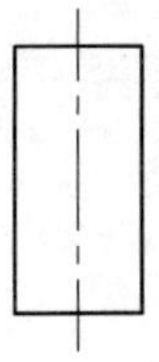	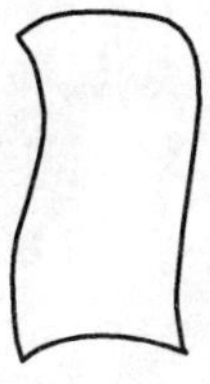		

1.3.3 坐标测量的几个重要概念

1. 坐标、坐标系和机器坐标系

符合右手定则的三条互相垂直的坐标轴和三轴相交的原点，构成了三维空间坐标系，即笛卡儿直角坐标系（见图 1-20），空间任意一点投影到三轴就会有三个相应的数值，即三轴的坐标，有了三轴的坐标，也就能对应空间点的位置，从而把空间点的位置进行了数字化描述。右手定则保证了坐标系方向的唯一性。

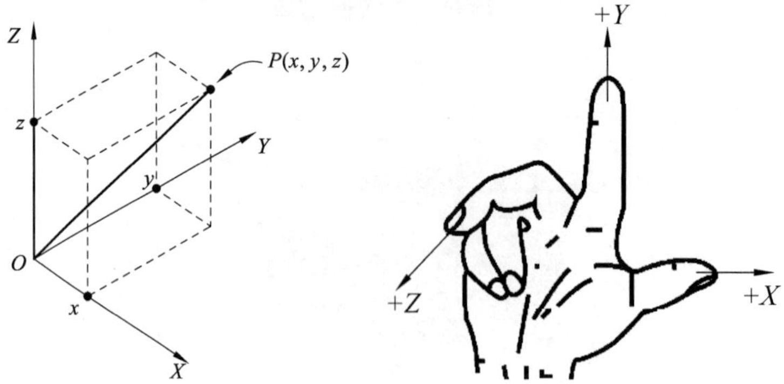

（a）笛卡儿直角坐标系坐标点 $P(x, y, z)$　　（b）右手定则

图 1-20 笛卡儿坐标系

测量机使用的光栅尺一般是相对光栅，需要一个其他信号（零位信号）确定零位，开机后必须执行回零过程，回零后测量机三轴光栅都从零开始计数，补偿程序被激活，测量机处于正常工作状态，这时测量的点坐标都是相对机器零点而言的，由机器的三个轴向和零点构成的坐标系称为机器坐标系，如图 1-21 所示。一般测量机的零点在左、前、上位置，左右方向为 X 轴，右方为正方向，前后方向为 Y 轴，后方为正方向，上下方向为 Z 轴，上方为正方向。当机器回零后，显示零点的坐标是机器 Z 轴底端中心的坐标：当加载测头以后，显示测针红宝石球心的坐标，如测针总长度为 200 mm（含测座、测头等整个探测系统），则红宝石球心的坐标为 $X = 0$、$Y = 0$、$Z = -200$。

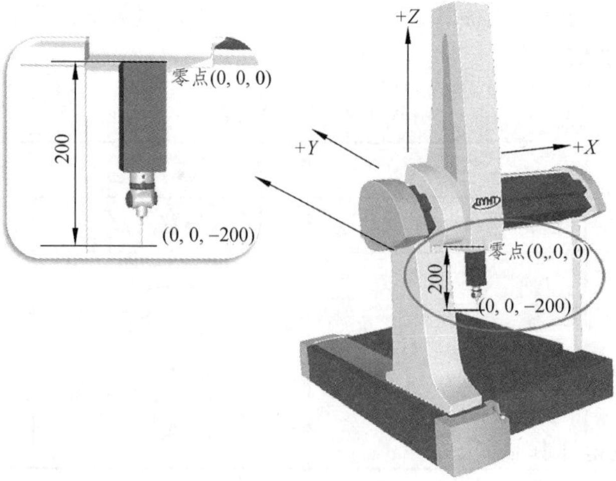

图 1-21 机器坐标系

2. 矢量的概念

在测量时，为了表示被测元素在空间坐标系中的方向引入矢量这一概念。当长度为 1 的空间矢量投影到空间坐标系的 X、Y、Z 这三个坐标轴上时，相对应有三个投影矢量。这三个投影矢量的数值与对应轴分别为 I、J、K。

投影长度计算公式：

I=1×矢量方向与+X夹角的余弦

J=1×矢量方向与+Y夹角的余弦

K=1×矢量方向与+Z夹角的余弦

实际计算时通常省略前面的“1×”，所以矢量方向 I、J、K 通常也描述为矢量与相应坐标轴夹角的余弦。当空间矢量相对坐标系的方向发生改变时，其投影在坐标轴上的投影矢量的数值也发生相应的变化，即投影矢量的数值反映了空间矢量在空间坐标系中的方向。

用坐标值 X、Y、Z 来定义位置，矢量 I、J、K 来表示方向，空间中的每个坐标点都表示为（X，Y，Z，I，J，K），其中 I 代表 X 方向的矢量分量；J 代表 Y 方向的矢量分量；K 代表 Z 方向的矢量分量。

如图 1-22 所示，可以用一个端部带箭头的线来表示矢量，箭头方向定义了其指向，图 1-22 所示为 X 的正向矢量，其 I、J、K 分别为 1、0、0。

图 1-23 所示为二维矢量示例，假设第三方向的尺寸不起作用。矢量与 +X 轴夹角为 45°，余弦值为 0.707；矢量与 +Y 轴夹角为 0°，余弦值为 0；矢量与 +Z 轴夹角为 45°，余弦值为 0.707。此矢量 $I=0.707$，$J=0$，$K=0.707$ 或（0.707，0，0.707）；也可以理解为单位长度 l 在 X 方向的投影长度为 0.707，在 Y 方向的投影长度为 0，在 Z 方向的投影长度为 0.707，所以矢量为（0.707，0，0.707）。

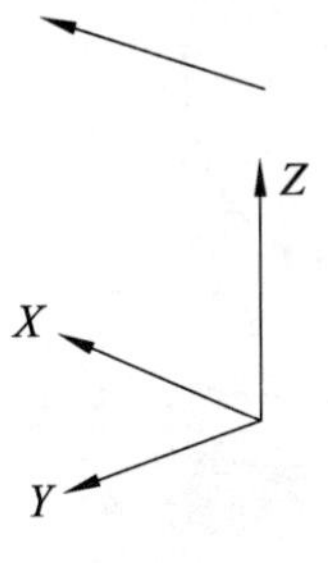

图 1-22　+X 方向

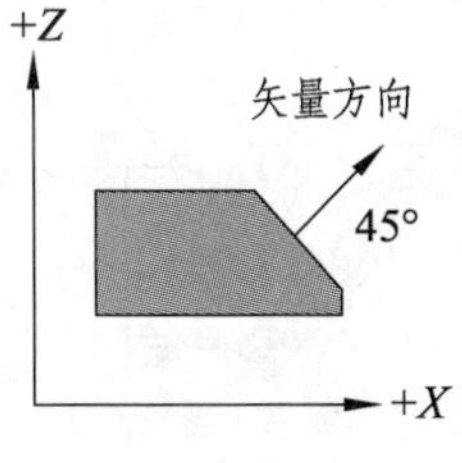

图 1-23　二维矢量示例

为了易于理解，上述例子是二维的，当进到三维时，概念相同，但情况更复杂，一般利用计算机操作，而人们只需知道它们在做什么即可。

如图 1-24 所示，K 从 +1 到 −1，软件有几种办法可以利用这个信息，如在物体上有一个圆柱，利用矢量可以得知其是向上还是向下。

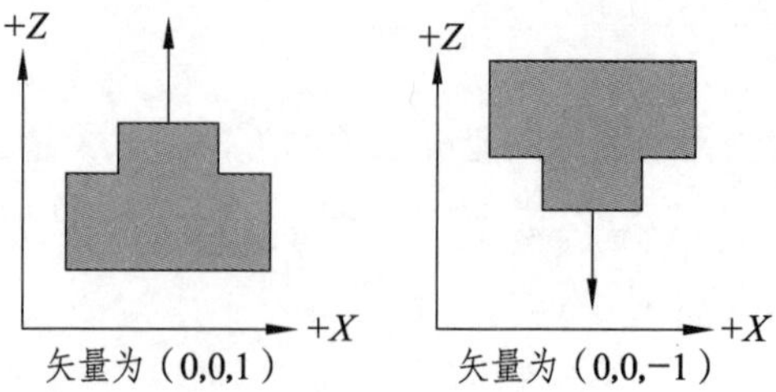

图 1-24 三维矢量示例

3. 测点半径补偿与几何特征拟合

在接触式坐标测量中，一般采用球形探针，当被测轮廓面处于未知的情况下，探针红宝石球与工件表面的接触点也是未知的，但因为两者之间是点接触，所以红宝石球心的位置是唯一的。在这个球心唯一的基础上，通过后续的半径补偿获得实际接触点的位置，同时红宝石球的半径和补偿方向将直接影响测量精度，红宝石球半径通过测头校验获得，而补偿方向要通过正确的矢量获得。这种方法简单可靠，是球形测针最为常用的原因。

点特征直接由红宝石球心坐标经过半径补偿后获得，手动点省略情况下为一维特征，是按照当前坐标系下最近轴向的方向补偿，所以被测表面必须垂直于坐标系的一个轴向，否则将产生余弦误差。矢量点的三维特征，根据给定的矢量方向进行半径补偿。测点半径补偿和余弦误差如图 1-25 所示。

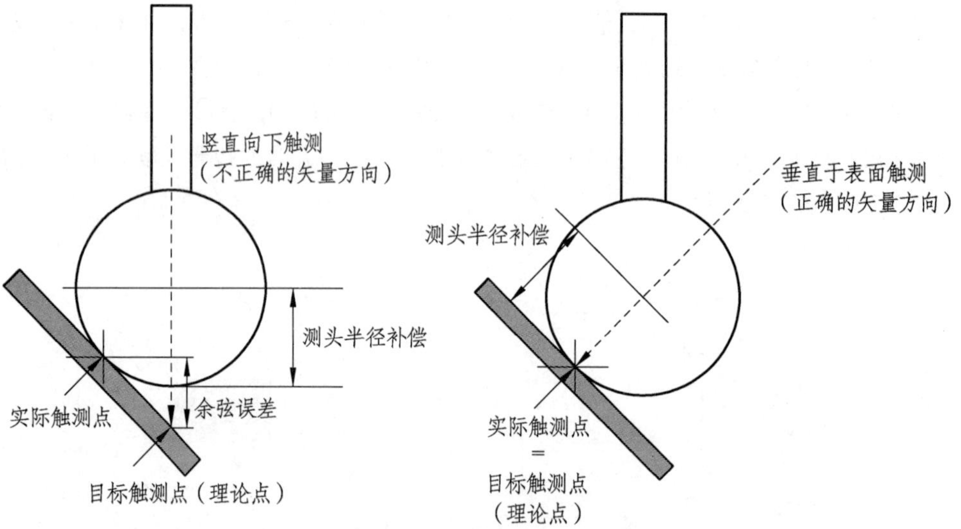

图 1-25 测点半径补偿和余弦误差

每种类型的几何特征都包含位置、方向及其他特有属性，在测量软件中，通常用特征的质心坐标代表特征的位置，用特征的矢量表示特征的方向。什么是质心？质心又称重心或中心，是物体质量或形状的假想中心。从图 1-26 可以看到，同样的质心位置和矢量方向，加上不同的特征类型属性，可以表示不同的几何特征。

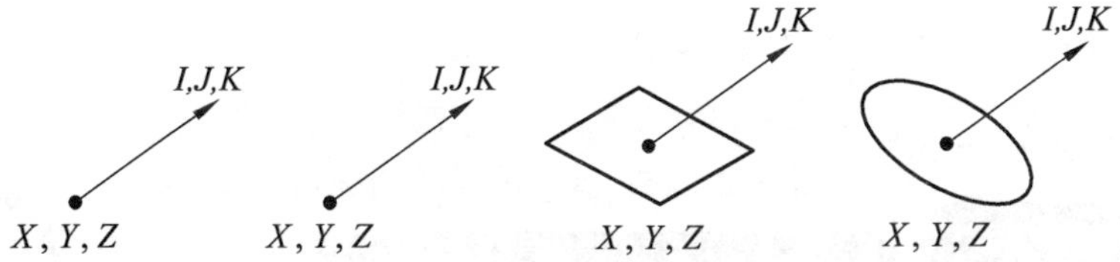

图 1-26 各类型几何特征矢量

点以外的其他几何特征都是在点的基础上，通过拟合计算得到的，但是并不是使用补偿后的测点直接拟合，而是先使用红宝石球心坐标拟合，然后整体进行半径补偿，这样可以消除测量点补偿的余弦误差。

根据三维特征和二维特征的不同，基本拟合步骤如下：

（1）测量所需要的点。

（2）将测点投影到工作（投影）平面（仅对直线、圆等二维特征，需要先投影再拟合，三维特征跳过此步）。

（3）将所有测点红宝石球心坐标拟合为相应特征。

（4）整体向内侧或外侧补偿测头半径，得到实际被测特征。

图 1-27 所示为圆特征的测量和拟合示意图。

所以，余弦误差对单个的测量点影响最大，对二维和三维特征影响较小，空间点是测量误差最大的几何元素。

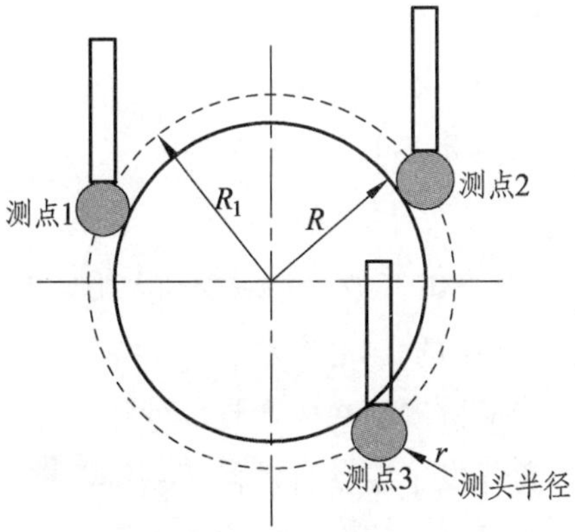

图 1-27 圆特征的测量拟合示意图

4. 工作平面和投影平面

工作平面是一个视图平面，类似图样上的三视图。测量时，通常在一个工作平面上测量完所有几何特征以后，再切换另一个工作平面接着测量这个工作平面上的几何特征。

投影平面的选择是十分重要的，Rational DMIS 默认选择工作平面为二维几何特征的投影平面，如图 1-28 所示，Rational DMIS 支持将测量平面拖到工作平面选择窗口中作为投影平面，也可以在“最靠近的 CRD 平面”窗口选择下拉列表中选择某个平面作为投影平面，但下拉列表一般只用于一些特殊角度的投影，较少使用。工作平面的矢量方向将作为默认方向，如球的矢量方向、构造坐标轴的方向、安全平面的方向等。

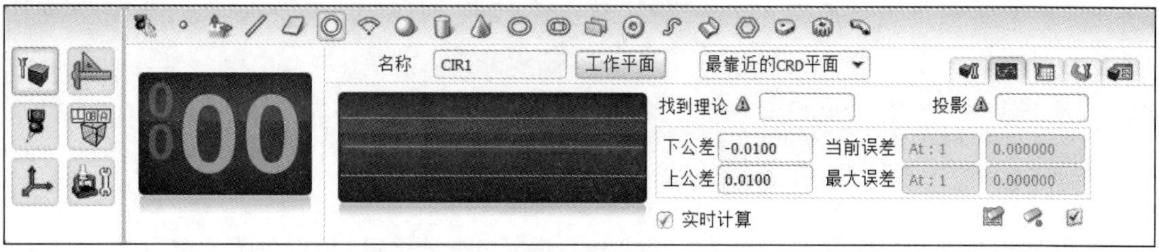

图 1-28 Rational DMIS 默认投影平面

1.3.4 三坐标测量机的测量准备

1. 三坐标测量机的工作环境

三坐标测量机是一种高精度的检测设备，机房的环境条件对测量机的影响至关重要。机房的环境条件包括温度、湿度、振动、电源、气源、工件清洁程度和恒温等因素。

1）温 度

对高精度的测量仪器与测量工作，温度的影响是不容忽视的。温度引起的变形包括膨胀及结构上的扭曲。测量机环境温度的变化主要包括温度范围、温度时间梯度、温度空间梯度。为有效地防止由于温度造成的变形问题和保证测量精度，测量机制造厂商对此都有严格的限定。温度一般要求如下：

温度范围：（20 ± 2）°C。

温度时间梯度：≤1 °C/h 或≤2 °C/24h。

温度空间梯度：≤1 °C/m。

注意：测量机机房的空调全年 24h 开放，不应受到太阳照射，不应靠近取暖设备及进出通道，推荐根据房间大小使用相应功率的变频空调。

在现代化生产中，有许多测量机直接在生产现场使用，鉴于现场条件往往不能满足对温度的要求，大多数测量机制造商开发了温度自动修正系统。温度自动修正系统是通过对测量机光栅和检测工件温度的监控，根据不同金属的温度膨胀系数，对测量结果进行基于标准温度的修正。

2）湿 度

相对其他环境因素，湿度对测量机的影响较小。通常，湿度对三坐标测量机的影响主要集中在机械部分的运动和导向装置方面，以及非接触式测头方面。事实上，湿度对某些材料的影响非常大，为防止块规或其他计量设备的氧化和生锈，环境湿度要求保持如下：

空气相对湿度：25% ~ 75%（推荐 40% ~ 60%）。

注意：过大的湿度会导致机器表面、光栅和电动机凝结水分，增加测量设备故障率，降低使用寿命。推荐现场至少配备一个高灵敏度干湿温度计。

3）振 动

由于较多的机器设备应用在生产现场，振动成为一个经常性的问题。例如，锻压机、冲床等振动较大的设备在测量机的周围将会对测量机产生严重影响。较难察觉的小幅振动也会对测量精度产生较大影响。因此，测量机的使用对于测量环境的振动频率和振幅均有一定的要求。如果机床周围有大的振源，则需要根据减振地基图样准备地基，或配置主动减振设备。

4）电 源

电源对测量机的影响主要体现在测量机的控制部分。用户需注意的主要是接地问题。一般配电要求如下：

电压：交流（220 ± 22）V。

电流：15 A。

独立专用接地线：接地电阻不大于 4 Ω。

注意：独立专用接地线是指非供电网络中的地线，即独立专用的安全地线，以避免供电网络中的干扰与影响，建议配置稳压电源或不间断电源（Uninterruptible Power System，UPS）。

5）气 源

许多三坐标测量机由于使用了精密的空气轴承而需要压缩空气。因此，应满足测量机对压缩空气的要求，防止由于水和油侵入压缩空气对测量机产生影响，同时应防止突然断气，以免对测量机空气轴承和导轨产生损害。气源要求如下：

供气压力：>0.5 MPa。

耗气量：> 150 NL/min = 2.5 dm^3/s（NL 为标准升，代表在 20 °C、1 个大气压下的 1L）。

含水：<6 g/m^3。

含油：<5 mg/m^3。

微粒大小：<40 μm。

微粒浓度：<10 mg/m^3。

气源的出口温度：（20 ± 4）°C。

注意：测量机运动导轨为空气轴承，气源决定测量机的使用状况和气动部件寿命，空气轴承对气源的要求非常高，推荐使用空气压缩机 + 前置过滤 + 冷冻干燥机 + 二级过滤。

6）工件的清洁程度和恒温

检测工件的物理形态对测量结果有一定的影响。最普遍的是工件表面粗糙度和加工留下的切屑对测量结果的影响。另外，切削液和机油对测量精度也有影响。如果这些切屑和油污黏附在探针的红宝石球上，就会影响测量机的性能和精度。类似影响测量精度的情况还有很多，但大多数可以避免。建议在测量机开始工作之前和完成工作之后分别对工件进行必要的清洁和保养工作，并确保在检测前对工件有足够的恒温时间。工件的清洁如图 1-29 所示。

图 1-29 工件的清洁

2. 三坐标测量机的日常维护计划

（1）在完成保养步骤和纠正所有的偏差之前不要操作测量机。

（2）检查测量机中是否有松动或损坏的外罩，如果有，应紧固好松动的外罩，并修理损坏的外罩。

（3）用酒精和干净、不掉纤维的无纺布清洁空气轴承导轨滑动通道的所有裸露表面。

（4）在对空气过滤器、调节阀或供气管道执行任何保养操作之前，应确保到测量机的供气装置已经关闭，并且系统气压指示为零。

（5）检查两个空气过滤器是否有污染，如果需要，应清理过滤碗或更换过滤器元件。

（6）检查供气装置是否存在松动或损坏，如果需要，应紧固松动的连接并更换损坏的管道。

3. 坐标测量检测流程

坐标测量技术涉及一个庞大的技术体系，特别是在实际应用中，还有许多具体的工作和问题需要处理。对于一个零件的检测，首先应该根据零件和图样制定一个详细的检测规划，根据检测规划选择合适的夹具，配置测针、测头，并根据图样要求建立准确的坐标系及编写准确的检测程序，最终得到真实可靠的报告。

具体测量机应用流程图如图 1-30 所示。

测量规划内容包括分析零件图样，明确测量基准坐标系及确定检测内容、零件装夹方案设计、测针方案配置。

三坐标检测的实质是获得产品的几何特征，几何特征是以命令形式记录在测量程序中的。执行测量操作时，将按照程序顺序从上往下执行，所有机器自动运行测量程序时，程序中不仅要有测量点和几何特征，还需要在测量特征的前后加上移动点（又称轨迹点或安全点），保证机器自动运行中不发生碰撞。

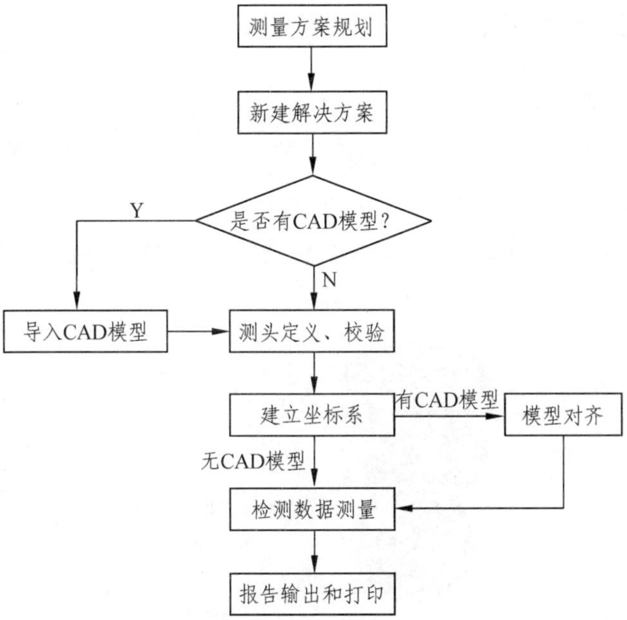

图 1-30　具体测量机应用流程图

获取特征的过程实际上是一个编程的过程，程序编好后需要自动运行一次才能获得准确的测量数据。手动模式下，执行程序时，程序将忽略移动点，提示操作者手动在工件上采点测量几何特征；自动模式下，程序会根据触测点和移动点，进行移动和触测。

无论是手动测量还是自动运行程序，都遵循以下运动方式：快速移动（移动速度）、慢速触测（触测速度）。当自动运行时，触测点和移动点由程序给定或操作员选定，接近点/回退点由软件自动生成（根据软件设置的接近、回退距离），如图 1-31 所示。

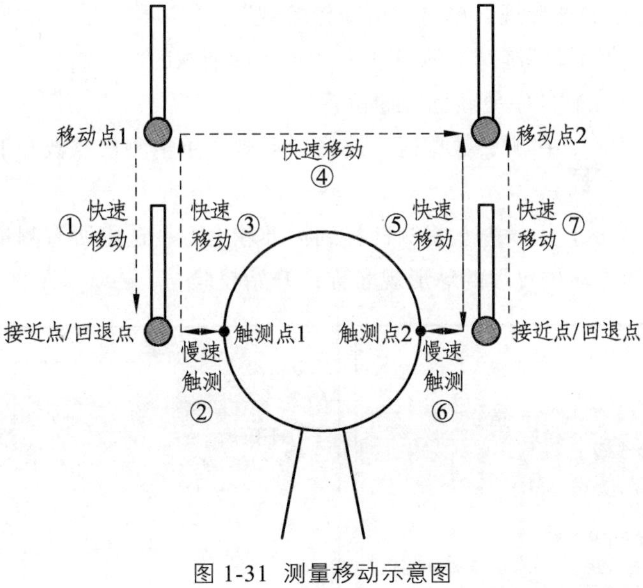

图 1-31　测量移动示意图

1.3.5 闷盖的三坐标测量机手动检测

1. 测量前准备工作

微课：闷盖的三坐标测量前准备工作

1）测头校验

（1）选择“测头”→“构建测头”，根据测头的型号，在软件中选择相应型号的测座、测力模块和测针，如图 1-32 所示，单击“添加/激活”命令，完成测头激活。

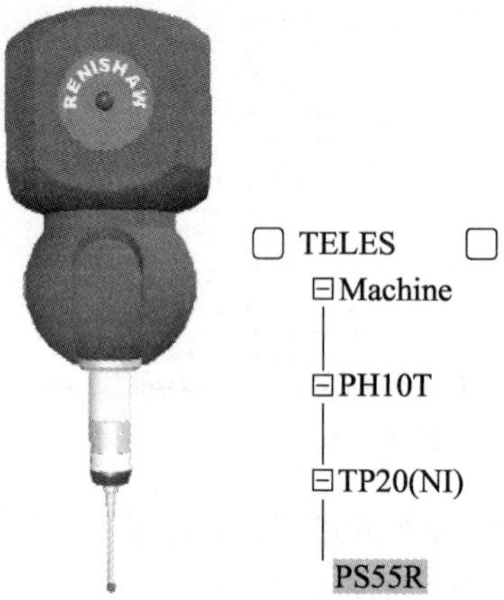

图 1-32 构建测头

（2）添加需要校准的角度，即 A0°、B0°，A90°、B90°。

（3）测量机工作台上选择合适位置摆放校验规，软件中选择“测头”→“校准测头”→“探头校验”。

（4）选择定义完成的球形规，单击“更新校验规”。

（5）用操纵盒手动测量标准球，测量 5 个点（在标准球的左、右、前、后、上各测量一个点），按“Done”键，在软件中更新标准球位置。

（6）如图 1-33 所示，在测头数据区，选择球形规，单击测量点数并下拉，选择校准时所需测量点数。

（7）如图 1-33 所示，用操纵盒将测针移到标准球上方，选中所有测量所需角度，右键选择“校验使用”，选择更新位置后的球形规名称，开始校验。

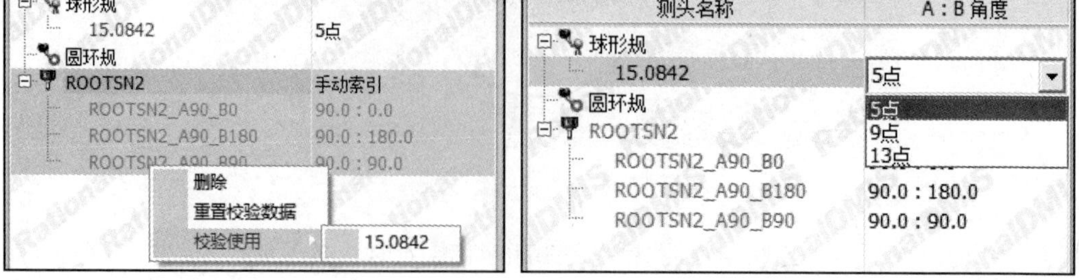

图 1-33 测头校验

（8）出现提示“按继续按钮来校验探头”，单击“继续”，校验测头。

（9）查看校验结果：测头检验后，在输出界面，选中所有检验过的角度，拖放到输出界面，如图 1-34 所示。操作员需要查看 Diam 和 Form 两项的值是否超差，以确定本次校验是否成功。Diam 是测针校验后的实测直径，略小于理论值。Form 是形状误差，其值越小越好。根据经验 Diam 与理论值的偏差不大于 0.02 mm，Form 不大于 0.005 mm。

ROOTSN2　[DEMO Version] 校验时间 =10:22, 星期三, 六月 08, 2022　MM/ANGDEC

	DX	DY	DZ	Diam	A	B	I	J	K	Form
理论	0.000	0.000	-118.000	1.000	0.000	0.000	0.000	0.000	-1.000	0.010
实际	0.004	-0.002	-117.997	1.482	0.000	0.000	0.000	0.000	-1.000	0.003

ROOTSN2_A90_B0　[DEMO Version] 校验时间 =15:26, 星期二, 六月 07, 2022 父探头 =ROOTSN2　MM/ANGDEC

	DX	DY	DZ	Diam	A	B	I	J	K	Form
理论	0.000	-65.000	-53.000	1.000	90.000	0.000	0.000	-1.000	-0.000	0.010
实际	0.008	-65.240	-53.042	1.484	90.000	0.000	0.000	-1.000	-0.000	0.001

ROOTSN2_A90_B180　[DEMO Version] 校验时间 =15:27, 星期二, 六月 07, 2022 父探头 =ROOTSN2　MM/ANGDEC

	DX	DY	DZ	Diam	A	B	I	J	K	Form
理论	0.000	65.000	-53.000	1.000	90.000	180.000	0.000	1.000	-0.000	0.010
实际	-0.690	64.911	-53.059	1.483	90.000	180.000	0.000	1.000	-0.000	0.002

ROOTSN2_A90_B90　[DEMO Version] 校验时间 =10:23, 星期三, 六月 08, 2022 父探头 =ROOTSN2　MM/ANGDEC

	DX	DY	DZ	Diam	A	B	I	J	K	Form
理论	65.000	-0.000	-53.000	1.000	90.000	90.000	1.000	-0.000	-0.000	0.010
实际	64.743	0.179	-53.040	1.483	90.000	90.000	1.000	-0.000	-0.000	0.003

图 1-34　校验结果

2）工件的装夹与找正

图 1-35 所示为闷盖的装夹，装夹旨在保证检测零件的稳定性及测量的可重复性，确定工件测量姿态，最终确保测量的准确性。对于大批量检测工件的情况来说，应实现工件的重复性装夹，使三坐标测量具有相当高的效率。

二维几何特征拟合需要先投影到平面再拟合，测量软件默认的投影平面为当前坐标系的坐标平面，也就是机器坐标系的坐标平面，所以需要对工件进行找正，使得被测二维元素与标尺坐标系平行。

图 1-35　闷盖装夹示意图

如图 1-36（a）所示，当用角尺测量工件两端的距离 L 时，必须进行找正才能获得正确的尺寸。找正有两种方法：图 1-36（b）所示的方法是找正工件，即先把工件和角尺放在一个平面上，然后旋转工件使得工件的方向与角尺的一条边平行；图 1-36（c）所示的方法是找正角尺，即先把角尺和工件放在一个平面上，然后旋转角尺的一个方向与工件的方向平行。

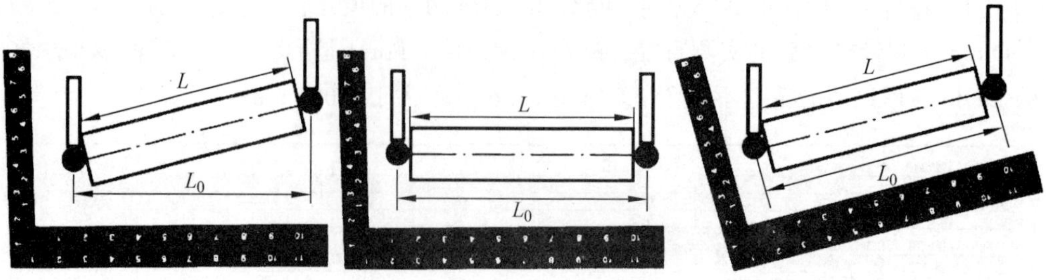

图 1-36 找正示意图

以上两种找正的方法都是机械找正，延伸到坐标测量中，角尺的两个方向就像三坐标的 *X*、*Y* 两个轴向，角尺所在平面的方向就像三坐标的 *XY* 坐标平面方向（通常用矢量方向来表示坐标平面方向，*XY* 坐标平面又称 *Z*+ 或 +*Z* 坐标平面），所以整个找正过程模拟了在三坐标上测量的过程，而三坐标的标尺不能移动，如果采用机械找正方法，则只能找正零件。

传统的测量仪器和没有测量软件的三坐标测量机只能通过找正零件的办法来实现准确测量，但是机械找正过程操作复杂、效率低、误差大，而测量软件提供的数学找正（又称坐标系）功能轻松解决了这个问题。所以，三坐标测量不需要对零件进行精确找正，理论上只要固定稳固即可，实际上为了避免干涉及编程方便，一般会横平竖直地摆放。

2. 快速 3-2-1 建立坐标系

快速 3-2-1 建立坐标系的方法适用于无数模的情况下，具体操作步骤如下：

选择“坐标”→“快速 3-2-1 坐标系配置”，如图 1-37 所示，选择快速 3-2-1 坐标系，按照图中所示进行打点，基准 *A* 测量 3 个点；基准 *B* 测量 2 个点；基准 *C* 测量 1 个点。

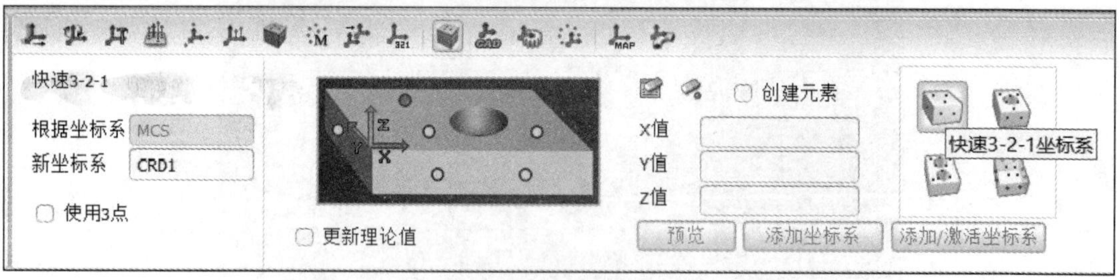

图 1-37 快速 3-2-1 建立坐标系

快速 3-2-1 测量时，需要测量点在软件中显示红色，测量完成点显示绿色，测量完成所需测点后，单击“添加/激活坐标系”，即可完成坐标建立。

注意：快速 3-2-1 法建立坐标系不能写入程序中，只适合于单件检测，不适用批量检测。

微课：闷盖的三坐标手动测量

3. 手动测量示范

（1）接近回退设置。在软件右下角选择设置界面，设置接近回退距离为 5 mm，单击“应用”，如图 1-38 所示。

图 1-38 接近回退设置

（2）“PLN1”检测示范。在软件中选择“测量”→“平面”→“统计图”，如图 1-39 所示。使用手操器，测点位置如图 1-40 所示，移动测头至“PLN1” 上方合适高度，按 Move point 键加一个移动点；往下移动到第 1 测点回退 5 mm 左右，按 Slow 键切换到慢速触测，触测后回退 5 mm 左右，取消 Slow 键，快速移动到第 2 测点回退 5 mm 左右；同样的方法完成第 2、3、4 点的触测，检查状态栏测点数为 4，检查统计图窗口显示误差正常，按手操器 Done 键或单击软件“接受”生成“PLN 1”；快速抬至合适高度，按 Move point 键添加移动点。

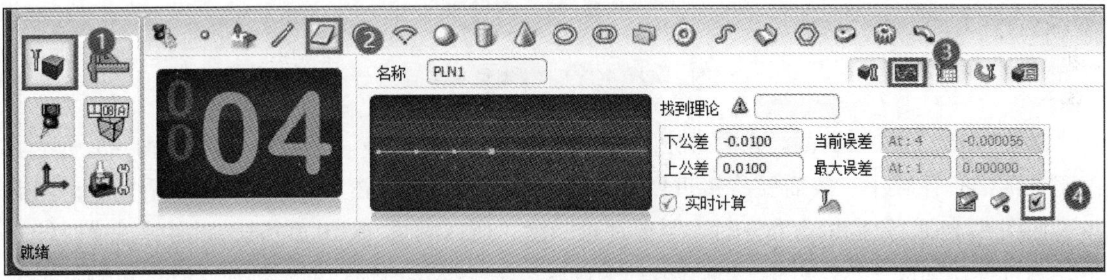

图 1-39 “PLN1”测量

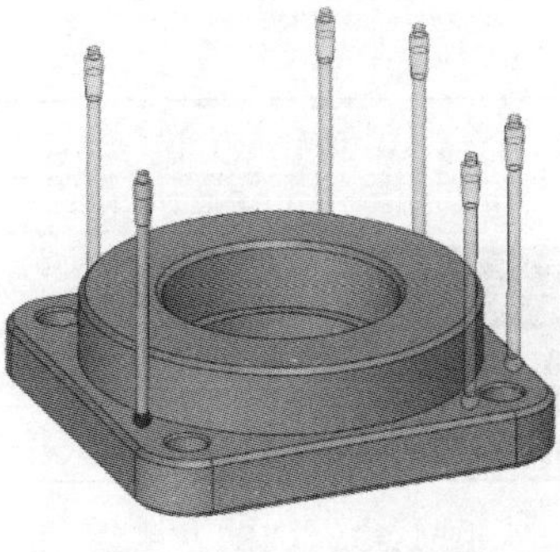

图 1-40 “PLN1”测量参考点

（3）“CYL1”检测示范。在软件中选择“测量”→“圆柱”→“统计图”，如图 1-41 所示。使用手操器，测点位置如图 1-42 所示。测量 2 层，每层 4 个点且尽量在一个高度上，测量范围尽量大，特征前后添加移动点，快速移动，慢速触测，矢量方向为第一层指向最后一层。评价尺寸时推荐点数为 8 及以上；评价形状时推荐点数为 15 及以上。

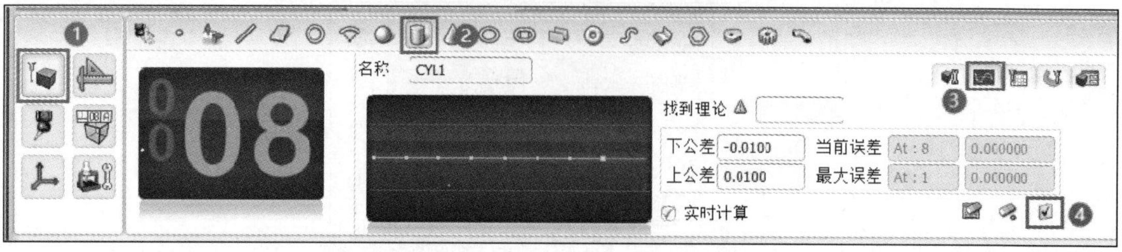

图 1-41 “CYL1”测量

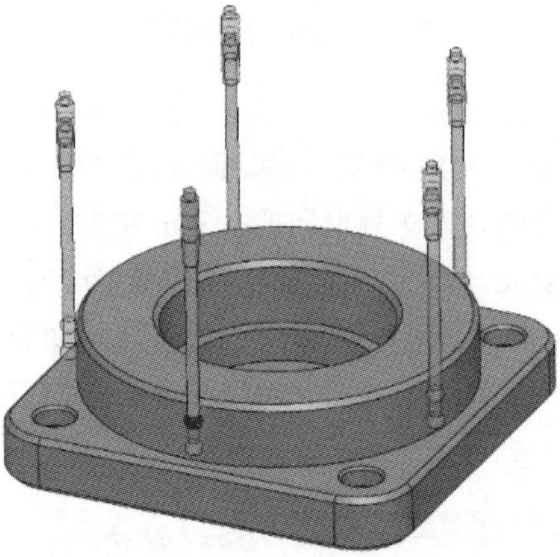

图 1-42 “CYL1”测量参考点

（4）“CIR1”检测示范。在软件中选择“测量”→“圆”→“统计图”，如图 1-43 所示。由于被测圆直径较小，故需要将接近回退距离改为 3 mm，单击“应用”。使用手操器，测点位置如图 1-44 所示。由于“CIR1”需要评价圆度，所以测量“CIR1”时，顺时针或逆时针测量，测点推荐选取 7 点及以上。测量第一个点后，用手操器锁轴功能，锁住 Z 轴，再测量余下点数，测量范围尽量大，特征前后添加移动点，快速移动，慢速触测，测量完毕取消锁轴，矢量方向为投影平面的方向。

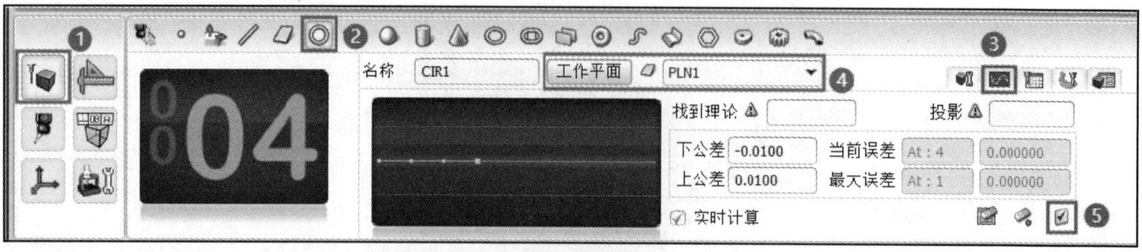

图 1-43 “CIR1”测量

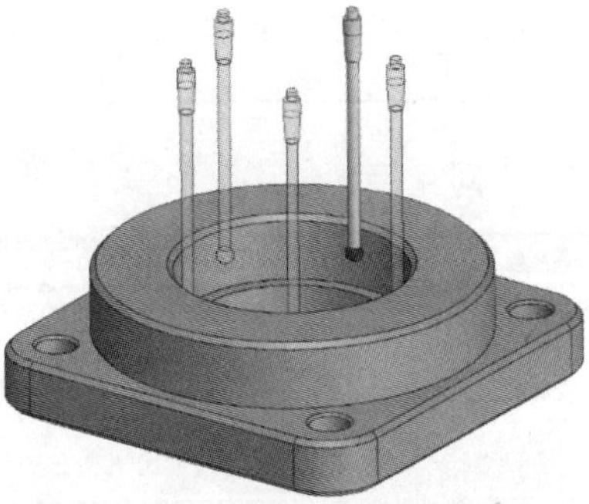

图 1-44 “CIR1”测量参考点

（5）换角度检测。更换测头角度时，需先将测头移至安全高度，并且周围无干涉物。

微课：闷盖的三坐标尺寸评价

4. 闷盖尺寸评价

Rational DMIS 软件支持所有类型的尺寸、形状、位置误差评价。图 1-45 所示为尺寸评价栏。对于各种尺寸公差的评价，都是将对应元素或者尺寸拖放至对应的评价窗口，然后根据要求填写其他关联项目即可。对于形位公差的评价，将被测元素和基准元素分别拖放至软件对应公差操作窗口即可。

图 1-45 尺寸评价栏

图 1-46 所示为尺寸评价的单位设置，需要在评价尺寸前设置好长度单位和角度单位。

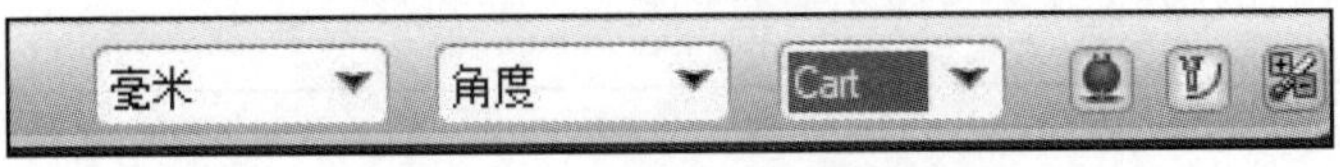

图 1-46 尺寸评价的单位设置

1）距离尺寸评价

（1）在公差界面，选择“距离评价”，距离评价包含长度、宽度、深度、中心距等线性尺寸评价。

（2）将“PLN2”和“PLN4”的实际元素拖入元素名称栏。

（3）修改公差名。

（4）确定评价方式（例如，圆心距评价选择平均，两圆的最长距离用最大评价，两圆的最短距离用最小评价）、距离方式（*X* 轴、*Y* 轴和 *Z* 轴评价是单轴评价，*XY* 平面、*YZ* 平面和 *ZX* 平面评价是投影评价，点对点是空间评价）和 ISO 公差（根据尺寸公差大小选择相应的公差等级），如图 1-48 所示。

（5）按要求输入上下公差值，查看理论距离（如果理论距离不对，先取消勾选“使用计算的理论距离”，再输入正确的数值）。

（6）单击“接受”，完成该尺寸评价，如图 1-47 所示。

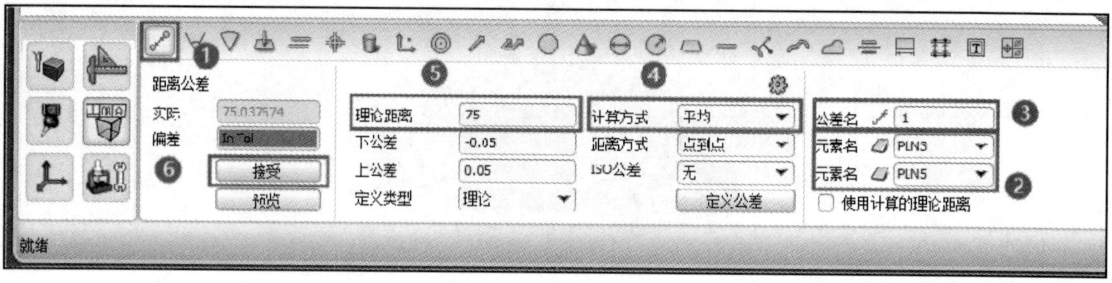

图 1-47 长度尺寸评价

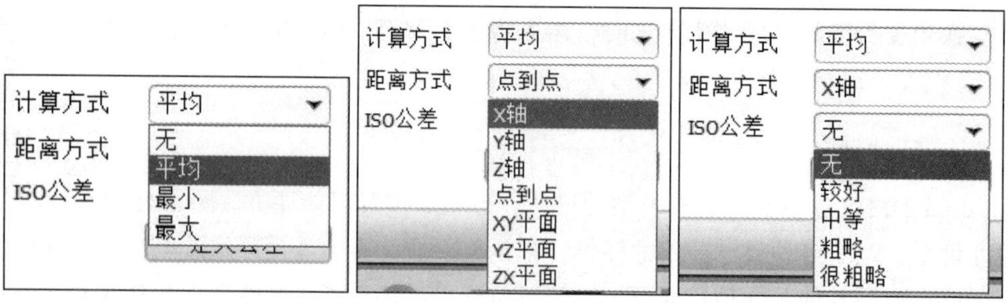

图 1-48 评价参数

2）直径尺寸评价

（1）修改理论值，如图 1-49 所示，在双数据理论元素区双击圆柱，单击理论值 D，修改数值后单击“更新”，即可完成理论值的修改。

（2）在公差界面，选择“宽度评价”。

（3）将“CYL1”的实际元素拖入元素名称栏。

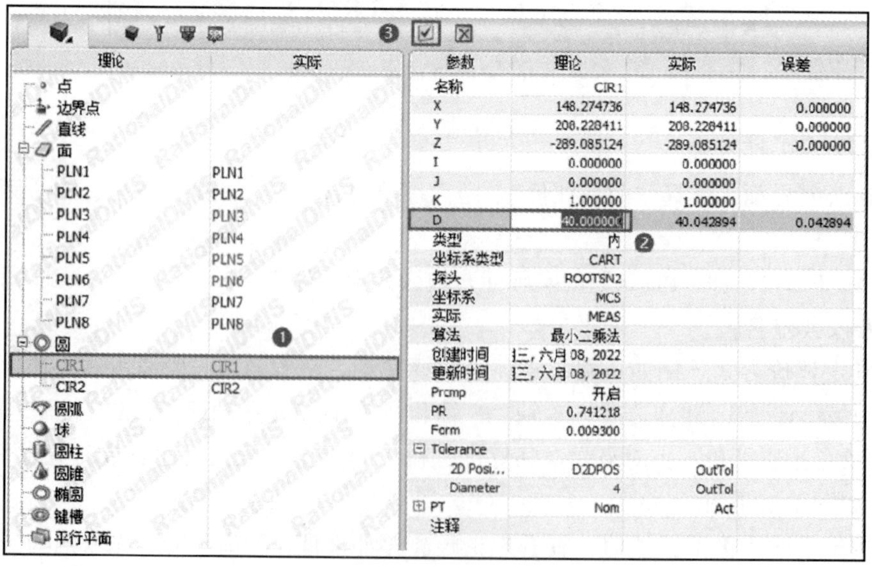

图 1-49 修改理论数值

（4）修改公差名。

（5）选择合适的计算方式、计算轴（圆选择无，椭圆长轴选择“主轴”，短轴选择“副轴”），如图 1-50 所示。

（6）按要求输入上下公差值。

（7）单击“接受”，完成该尺寸评价，如图 1-51 所示。

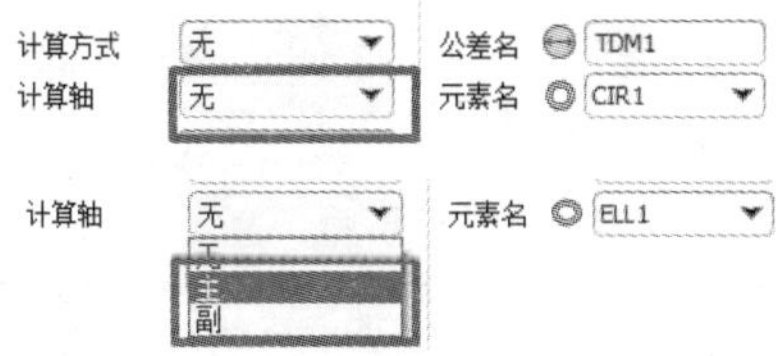

图 1-50　计算方式

图 1-51　直径尺寸评价

5. 闷盖的检测报告

（1）如图 1-52 所示，切换到“输出”界面，即可查看零件尺寸报告。

（2）如图 1-52 所示，单击“设置”，在设置界面选择“输出分格”→“报告头”→“报告标题”，修改报告标题名称。

（3）如图 1-53 所示，单击“保存”，即可保存 Pdf 文件。

（4）保存的检测报告内容如图 1-54 所示。

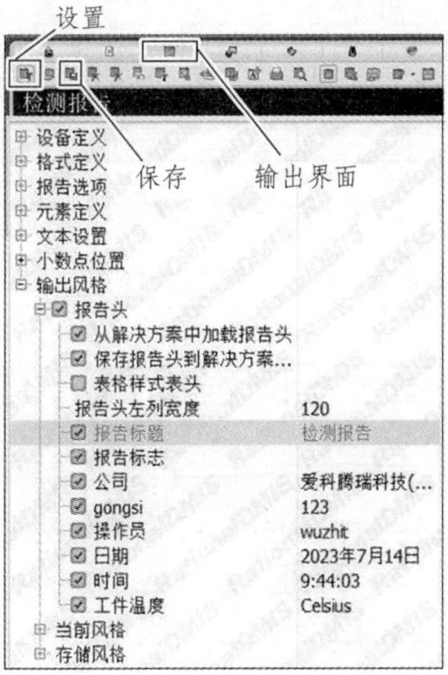

图 1-52　检测报告界面

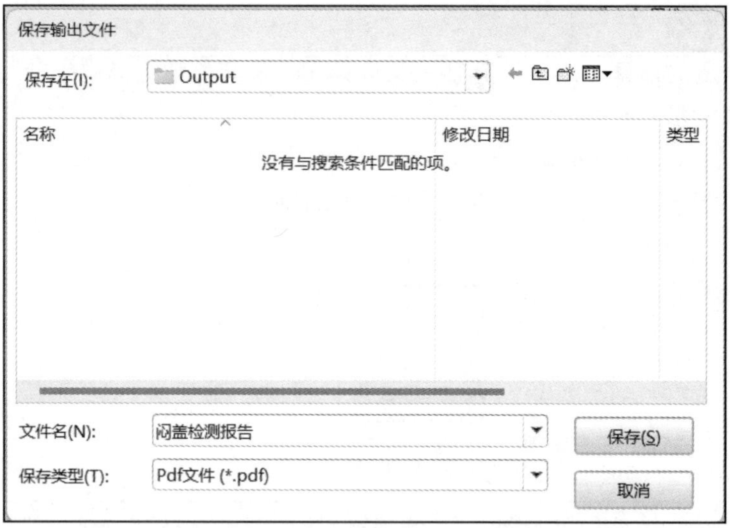

图 1-53 保存 Pdf 报告

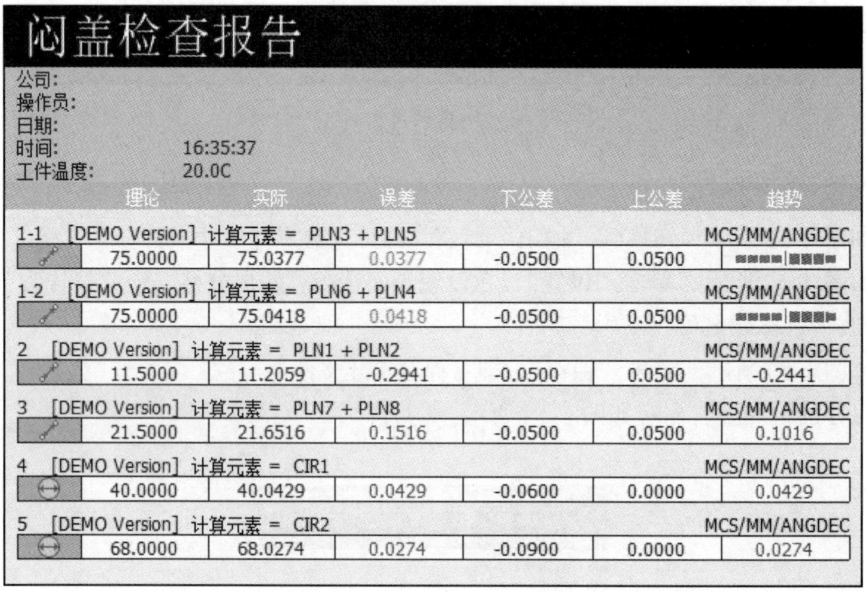

闷盖检查报告

公司:
操作员:
日期:
时间: 16:35:37
工件温度: 20.0C

编号	理论	实际	误差	下公差	上公差	趋势
1-1 [DEMO Version] 计算元素 = PLN3 + PLN5 MCS/MM/ANGDEC	75.0000	75.0377	0.0377	-0.0500	0.0500	
1-2 [DEMO Version] 计算元素 = PLN6 + PLN4 MCS/MM/ANGDEC	75.0000	75.0418	0.0418	-0.0500	0.0500	
2 [DEMO Version] 计算元素 = PLN1 + PLN2 MCS/MM/ANGDEC	11.5000	11.2059	-0.2941	-0.0500	0.0500	-0.2441
3 [DEMO Version] 计算元素 = PLN7 + PLN8 MCS/MM/ANGDEC	21.5000	21.6516	0.1516	-0.0500	0.0500	0.1016
4 [DEMO Version] 计算元素 = CIR1 MCS/MM/ANGDEC	40.0000	40.0429	0.0429	-0.0600	0.0000	0.0429
5 [DEMO Version] 计算元素 = CIR2 MCS/MM/ANGDEC	68.0000	68.0274	0.0274	-0.0900	0.0000	0.0274

图 1-54 闷盖检测报告

任务 1.4 基于不同检测方法的检测报告分析

本次检测主要针对闷盖的外形尺寸及内外径尺寸等参数进行检测，并进行比对。

将闷盖的尺寸公差用数显卡尺进行测量，与三坐标测量机检测数据进行比对，同时也与图纸数据进行比对，检测数据汇总见表 1-3。

表 1-3　闷盖检测数据比对　　　　单位：mm

编号	公称尺寸	手工量具实测值	三坐标实测值	两者之差
1-1	75 ± 0.05	75.03	75.0377	−0.0077
1-2	75 ± 0.05	75.04	75.0418	−0.0018
2	11.5 ± 0.05	11.24	11.2059	0.0341
3	21.5 ± 0.05	21.64	21.6516	−0.0116
4	$\phi 40_{-0.06}^{0}$	40.38	40.4029	−0.0229
5	$\phi 68_{-0.09}^{0}$	68.01	68.0274	−0.0174

由表 1-3 可知，用数显卡尺测量的数据与三坐标测量机测量获得的数据相比，差值在 0.04 mm 内。从量具的选用原则可知，数显卡尺的分辨率为 0.01 mm，精度为 0.02 mm，重复精度为 0.01 mm，基本能满足闷盖的检测需求；三坐标测量机的光栅分辨率为 0.078 μm，最大允许示值误差 $MPEE$ =（3.5 + L/300）μm，最大允许探测误差 $MPEP$ = 3.5 μm，满足闷盖的检测需求。

1．从工艺方面进行选择（工艺性）

对于单件、小批量生产或精度要求较低的零部件，通常可采用通用量具进行检测，如各种规格的游标卡尺、千分尺及百分表等。对于大批量生产或精度要求较高的零部件则可使用三坐标测量机等精密仪器进行检测。

2．从测量精度选择（科学性）

每种量具都有它的测量不确定度（测量的极限误差），不可避免会将一部分量具的误差带入测量结果中。为了避免“误收”或“误废”的发生，GB/T 3177—2009《光滑工件尺寸的检验》对部分量具的选择做了具体的规定，同时还规定了在车间条件下检测工件时应将验收极限尺寸向公差带内移。

3．从经济价值选择（经济性）

在保证测量精度和测量效率的前提下，能用专用量具的，不用万能量具，能用万能量具的，不用精密仪器。

项目2

透盖的检测

学习目标

1. 知识目标

（1）掌握标准公差、基本偏差等基本术语及其概念。
（2）掌握形状公差和方向公差的概念及其含义。
（3）了解工业视觉的工作原理。

2. 技能目标

（1）能熟练使用常见的传统量具进行形位公差的检测。
（2）熟练使用常见量具进行透盖的检测。
（3）能掌握工业视觉的简单使用方法。
（4）能使用工业视觉进行透盖的检测。

3. 素养目标

（1）具有理解问题、分析问题、解决问题的能力。
（2）具有认真、细心的学习态度和精益求精的工匠精神。

考核要求

（1）完成本项目学习内容，能够读懂简单的图纸。
（2）熟练掌握三坐标测量机及工业视觉的使用方法。
（3）能使用不同的检测方式对透盖进行检测，并出具检测报告。

任务 2.1 透盖检测任务描述

某企业承接一批透盖加工订单，现已完成铣削加工，需送检测组进行终检，表 2-1 为需要检测的尺寸，图 2-1 和图 2-2 所示为透盖的零件图和图纸，按要求完成透盖检测，并提交检测报告。

表 2-1 透盖检测表 单位：mm

序号	方位	尺寸类型	公称尺寸	上偏差	下偏差
1	B2	*L*	50	+0.3	−0.3
2	A4	*R*	10	+0.2	−0.2
3	B5	ϕ	15	+0.2	−0.2
4	B5	ϕ	35	+0.007	−0.018
5	A3	//	0	0.04	

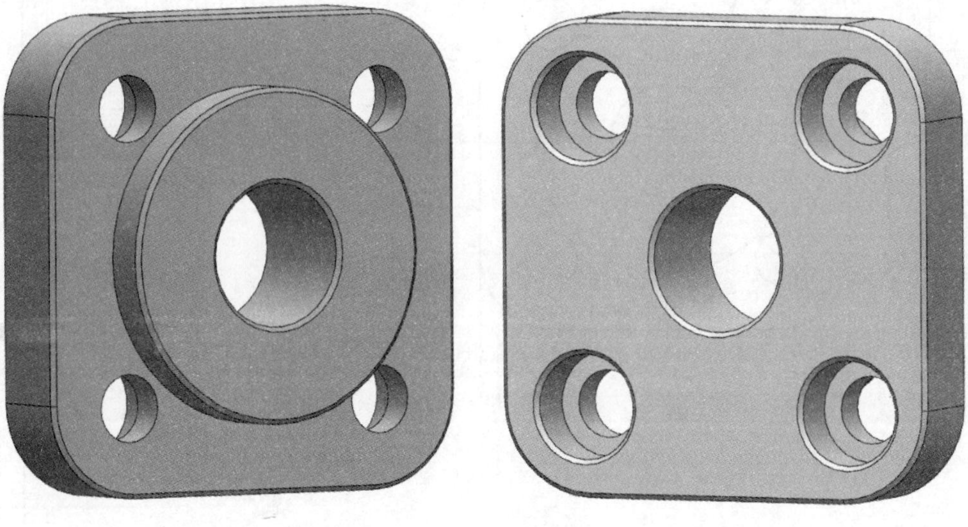

图 2-1 透盖零件图

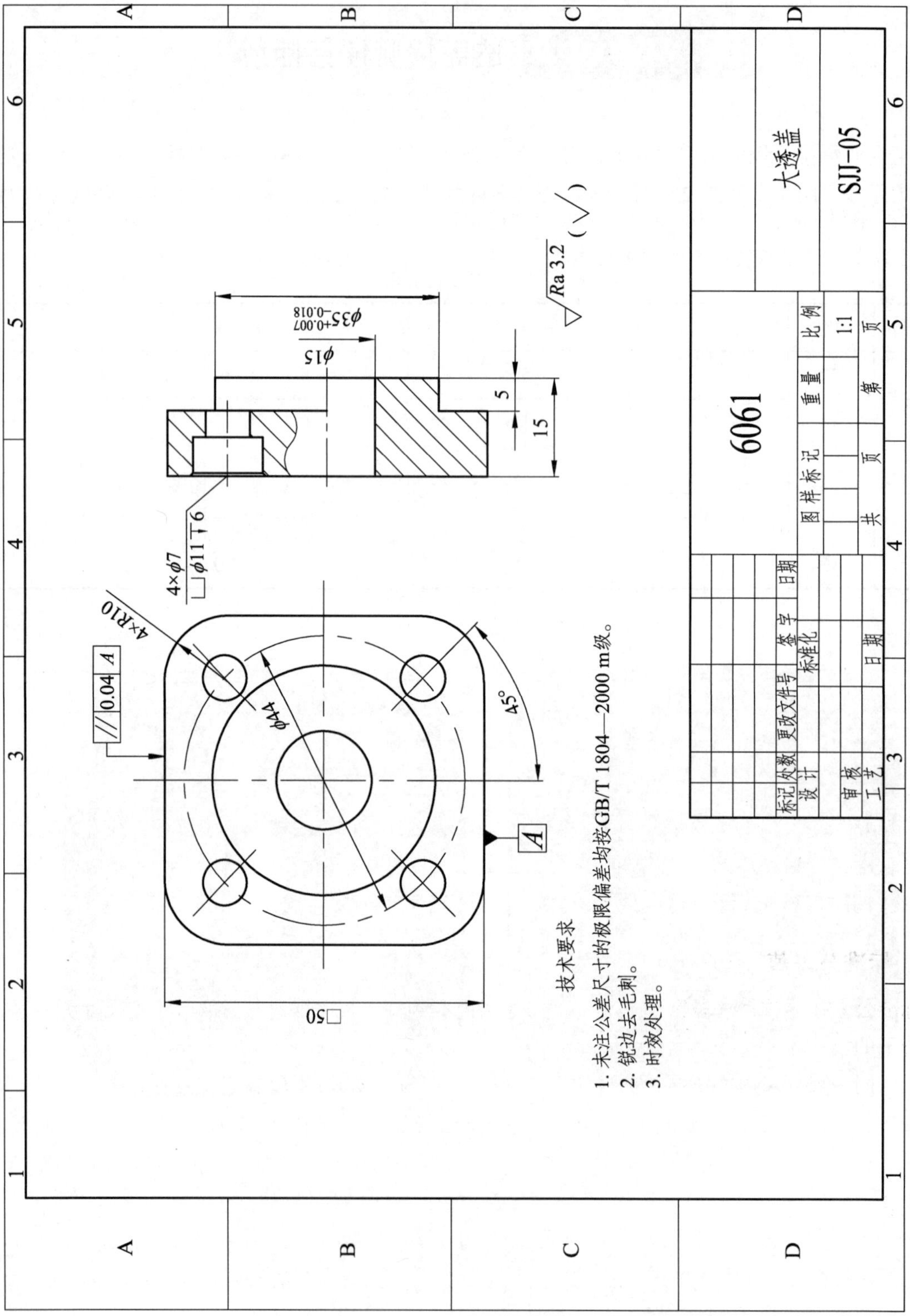
大透盖
SJJ-05
6061
图样标记
重量
比例
1:1
共 页
第 页
标记
处数
更改文件号
签字
日期
设计
标准化
审核
工艺
日期
A
□50
φ44
φ15
4×R10
45°
4×φ7
⌴φ11↧6
5
15
Ra 3.2
0.04
技术要求
1. 未注公差尺寸的极限偏差均按GB/T 1804—2000 m级。
2. 锐边去毛刺。
3. 时效处理。

图 2-2 透盖图纸

任务 2.2　透盖的三坐标测量机检测

2.2.1　标准公差

标准中对公称尺寸≤500 mm（在机械制造中常用尺寸段≤500 mm，对于 500 ~ 3150 mm 也规定了公差，但本教材不作为主要内容）的尺寸段规定了公差值，这些公差值形成的系列为标准公差系列。

1. 标准公差与标准公差等级

标准公差是国家标准中所规定的任一公差，字母 IT 为“国际公差”的符号。标准公差确定了公差带的大小。

标准公差等级指确定尺寸精确程度的等级。国家标准在 500 mm 内公称尺寸，将标准公差等级规定为 20 个等级，用符号“IT”和阿拉伯数字表示为：IT01、IT0、IT1、…、IT18，IT01 级精度最高，IT18 级精度最低。

公差等级是划分尺寸精确程度高低的标志。虽然在同一公差等级中，不同公称尺寸对应不同的标准公差值，但这些尺寸被认为具有同等的精确程度。例如，公称尺寸 20 mm 的 IT6 数值为 0.013 mm，公称尺寸 400 mm 的 IT6 数值为 0.036 mm，二者虽然标准公差值相差很大，但不能因此认为前者比后者精确，它们具有同样的精确程度。

公差等级大小：小（IT01）~ 大（TI18）。

公差等级精确程度高低：高（IT01）~ 低（TI18）。

公差等级越高，零件的精度越高，使用性能也越好，但加工难度大，生产成本高；公差等级越低，零件的精度越低，使用性能越差，但加工难度减小，生产成本降低。因此要同时考虑零件的使用要求和加工经济性这两个因素，合理确定公差等级。

2. 标准公差值

标准公差按公称尺寸段由小到大、公差等级由高到低在表中排列，公称尺寸按尺寸大小划分为若干的尺寸段，从表 2-2 中可以看出：

（1）同一尺寸段内的所有公称尺寸具有同一公差值，不同尺寸段有不同的公差值。

（2）同一公差等级对应不同的尺寸段有不同的公差值，且公差值随着尺寸的增大而增大，所有标准公差是公称尺寸的函数。同一公差等级中的所有尺寸可以认为具有相同的加工难易程度。

（3）同一尺寸段对应不同的公差等级有着不同的公差值，公差值随着公差等级的增大而增大，所以标准公差值与公差等级有关。不同的公差等级具有不同的精确程度，也就是它们具有不同的加工难易程度。

表 2-2 标准公差数值（GB/T 1800.1—2020）

公称尺寸/mm		标准公差等级																			
		IT01	IT0	IT1	IT2	IT3	IT4	IT5	IT6	IT7	IT8	IT9	IT10	IT11	IT12	IT13	IT14	IT15	IT16	IT17	IT18
大于	至	μm													mm						
—	3	0.3	0.5	0.8	1.2	2	3	4	6	10	14	25	40	60	0.10	0.14	0.25	0.40	0.6	1.0	1.4
3	6	0.4	0.6	1	1.5	2.5	4	5	8	12	18	30	48	75	0.12	0.18	0.30	0.48	0.75	1.2	1.8
6	10	0.4	0.6	1	1.5	2.5	4	6	9	15	22	36	58	90	0.15	0.22	0.36	0.58	0.90	1.5	2.2
10	18	0.5	0.8	1.2	2	3	5	8	11	18	27	43	70	110	0.18	0.27	0.43	0.70	1.10	1.8	2.7
18	30	0.6	1	1.5	2.5	4	6	9	13	21	33	52	84	130	0.21	0.33	0.52	0.84	1.30	2.1	3.3
30	50	0.6	1	1.5	2.5	4	7	11	16	25	39	62	100	160	0.25	0.39	0.62	1.00	1.60	2.5	3.9
50	80	0.8	1.2	2	3	5	8	13	19	30	46	74	120	190	0.30	0.46	0.74	1.20	1.90	3.0	4.6
80	120	1	1.5	2.5	4	6	10	15	22	35	54	87	140	220	0.35	0.54	0.87	1.40	2.20	3.5	5.4
120	180	1.2	2	3.5	5	8	12	18	25	40	63	100	160	250	0.40	0.63	1.00	1.60	2.50	4.0	6.3
180	250	2	3	4.5	7	10	14	20	29	46	72	115	185	290	0.46	0.72	1.15	1.85	2.90	4.6	7.2
250	315	2.5	4	6	8	12	16	23	32	52	81	130	210	320	0.52	0.81	1.30	2.10	3.20	5.2	8.1
315	400	3	5	7	9	13	18	25	36	57	89	140	230	360	0.57	0.89	1.40	2.30	3.60	5.7	8.9
400	500	4	6	8	10	15	20	27	40	63	97	155	250	400	0.63	0.97	1.55	2.50	4.00	6.3	9.7

注：公称尺寸≤1 mm 时，无 IT14～IT18。

实际上，常用尺寸段（公称尺寸≤500 mm）中 IT5～IT18 级标准公差是按 $IT = a \times i$ 公式计算得到的，对于 IT01～IT4 级标准公差是按公差公式直接计算得出，如表 2-3 所示。a 为公差等级系数，公差等级越高，a 值越小；公差等级越低，a 值越大。i 为标准公差因子，它是公称尺寸的函数。

标准公差因子 i 是计算标准公差的基本单位，标准公差因子是对加工误差进行统计分析、考虑到加工误差与测量误差对加工精度的综合影响所得出的公式。

在≤500 mm、IT5～IT18 级别中，公差因子为：$i = 0.45\sqrt[3]{D} + 0.001D$（$D$ 为公称尺寸段的几何平均值，均按每一尺寸分段首尾两尺寸 D_1、D_2 的几何平均值代入，即 $D = \sqrt{D_1 D_2}$）。

表 2-3 标准公差的计算公式

公差等级	公式	公差等级	公式	公差等级	公式
IT01	$0.3+0.080D$	IT6	$10i$	IT13	$250i$
IT0	$0.5+0.012D$	IT7	$16i$	IT14	$400i$
IT1	$0.8+0.020D$	IT8	$25i$	IT15	$640i$
IT2	IT1（IT5/IT1）$^{1/4}$	IT9	$40i$	IT16	$1000i$
IT3	IT1（IT5/IT1）$^{2/4}$	IT10	$64i$	IT17	$1600i$
IT4	IT1（IT5/IT1）$^{3/4}$	IT11	$100i$	IT18	$2500i$
IT5	$7i$	IT12	$160i$		

注：D——公称尺寸段的几何平均值（mm）；
i——标准公差因子（μm）。

例 2–1：查出下列标准公差值：

（1）公称尺寸为 66 mm，公差等级为 6 级的标准公差；

（2）公称尺寸为 250 mm，公差等级为 17 级的标准公差。

解：标准公差表的应用，在公称尺寸栏中，找到含有所查公称尺寸值的尺寸段（如尺寸 10 mm 查 6 至 10 尺寸段），然后向公差表的右方划横线；在公差等级栏中找到所查到的公差等级，向下划线，两条直线的交点值即为所查的标准公差值。本题所查出的标准公差见表 2-4 所列。

表 2-4 标准公差数值

公称尺寸/mm	公差等级	公差值	公差值单位
66	6	19	μm
250	17	4.6	mm

例 2–2：计算确定公称尺寸段为 18 ~ 30 mm、7 级公差的标准公差值。

解：因为 $D=\sqrt{18\times30}=23.24$（mm）

所以 $i=0.45\sqrt[3]{D}+0.001D$

$=0.45\times\sqrt[3]{23.24}+0.001\times23.24$

$=1.31$（μm）

查表 2-3 可得：$IT7=16i=16\times1.31=20.96$（μm）≈ 21（μm）

根据以上办法分别算出各尺寸段的各级标准公差值，构成公称尺寸小于等于 500 mm 的标准公差值，见表 2-2，以供设计加工、检验时查用。

3. 尺寸分段

依据 $IT = a \times i$，针对每一个公称尺寸都可得到一个公差值。在公称尺寸相近时，其计算得到的标准公差值相差很小，这样计算标准公差会使公差表变得庞大并且不方便使用。为便于使用，简化公差表格，并在使用时不产生较大的偏差，GB/T 1800.1—2009 将公称尺寸划分为若干个尺寸段，每个尺寸段给出统一的标准公差值。

国家标准划分公差等级和尺寸分段的目的是简化和统一标准公差，使规定的公差等级既能满足不同的使用要求，又能大致代表各种加工方法的精度，从而既有利于设计，又有利于制造。

2.2.2 基本偏差与公差带

1. 基本偏差与代号

基本偏差是极限偏差中的一个偏差值，作用是确定公差带相对于零线的位置。通过对基本偏差的标准化、系列化，可以实现公差带位置的标准化，进一步实现与之相配合的标准化与系列化。

GB/T 1800.1—2020 中规定了 28 个孔、轴的基本偏差，分别用 21 个单写字母、7 个双写字母表示（字母为拉丁字母，可按英文读音），大写表示孔，小写表示轴。28 个基本偏差形成了基本偏差系列，如图 2-3 所示。表 2-5、表 2-6 所列为孔、轴的基本偏差值。

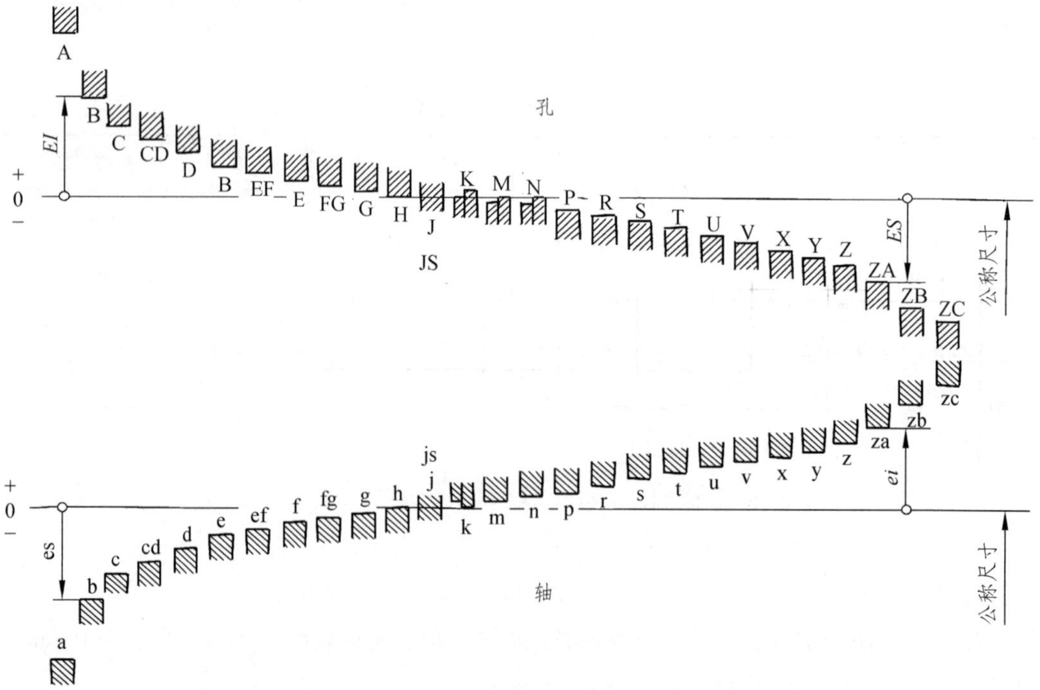

图 2-3 孔、轴基本偏差代号

表 2-5　轴的基本偏差值（摘自 GB/T 1800.1—2020）

单位：μm

公称尺寸/mm		基本偏差数值																														
		上极限偏差 es												下极限偏差 ei																		
		所有标准公差等级												IT5 和 IT6	IT7	IT8	IT4～IT7	≤IT5 >IT6	所有标准公差等级													
大于	至	a	b	c	cd	d	e	ef	f	fg	g	h	js	j			k		m	n	p	r	s	t	u	v	x	y	z	za	zb	zc
－	3	−270	−140	−60	−34	−20	−14	−10	−6	−4	−2	0	偏差 = $\pm\frac{IT_n}{2}$，式中 IT_n 是 IT 值数	−2	−4	−6	0	0	+2	+4	+6	+10	+14		+18		+20		+26	+32	+40	+60
3	6	−270	−140	−70	−46	−30	−20	−14	−10	−6	−4	0		−2	−4		+1	0	+4	+8	+12	+15	+19		+23		+28		+35	+42	+50	+80
6	10	−280	−150	−80	−56	−40	−25	−18	−13	−8	−5	0		−2	−5		+1	0	+6	+10	+15	+19	+23		+28		+34		+42	+52	+67	+97
10	14	−290	−150	−95		−50	−32		−16		−6	0		−3	−6		+1	0	+7	+12	+18	+23	+28		+33		+40		+50	+64	+90	+130
14	18																									+39	+45		+60	+77	+108	+150
18	24	−300	−160	−110		−65	−40		−20		−7	0		−4	−8		+2	0	+8	+15	+22	+28	+35		+41	+47	+54	+63	+73	+98	+136	+188
24	30																							+41	+48	+55	+64	+75	+88	+118	+160	+218
30	40	−310	−170	−120		−80	−50		−25		−9	0		−5	−10		+2	0	+9	+17	+26	+34	+43	+48	+60	+68	+80	+94	+112	+148	+200	+274
40	50	−320	−180	−130																				+54	+70	+81	+97	+114	+136	+180	+242	+325
50	65	−340	−190	−140		−100	−60		−30		−10	0		−7	−12		+2	0	+11	+20	+32	+41	+53	+66	+87	+102	+122	+144	+172	+226	+300	+405
65	80	−360	−200	−150																		+43	+59	+75	+102	+120	+146	+174	+210	+274	+360	+480
80	100	−380	−220	−170		−120	−72		−36		−12	0		−9	−15		+3	0	+13	+23	+37	+51	+71	+91	+124	+146	+178	+214	+258	+335	+445	+585
100	120	−410	−240	−180																		+54	+79	+104	+144	+172	+210	+256	+310	+400	+525	+690
120	140	−460	−260	−200		−145	−85		−43		−14	0		−11	−18		+3	0	+15	+27	+43	+63	+92	+122	+170	+202	+248	+300	+365	+470	+620	+800
140	160	−520	−280	−210																		+65	+100	+134	+190	+228	+280	+340	+415	+535	+700	+900
160	180	−580	−310	−230																		+68	+108	+146	+210	+252	+310	+380	+465	+600	+780	+1000
180	200	−660	−340	−240		−170	−100		−50		−15	0		−13	−21		+4	0	+17	+31	+50	+77	+122	+166	+236	+284	+350	+425	+520	+670	+880	+1150
200	225	−740	−380	−260																		+80	+130	+180	+258	+310	+385	+470	+575	+740	+960	+1250
225	250	−820	−420	−280																		+84	+140	+196	+284	+340	+425	+520	+640	+820	+1050	+1350
250	280	−920	−480	−300		−190	−110		−56		−17	0		−16	−26		+4	0	+20	+34	+56	+94	+158	+218	+315	+385	+475	+580	+710	+920	+1200	+1500
280	315	−1050	−540	−330																		+98	+170	+240	+350	+425	+525	+650	+790	+1000	+1300	+1700
315	355	−1200	−600	−360		−210	−125		−62		−18	0		−18	−28		+4	0	+21	+37	+62	+108	+190	+268	+390	+475	+590	+730	+900	+1150	+1500	+1900

续表

公称尺寸/mm		基本偏差数值																														
		上极限偏差 *es*												下极限偏差 *ei*																		
		所有标准公差等级												IT5 和 IT6	IT7	IT8	IT4～IT7	≤IT5 >IT6	所有标准公差等级													
大于	至	a	b	c	cd	d	e	ef	f	fg	g	h	js	j			k		m	n	p	r	s	t	u	v	x	y	z	za	zb	zc
355	400	−1350	−680	−400																		+114	+208	+294	+435	+530	+660	+820	+1000	+1300	+1650	+2100
400	450	−1500	−760	−440		−230	−135		−68		−20	0		−20	−32		+5	0	+23	+40	+68	+126	+232	+330	+490	+595	+740	+920	+1100	+1450	+1850	+2400
450	500	−1650	−840	−480																		+132	+252	+360	+540	+660	+820	+1000	+1250	+1600	+2100	+2600
500	560					−260	−145		−76		−22	0					0	0	+26	+44	+78	+150	+280	+400	+600							
560	630																					+155	+310	+450	+660							
630	710					−290	−160		−80		−24	0					0	0	+30	+50	+88	+175	+340	+500	+740							
710	800																					+185	+380	+560	+840							
800	900					−320	−170		−86		−26	0					0	0	+34	+56	+100	+210	+430	+620	+940							
900	1000																					+220	+470	+680	+1050							
1000	1120					−350	−195		−98		−28	0					0	0	+40	+66	+120	+250	+520	+780	+1150							
1120	1250																					+260	+580	+840	+1300							
1250	1400					−390	−220		−110		−30	0					0	0	+48	+78	+140	+300	+640	+940	+1450							
1400	1600																					+330	+720	+1050	+1600							
1600	1800					−430	−240		−120		−32	0					0	0	+58	+92	170	+370	+820	+1200	+1850							
1800	2000																					+400	+920	+1350	+2000							
2000	2240					−480	−260		−130		−34	0					0	0	+68	+110	+195	+440	+1000	+1500	+2300							
2240	2500																					+460	+1100	+1650	+2500							
2500	2800					−520	−290		−145		−38	0					0	0	+76	+135	+240	+550	+1250	+1900	+2900							
2800	3150																					+580	+1400	+2100	+3200							

注：公称尺寸≤1 mm 时，基本偏差 a 和 b 均不采用。公差带 js7～js11，若 IT_n 值数是奇数，则取偏差 $=\frac{IT_n-1}{2}$。

表 2-6 孔的基本偏差值（摘自 GB/T 1800.1—2009）

单位：μm

公称尺寸/mm		基本偏差数值																																		Δ值					
		下极限偏差 EI												上极限偏差 ES										上极限偏差 ES																	
大于	至	所有标准公差等级												IT6	IT7	IT8	≤IT8	>IT8	≤IT8	>IT8	≤IT8	>IT8	≤IT7	标准公差等级大于IT7												标准公差等级					
		A	B	C	CD	D	E	EF	F	FG	G	H	JS	J			K		M		N		P 至 ZC	P	R	S	T	U	V	X	Y	Z	ZA	ZB	ZC	IT3	IT4	IT5	IT6	IT7	IT8
-	3	+270	+140	+60	+34	+20	+14	+10	+6	+4	+2	0	偏差 = ±$\frac{IT_n}{2}$，式中 IT_n 是IT值数	+2	+4	+6	0	0	-2	-2	-4	-4	在大于IT7的相应数值上增加一个Δ值	-6	-10	-14		-18		-20		-26	-32	-40	-60	0	0	0	0	0	0
3	6	+270	+140	+70	+46	+30	+20	+14	+10	+6	+4	0		+5	+6	+10	-1+Δ		-4+Δ	-4	-8+Δ	0		-12	-15	-19		-23		-28		-35	-42	-50	-80	1	1.5	1	3	4	6
6	10	+280	+150	+80	+56	+40	+25	+18	+13	+8	+5	0		+5	+8	+12	-1+Δ		-6+Δ	-6	-10+Δ	0		-15	-19	-23		-28		-34		-42	-52	-67	-97	1	1.5	2	3	6	7
10	14	+290	+150	+95		+50	+32		+16		+6	0		+6	+10	+15	-1+Δ		-7+Δ	-7	-12+Δ	0		-18	-23	-28		-33		-40		-50	-64	-90	-130	1	2	3	3	7	9
14	18																												-39	-45		-60	-77	-108	-150						
18	24	+300	+160	+110		+65	+40		+20		+7	0		+8	+12	+20	-2+Δ		-8+Δ	-8	-15+Δ	0		-22	-28	-35		-41	-47	-54	-63	-73	-98	-136	-188	1.5	2	3	4	8	12
24	30																										-41	-48	-55	-64	-75	-88	-118	-160	-218						
30	40	+310	+170	+120		+80	+50		+25		+9	0		+10	+14	+24	-2+Δ		-9+Δ	-9	-17+Δ	0		-26	-34	-43	-48	-60	-68	-80	-94	-112	-148	-200	-274	1.5	3	4	5	9	14
40	50	+320	+180	+130																							-54	-70	-81	-97	-114	-136	-180	-242	-325						
50	65	+340	+190	+140		+100	+60		+30		+10	0		+13	+18	+28	-2+Δ		-11+Δ	-11	-20+Δ	0		-32	-41	-53	-66	-87	-102	-122	-144	-172	-226	-300	-405	2	3	5	6	11	16
65	80	+360	+200	+150																					-43	-59	-75	-102	-120	-146	-174	-210	-274	-360	-480						
80	100	+380	+220	+170		+120	+72		+36		+12	0		+16	+22	+34	-3+Δ		-13+Δ	-13	-23+Δ	0		-37	-51	-71	-91	-124	-146	-178	-214	-258	-335	-445	-585	2	4	5	7	13	19
100	120	+410	+240	+180																					-54	-79	-104	-144	-172	-210	-254	-310	-400	-525	-690						
120	140	+460	+260	+200		+145	+85		+43		+14	0		+18	+26	+41	-3+Δ		-15+Δ	-15	-27+Δ	0		-43	-63	-92	-122	-170	-202	-248	-300	-365	-470	-620	-800	3	4	6	7	15	23
140	160	+520	+280	+210																					-65	-100	-134	-190	-228	-280	-340	-415	-535	-700	-900						
160	180	+580	+310	+230																					-68	-108	-146	-210	-252	-310	-380	-465	-600	-780	-1000						
180	200	+660	+340	+240		+170	+100		+50		+15	0		+22	+30	+47	-4+Δ		-17+Δ	-17	-31+Δ	0		-50	-77	-122	-166	-236	-284	-350	-425	-520	-670	-880	-1150	3	4	6	9	17	26
200	225	+740	+380	+260																					-80	-130	-180	-258	-310	-385	-470	-575	-740	-960	-1250						
225	250	+820	+420	+280																					-84	-140	-196	-284	-340	-425	-520	-640	-820	-1050	-1350						
250	280	+920	+480	+300		+190	+110		+56		+17	0		+25	+36	+55	-4+Δ		-20+Δ	-20	-31+Δ	0		-56	-94	-158	-218	-315	-385	-475	-580	-710	-920	-1200	-1550	4	4	7	9	20	29
280	315	+1050	+540	+330																					-98	-170	-240	-350	-425	-525	-650	-790	-1000	-1300	-1700						
315	355	+1200	+600	+360		+210	+125		+62		+18	0		+29	+39	+60	-4+Δ		-21+Δ	-21	-37+Δ	0		-62	-108	-190	-268	-390	-475	-590	-730	-900	-1150	-1500	-1900	4	5	7	11	21	32

续表

公称尺寸/mm		基本偏差数值																																		Δ值					
		下极限偏差 EI												上极限偏差 ES										上极限偏差 ES																	
大于	至	所有标准公差等级												IT6	IT7	IT8	≤IT8	>IT8	≤IT8	>IT8	≤IT8	>IT8	≤IT7	标准公差等级大于 IT7												标准公差等级					
		A	B	C	CD	D	E	EF	F	FG	G	H	JS	J			K		M		N		P 至 ZC	P	R	S	T	U	V	X	Y	Z	ZA	ZB	ZC	IT3	IT4	IT5	IT6	IT7	IT8
355	400	+1350	+680	+400																					-114	-208	-294	-435	-530	-660	-820	-1000	-1300	-1650	-2100						
400	450	+1500	+760	+440		+230	+135		+68		+20	0		+33	+43	+66	-5+Δ		-23+Δ	-23	-40+Δ	0		-68	-126	-232	-330	-490	-595	-740	-920	-1100	-1450	-1850	-2400	5	5	7	13	23	34
450	500	+1650	+840	+480																					-132	-252	-360	-540	-660	-820	-1000	-1250	-1600	-2100	-2600						
500	560					+260	+145		+76		+22	0					0		-26		-44			-78	-150	-280	-400	-600													
560	630																								-155	-310	-450	-660													
630	710					+290	+160		+80		+24	0					0		-30		-50			-88	-175	-340	-500	-740													
710	800																								-185	-380	-560	-840													
800	900					+320	+170		+86		+26	0					0		-34		-56			-100	-210	-430	-620	-940													
900	1000																								-220	-470	-680	-1050													
1000	1120					+350	+195		+98		+28	0					0		-40		-66			-120	-250	-520	-780	-1150													
1120	1250																								-260	-580	-840	-1300													
1250	1400					+390	+220		+110		+30	0					0		-48		-78			-140	-300	-640	-960	-1450													
1400	1600																								-330	-720	-1050	-1600													
1600	1800					+430	+240		+120		+32	0					0		-58		-92			-170	-370	-820	-1200	-1850													
1800	2000																								-400	-920	-1350	-2000													
2000	2240					+480	+260		+130		+34	0					0		-68		-110			195	-440	-1000	-1500	-2300													
2240	2500																								-460	-1100	-1650	-2500													
2500	2800					+520	+290		+145		+38	0					0		-76		-135			-240	-550	-1250	-1900	-2900													
2800	3150																								-580	-1400	-2100	-3200													

注：（1）公称尺寸≤1 mm 时，基本偏差 A 和 B 及>IT8 的 N 均不采用。公差带 JS7 至 JS11，若 IT_n 值数是奇数，则取偏差 $=\frac{IT_n-1}{2}$。

（2）对≤IT8 的 K、M、N 和≤IT7 的 P 至 ZC，所需Δ值从表内右侧选取。例如：18～30 mm 段的 K7，$\Delta=8$ μm，所以 $ES=-2+8=+6$ μm；18～30 mm 段的 S6，$\Delta=4$ μm，所以 $ES=-35+4=-31$ μm;。特殊情况：250～315 mm 段的 M6，$ES=-9$ μm（代替 −11 μm）。

2. 基本偏差分布规律

孔的基本偏差分布规律是：

A ~ H 公差带位于零线的上方，基本偏差为下极限偏差 EI，且 $EI \geqslant 0$，只有 H 的基本偏差 $EI = 0$。

J ~ ZC 公差带大部分位于零线的下方，基本偏差为上极限偏差 ES，且多为 $ES \leqslant 0$。JS 的公差带相对零线对称分布，基本偏差为 ± IT/2，当标准公差为奇数时为 ±（IT – 1）/2。

轴的基本偏差分布规律是：

a ~ h 公差带位于零线的下方，基本偏差为上极限偏差 es，且 $es \leqslant 0$，只有 h 为上极限偏差 $es = 0$。

j ~ zc 公差带大部分位于零线的上方，基本偏差为下极限偏差 ei，且多为 $ei \geqslant 0$。js 的公差带相对零线对称分布，基本偏差为 ± IT/2，当标准公差为奇数时为 ±（IT – 1）/2。

绝大部分的基本偏差数值与公差等级无关，即在同一尺寸段内的所有公称尺寸，对应所有的公差等级具有相同的基本偏差；只有少部分的公差带（J，K，M，N，j，k）对于不同的公差等级有不同的基本偏差。

在图 2-3 中可以看出，用同一代号表示的孔基本偏差与轴的基本偏差相对于零线呈对称分布。基本偏差决定了公差带中的一个极限偏差，而另一偏差数值可通过极限偏差和标准公差的关系式进行计算。

轴　$es = ei + \mathrm{IT}$ 或 $ei = es - \mathrm{IT}$　（2-1）

孔　$ES = EI + \mathrm{IT}$ 或 $EI = ES - \mathrm{IT}$　（2-2）

通用规则:用同一字母表示的孔、轴基本偏差的绝对值相等，而符号相反，即孔的基本偏差与同字母轴的基本偏差相对于零线对称分布，呈“倒影”关系；

$$EI = -es \quad ES = -ei \tag{2-3}$$

特殊规则：用同一字母表示孔、轴基本偏差时，孔的基本偏差和轴的基本偏差符号相反，而绝对值相差一个Δ值，即

$$ES = -ei + \Delta \quad \Delta = \mathrm{IT}_n - \mathrm{IT}_{(n-1)} \tag{2-4}$$

例 2–3：确定轴ϕ40 g11 的极限偏差与极限尺寸。

解　公称尺寸段：30 ~ 50 mm（表 2-2）

标准公差：IT = 160 μm（表 2-2）

基本偏差 = – 9 μm（表 2-5）

上极限偏差 = 基本偏差 = – 9 μm

下极限偏差 = 基本偏差 – 标准偏差 = – 9 μm – 160 μmm = – 169（μm）

极限尺寸：上极限尺寸 = 40 mm – 0.009 mm = 39.991（mm）

下极限尺寸 = 40 mm – 0.169 mm = 39.831（mm）

例 2-4：确定孔ϕ130 N4 的极限偏差与极限尺寸。

解：公称尺寸段：120 ~ 180 mm（表 2-2）

标准公差：IT = 12 μm（表 2-2）

基本偏差 = − 27 μm + $\varDelta$（$\varDelta$是公称尺寸段内给定的某一标准公差等级 IT_n 与更精一级的标准公差等级 $IT_{(n-1)}$ 的差值）。本例中 n 为 4，（n − 1）为 3，故 $\varDelta = IT_n - IT_{(n-1)} = 4$ (μm)，即：

基本偏差 = −27 μm + 4 μm= − 23 (μm)

上极限偏差 = 基本偏差 −23 μm

下极限偏差 = 基本偏差 − 标准偏差 = −23 μm − 12 μm= − 35 (μm)

极限尺寸：上极限尺寸 = 130 mm − 0.023 mm = 129.977 (mm)

下极限尺寸 = 130 mm − 0.035 mm = 129.965 (mm)

2.2.3 几何要素及其误差

加工后的零件不仅有尺寸误差，构成零件几何特征的点、线、面的实际形状或相互位置与理想几何体规定的形状和相互位置也不可避免地存在差异，这种形状上的差异就是形状误差，而相互位置的差异就是位置误差，统称为形位误差（几何误差）。

1. 零件的要素

构成零件几何特征的点、线、面统称为几何要素（简称要素），如图 2-4 所示。

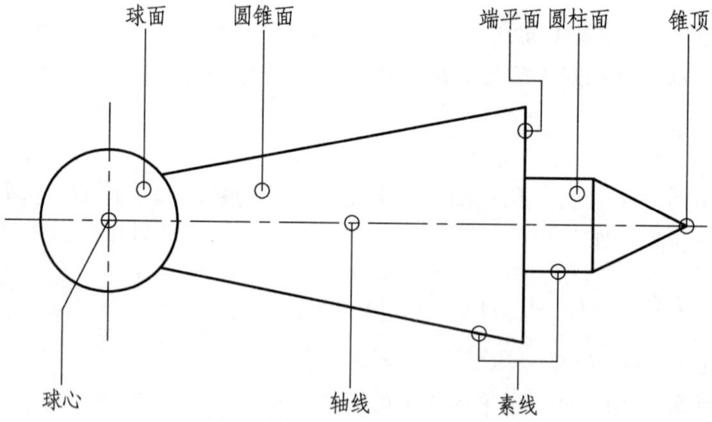

图 2-4 要素

2. 零件几何要素的分类

1）按几何特征分

（1）组成要素（轮廓要素）指构成零件内、外表面外形的具体要素，即组成轮廓的点、线、面。

（2）导出要素（中心要素）是由组成要素的对称中心所表示的（点、线、面）要素，属抽象要素，如中心线、中心面。

2）按存在状态分

（1）实际要素是零件上实际存在的要素，即加工后得到的要素，测量时由提取要素替代。由于存在测量误差，提取要素并非实际要素的真实状况。

（2）理想要素是具有几何意义、无误差的要素，是设计图样时所表示的要素，如轮廓要素或中心要素。

3）按检测关系分

（1）被测要素：图样上给出了几何公差的要素，即需要研究和测量的要素。

（2）基准要素：图样上规定用来确定被测要素的方向或（和）位置关系的要素。理想的基准要素称为基准，基准要素在图样上都标有基准符号或基准代号，如图 2-5 所示。

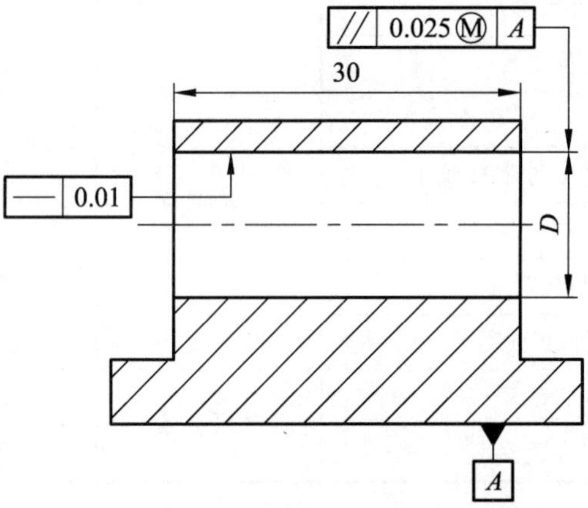

图 2-5 基准要素和被测要素

4）按功能要求分

（1）单一要素：仅对要素本身给出形状公差要求，或仅涉及其形状公差要求时的要素。

（2）关联要素：相对于其他要素有功能要求而给出方向、位置或跳动公差的要素。

3. 几何公差项目与符号

几何公差（形位公差）是指实际被测要素相对图样上给定的理想形状、理想位置的允许变动量，它是对几何要素的形状、方向、位置、跳动所提出的精度要求。几何公差分为形状公差、方向公差、位置公差和跳动公差四大类：形状公差是指实际单一要素的形状所允许的变动量；方向、位置和跳动公差是指实际关联要素相对于基准方位所允许的变动量。为了保证机械产品的质量，保证零部件的互换性和制造的经济性，应规定几何公差。

国家规定了 19 项几何公差，其名称、符号及分类见表 2-7。

表 2-7 几何公差项目的名称与特征符号（GB/T 1182—2018）

公差类别	几何特征名称	被测要素	符号	有无基准
形状公差	直线度	单一要素	⏤	无
	平面度		⏥	
	圆度		○	
	圆柱度		⌭	
	线轮廓度		⌒	
	面轮廓度		⌓	
方向公差	平行度	关联要素	∥	有
	垂直度		⊥	
	倾斜度		∠	
	线轮廓度		⌒	
	面轮廓度		⌓	
位置公差	位置度	关联要素	⌖	有或无
	同心度（用于中心线）		◎	有
	同轴度（用于轴线）		◎	
	对称度		⌯	
	线轮廓度		⌒	
	面轮廓度		⌓	
跳动公差	圆跳动	关联要素	↗	有
	全跳动		⌰	

4. 几何公差的意义与要素

不论注有公差的提取要素的局部尺寸如何，提取要素均应位于给定的几何公差带之内，并且其几何误差允许达到最大值（即几何公差可以超过尺寸公差）。

对产品的要求，除尺寸公差外，还要对产品的几何公差提出要求。几何公差是图样中对要素的形状和位置规定的最大允许的变动量。控制要素的形状或位置，均是对整个要素的控制。因此，设计给出的几何公差要求，实质上是对几何公差带的要求。实际要素只要在公差带内，可以具有任何形状，也可占有任何位置。

在评定被测要素时，首先确定公差带，以此判断被测要素是否符合给定的几何公差要求。确定公差带应考虑其形状、大小、方向及位置四个要素。

几何公差带是由一个或几个理想的几何线或面所限制的、由线性公差值表示其大小的区域。

（1）公差带的形状常用的有 9 种，取决于被测要素的几何形状、给定的几何公差特征项目和标注形式，见表 2-8。

（2）公差带的大小指公差带的宽度 t 或直径 ϕt，见表 2-8，t 即公差值；取值大小取决于被测要素的形状和功能要求。

（3）公差带的方向即评定被测要素误差的方向，公差带的宽度方向为被测要素的法向。公差带放置方向直接影响到误差评定的准确性。对于位置公差带，其方向由设计给出，被测要素应与基准保持给定的几何关系。对于形状公差带，设计不做出规定，其方向应遵守评定形状误差的基本原则——最小条件原则。

（4）对于公差带的位置，形状公差带没有位置要求，只用来限制被测要素的形状误差；但形状公差带要受到相应的尺寸公差带的制约，在尺寸公差内浮动，或由理论正确尺寸固定。对于位置公差带，其位置是由相对于基准的尺寸公差或理论正确尺寸确定。

表 2-8　常用的几何公差带

特征	公差带
圆内区域	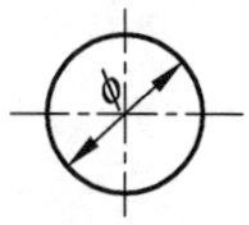
两同心圆之间的区域	
两同轴圆柱面之间的区域	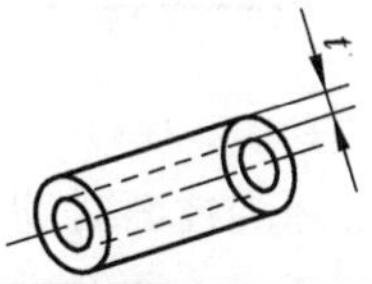
两平行直线之间的区域	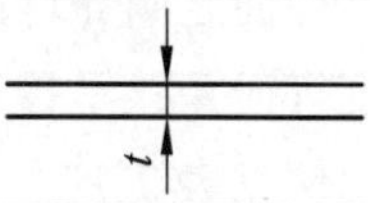
两等距曲线之间的区域	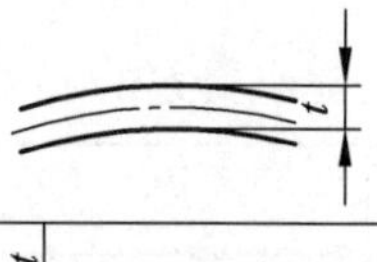
两平行平面之间的区域	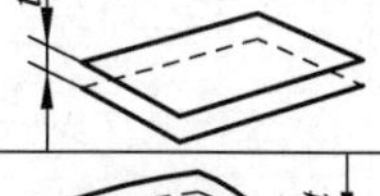
两等距曲面之间的区域	
圆柱面内的区域	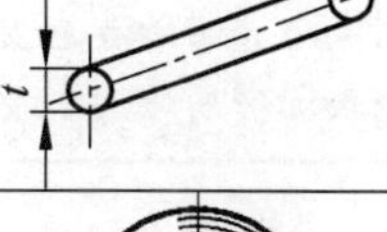
圆球内的区域	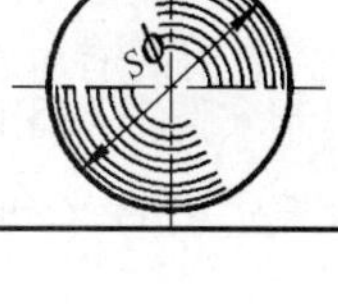

2.2.4 形状公差的定义及其检测方法

形状公差有直线度、平面度、圆度、圆柱度、线轮廓度、面轮廓度六个项目。形状公差是单一被测要素的形状相对其理想形状要素允许的变动全量。形状公差带是限制单一实际被测要素变动的区域。形状公差没有基准要求，所以公差带是浮动的。

1. 圆　度

圆度公差是限制实际圆相对理想圆变动量的项目，是单一提取实际圆在垂直于轴线截面内、半径差为公差值的两同心圆之间的区域的变动全量。圆度公差带的定义和标注示例见表 2-9。

表 2-9　圆度公差

项目	功用	公差带的含义	示例
圆度公差	用于限制回转表面径向截面轮廓的形状误差	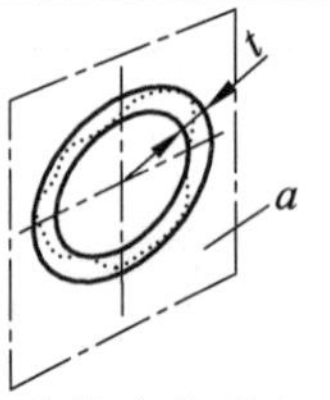 注：图中 a 为任意截面。 公差带为在给定横截面内，半径差等于公差值 t 的两同心圆所限定的区域	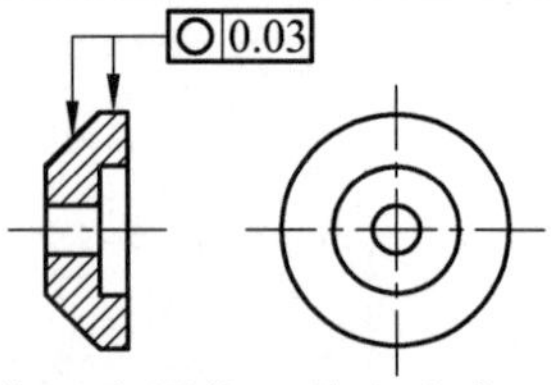 在圆柱面和圆锥面的任意截面内，实际圆周应限定在半径差等于 0.03 mm 的两共面同心圆之间

2. 圆柱度

圆柱度是限制实际圆柱面对理想圆柱面变动量的项目，是单一提取圆柱面必须位于半径差为公差值、两同轴圆柱面之间允许的变动全量。它可以控制轴向截面及轴截面内的圆度、素线直线度、轴线直线度等误差，是控制圆柱体内、外表面多项综合性形状误差的指标。圆柱度公差带的定义和标注示例见表 2-10。

表 2-10　圆柱度公差

项目	功用	公差带的含义	示例
圆柱度公差	用于限制圆柱面的形状误差	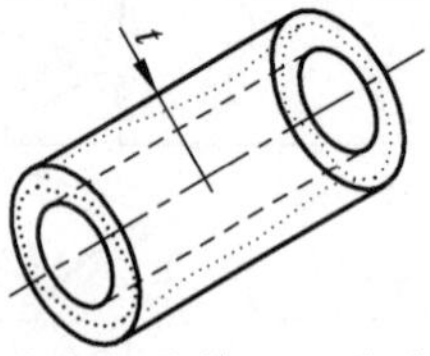 公差带为半径差等于公差值 t 的两同轴圆柱所限定的区域	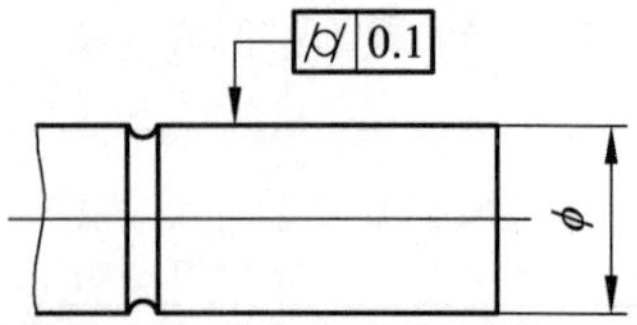 实际圆柱面应限定在半径差等于 0.1 mm 的两同轴圆柱面之间

3. 直线度

直线度公差是限制实际直线相对理想直线变动量的项目，用于控制平面内或空间内直线的形状误差，直线度公差带的含义和示例见表 2-11。

表 2-11 直线度公差表

项目	功用	公差带的含义	示例
给定平面	用于限制给定平面内直线的形状误差	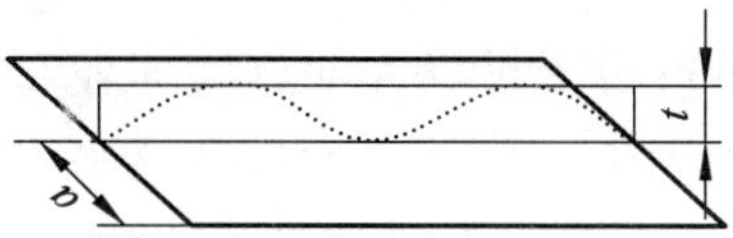 注：图中 a 为任意距离 公差带在给定平面和给定方向上，间距等于公差值 t 的两平行直线所限定的区域	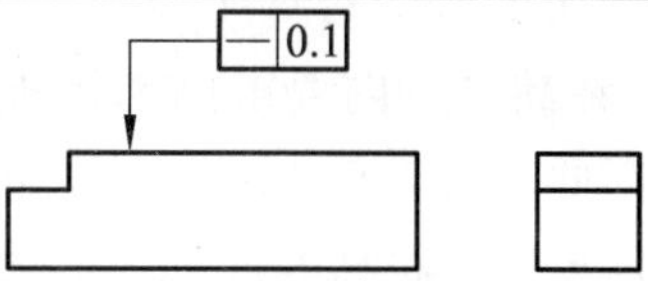 在任一平行于图示投影面的平面内，上表面的实际线应限制在距离等于 0.1 mm 的两平行直线之间
给定方向	用于限制给定方向上直线的形状误差	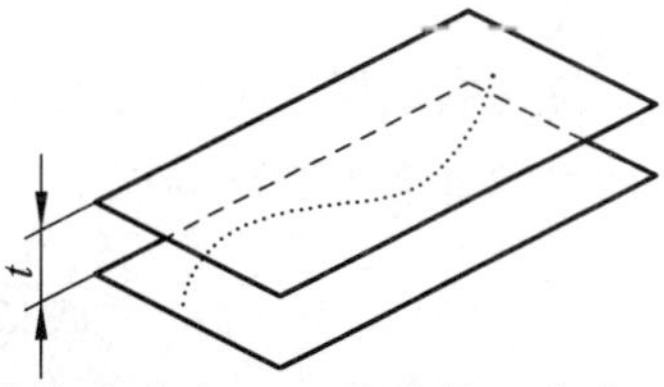 在给定方向上，公差带是距离为公差值 t 的两平行平面之间的区域	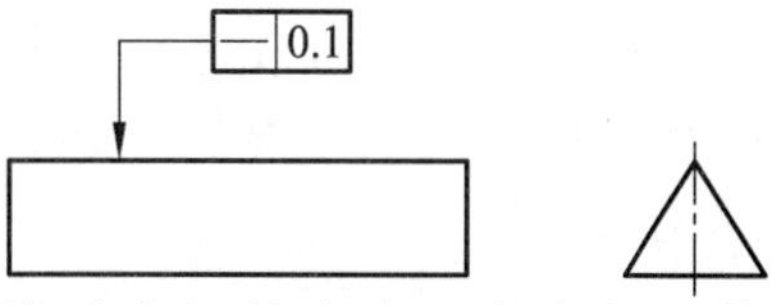 被测实际棱线应限定在间距等于 0.1 mm 的两平行平面之间
任意方向	用于限制空间直线的形状公差	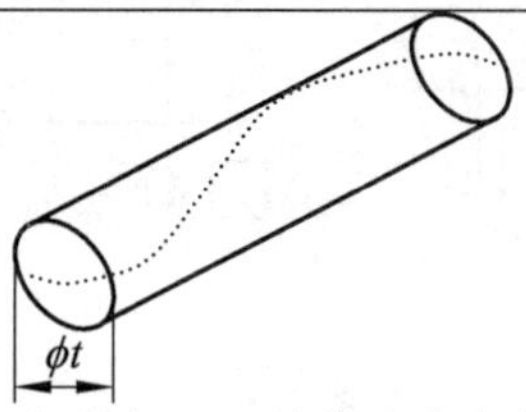 在任意方向上，公差带为直径等于公差值 t 的圆柱面所限定的区域	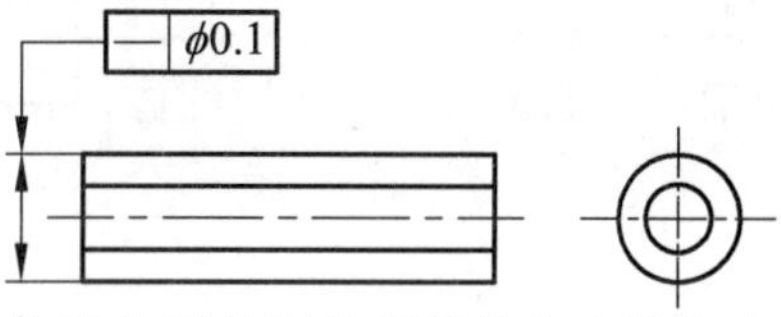 被测外圆柱面的实际轴线应限定在直径等于 ϕ0.1 mm 的圆柱面内

4. **平面度**

平面度公差是限制实际表面相对理想表面变动量的项目，是单一提取平面所允许的变动全量，平面度公差带的含义和示例见表 2-12。

表 2-12 平面度公差表

项目	功用	公差带的含义	示例
平面度公差	用于限制被测实际平面的形状误差	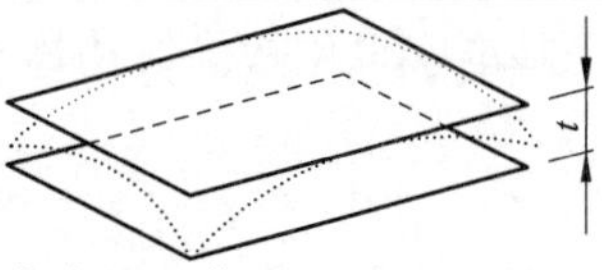 公差带为间距等于公差值 t 的两平行平面所限定的区域	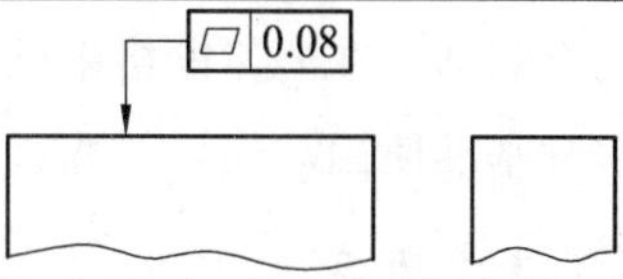 被测实际表面应限定在间距等于 0.08 mm 的两平行平面之间

2.2.5 方向公差的定义及其检测方法

方向公差有平行度、垂直度、倾斜度、线轮廓度和面轮廓度五个项目。随被测要素和基准要素为直线或平面之分，可有“线对基准线”（被测要素和基准要素均为直线）、“线对基准面”

“面对基准线”和“面对基准面”四种形式。方向公差是关联被测要素相对其具有确定方向的理想要素允许的变动量。

方向公差带有如下特点：相对于基准有方向要求（平行、垂直或倾斜、理论正确角度）；在满足方向要求的前提下，公差带的位置可以浮动；能综合控制被测要素的形状误差。因此，当对某一被测要素给出方向公差后，通常不再对该要素给出形状公差。如果在功能上需要对形状精度有进一步要求，则可同时给出形状公差。当然，形状公差值一定小于方向公差值。

1. 基 准

基准是确定要素间几何关系方向或（和）位置的依据。根据关联被测要素所需基准的个数及构成某基准的零件上要素的个数，图样上标出的基准可归纳为以下三种，如图 2-6 所示。

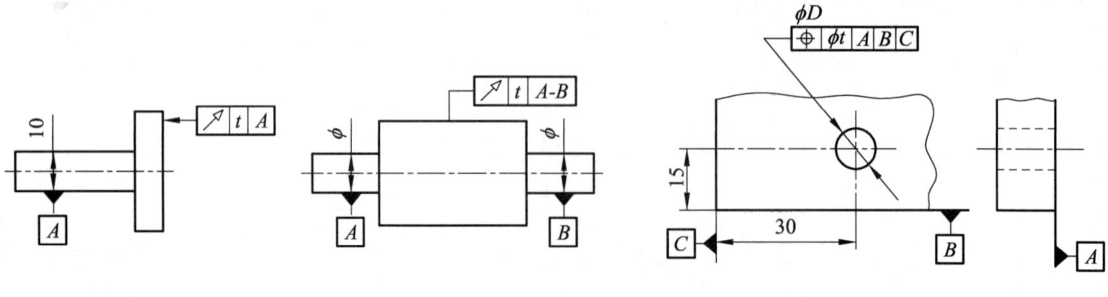

图 2-6 基准种类

与被测要素相关的基准用一个大写字母表示，字母在基准方格内，与一个涂黑或空白角形相连表示基准。

1）单一基准

由一个要素建立的基准称为单一基准，如一个平面、中心线或轴线等。

2）组合基准（或称公共基准）

由两个或两个以上要素（理想情况下这些要素共线或共面）构成、起单一基准作用的基准称为组合基准。在公差框格中标注时，将各个基准字母用短横线相连并写在同一格内，以表示作为单一基准使用。

3）基准体系

若某被测要素需由两个或三个相互间具有确定关系的基准共同确定，这种基准称作基准体系。常见形式有：相互垂直的两平面基准或三平面基准，相互垂直的一直线基准和一平面基准。基准体系中的各个基准，可以由单个要素构成，也可由多个要素构成；若由多个要素构成，按组合基准的形式标注。应用基准体系时，要特别注意基准的顺序。填在框格第三格的称作第一基准，填在其后的依次称作第二、第三（如果有）基准。

2. 平行度

平行度是限制被测要素（平面或直线）相对基准要素（平面或直线）在平行方向上变动全量的一项指标，用来控制被测要素相对于基准要素在平行方向偏离的程度，平行度公差带的含义和示例见表 2-13。

表 2-13　平行度公差表

项目	功用	公差带的含义	示例
线对线平行度公差	用于限制被测直线相对基准直线的平行度误差	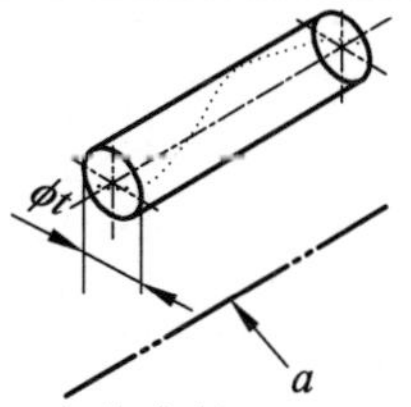 注：图中 *a* 为基准轴线。 若公差值前加注了符号 φ，公差带为平行于基准轴线且直径等于公差值 φ*t* 的圆柱面所限定的区域	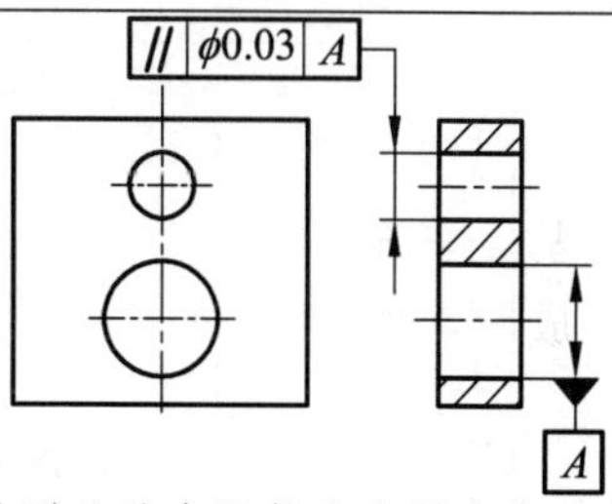 被测孔的实际轴线应限定在平行于基准轴线 *A* 且直径等于 φ 0.03mm 的圆柱面内
线对面平行度公差	用于限制被测直线相对基准平面的平行度误差	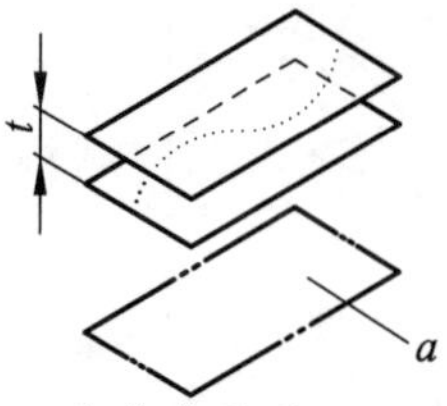 注：图中 *a* 为基准平面。 公差带为平行于基准平面且间距等于公差值 *t* 的两平行平面所限定的区域	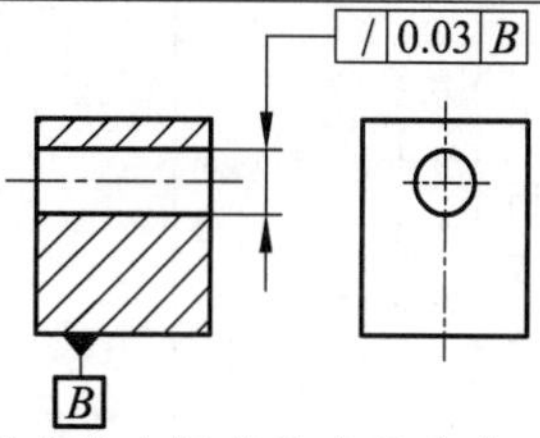 被测孔的实际轴线应限定在平行于基准平面 *B* 且间距等于 0.03 mm 的两平行平面之间
面对线平行度公差	用于限制被测平面相对基准直线的平行度误差	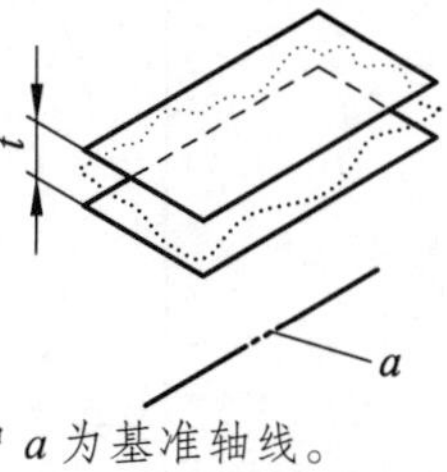 注：图中 *a* 为基准轴线。 公差带为间距等于公差值 *t* 且平行于基准轴线的两平行平面所限定的区域	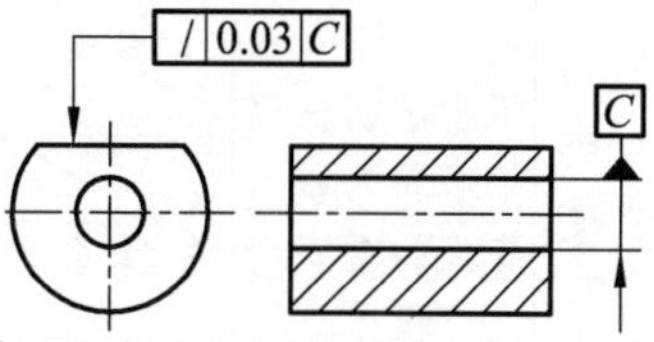 实际表面应限定在间距等于 0.03 mm 且平行于基准轴线 *C* 的两平行平面之间
面对面平行度公差	用于限制被测平面相对基准平面的平行度误差	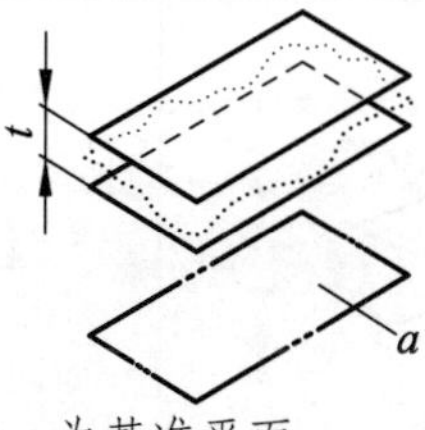 注：图中 *a* 为基准平面。 公差带为间距等于公差值 *t* 且平行于基准平面的两平行平面所限定的区域	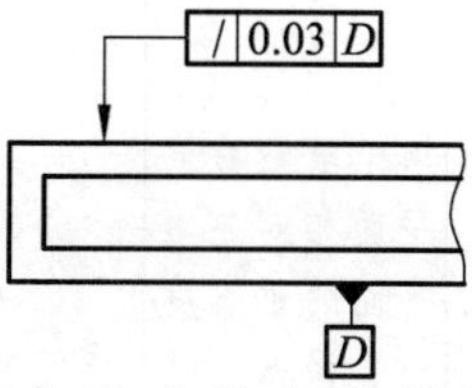 实际表面应限定在间距等于 0.03 mm 且平行于基准平面 *D* 的两平行平面之间

3. 垂直度

垂直度是限制被测要素（平面或直线）相对基准要素（平面或直线）在垂直方向上变动全量的一项指标，用来控制被测要素相对于基准要素在垂直方向偏离的程度，垂直度公差带的含义和示例见表 2-14。

表 2-14 垂直度公差表

项目	功用	公差带的含义	示例
线对线垂直度公差	用于限制被测直线相对基准直线的垂直度误差	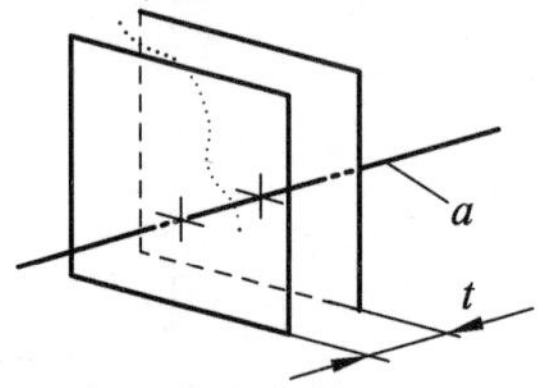 注：图中 *a* 为基准轴线 公差带为间距等于公差值 *t*，垂直于基准轴线的两平行平面所限定的区域	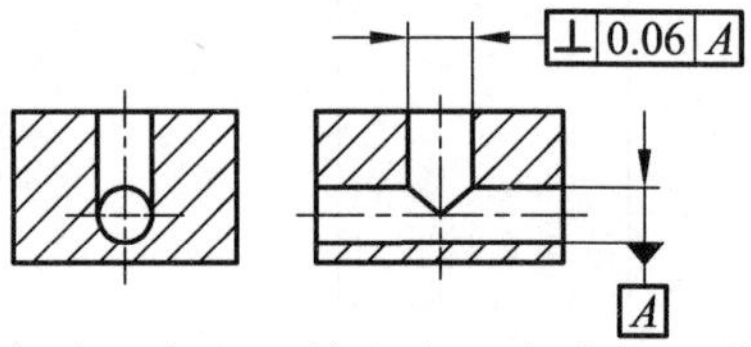 被测孔的实际轴线应限定在间距等于 0.06 mm 且垂直于基准轴线 *A* 的两平行平面之间
线对面垂直度公差	用于限制被测直线相对基准平面的垂直度误差	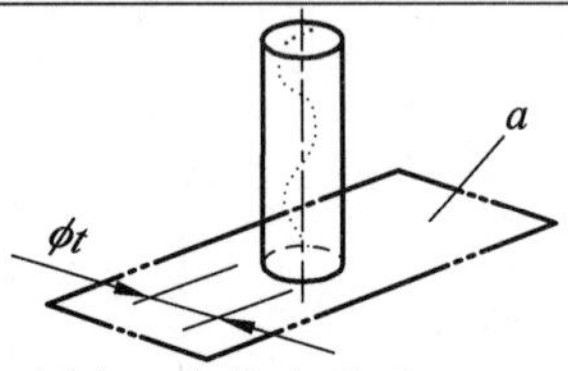 注：图中 *a* 为基准平面。 若公差值前加注了符号 *ϕ*，公差带为直径等于公差值 *ϕt* 且轴线垂直于基准平面的圆柱面所限定的区域	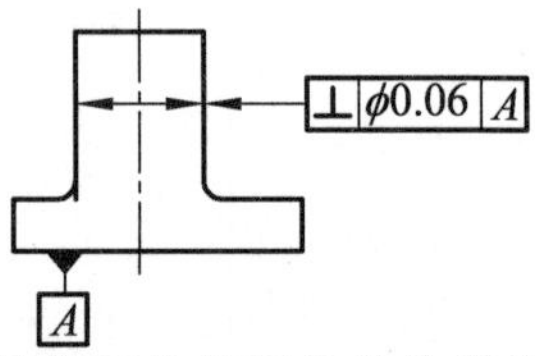 被测圆柱面的实际轴线应限定在直径等于 *ϕ*0.01mm 且垂直于基准面 *A* 的圆柱面内
面对线垂直度公差	用于限制被测平面相对基准直线的垂直度误差	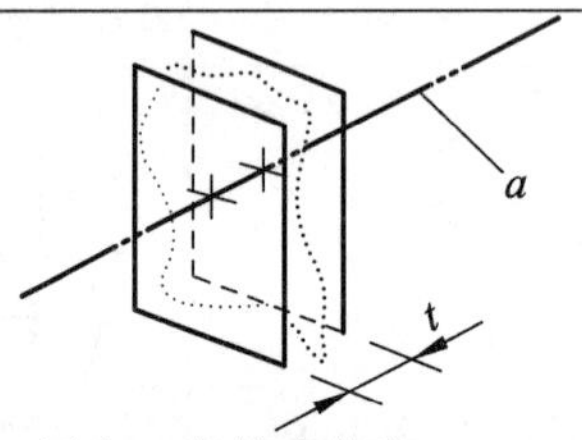 注：图中 *a* 为基准轴线。 公差带为间距等于公差值 *t* 且垂直于基准轴线的两平行平面所限定的区域	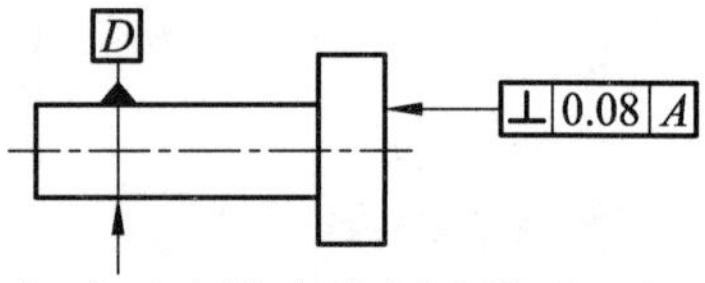 实际表面应限定在间距等于 0.08 mm 且垂直于基准轴线 *A* 的两平行平面之间
面对面垂直度公差	用于限制被测平面相对基准平面的垂直度误差	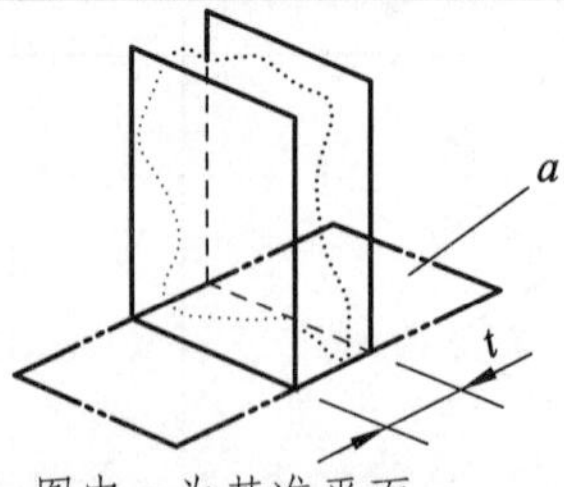 注：图中 *a* 为基准平面。 公差带为间距等于公差值 *t* 且垂直于基准平面的两平行平面所限定的区域	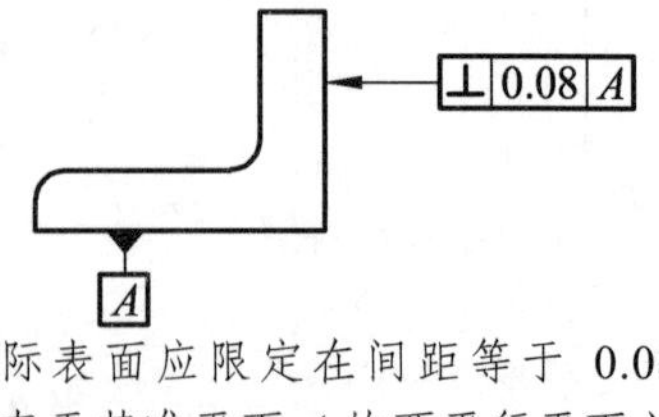 实际表面应限定在间距等于 0.08 mm 且垂直于基准平面 *A* 的两平行平面之间

4. 倾斜度

倾斜度是指被测要素相对基准要素在倾斜某一给定角度（0°和 90°除外）的方向上所允许的变动全量，理想要素的方向由基准及在 0°～90°的任意角度的理论正确角度决定，倾斜度公差带的含义和示例见表 2-15。

表 2-15 倾斜度公差表

项目	功用	公差带的含义	示例
线对线倾斜度公差	用于限制被测直线对基准直线的倾斜度误差	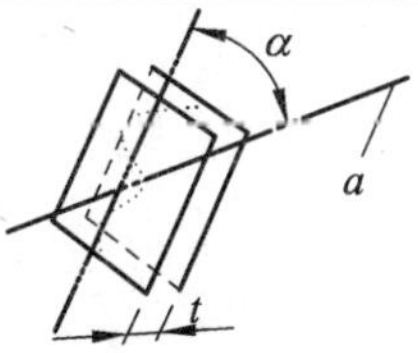 注：图中 *a* 为基准轴线，被测直线与基准直线在同一平面上。 公差带为间距等于公差值 *t* 的两平行平面所限定的区域。该两平行平面按给定角度倾斜于基准轴线	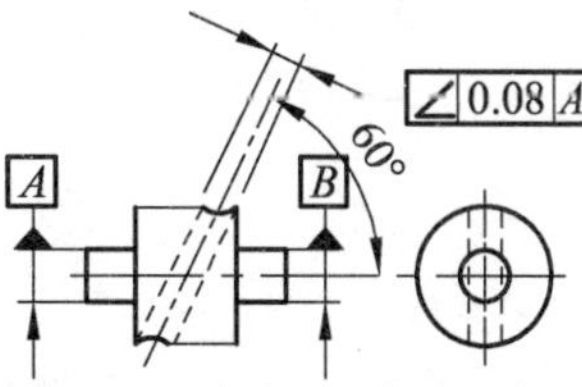 被测孔的实际轴线应限定在间距等于 0.08 mm 的两平行平面之间。该两平行平面按理论正确角度 60°倾斜于公共基准轴线 *A*-*B*
线对面倾斜度公差	用于限制被测直线对基准平面的倾斜度误差	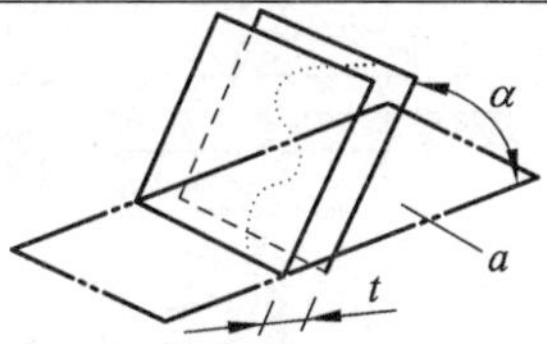 注：图中 *a* 为基准平面 公差带为间距等于公差值 *t* 的两平行平面所限定的区域。该两平行平面按给定角度 *α* 倾斜于基准轴线	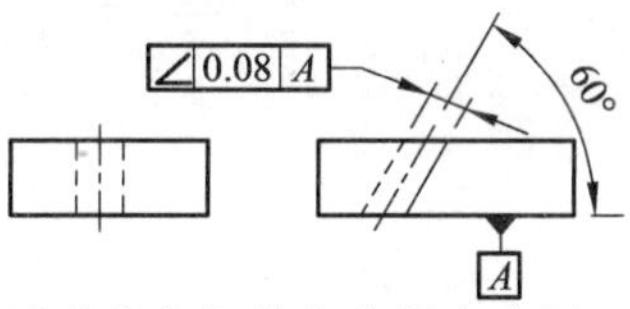 被测孔的实际轴线应限定在间距等于 0.08 mm 的两平行平面之间。该两平行平面按理论正确角度 60°倾斜于基准平面 *A*
面对线倾斜度公差	用于限制被测平面对基准直线的倾斜度误差	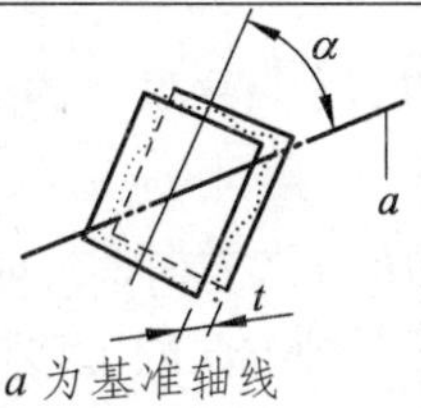 注：图中 *a* 为基准轴线 公差带为间距等于公差值 *t* 的两平行平面所限定的区域。该两平行平面按给定角度 *α* 倾斜于基准轴线	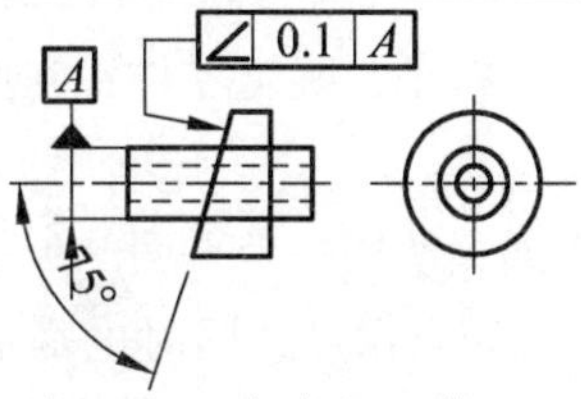 实际表面应限定在间距等于 0.1 mm 的两平行平面之间。该两平行平面按理论正确角度 75°倾斜于基准轴线 *A*
面对面平倾斜度差	用于限制被测平面对基准平面的倾斜度误差	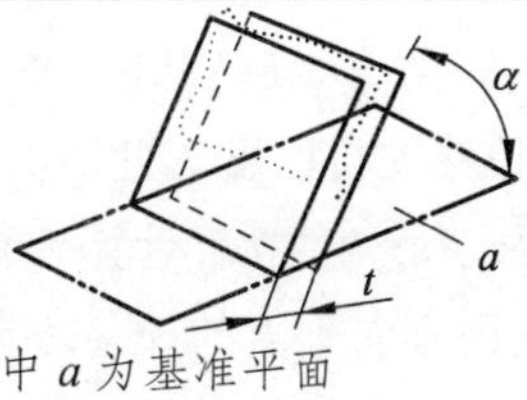 注：图中 *a* 为基准平面 公差带为间距等于公差值 *t* 的两平行平面所限定的区域。该两平行平面按给定角度 *α* 倾斜于基准轴线	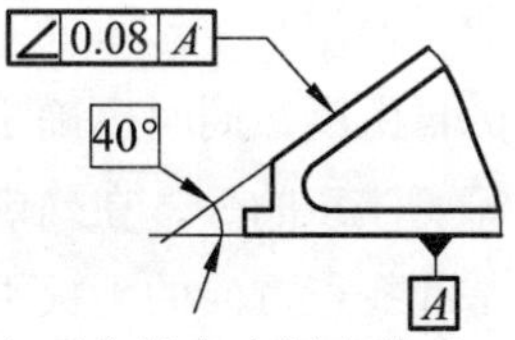 实际表面应限定在间距等于 0.08 mm 的两平行平面之间。该两平行平面按理论正确角度 40°倾斜于基准平面 *A*

2.2.6 透盖的三坐标自动检测

微课：透盖的装夹与坐标系建立

1. “3-2-1 法”建坐标

“3-2-1 法”的基本原理是测取 3 点确定平面，取其法向矢量作为第一轴向；测取 2 点确定直线，取直线方向（起始点指向终止点）作为第二轴向；测取 1 点或点元素作为坐标系零点。

在空间直角坐标系中，任意零件均有 6 个自由度，即分别绕 X、Y、Z 轴旋转和分别沿 X、Y、Z 轴平移，如图 2-7 所示。

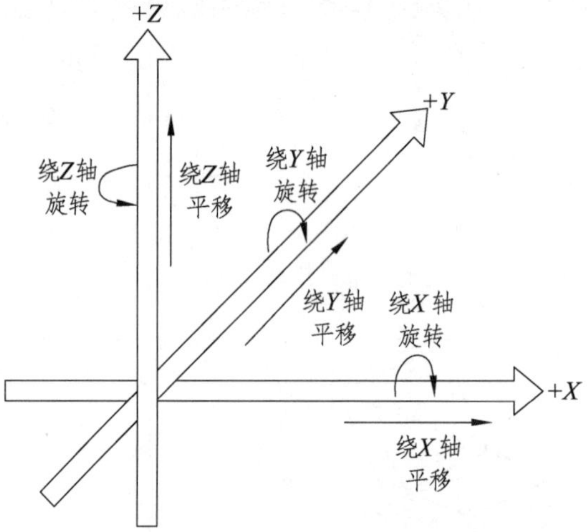

图 2-7 空间直角坐标系下的 6 个自由度

建立零件坐标系就是要确定零件在机器坐标系下的 6 个自由度。3-2-1 法建立空间直角坐标系分为以下 3 个步骤。

（1）找正：确定零件在空间直角坐标系下的 3 个自由度，即 2 个旋转自由度和 1 个平移自由度。

例如，使用一个平面的矢量方向找正坐标系的 $+Z$ 方向，这时就确定了该零件围绕 X 轴和 Y 轴的旋转自由度，同时也确定了零件在坐标系 Z 轴方向的平移自由度。另外，零件还有围绕 Z 轴旋转的自由度和沿 X 轴和 Y 轴平移的自由度。

（2）旋转：确定零件在空间直角坐标系下的 2 个自由度，即 1 个旋转自由度和 1 个平移自由度。

例如，使用与 $+Z$ 方向垂直或近似垂直的一条直线旋转到 $+X$，这时就确定了零件围绕 Z 轴旋转的自由度，同时也确定了零件沿 Y 轴平移的自由度。此时，零件还有沿 X 轴平移的自由度。需要注意的是，在确定旋转方向时需要进行一次投影计算，将第二基准的矢量方向投影到第一基准找正方向的坐标平面上，计算与找正方向垂直的矢量方向，用该计算的矢量方向作为坐标系的第二个坐标系轴向。这个过程应该由测量软件在执行旋转命令时自动完成计算。

（3）原点：确定零件在空间直角坐标系下的 1 个自由度，即 1 个平移自由度。

例如，使用矢量方向为 $+X$ 或 $-X$ 的一个点就能确定零件沿坐标系 X 轴平移的自由度。

零件坐标系的建立是否正确，可以通过观察软件中的坐标值来判断。例如，将软件显示坐标置于零件坐标系中，查看当前探针所处的位置是否正确；或用操纵杆控制测量机运动，使宝石球尽量接近零件坐标系零点，观察坐标显示，然后按照设想的方向运动测量机的某个轴，观察坐标值是否有相应的变化，如果偏离比较大或方向相反，就要找出原因，重新建立坐标系。

建立坐标系的目的是准确测量相关基准元素，作为后续尺寸评价的基准，所以通常会测量更多的点数，具体步骤如下：

（1）导入 CAD 模型，如图 2-8 所示。

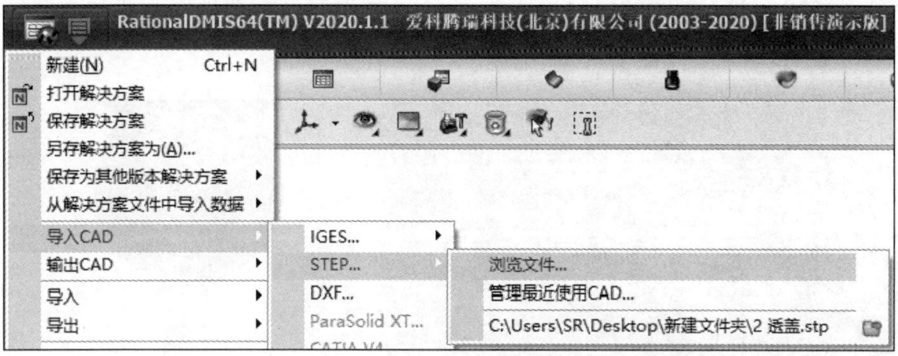

图 2-8 导入 CAD 数据界面

（2）打开自学习模式，命令方式选择“手动模式”，如图 2-9 所示。

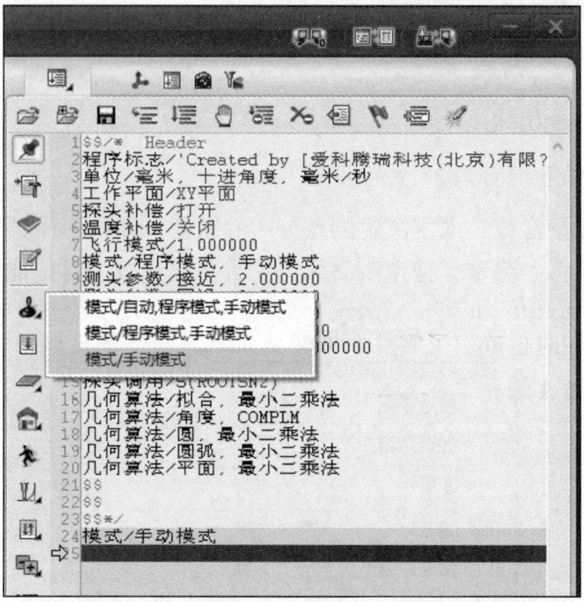

图 2-9 命令方式

（3）使用手操器测量面、线、点元素。

（4）如图 2-10 所示，“坐标”→“生成坐标”，将面、线、点分别拖至对应框格，预览坐标系，查看两坐标系方向是否一致，确认无误后单击“添加/激活坐标系”。

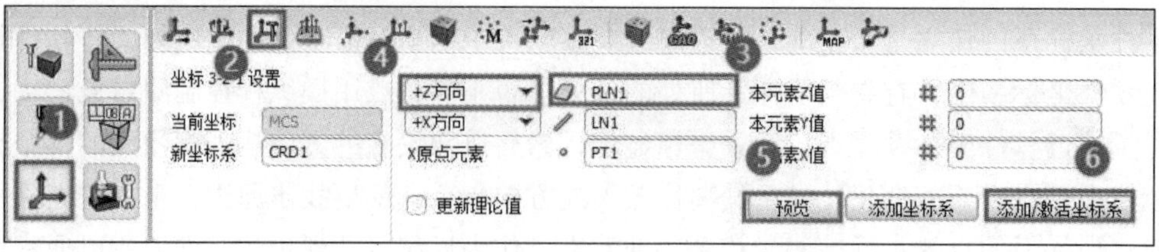

图 2-10 生成坐标系

（5）在双数据区元素区选中导入模型，右键选择“模型对齐”，手动操作测量机，将测针放在零件某个特征点上（如圆的象限点或圆心上），查看测针在软件中位置与测量机上位置是否一致，如图 2-11 所示。

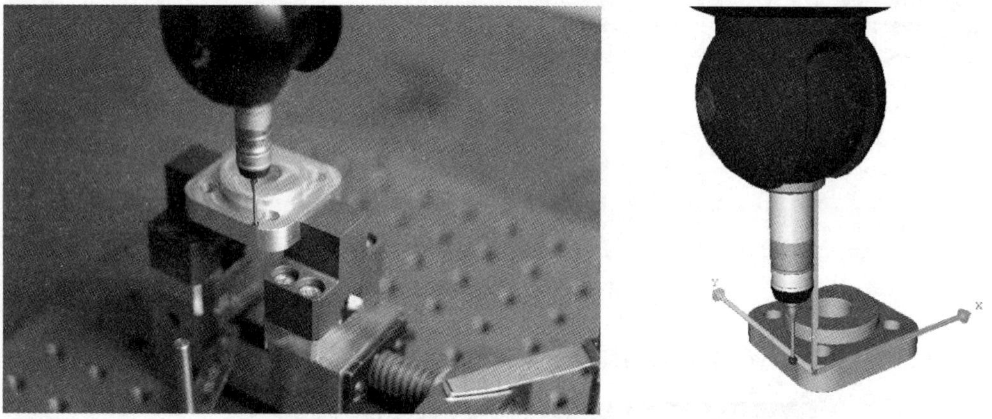

图 2-11 坐标系检查

2. 元素的自动检测方法

1）下面以圆为例介绍自动测量的步骤

微课：透盖元素的自动测量

（1）设置适当的测量参数：深度决定测点分布的高度，间距面保证探针先走到一个安全的位置后再去测量，搜索距离保证孔直径误差较大时仍能正常测量，设置完成后单击“应用”生效，如图 2-12 所示。

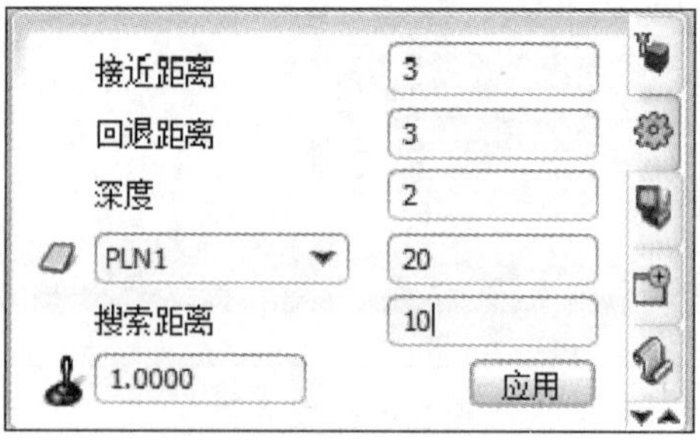

图 2-12 测量参数设置

（2）拖放一个预先定义的理论元素到标签窗口，在本案例中采取重置实际元素的方法，如图 2-13 所示，选中测量完成的实际元素，右键“重置实际元素”，将理论元素拖放至测量界面的“测点管理”处。

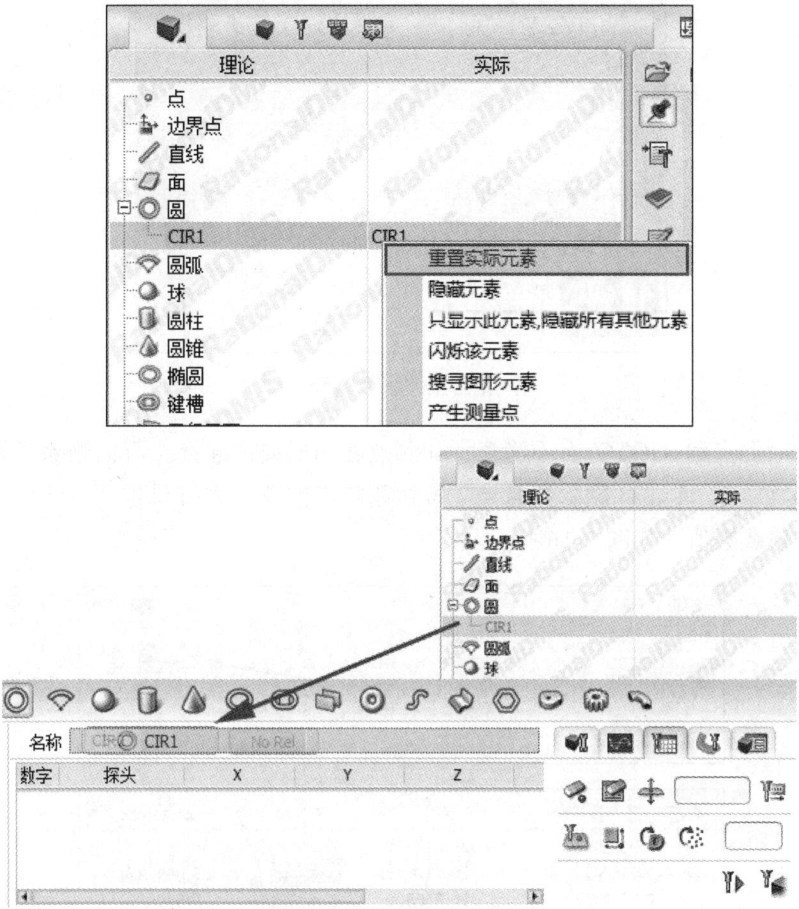

图 2-13 元素的重置与拖放

（3）将元素拖放后，计数窗口显示的数值是软件根据默认设置为元素分配的测量点数，用鼠标滚轮可以增减点数（把鼠标停留在数字上方，滚动鼠标滚轮，就会看到数值在变化：左下，千位；左上，百位；中间，十位；右边，个位），如图 2-14 所示。

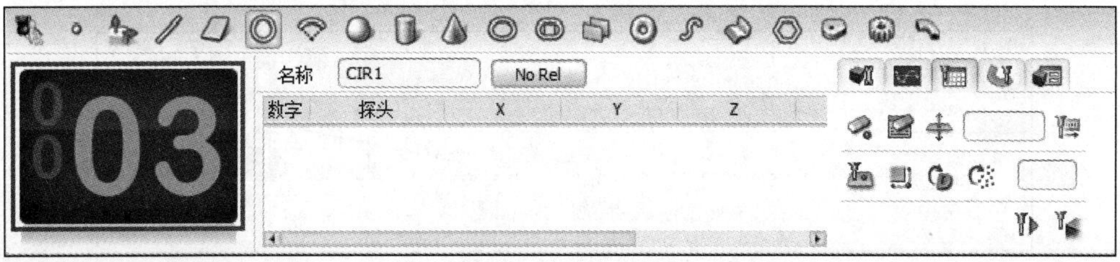

图 2-14 测量点数

（4）设置完测量点数后，单击“生成测量点”按钮，由软件自动规划测点和路径，图形区会显示测点和路径的预览，如图 2-15 所示。

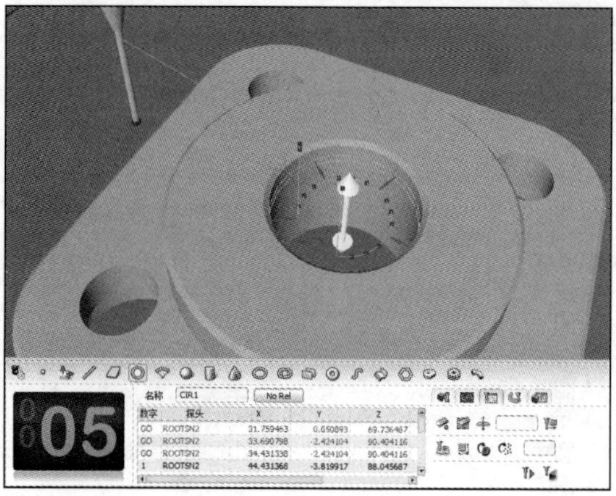

图 2-15 测量路径

（5）如果对测点和 GOTO 点不满意，如测点在凹槽或突起上，可以删除或修改：激活一个测点或 GOTO 点，单击“删除测量点”按钮删除当前项，亦可单击“删除全部”按钮，或者单击表格，修改数值，如图 2-16 所示。

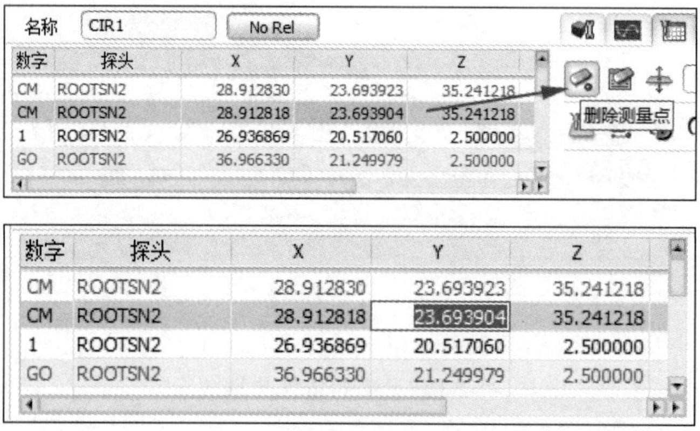

图 2-16 测量点坐标修改

（6）如果测点的矢量方向反了，先激活要反转的测点，然后单击“反转向量”按钮，翻转矢量方向，如图 2-17 所示。

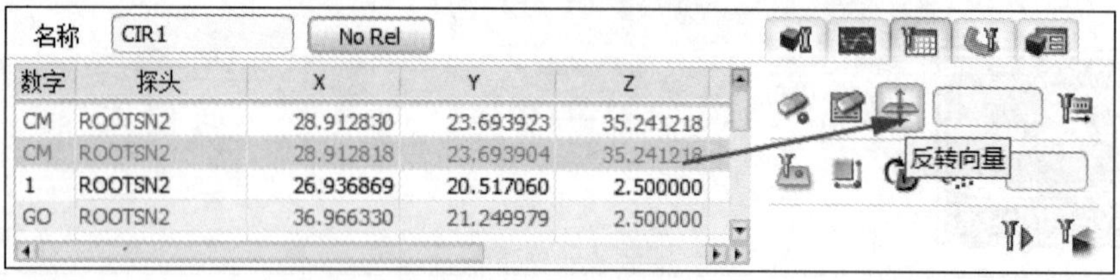

图 2-17 反转向量

（7）在图形区观察测点的分布和路径，如无干涉和不当的测点，则可单击测量来自动测量元素（测量完成后软件自动生成或更新实际值，自学习打开时自动生成 DMIS 程序），如图 2-18 所示。

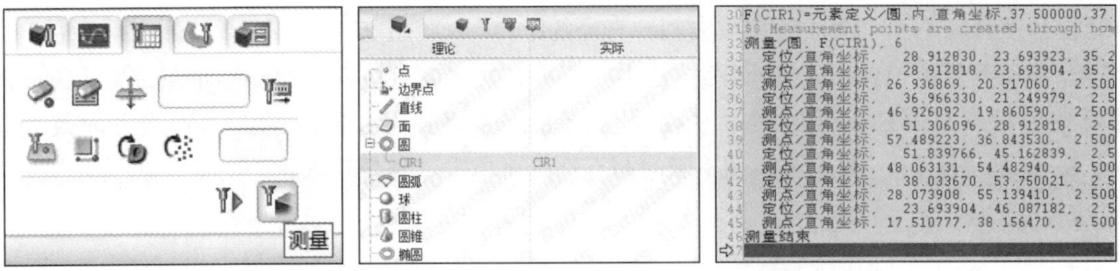

图 2-18 元素测量

2）平面测量示范

“PLN1”测量。在软件中，将“PLN1”拖入元素测量的名称处，选中测量管理，如图 2-19 所示。通过“在几何元素上创建/编辑测量点”功能，可在被测元素上根据需求自己编辑测量点位置，如图 2-20 所示，单击“预览”，如无干涉和不当的测点，则可单击测量来自动测量元素。“PLN8”测量方法和“PLN1”一致。

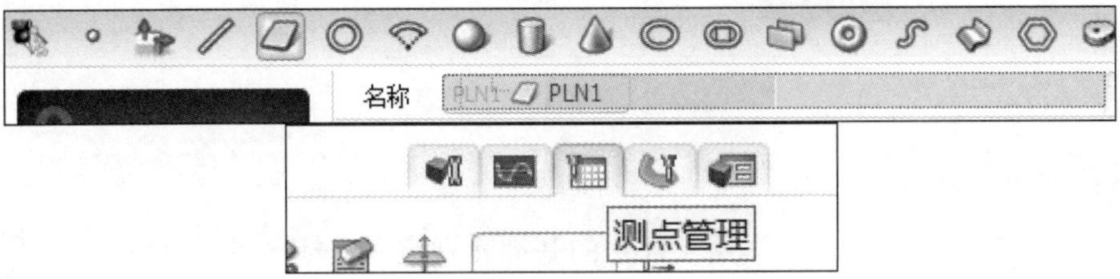

图 2-19 拖放元素

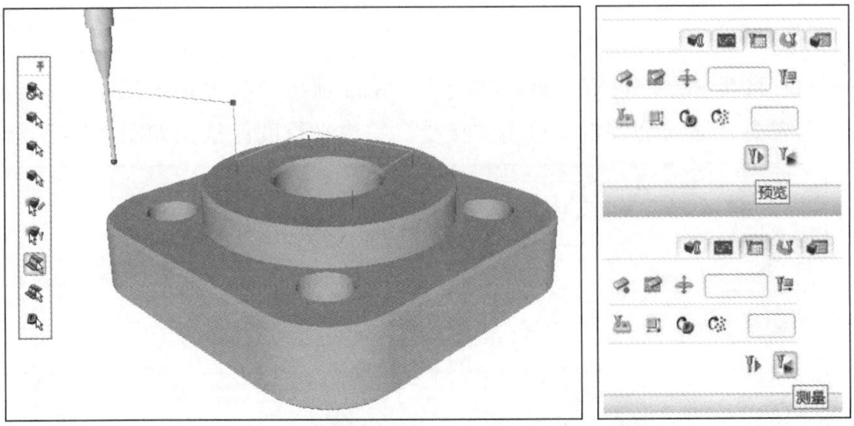

图 2-20 编辑测量点

3）圆柱测量示范

“CYL1”测量。如图 2-21 所示，在测量界面选中测量管理，元素数据区选中“CYL1”，单击右键，选择“产生测量点”，修改测量点窗口的参数（起始点指圆柱测量点的起始坐标位置，中轴是指理论圆柱质心的坐标位置和矢量方向，半径指定义的理论圆柱半径数值，类型指测量内圆面或外圆面，顺时针方向指测量点的移动方向，长度指圆柱轴长，角度指被测角度大小，每路径点数指每截面上测量圆的点数，路径数指测量层数），将长度修改为 10 mm（建议修改的长度距离小于"圆柱总长减去测针直径的距离"），单击产生测量点，如图 2-21 右上方所示，移动测量点位置[选中外圈圆柱或中间箭头，使之变色后即可调整测量点位置（旋转圆柱可使测量点绕圆柱轴线旋转，从而改变位置；移动箭头可使测量点沿轴线方向改变位置）]，单击"预览"，如无干涉和不当的测点，则可单击"测量"来自动测量元素。

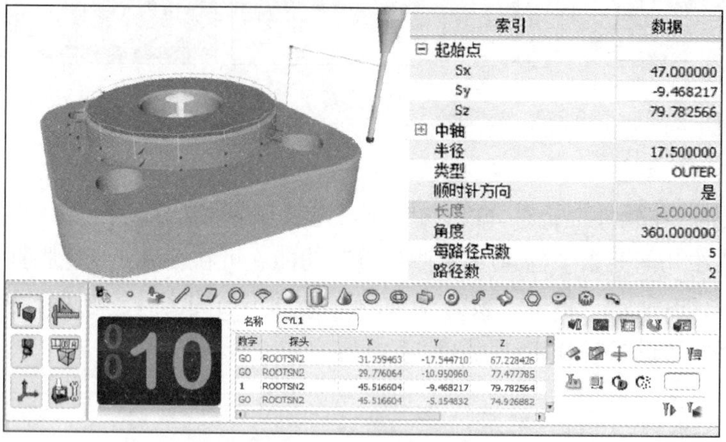

图 2-21 "CYL1"测量

3. 透盖的尺寸评价

（1）在双数据区中，将元素区用于评价的基准元素拖入坐标区的"DAT"处，生成基准，如图 2-22 所示。

（2）在公差界面，选择"平行度"评价，将"PLN5"实际元素拖入元素名称栏。

微课：透盖的检测尺寸评价

（3）在双数据区坐标区"DAT"处，将定义的基准拖至"参考元素"处。

（4）修改公差名，输入公差带，单击"接受"完成平行度评价，如图 2-23 所示。

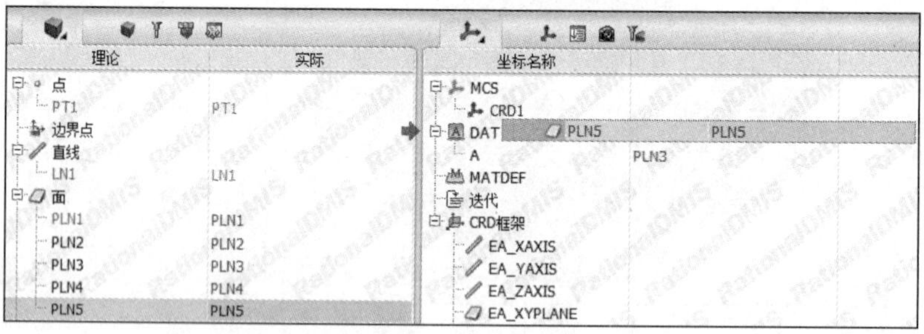

图 2-22 生成基准

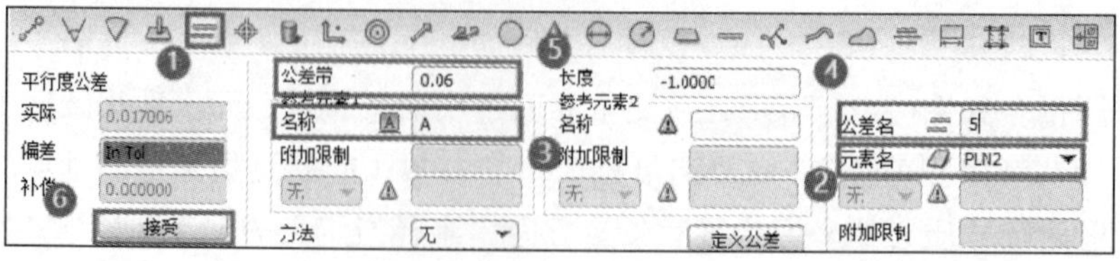

图 2-23 平行度评价

4. 透盖的检测报告

（1）在报告输出窗口，单击“设置”，选择“格式定义”→“显示公差数据的描述”→“激活”，可根据需求显示检测报告中形位公差尺寸的评价。

（2）如图 2-24 所示，选择“格式定义”→“缺省”，可根据需求调整检测报告中的检测显示项目。

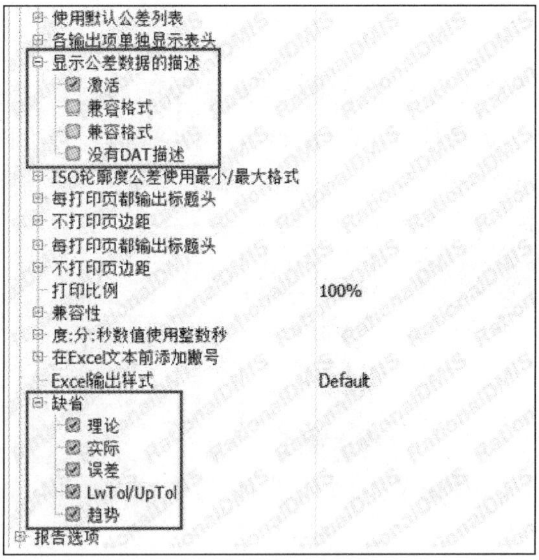

图 2-24　检测报告设置

（3）图 2-25 所示为透盖检测报告。

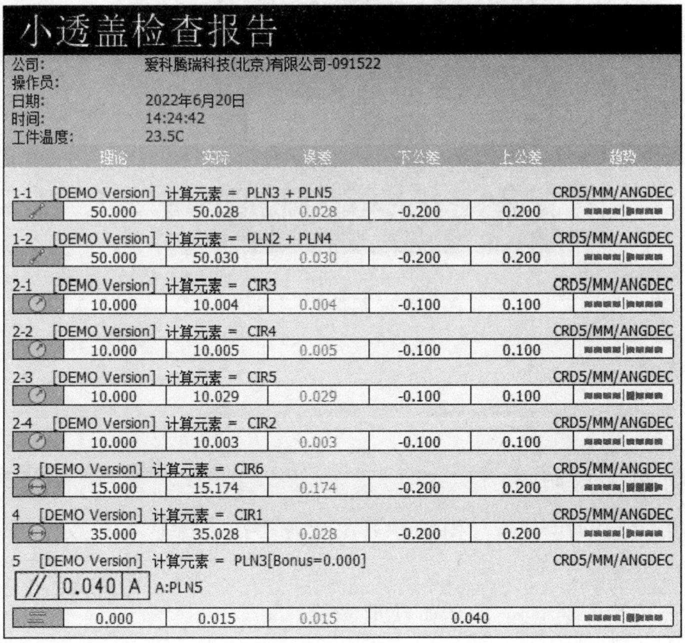

小透盖检查报告

公司：　爱科腾瑞科技(北京)有限公司-091522
操作员：
日期：　2022年6月20日
时间：　14:24:42
工件温度：　23.5C

	理论	实际	误差	下公差	上公差	趋势
1-1 [DEMO Version] 计算元素 = PLN3 + PLN5						CRD5/MM/ANGDEC
	50.000	50.028	0.028	-0.200	0.200	
1-2 [DEMO Version] 计算元素 = PLN2 + PLN4						CRD5/MM/ANGDEC
	50.000	50.030	0.030	-0.200	0.200	
2-1 [DEMO Version] 计算元素 = CIR3						CRD5/MM/ANGDEC
	10.000	10.004	0.004	-0.100	0.100	
2-2 [DEMO Version] 计算元素 = CIR4						CRD5/MM/ANGDEC
	10.000	10.005	0.005	-0.100	0.100	
2-3 [DEMO Version] 计算元素 = CIR5						CRD5/MM/ANGDEC
	10.000	10.029	0.029	-0.100	0.100	
2-4 [DEMO Version] 计算元素 = CIR2						CRD5/MM/ANGDEC
	10.000	10.003	0.003	-0.100	0.100	
3 [DEMO Version] 计算元素 = CIR6						CRD5/MM/ANGDEC
	15.000	15.174	0.174	-0.200	0.200	
4 [DEMO Version] 计算元素 = CIR1						CRD5/MM/ANGDEC
	35.000	35.028	0.028	-0.200	0.200	
5 [DEMO Version] 计算元素 = PLN3[Bonus=0.000]						CRD5/MM/ANGDEC
// 0.040 A　A:PLN5						
	0.000	0.015	0.015		0.040	

图 2-25　透盖检测报告

任务2.3 透盖的二维视觉检测

2.3.1 Sci Smart 智能视觉软件简介

1. 软件界面介绍

Sci Smart 能实现图像采集、图像预处理、模板匹配、找圆、找边、Blob 分析、间隙测量、几何测量、划痕检测、边缘检测、OCR 检测、串口通信、以太网通信等一系列常用的功能。组合不同功能，能简单快速地生成工业视觉检测、测量方案。流程编辑界面和图像显示界面如图 2-26、图 2-27 所示。

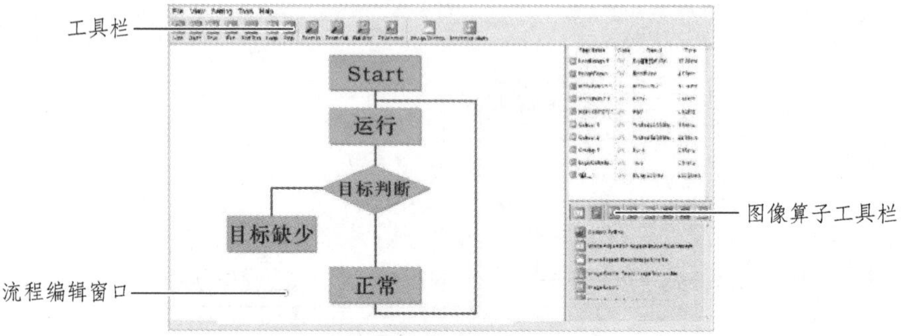

图 2-26 流程编辑界面

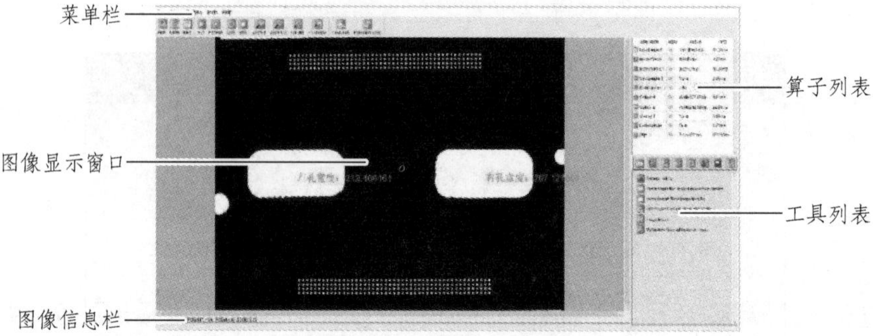

图 2-27 图像显示界面

2. 软件功能模块

1）图像输入

图像输入模块如图 2-28 所示。

采集设置：采集设置的作用是对相机参数及光源参数进行基本参数设置，以获取符合图像处理要求的图像。

图像采集：图像采集工具用于从相机获取图像。

导入图像：导入图像工具用于从本地路径导入图像。

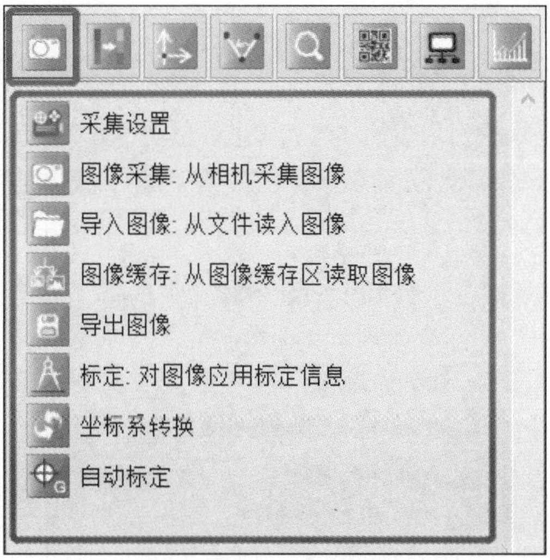

图 2-28 图像输入模块

图像缓存：用于选择其他功能输出的图像，通常用于实现算子块内的图像切换或算子块间的图像传递。

导出图像：用于将图像保存到本地路径。

标定：用于对标定文件的引用。

坐标系转换：通过数据计算对坐标系进行平移和旋转，得到最终的世界坐标系。

自动标定：用于建立图像坐标和机械坐标之间的关系。

2）图像增强模块

图像输入模块如图 2-29 所示。

预处理：预处理集成了二值化、滤波、形态学、Blob 筛选。

滤波：消除噪声，包括高斯滤波、中值滤波、均值滤波等。

图像拼接：对两幅或两幅以上具有重叠区域的图像拼接缝合成一张图像。

图像操作：对图像像素点进行加减乘数运算，两幅图像粘贴。

灰度二值化：将灰度图像上的像素点的灰度值设置为 0 或 255。

彩色二值化：将彩色图像上不同颜色空间的不同通道的像素点的灰度值设置为 0 或 255。

缩放：改变图像大小。

通道提取：从彩色图像中提取通道，转换为灰度图像。

形态学：膨胀、腐蚀、开运算、闭运算、梯度运算、顶帽运算。

亮度调节：改变其亮度值、对比度或者伽玛值，使其特征更加凸显。

旋转平移：旋转图像后平移图像。

镜像：可将图像进行垂直、水平或绕着中心翻转。

LUT 编码：彩虹编码、热金属编码。

图像裁剪：可将图像中感兴趣区域裁剪成一幅新的图像。

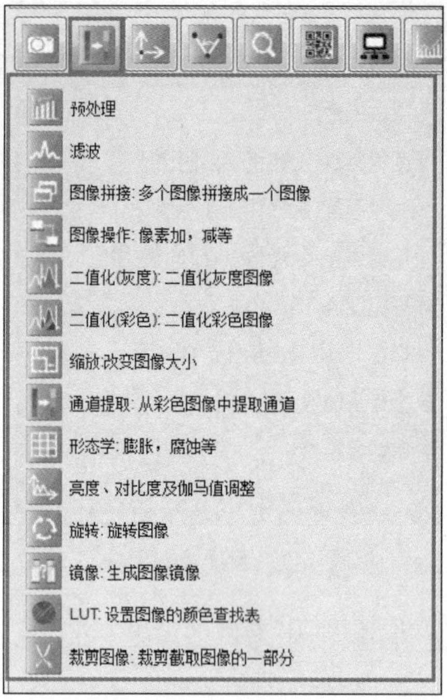

图 2-29 图像输入模块

3）图像定位

图像定位模块如图 2-30 所示。

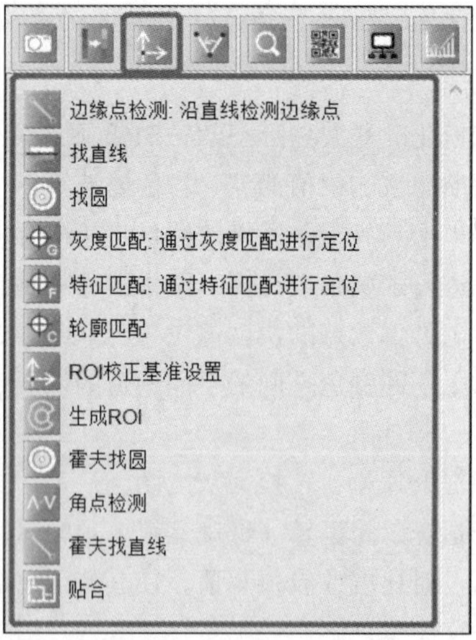

图 2-30 图像定位模块

边缘点检测：边缘点检测工具可用于缺陷检测、产品计数等。边缘点检测工具，即在图片中沿直线 ROI 搜索满足设定条件的点。

找直线：找直线工具通过底层的拟合算法，将满足设定条件的边缘点拟合成直线。

找圆：找圆工具常用于圆孔定位、测量等。找圆算法是通过寻找边缘点，将满足设定条件的边缘点通过拟合算法拟合成圆。

灰度匹配：基于灰度信息的匹配模型，采用相似性度量方法进行归一化相关函数处理。

特征匹配：利用从图像中提取的特征点来进行特征描述符计算。

轮廓匹配：一种利用物体的几何形态特征（例如，物体的轮廓）进行目标物体识别的方法。

ROI 校正基准：为了让感兴趣的区域移动，需要相对于图像的特性做相应的 ROI 校正。

ROI 生成：通过在图像上绘制一个 ROI 或者用前面的步骤的测试结果或用户定义的指定数据生成特定 ROI。

霍夫找圆、找直线：根据霍夫变换及约束条件来进行找多个圆、多条直线的操作。

角点检测：是计算机视觉系统中用来获得图像特征的一种方法，广泛应用于运动检测、图像匹配、视频跟踪、三维建模和目标识别等领域中。

贴合：由于待贴合物和将用于贴合的物品之间不可能是完全吻合的，时常需要按照一个旋转中心旋转一定的角度，使待贴合物与将要贴合的物品之间达到偏转方向和偏转角度的一致。

4）图像测量

图像测量模块如图 2-31 所示。

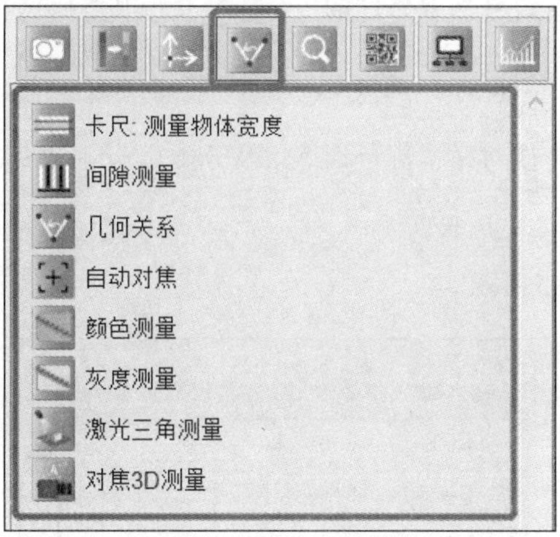

图 2-31 图像测量模块

卡尺：在灰度图像上指定的区域内寻找目标的两条平行边缘，并计算这两条边缘的距离。

间隙测量：在一幅灰度图像的指定 ROI 区域中进行多个边缘间隙的测量。

几何关系：检测直线、圆，计算距离或角度等功能，包括点到点的距离、点到线的距离、线段的中点、角平分线、中位线、多边形的重点等。

自动对焦：计算所采集得到的图片的清晰程度。

颜色测量：计算指定区域内各个通道的平均灰度值、标准方差、最小灰度值、最大灰度值。

灰度测量：计算指定区域内的平均灰度值、标准方差、最小灰度值、最大灰度值。

激光三角测量：由提取出的激光线重构出物体图像，最后由重构的图像生成三维图。

对焦 3D 测量：用运动机构带动相机和远心浅景深镜头（或显微镜）沿物件高度方向移动拍摄一系列图片。

5）识别工具

工具识别模块如图 2-32 所示。

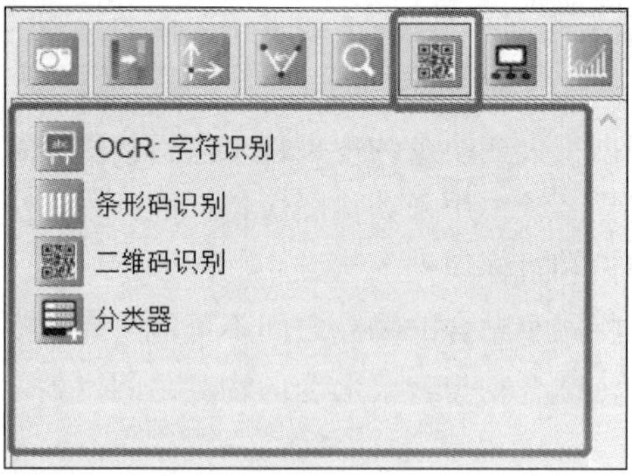

图 2-32 工具识别模块

条码识别：检测出所有符合参数条件的一维码，获得其解码字符串与位置信息。

二维码识别：检测出所有符合参数条件的二维码，获得其解码字符串。

OCR：对图像字符识别。

分类器：根据不同的特质对样本进行训练以及分类。

6）通信设置

通信设置模块如图 2-33 所示。

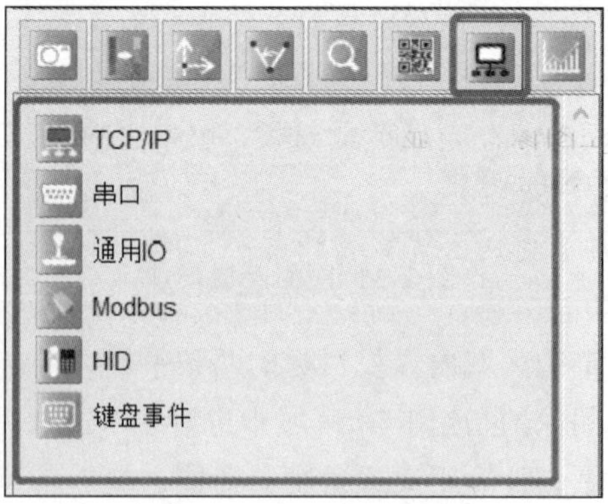

图 2-33 通信设置模块

TCP/IP：使用 TCP/IP 协议进行数据接收发送。

串口：使用串口进行数据接收发送。

通用 IO：当微控制器或芯片组没有足够的 I/O 端口，或当系统需要采用远端串行通信或控制时，GPIO 能够提供额外的控制和监视功能。

Modbus：它在连接至不同类型总线或网络的设备之间提供客户机/服务器通信。

HID：HID 通信通过 HID 发送或接收命令，实现智能相机与其他软件之间数据的传递。

键盘事件：键盘事件可以接收特定的按键消息，适用于通过按键来控制流程的情况。目前支持的快捷键有任意键和 F1 ~ F12。

7）辅助工具

辅助工具模块如图 2-34 所示。

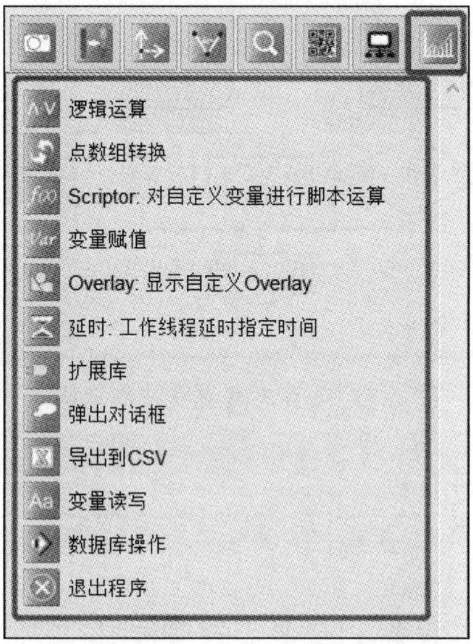

图 2-34 辅助工具模块

逻辑运算：对变量进行与、或、非、等于、不等于等常见的逻辑运算，也可对算子的运算状态进行判断，给出判断结果逻辑真和逻辑假。

Scriptor 脚本：用于编写语句，对变量进行复杂运算。

Overlay 显示：用于在图像界面显示点、线、矩形、椭圆、文本等对象。

延时：用于为算子步骤添加延时。

扩展库：用于调用按指定规则封装好的动态库文件。

变量读写：变量读写功能实现智能相机中的变量在系统中的存储与读取。

数据库操作：对数据进行增、删、改、查，对数据库进行备份、恢复。

弹出对话框：弹出窗口提示信息。

导出到 CSV：将结果数据按照指定方法和路径保存到 CSV 中。

3. 软件工作模式

Sci Smart 智能视觉软件无需添加传统繁杂的语言代码，仅通过可视化的流程结构便能实现检测功能，简单、易用。视觉方案在执行算子块添加检测、定位等过程中，可结合单条件、多条件、多线程算子块完成方案综合运行，达到检测、定位等要求，然后循环结构可进行下一次的检测和定位。项目方案流程结构示意图如图 2-35 所示。

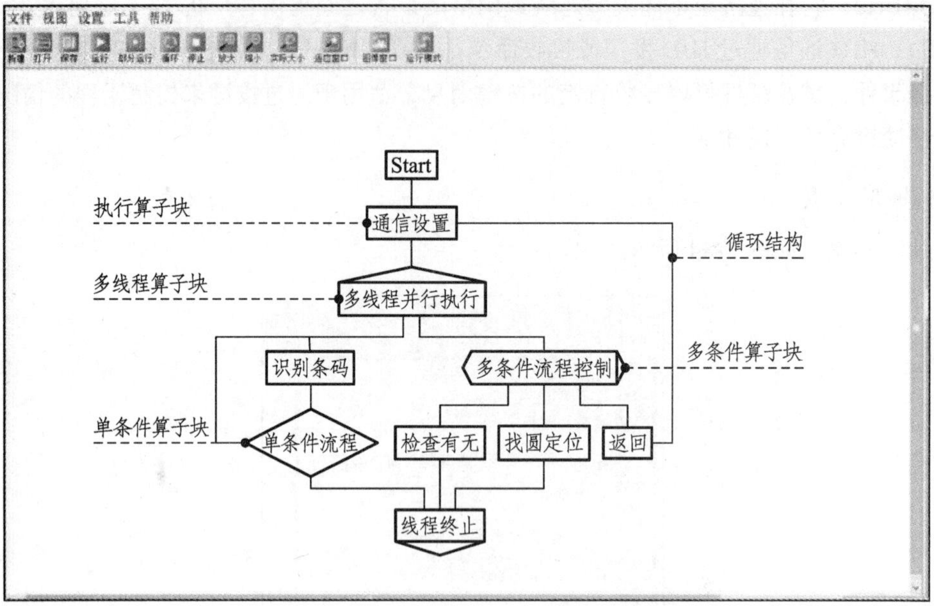

图 2-35 项目方案流程结构示意图

2.3.2 透盖的视觉检测流程

1. 设备通信

（1）如图 2-36 所示，长按设备 PLC 界面的“手动模式”，将“手动模式”切换成“自动模式”，按下初始化，进行设备回零。

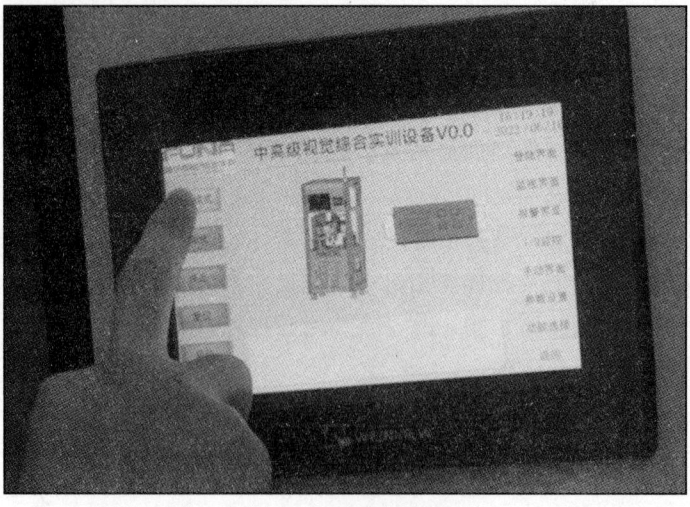

图 2-36 设备初始化

（2）切换至“手动模式”，打开电脑“OTP Camera Demo”软件。

（3）如图 2-37 所示，连接相机。

（4）单击“Continue”键，显示相机界面。

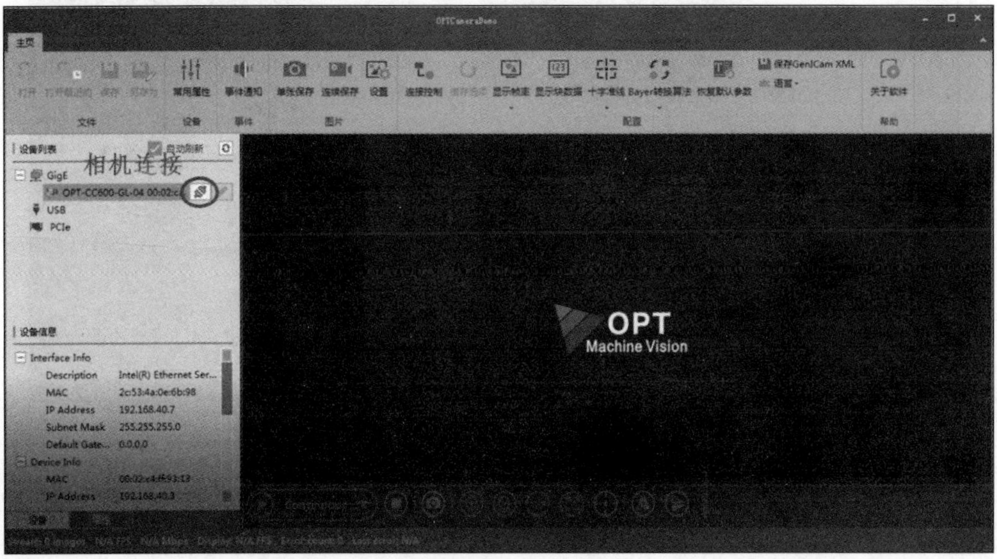

图 2-37 相机连接

2. 镜头对焦与调光

（1）如图 2-38 所示，在设备 PLC 界面“参数设置”中，选择“轴系位置设定”。

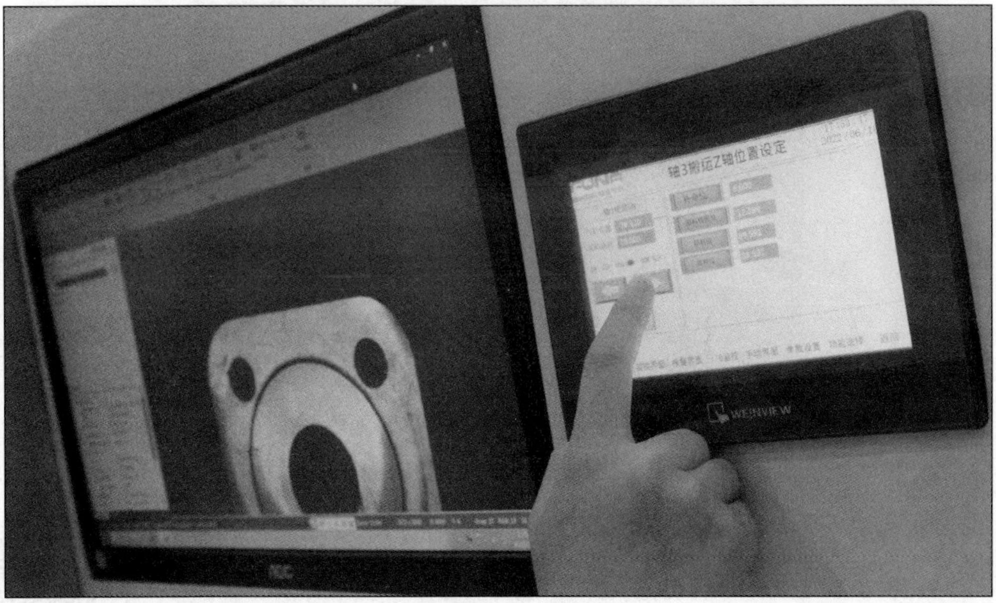

图 2-38 轴系位置设定

（2）分别进行 X 轴、Y 轴和 Z 轴的移动，如图 2-39 所示，使“OTP Camera Demo”软件中显示被测物品全貌。

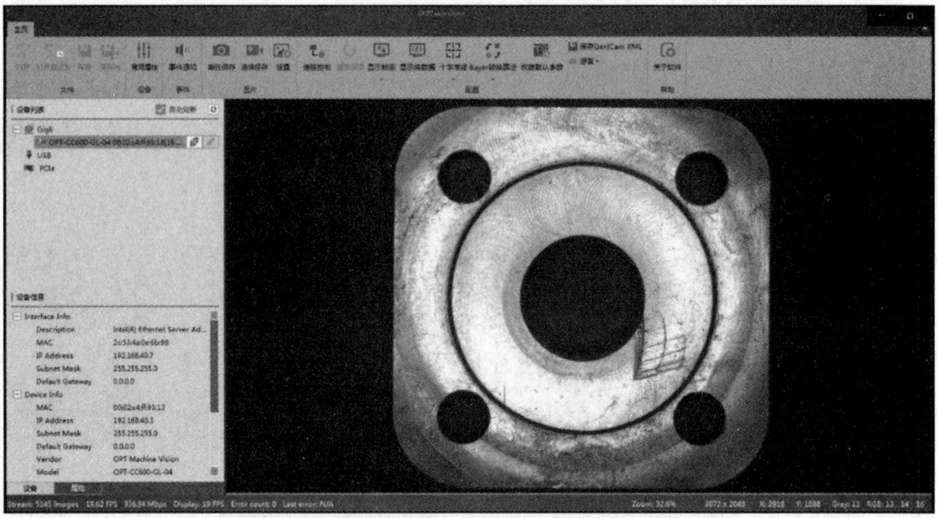

图 2-39 被测产品

（3）如图 2-40 所示，调节相机光圈环和对焦环，使“OTP Camera Demo”软件中被测产品无明显噪点，边缘清晰可见即可。

图 2-40 调节相机

3. 设备标定

（1）打开“Sci Smart 智能视觉软件”，新建算子块，并重命名，如图 2-41 所示。

微课：工业视觉的设备标定

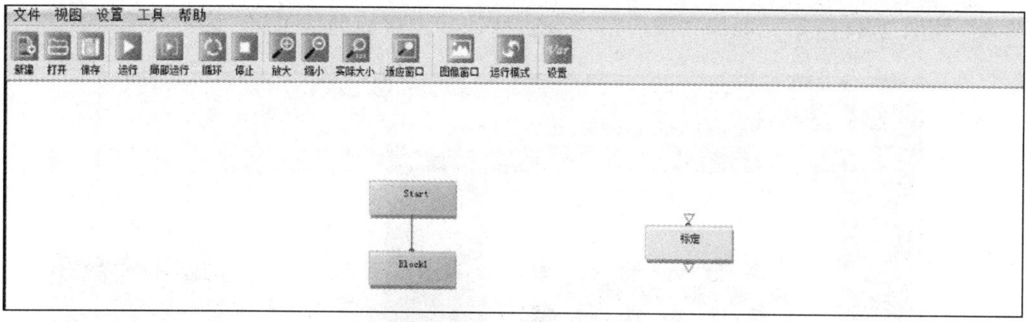

图 2-41 标定

（2）在采集设置中选择当前相机，如图 2-42 所示。

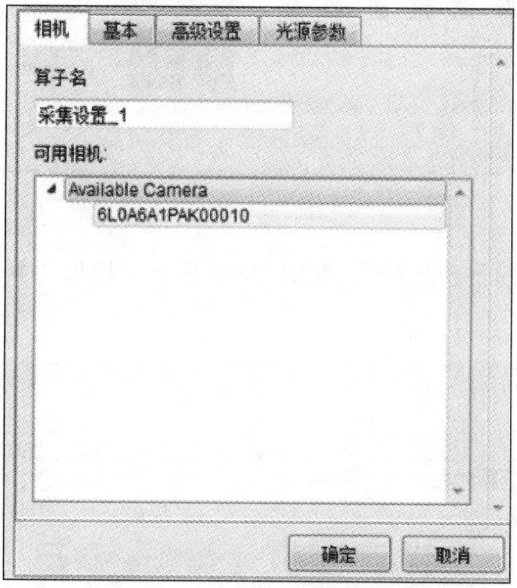

图 2-42 相机选择

（3）如图 2-43 所示，选择图像格式，进行曝光设置。

图 2-43 参数设置

（4）进行图像采集，选择相机和图像格式。

（5）如图 2-44 所示，选择“卡尺”命令，框选一定格数的格子。

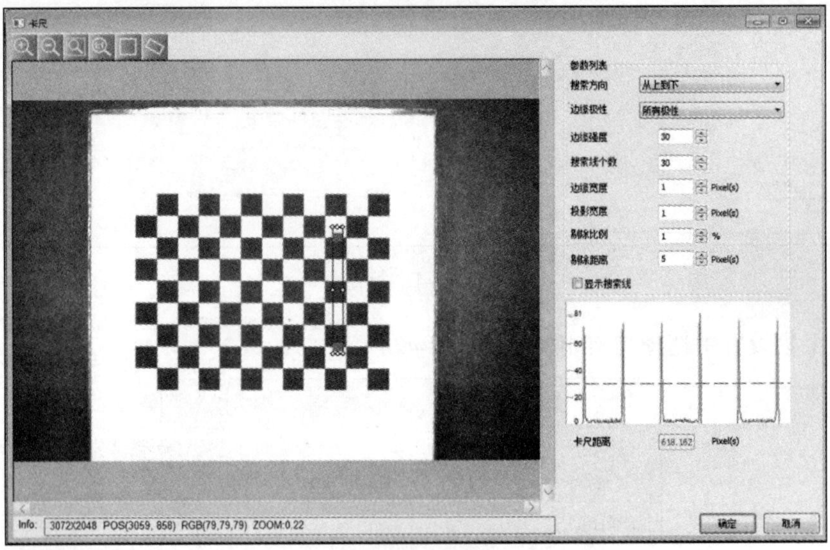

图 2-44 卡尺

（6）在设置界面，进行变量设置，如图 2-45 所示，增加“单像素尺寸”变量，设置为“N”型变量。

图 2-45 单像素尺寸

（7）如图 2-46 所示，进行脚本编辑，由于标定板上每一小格尺寸为 3 mm × 3 mm，所以单像素尺寸为长度/像素点数量。

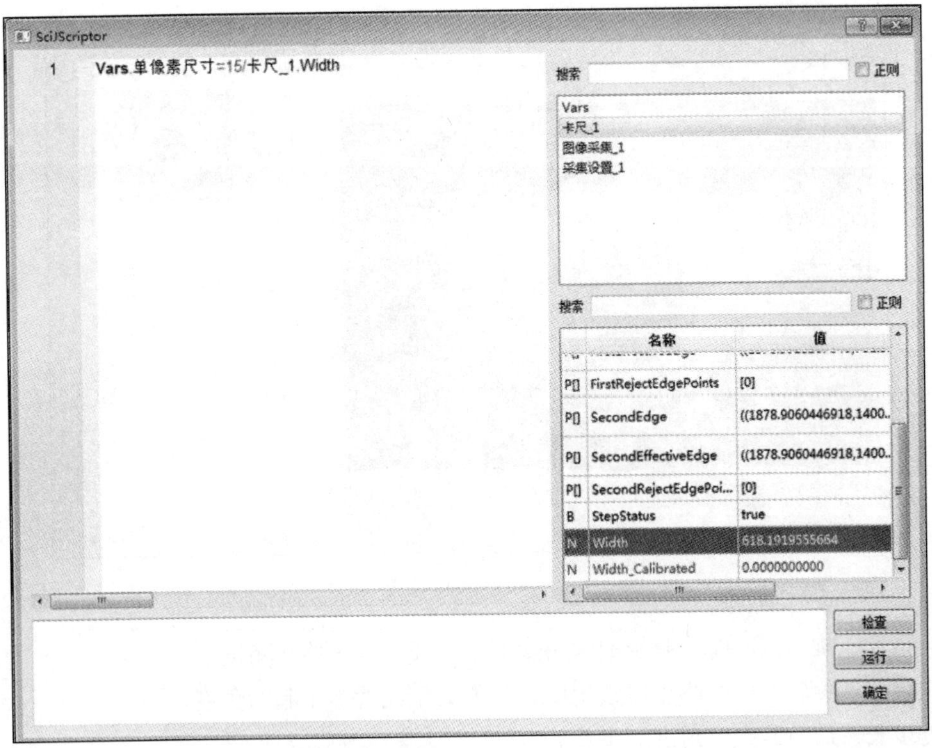

图 2-46 编辑脚本

（8）单击“检查”，出现“no error”后，完成标定。

微课：透盖的特征查找

4. 特征查找

（1）如图 2-47 所示，进行采集设置和图像采集。

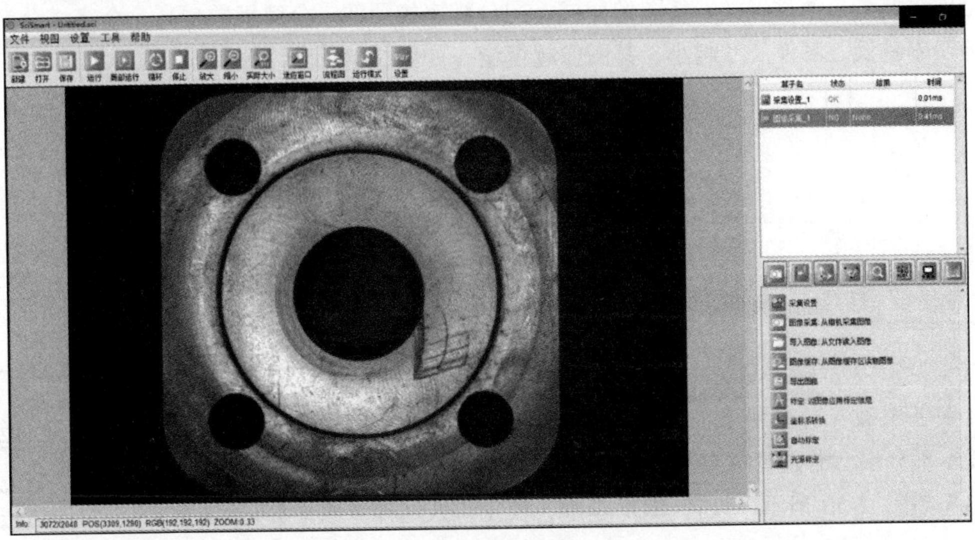

图 2-47 图像采集

（2）如图 2-48 所示，框选零件特征，设置相应参数，单击“匹配”。

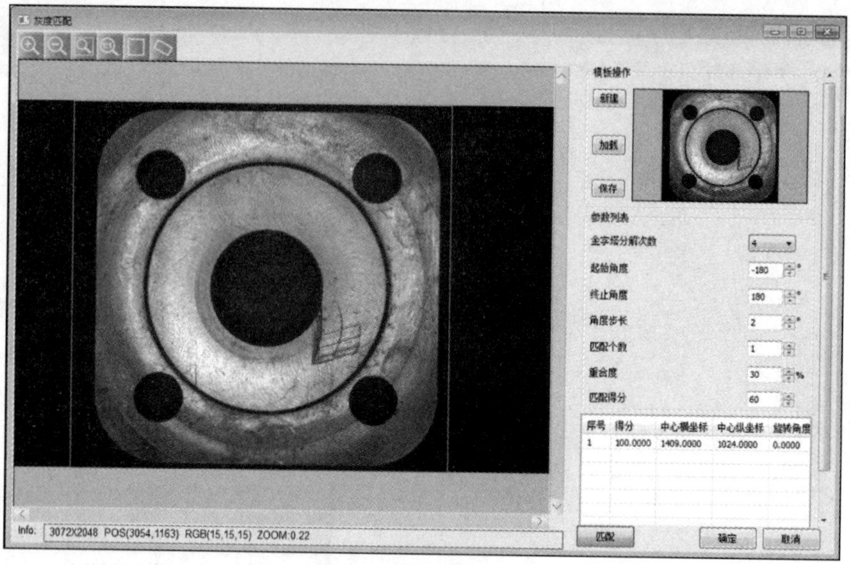

图 2-48 灰度匹配

起始角度：旋转匹配时，起始搜索角度值小于或者等于终止角度。

终止角度：旋转匹配时终止搜索角度，其值大于或者等于起始角度。

角度步长：旋转匹配时角度的步长。

匹配个数：设定匹配目标的个数。

重合度：以模板大小的百分之几作为搜索区域，对这片区域内的匹配得分采取非极大值抑制算法。这个百分之几就是通过重合度设置的，输入 50 表示取模板大小的 50%作为搜索区域，范围是[0，100]。

匹配得分：限制匹配结果的分数。

金字塔概念：通过采样，将图像分成不同分辨率的图像。分解级数越高，金字塔分解后图像的分辨率越低，图像尺寸越小，其图像越模糊，如图 2-49 所示。

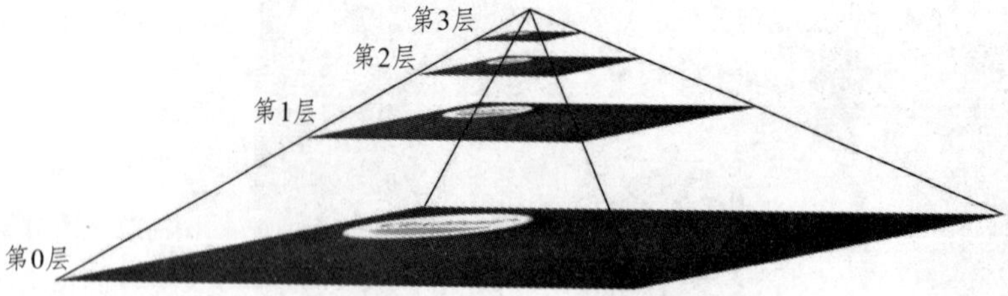

图 2-49 金字塔分解示意图

金字塔层数：分解级数，图像的分解层次，范围是：[－1，7]，“－1”表示自动分层，“0”表示不分层。若选择“自动”，则内部自动计算最大的分解级数。

（3）如图 2-50 所示，设置 ROI 基准，校正模式选择“水平&垂直&角度”，勾选“灰度匹配”。

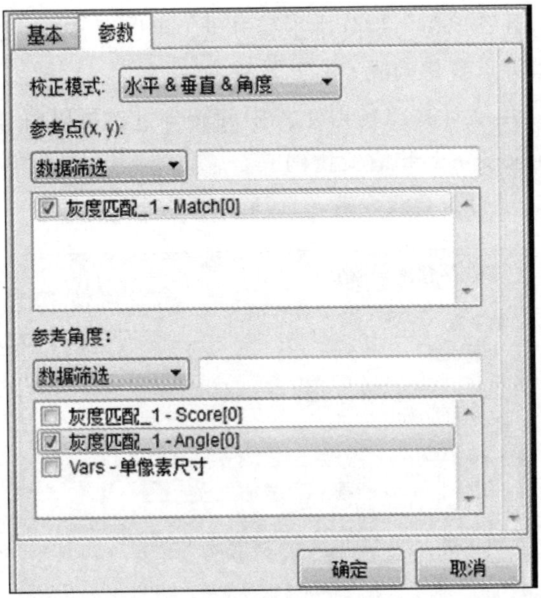

图 2-50 ROI 基准

ROI 校正工作原理是找到校正前后的基准点及基准角度，通过两点和两角度之间的关系计算出仿射变换矩阵，原 ROI 的位置信息通过仿射变换求得校正后的位置信息，根据校正后的位置信息重新生成 ROI，如图 2-51 所示。

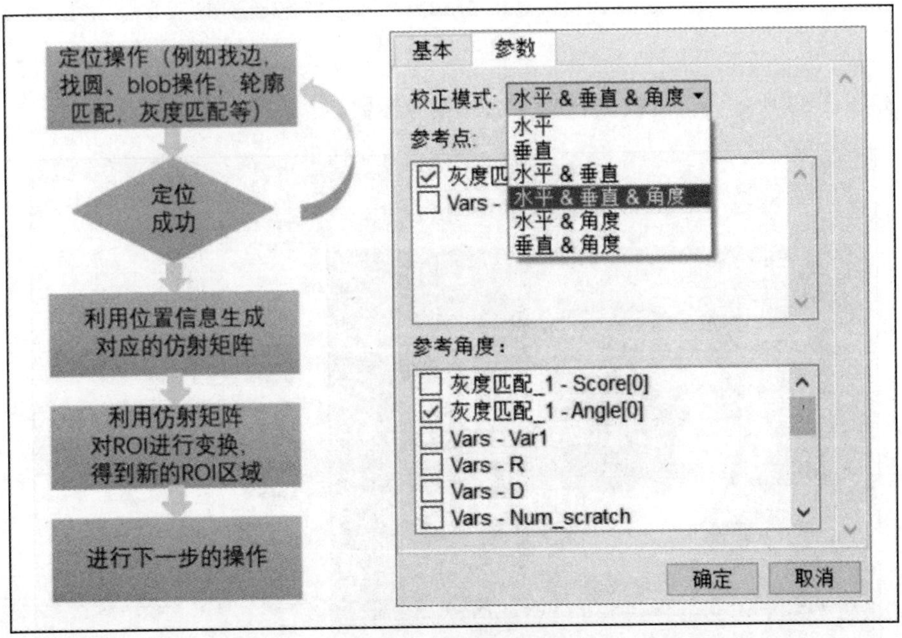

图 2-51 ROI 校正原理

校正模式：补正可选方法有水平方向补正，垂直方向补正，水平和垂直方向上进行补正，水平、垂直以及角度进行补正，水平方向加角度补正，垂直方向加角度补正。

参考点：依据参考点计算出仿射矩阵中平移分量，可以由 Blob 分析结果、匹配结果、几何关系或用户自定义变量等点变量构成。

参考角度：依据参考角度计算出仿射矩阵中旋转分量，可以由 Blob 分析结果、匹配结果、几何关系或用户自定义变量等数值变量构成。

（4）如图 2-52 所示，进行找直线设置，选择“ROI 校正”。

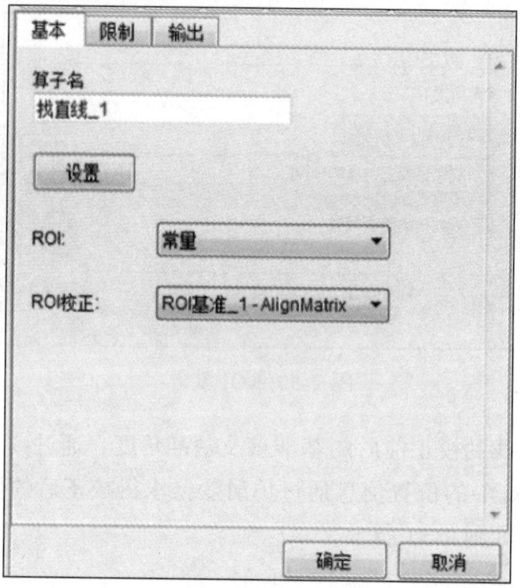

图 2-52　找直线

（5）如图 2-53 所示，框选被测直线，选择相应参数。

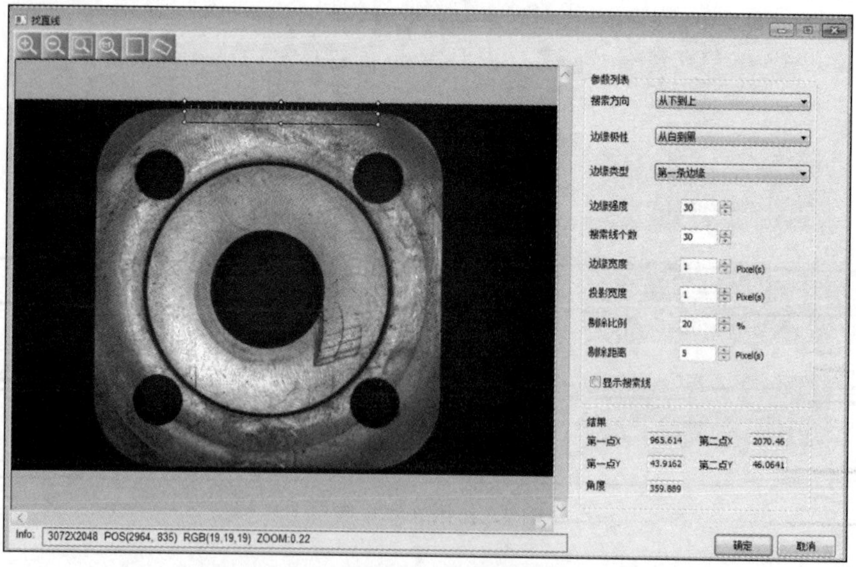

图 2-53　找直线设置

边缘极性：从黑到白，表示沿搜索线方向，搜索灰度由暗到亮变化的边缘点；从白到黑，表示沿搜索线方向，搜索灰度由亮到暗变化的边缘点；所有是指搜索任意极性的所有边缘点，如图 2-54 所示。

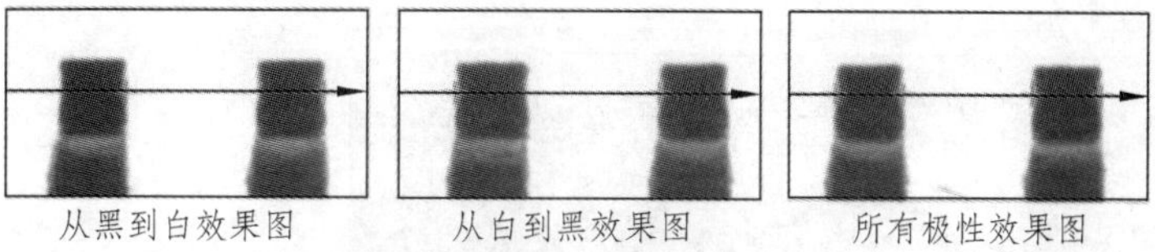

图 2-54　边缘极性效果示意图

边缘类型：指定在图像中找到的边缘点的边缘类型。

边缘强度：沿搜索线方向，边缘宽度对应的两像素点的灰度值之差。

投影宽度：为降低噪声干扰，在垂直搜索线的方向上，取左右两侧相邻 n 个像素的均值作为该点的灰度值，其中 n 即为投影宽度，如图 2-55 所示，$n = 2$。

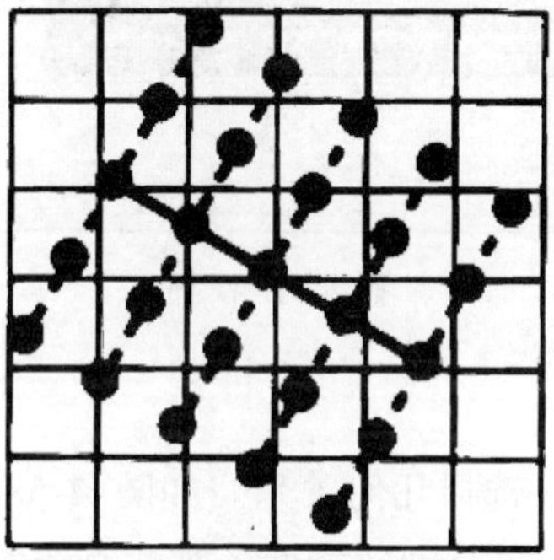

图 2-55　投影宽度示意图

边缘宽度：考虑到图像中边缘是渐变的，因此计算采用沿搜索线方向边缘点前后相邻的 n 个像素的灰度，其中 n 为边缘宽度，如图 2-56 所示。

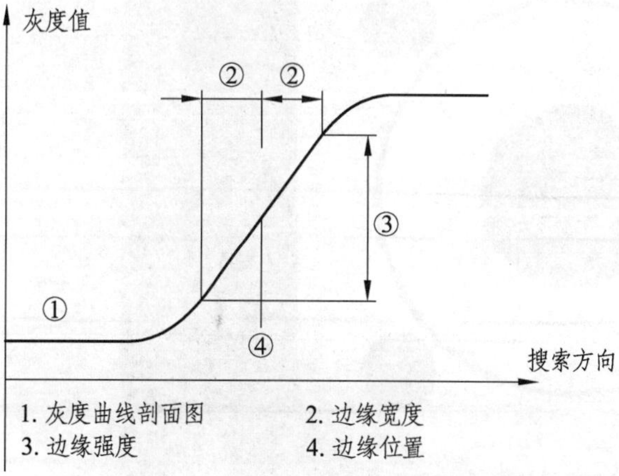

图 2-56　边缘点检测参数定义

（6）找到各个评价尺寸的直线特征。

（7）如图 2-57 所示，找圆，并找到各个评价尺寸的圆特征。

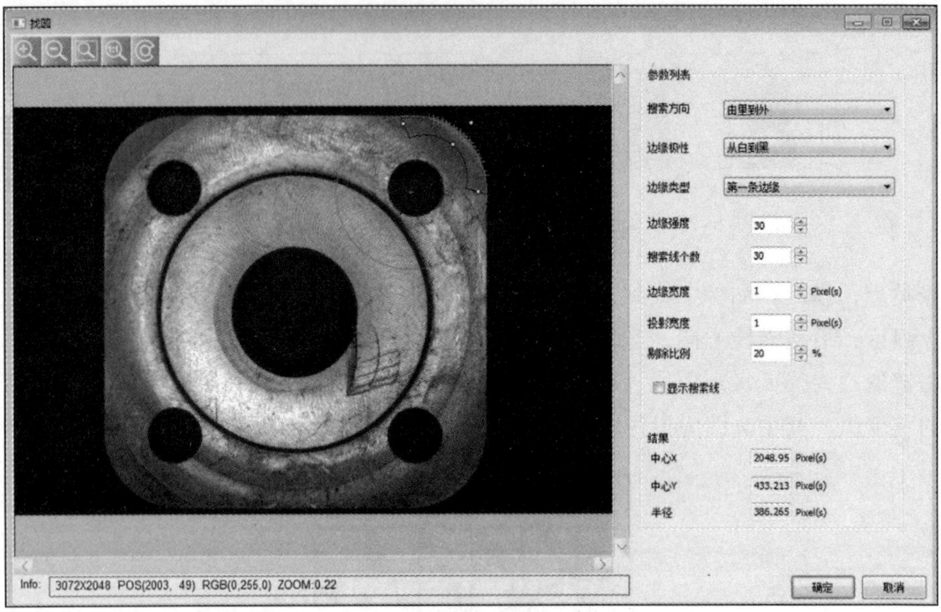

图 2-57 找圆

5. 尺寸评价

（1）长度评价，在测量界面，选择几何关系。如图 2-58 所示，将几何特征选择“线到线距离（4 点）”，分别选择两条被测直线的起始点与结束点，单击“确定”完成评价。

微课：透盖的尺寸评价

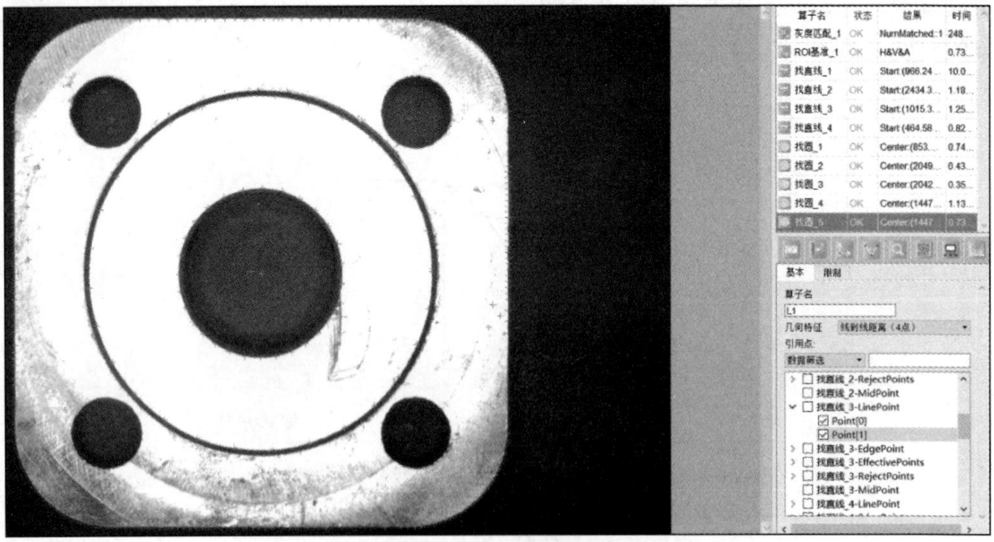

图 2-58 几何关系设置

（2）如图 2-59 所示变量设置，将被测尺寸都进行变量设置，用于编辑脚本计算尺寸。

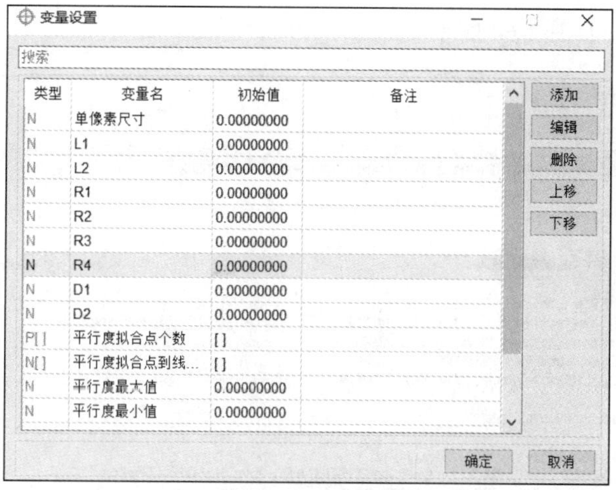

图 2-59　变量设置

（3）如图 2-60 所示，在其他工具界面，选择“Scriptor：对自定义变量进行脚本运算”。

图 2-60　脚本界面

（4）半径脚本，如图 2-61 所示，半径尺寸 = 圆的半径像素点数值 × 单像素变量。

脚本

```
Vars.R1=Math.round(找圆_1.Radius*Vars.单像素尺寸*1000)/1000
Vars.R2=Math.round(找圆_2.Radius*Vars.单像素尺寸*1000)/1000
```

图 2-61　半径脚本

（5）直径脚本，如图 2-62 所示，直径尺寸 = 圆的半径像素点数值 × 2 × 单像素变量。

```
Vars.D1=Math.round(找圆_4.Radius*2*Vars.单像素尺寸*1000)/1000
Vars.D2=Math.round(找圆_5.Radius*2*Vars.单像素尺寸*1000)/1000
```

图 2-62　直径脚本

（6）长度脚本，如图 2-63 所示，长度尺寸 = （点 1 ~ 点 2 像素点距离 + 点 2 ~ 点 1 像素点距离）/2 × 单像素变量。

```
Vars.L1=Math.round((L1.L1MidToL2Distance+L1.L2MidToL1Distance)/2*Vars.单像素尺寸*1000)/1000
Vars.L2=Math.round((L2.L1MidToL2Distance+L2.L2MidToL1Distance)/2*Vars.单像素尺寸*1000)/1000
```

图 2-63　长度脚本

（7）平行度脚本，如图 2-64 所示。

```
function disPToLine(point, linePt1, linePt2)
{

    var mber = Math.abs((linePt2.y-linePt1.y)*point.x + (linePt1.x-linePt2.x)*point.y + ((linePt2.x-linePt1.x)*linePt1.y- (linePt2.y-linePt1.y)*linePt1.x))
    var dtor = Math.sqrt(Math.pow((linePt2.y-linePt1.y), 2) +  Math.pow((linePt1.x-linePt2.x), 2))

    return (mber/dtor)

}
Vars.平行度拟合点个数=找直线_1.EffectivePoints
{
for(i=0;i<Vars.平行度拟合点个数.length;i++)
Vars.平行度拟合点到线距离[i]=disPToLine(找直线_1.EffectivePoints[i],找直线_3.LinePoint[0],找直线_3.LinePoint[1])
Vars.平行度最大值=Math.max.apply(null,Vars.平行度拟合点到线距离)
Vars.平行度最小值=Math.min.apply(null,Vars.平行度拟合点到线距离)
Vars.T1=Math.round((Vars.平行度最大值-Vars.平行度最小值)*Vars.单像素尺寸*1000)/1000
}
Vars.平行度拟合点个数=找直线_2.EffectivePoints
{
for(i=0;i<Vars.平行度拟合点个数.length;i++)
Vars.平行度拟合点到线距离[i]=disPToLine(找直线_2.EffectivePoints[i],找直线_4.LinePoint[0],找直线_4.LinePoint[1])
Vars.平行度最大值=Math.max.apply(null,Vars.平行度拟合点到线距离)
Vars.平行度最小值=Math.min.apply(null,Vars.平行度拟合点到线距离)
Vars.T2=Math.round((Vars.平行度最大值-Vars.平行度最小值)*Vars.单像素尺寸*1000)/1000
}
```

图 2-64 平行度脚本

6. 尺寸输出

微课：透盖的报告输出

（1）如图 2-65 所示，在其他工具界面，选择“Overlay：显示自定义 Overlay”。

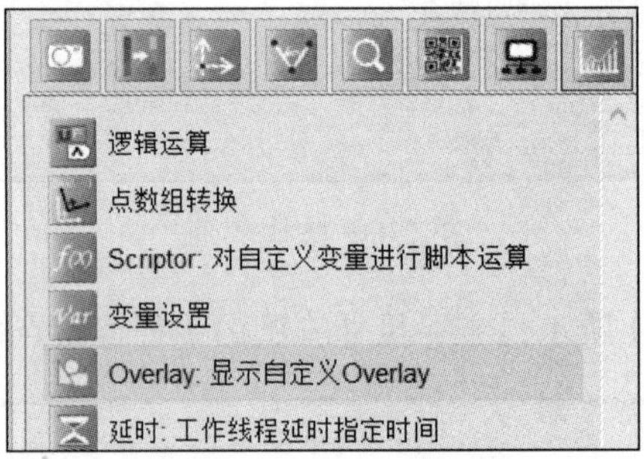

图 2-65 自定义输出

（2）如图 2-66 所示，设置颜色、字体，在省略号处选择相应的数值，移动至合适区域。

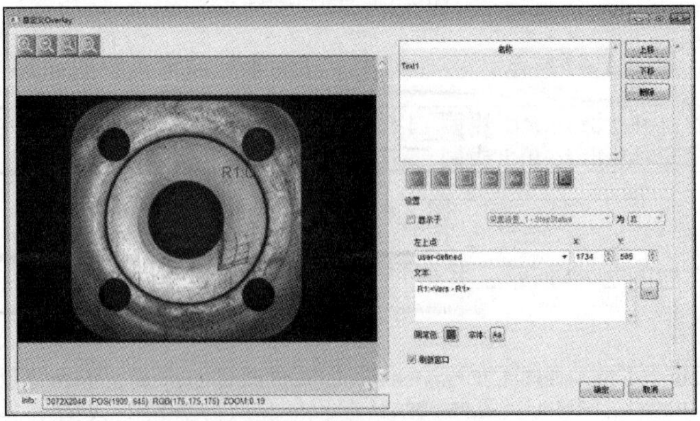

图 2-66 自定义参数设置

（3）图 2-67 所示为透盖的工业视觉检测报告。

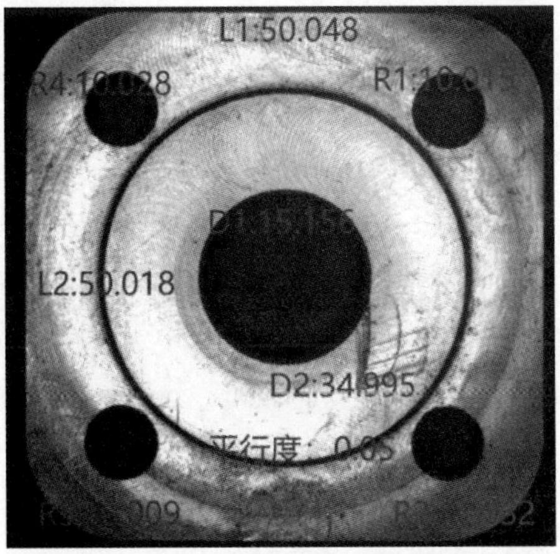

图 2-67　透盖的工业视觉报告

任务 2.4　基于不同检测方法的检测报告分析

本次检测主要针对透盖的尺寸公差和形位公差进行检测，并进行比对。

将透盖的几何公差用工业视觉进行拍照检测，与三坐标测量机检测数据进行比对，同时也与图纸数据进行比对，检测数据汇总见表 2-16。

表 2-16　透盖检测数据比对　　　　单位：mm

编号	公称尺寸	工业视觉实测值	三坐标实测值	两者之差
1-1	$\phi15\pm0.3$	50.048	50.028	0.020
1-2	50 ± 0.3	50.018	50.030	−0.012
2-1	$R10\pm0.2$	10.015	10.004	0.011
2-2	$R10\pm0.2$	10.032	10.005	0.027
2-3	$R10\pm0.2$	10.009	10.029	−0.020
2-4	$R10\pm0.2$	10.028	10.003	0.025
3	$\phi15\pm0.2$	15.156	15.174	−0.018
4	$\phi35^{+0.007}_{-0.018}$	34.995	35.028	−0.033
5	*i*0.04	0.05	0.015	0.035

由表 2-16 数据可知，用工业视觉拍照采集所得的透盖检测数据与三坐标测量机获得的检测数据相比，差值在 0.04 mm 以内。

1. 从工艺方面进行选择（工艺性）

对于大批量生产的小型零部件的二维尺寸，通常可采用工业视觉进行快速检测。对于大型零部件或零件三维尺寸检测则可使用三坐标测量机等精密仪器。

2. 从经济价值选择（经济性）

工业视觉的设计遵循模块化方式，更换方便，主要用于生产线的快速检测，可实现尺寸测量、螺母分拣、飞拍、颜色识别、划痕检测等多个应用场景。三坐标测量机在机械、电子、仪表、塑胶等行业使用广泛。使用三坐标测量机是测量和获得尺寸数据的最有效的方法之一，因为它可以代替多种表面测量工具及昂贵的组合量规，并把复杂的测量任务所需时间从小时减到分钟，这是其他仪器达不到的效果。

项目3

蜗杆轴检测

学习目标

1. 知识目标

（1）掌握位置公差、跳动公差和轮廓度公差的概念及其含义。
（2）理解各几何公差符号的含义。
（3）了解各几何公差的要求及其计算方法。
（4）了解手持式激光扫描仪的基本原理。

2. 技能目标

（1）能熟练使用三坐标测量机进行蜗杆轴的检测。
（2）掌握手持式激光扫描仪的基本使用方法。
（3）能采用不同的检测方式进行蜗杆轴的检测。

3. 素养目标

（1）具有理解问题、分析问题、解决问题的能力。
（2）具有认真、细心的学习态度和精益求精的工匠精神。

考核要求

（1）完成本项目学习内容，能够读懂图纸。
（2）熟练掌握三坐标测量机和手持式三维扫描仪的使用方法。
（3）能使用不同的检测方式对蜗杆轴进行检测，并出具检测报告。

任务 3.1 蜗杆轴检测任务描述

某企业承接一批蜗杆轴加工订单，现已完成车削加工，需送检测组进行终检，表 3-1 为需要检测的尺寸，图 3-1 和图 3-2 所示为蜗杆轴的零件图和图纸，按要求完成蜗杆轴检测，并提交检测报告。

表 3-1 蜗杆轴检测表 单位：mm

序号	方位	尺寸类型	公称尺寸	上偏差	下偏差
1	B5	*L*	10	0.2	−0.2
2	B5	*ϕ*	12	0.2	−0.2
3	A4	*L*	22	0.2	−0.2
4	B4	L	55	0.3	−0.3
5	B3	*ϕ*	23.5	0.2	−0.2
6	B2	*ϕ*	34	0.3	0.3
7	B2	*ϕ*	15	0.006	−0.012
8	C3	*L*	129	0.5	−0.5
9	C1	*L*	7.85	0.2	−0.2
10	A2	*h*	0.02	0	0
11	B3	*h*	0.02	0	0
12	B6	*i*	0.012	0	0

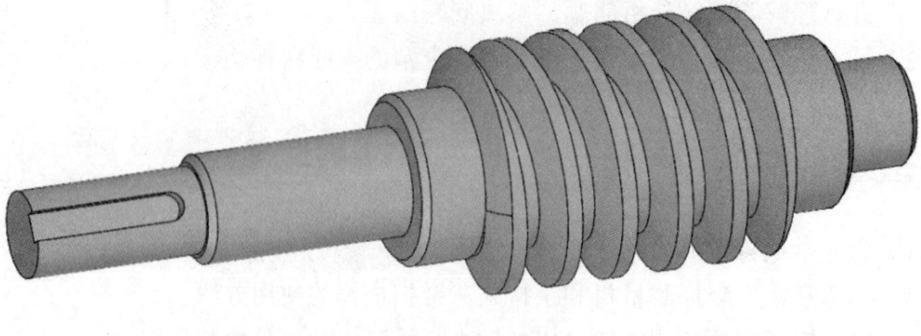

图 3-1 蜗杆轴零件图

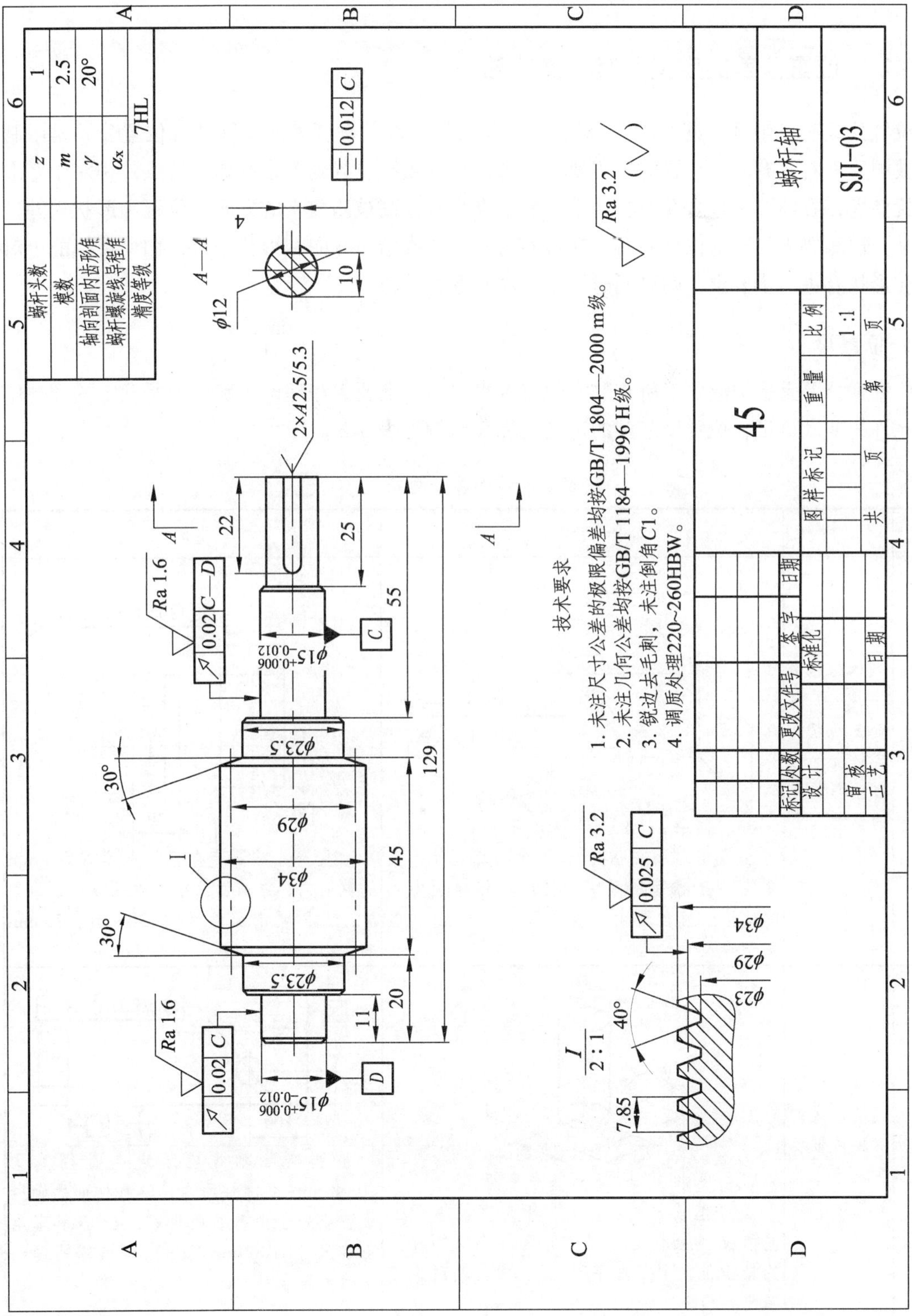

蜗杆头数 z 1
模数 m 2.5
轴向剖面内齿形角 γ 20°
蜗杆螺旋线导程角 αx
精度等级 7HL
A—A
ϕ12
10
4
0.012 C
Ra 3.2
2×A2.5/5.3
22
25
55
129
45
20
11
ϕ15+0.006 −0.012
ϕ23.5
ϕ29
ϕ34
30°
Ra 1.6
0.02 C—D
0.02 C
C
D
I
2 : 1
40°
7.85
0.025 C
ϕ34
ϕ29
ϕ23
技术要求
1. 未注尺寸公差的极限偏差均按GB/T 1804—2000 m级。
2. 未注几何公差均按GB/T 1184—1996 H级。
3. 锐边去毛刺，未注倒角C1。
4. 调质处理220~260HBW。
45
蜗杆轴
SJJ-03
图样标记 重量 比例
1:1
共 页 第 页
标记 处数 更改文件号 签字 日期
设计 标准化
审核
工艺 日期

图 3-2 蜗杆轴图纸

任务 3.2 蜗杆轴的三坐标测量机检测

3.2.1 位置公差的定义及其检测方法

位置公差有同轴度（同心度）、对称度、位置度、线轮廓度和面轮廓度。位置公差是限制关联被测要素对其有确定位置的理想要素允许的变动量。位置公差带有如下特点：相对于基准有位置要求，方向要求包含在位置要求之中；能综合控制被测要素的方向、位置和形状误差，当对某一被测要素给出定位公差后，通常不再对该要素给出方向和形状公差，如果在功能上对方向和形状有进一步要求，则可同时给出方向和形状公差。

1. 位置度

位置度公差是指被测要素所在的实际位置相对由基准要素和理论正确尺寸所确定的理想位置所允许的变动全量，位置度公差的定义和标注示例见表 3-2。

表 3-2 位置度公差表

项目	功用	公差带的含义	示例
点的位置度	用于限制被测点的实际位置相对理想位置的变动	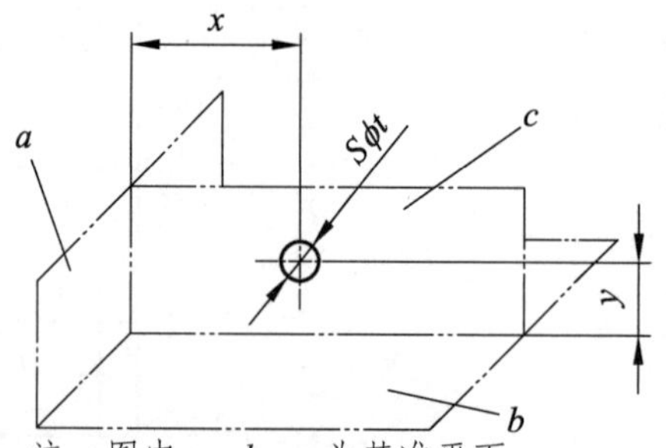 注：图中 *a*、*b*、*c* 为基准平面。 公差值前加注 *S*ϕ，公差带为直径等于公差值 *S*ϕ*t* 球面所限定的区域。该球面中心的理论正确位置由基准平面 *a*、*b*、*c* 和理论正确尺寸确定	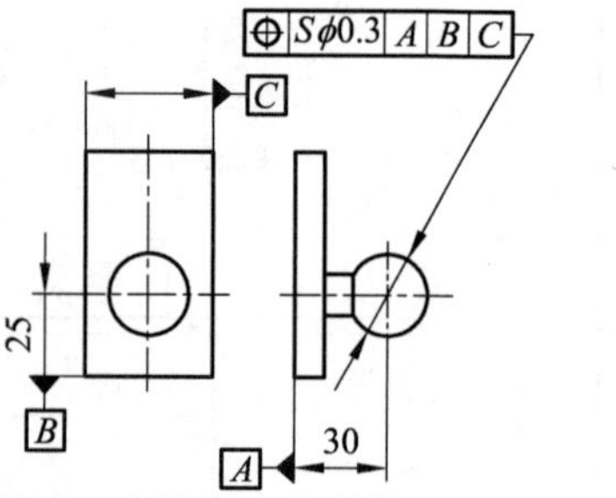 实际球心应限定在直径等于 *S*ϕ0.3 mm 的球面内，该球面的中心由基准平面 *A*、*B*、*C* 和理论正确尺寸 30 mm、25 mm 确定
线的位置度	用于限制被测线的实际位置相对理想位置的变动	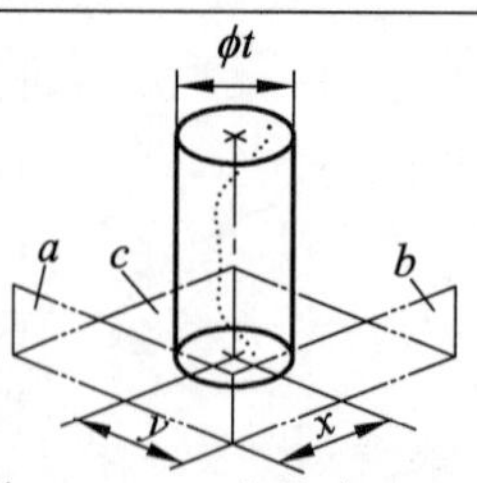 注：图中 *a*、*b*、*c* 为基准平面。 公差值前加注ϕ，公差带为直径等于公差值ϕ*t* 的圆柱面所限定的区域。该圆柱面的轴线位置由基准平面 *a*、*b*、*c* 和理论正确尺寸确定	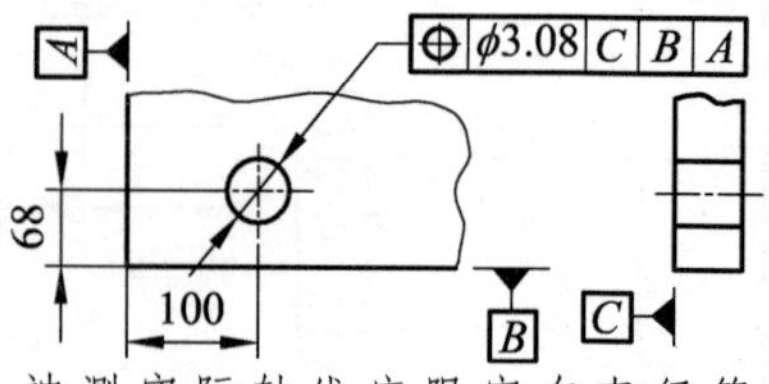 被测实际轴线应限定在直径等于ϕ0.08 mm 的圆柱面内，该圆柱面的轴线位置应处于由基准平面 *C*、*A*、*B* 和理论正确尺寸 100 mm、68 mm 确定的理论正确位置上

续表

项目	功用	公差带的含义	示例
面的位置度	用于限制被测面的实际位置相对理想位置的变动	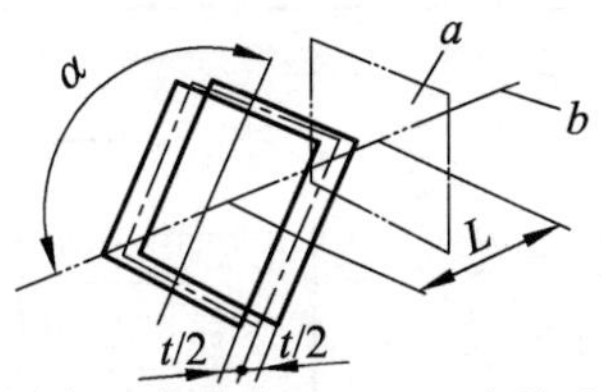 注：图中 *a* 为基准平面，*b* 为基准轴线。 公差带为间距等于公差值 *t*，对称于被测面理论正确位置的两平行平面所限定的区域。面的理论正确位置由基准平面、基准轴线和理论尺寸确定	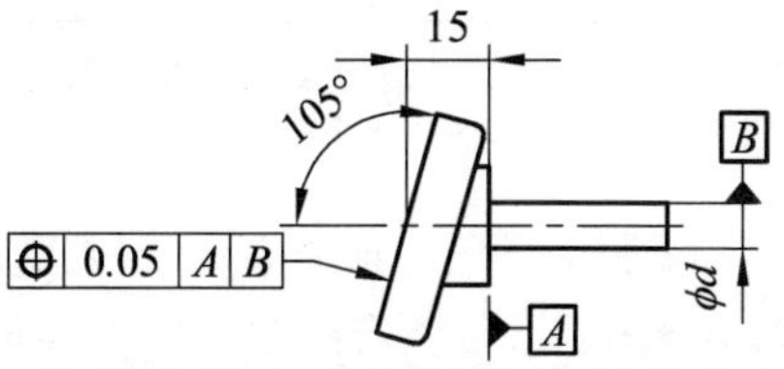 被测实际表面应限定在间距等于 0.05 mm 且对称于被测表面的理论正确位置的两平行平面之间。该两平行平面对称于基准平面 *A*、基准轴线 *B* 和理论正确尺寸 15 mm、105°确定的被测面的理论正确位置

2. 同轴度

同轴度公差是指被测轴线相对基准轴线的允许变动全量。同轴度公差带的定义和标注示例见表 3-3。

表 3-3 同轴度公差表

项目	功用	公差带的含义	示例
轴线对轴线同轴度公差	用于限制被测要素的轴线对基准要素的轴线的同轴度误差	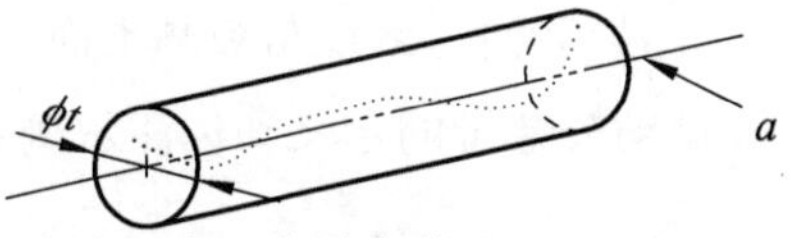 注：图中 *a* 为基准轴线 公差值前加注符号 *ϕ*，公差带为直径等于公差值 *ϕt* 的圆柱面所限定的区域。该圆柱面的轴线与基准轴线重合	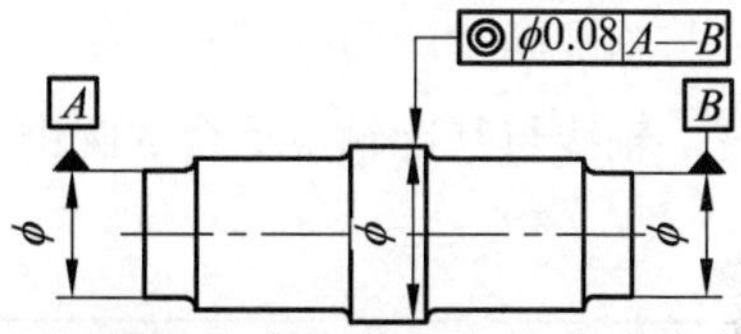 大圆柱面的实际轴线应限定在直径等于 *ϕ* 0.08mm，以公共基准轴线 *A-B* 为轴线的圆柱面内

3. 对称度

对称度公差是指被测中心平面或轴线的位置对基准中心平面或轴线的允许变动全量。对称度公差带的定义和标注示例见表 3-4。

表 3-4 对称度公差表

项目	功用	公差带的含义	示例
中心平面对中心平面	用于限制被测中心平面相对基准中心平面的位置误差	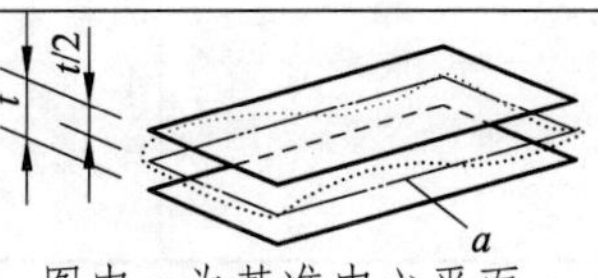 注：图中 *a* 为基准中心平面。 公差带为间距等于公差值 *t* 且对称于基准中心平面的两平行平面所限定的区域	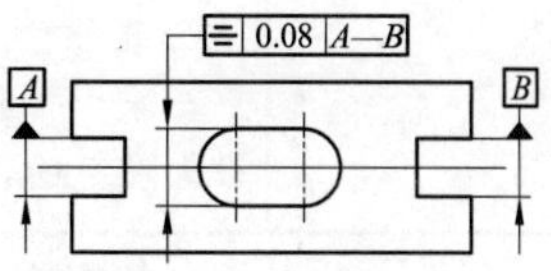 被测键槽的实际中心平面应限定在间距等于 0.08 mm 且对称于公共基准中心平面 *A-B* 的两平行平面之间

续表

项目	功用	公差带的含义	示例
中心平面对轴线	用于限制被测中心平面相对基准直线的位置误差	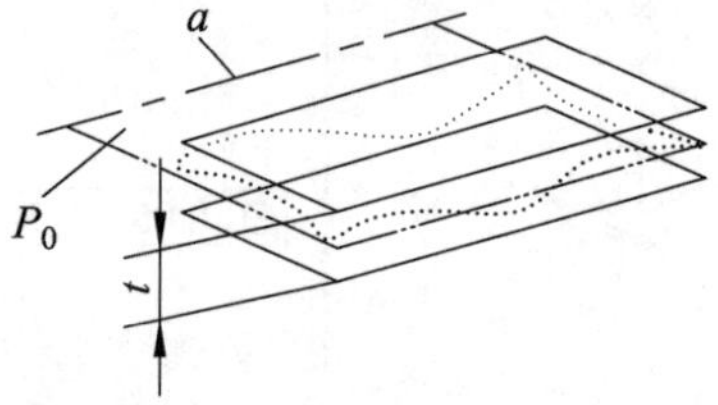 注：图中 a 为基准轴线，P_0 为通过基准轴线的理想平面。 公差带为间距等于公差值 t 且对称于基准轴线（通过基准轴线的理想平面）的两平行平面所限定的区域	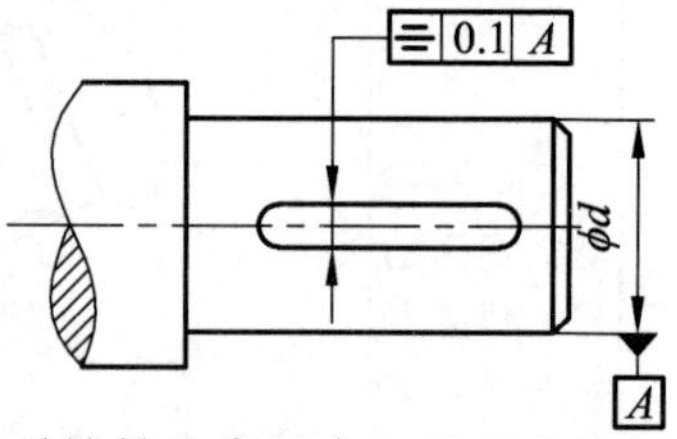 被测键槽的实际中心平面应限定在间距等于 0.1 mm 且对称于基准轴线 A（通过基准轴线 A 的理想平面）的两平行平面之间

3.2.2 跳动公差的定义及其检测方法

1. 圆跳动

圆跳动公差指被测要素在任一测量截面内相对于基准轴线的最大允许变动量。根据测量截面的不同，圆跳动分为径向圆跳动（测量截面为垂直于轴线的正截面）、轴向圆跳动（测量截面为与基准同轴的圆柱面）和斜向圆跳动（测量截面为素线与被测锥面的素线垂直或成一指定角度、轴线与基准轴线重合的圆锥面）。圆跳动公差带的定义和标注示例见表 3-5 ~ 表 3-7。

表 3-5 径向圆跳动公差

项目	功用	公差带的含义	示例
径向圆跳动公差	用于限制被测要素的任一截面相对基准轴线的径向跳动误差	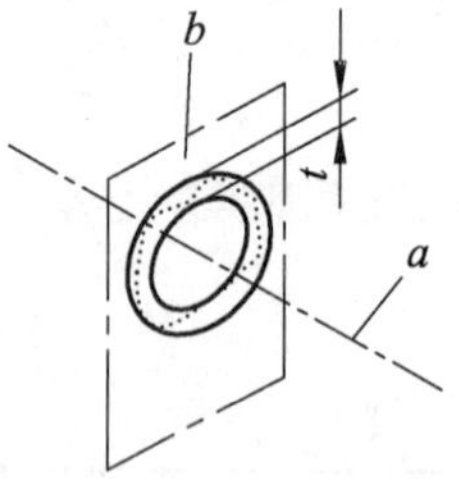 注：图中 a 为基准轴线，b 为横截面。 公差带为任一垂直于基准轴的横截面内半径差等于公差值 t，圆心在基准轴上的两同心圆所限定的区域	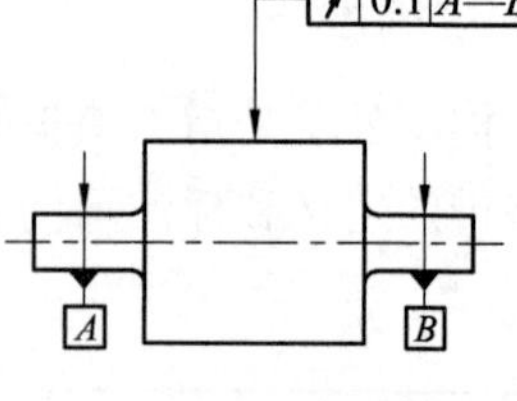 在任一垂直于公共基准轴线 A-B 的横截面内，被测实际圆应限定在半径差等于 0.1 mm 且圆心在基准轴线 A-B 上的两同心圆之间

表 3-6　轴向圆跳动公差

项目	功用	公差带的含义	示例
轴向圆跳动公差	用于限制被测要素的任一圆柱截面相对基准轴线的轴向跳动误差	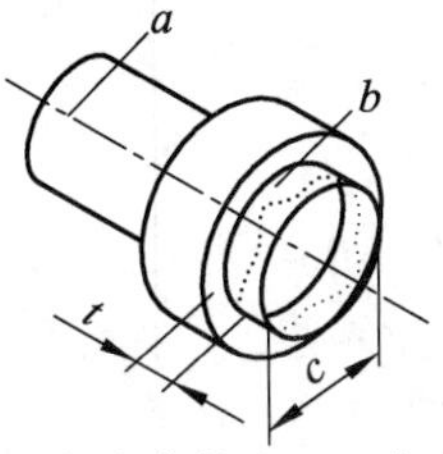 注：图中 *a* 为基准轴线，*b* 为公差带，*c* 为任一直径。 公差带为与基准轴线同轴的任一半径的圆柱截面上，间距等于公差值 *t* 的两圆所限定的圆柱面区域	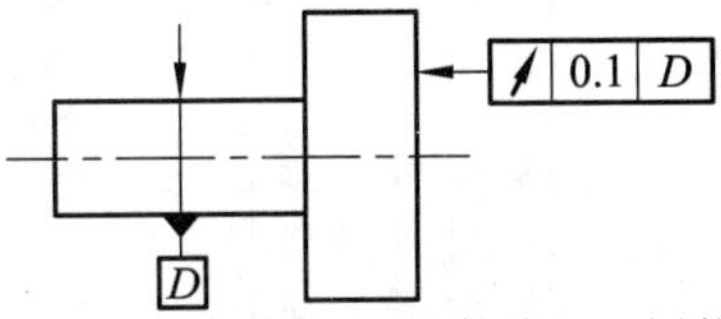 在与基准轴线 *D* 同轴的任一圆柱形截面上，被测实际圆应限定在轴向距离等于 0.1 mm 的两个等半径圆之间

表 3-7　斜向圆跳动公差

项目	功用	公差带的含义	示例
斜向圆跳动公差	用于限制被测要素对基准轴线的斜向跳动误差	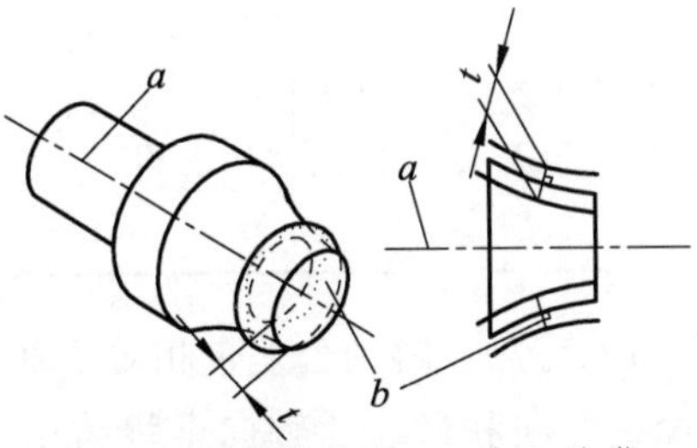 注：图中 *a* 为基准轴线，*b* 为公差带。 公差带为与基准轴线同轴的任一圆锥截面上，间距等于公差值 *t* 的两圆所限定的圆锥面区域。 除非另有规定，测量方向沿被测表面的法向	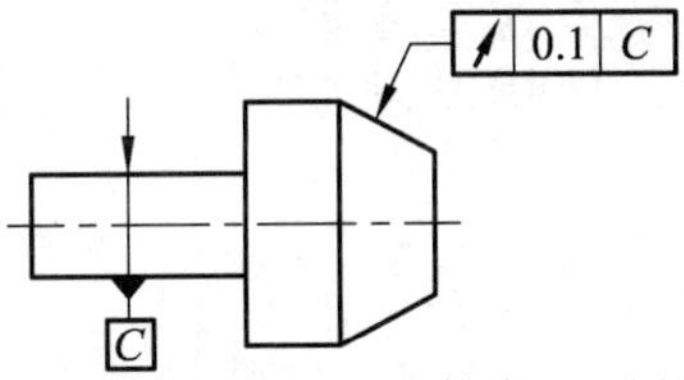 在与基准轴线 *C* 同轴的任一圆锥截面上，被测实际素线应限定在素线方向间距等于 0.1 mm 的直径不相等的两个圆之间。 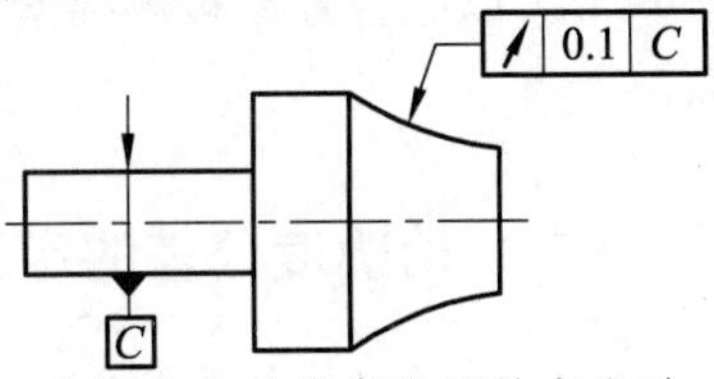 当标注公差的素线不是直线时，圆锥截面的锥角要随所测圆的实际位置而改变

2. 全跳动

全跳动公差是指整个提取（实际）表面相对于基准轴线的最大允许变动量。被测表面为圆柱面的全跳动称为径向全跳动。被测表面为平面的全跳动称为轴向全跳动。全跳动公差带的定义和标注示例见表 3-8。

表 3-8 全跳动公差

项目	功用	公差带的含义	示例
径向全跳动	用于限制整个被测要素对基准轴线的径向跳动误差	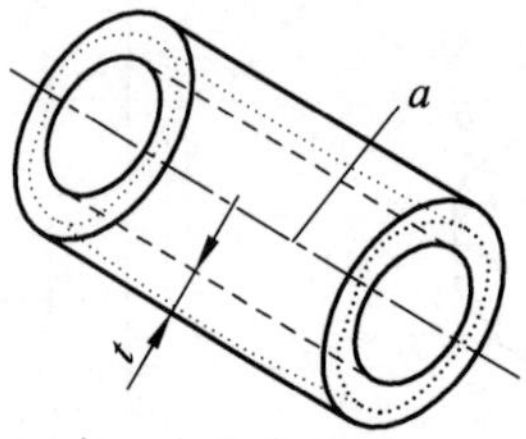 注：图中 *a* 为基准轴线 公差带为半径差等于公差值 *t* 且与基准轴线同轴的两圆柱面所限定的区域	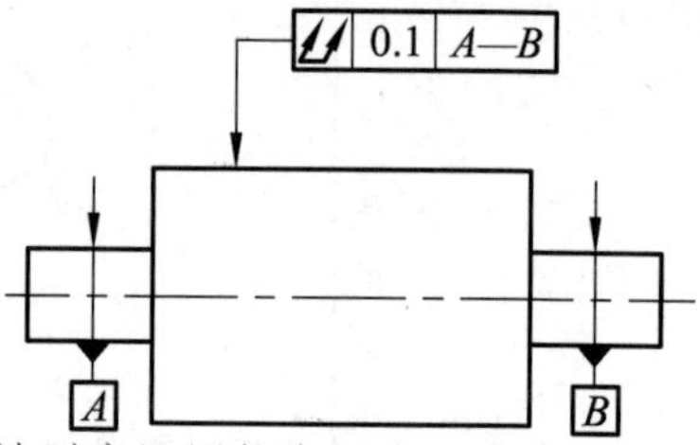 被测实际圆柱表面应限定在半径差等于 0.1 mm，与公共轴线 *A-B* 同轴的两圆柱面之间
轴向全跳动	用于限制整个被测要素对基准轴线的轴向跳动误差	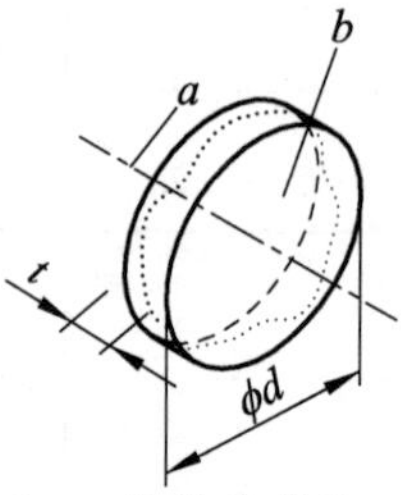 注：图中 *a* 为基准轴线，*b* 为被测实际表面。 公差带为间距等于公差值 *t* 且垂直于基准轴线的两平行平面所限定的区域	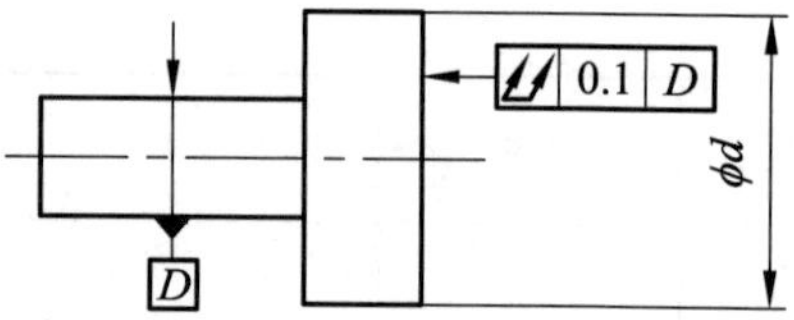 被测实际表面应限定在间距等于 0.1 mm，垂直于基准轴线 *D* 的两平行平面之间

除轴向全跳动外，跳动公差带有如下特点：跳动公差带相对于基准有确定的位置；跳动公差带可以综合控制被测要素的位置、方向和形状（轴向全跳动相对于基准仅有确定的方向）。

3.2.3 轮廓度公差的定义及其检测方法

线轮廓度或面轮廓度公差是对零件表面的要求（非圆曲线和非圆曲面），可以仅限定其形状误差，也可在限制形状误差的同时，对基准提出要求。前者属于形状公差，后者属于方向或位置公差。它们是关联要素在方向或位置上相对于基准所允许的变动全量。

1. 线轮廓度

线轮廓度公差分为无基准要求的轮廓度和有基准要求的轮廓度，无基准要求的轮廓度为形状公差，有基准要求的轮廓度为方向或位置公差。线轮廓度公差带的定义和示例见表 3-9。

表 3-9 线轮廓度公差表

项目	功用	公差带的含义	示例
无基准线轮廓度公差	无基准线轮廓度是形状公差，用于限制平面曲线的形状误差	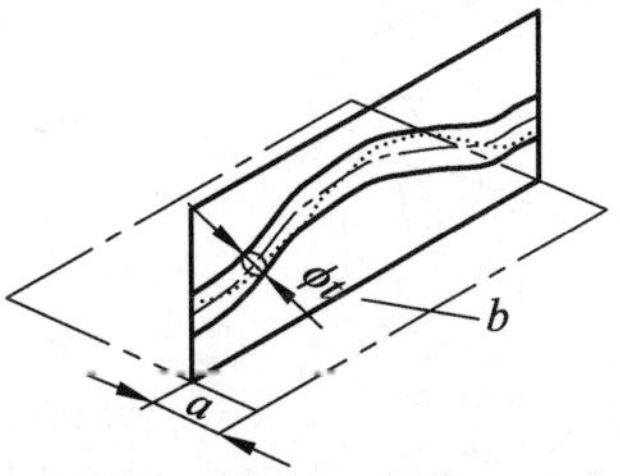 注：图中 *a* 为任一距离，*b* 为右图中的底面。 公差带为直径等于公差值 *t*，圆心位于具有理论正确几何形状上的一系列圆的两条包络线所限定的区域	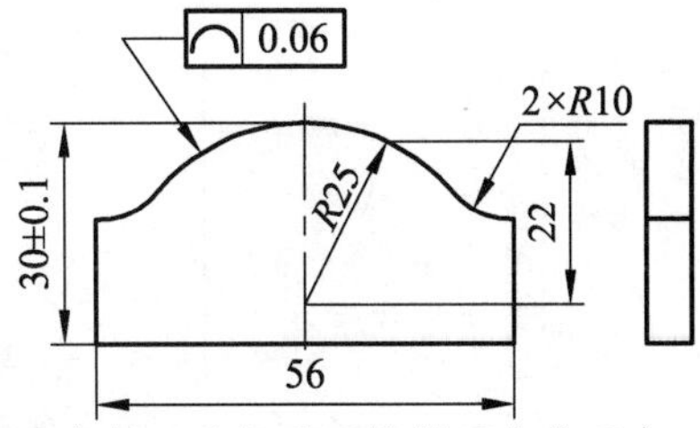 在任一平行于正投影面的截面内，被测实际轮廓线应限定在直径等于 0.06 mm 且圆心位于被测要素理论正确几何形状上的一系列圆的两包络线之间
相对于基准体系的线轮廓度公差	线轮廓度公差相对于基准体系时，是方向或位置公差，用于限制曲线的形状、方向和位置误差	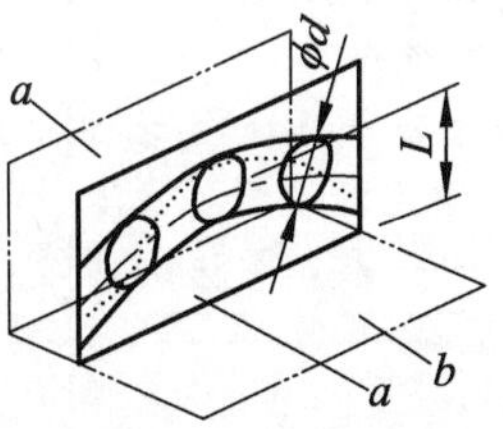 注：图中 *a*、*b* 为基准平面，*c* 为平行于基准 *a* 的平面。 公差带为直径等于公差值 *t*，圆心位于基准平面 *a* 和基准平面 *b* 确定的被测要素理论正确几何形状上的一系列圆的两条包络线所限定的区域	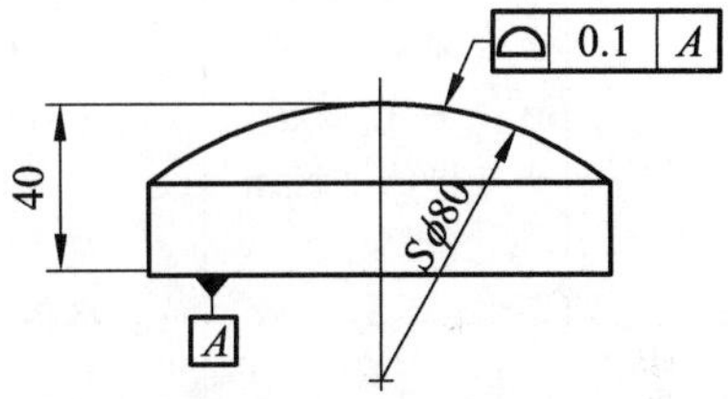 在任一平行于正投影面的截面内，被测实际轮廓线应限定在直径等于 0.04 mm 且圆心位于由基准平面 *A* 和基准平面 *B* 确定的被测要素理论正确几何形状上的一系列圆的两等距包络线之间

2. 面轮廓度

面轮廓度公差分为无基准要求的轮廓度和有基准要求的轮廓度，无基准要求的轮廓度为形状公差，有基准要求的轮廓度为方向或位置公差。面轮廓度公差带的定义和示例见表 3-10。

表 3-10 面轮廓度公差表

项目	功用	公差带的含义	示例
无基准面轮廓度公差	无基准面轮廓度是形状公差，用于限制一般曲面的形状误差	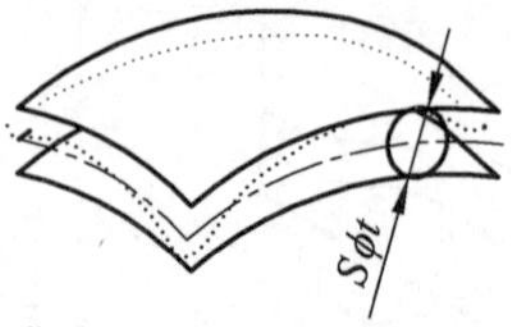 公差带为直径等于公差值 t 且球心位于被测要素理论正确形状上的一系列圆的两条包络面所限定的区域	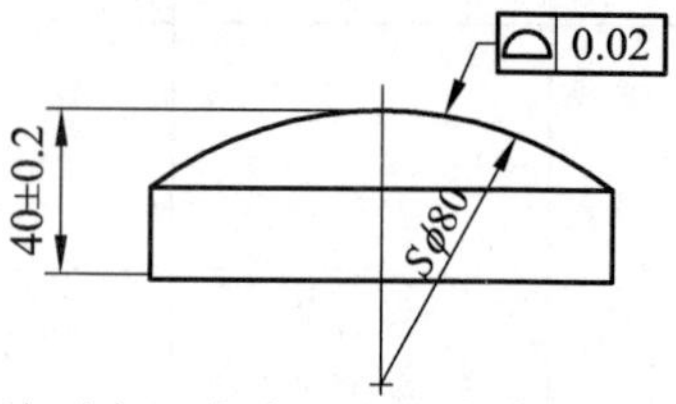 被测实际轮廓面应限定在直径等于 0.02 mm，球心位于被测要素理论正确几何形状上的一系列圆球的两等距包络面之间
相对于基准体系的面轮廓度公差	面轮廓度公差相对于基准体系时，是方向或位置公差，用于限制曲面的形状、方向和位置误差	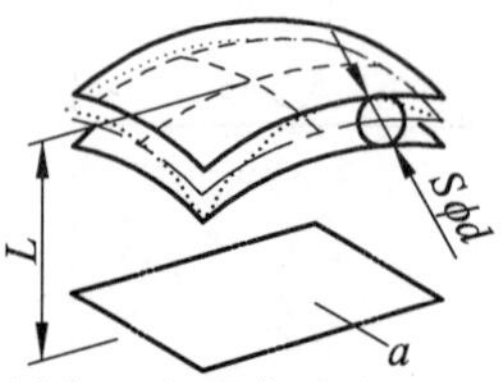 注：图中 a 为基准平面。 公差带为直径等于公差值 t 且球心位于由基准平面 a 确定的被测要素理论正确几何形状上的一系列圆球的两条包络面所限定的区域	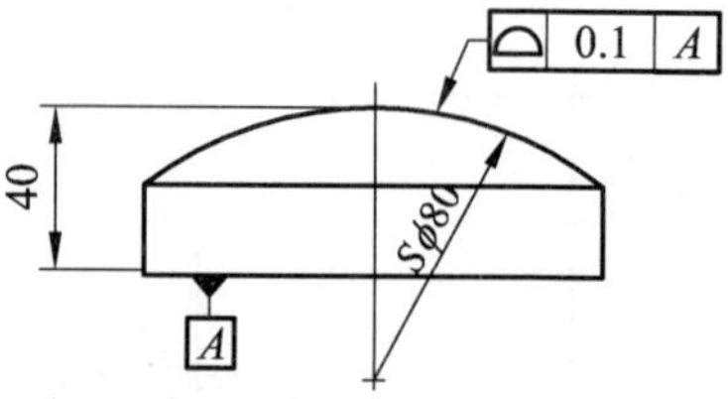 被测实际轮廓面应限定在直径等于 0.1 mm 且球心位于由基准平面 A 确定的被测要素理论正确几何形状上的一系列圆球的两等距包络面之间

3.2.4 几何公差的符号含义

国家标准规定几何公差采用框格标注法标注。框格标注法的最大特点是在图样上直接表示出被测要素、基准要素、几何公差值、公差原则、几何公差限制要求等，它与文字标注方式相比不会引起异议，便于技术上的交流。

1. 公差框格与基准符号

用公差框格标注几何公差时，公差要求注写在划分成两格或多格的矩形框格内。各格自左至右顺序标注以下内容：第一格，几何特征符号；第二格，公差值及有关符号；第三格至第五格，基准字母与有关符号，其基准字母顺序就是基准的顺序。公差框格如图 3-3（a）所示。几何公差值以 mm 为单位。当几何公差带为两平行直线、两平行平面、两圆柱面之间等的区域时，在公差值前不加注任何符号；当几何公差带为圆形和圆柱形的区域时，在公差值前加注符号 ϕ；当几何公差带为球形时，在公差值前加注符号 $S\phi$。

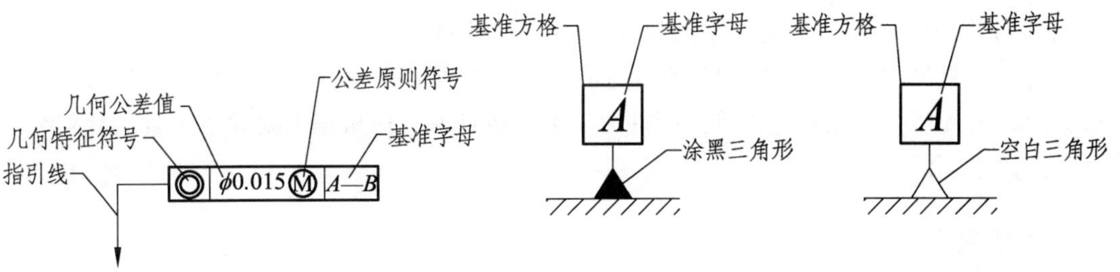

（a）　　　　　　（b）　　　　　　（c）

图 3-3　公差框格与基准符号

基准符号如图 3-3（b）、（c）所示。基准字母标在基准方格内，每个方格内填写一个大写字母。方格与一个涂黑的或空白的三角形相连以表示基准，涂黑和空白的三角形含义相同。

2. 几何公差的附加符号

表 3-11 所示为几何公差的附加符号和标注示例。附加符号对几何公差的适用范围、几何公差与尺寸公差的关系、被测要素等进行说明。

表 3-11　几何公差的附加符号

符号名称	符号	标注示例	符号名称	符号	标注示例
包容要求	Ⓔ	φ55h7Ⓜ	理论正确尺寸	50	
最大实体要求	Ⓜ	— φ0.02Ⓜ	基准目标	φ20 / A1	
最小实体要求	Ⓛ	— φ0.02Ⓛ	不凸起	NC	— ⌀0.02 NC
公共公差带	CZ	▱ 0.015CZ	任意横截面	ACS	ACS ◎ φ0.04 A
小径	LD	— φ0.02 LD	线素	LE	// 0.04 A B LE
大径	MD	— φ0.02 MD	中径、节径	PD	— φ0.02 PD
可逆要求	Ⓡ	— φ0.015Ⓡ	全周（轮廓）		
延伸公差带	Ⓟ	⌖ φ0.03Ⓟ A	自由状态条件（非刚性零件）	Ⓕ	⌖ φ0.03Ⓕ A

3.2.5 几何公差的要求

任何实际要素，都同时存在有几何误差和尺寸误差。有些几何误差和尺寸误差密切相关，如具有偶数棱圆的圆柱面的圆度误差与尺寸误差；有些几何误差和尺寸误差又相互无关，如导出要素的形状误差与相应组成要素的尺寸误差。而影响零件使用性能的，有时主要是几何误差，有时主要是尺寸误差，有时则主要是它们的综合结果而不必区分出它们各自的大小。因而在设计上，为简明扼要地表达设计意图并为工艺提供便利，应根据需要赋予要素的几何公差和尺寸公差以不同的关系。

1. 术语及其意义

1）边 界

边界即设计给出的具有理想形状的极限包容面。边界的尺寸为极限包容面的直径或距离。

2）理论正确尺寸

理论正确尺寸即确定提取要素的理想形状、方向、位置的尺寸。该尺寸不带公差，如 [100]、[45°]。

3）几何图框

用以确定一组要素之间和它们与基准之间正确关系的图形。

4）动态公差图

用来表示提取要素或（和）基准要素尺寸变化导致几何公差值变化的图形。

5）作用尺寸

（1）体外作用尺寸：在提取要素的给定长度上，与实际内表面体外相接的最大理想面或与实际外表面体外相接的最小理想面的直径或宽度，如图 3-4（a）所示的 ϕd_{fe}。对于关联要素，该理想面的轴线或中心平面必须与基准保持图样给定的几何关系，如图 3-4（a）所示的 ϕd_{fer}。假设图样给出了 ϕd 圆柱面的轴线对轴肩 A 的垂直度公差，如图 3-4（b）所示。用 D_{fe}、d_{fe} 表示内、外表面的体外作用尺寸，如图 3-5 所示。

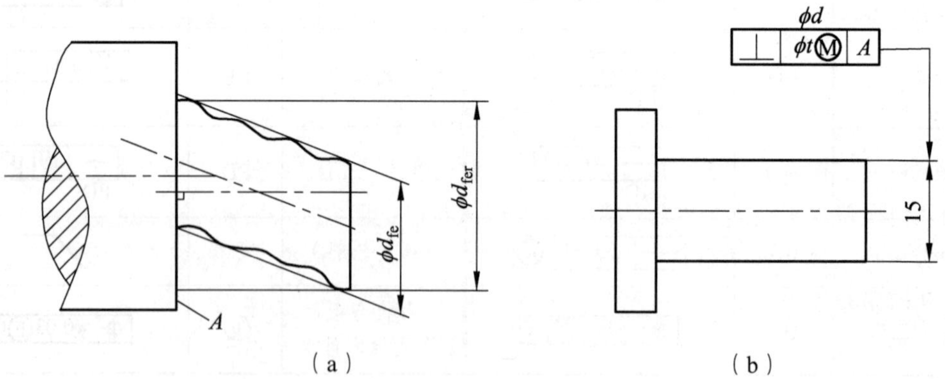

图 3-4 工件及作用尺寸

（2）体内作用尺寸：在提取要素的给定长度上，与实际内表面体内相接的最小理想面或与实际外表面体内相接的最大理想面的直径或宽度。用 D_{fi} 表示内表面体内作用尺寸，用 d_{fi} 表示外表面体内作用尺寸，如图 3-5（a）、（b）所示。

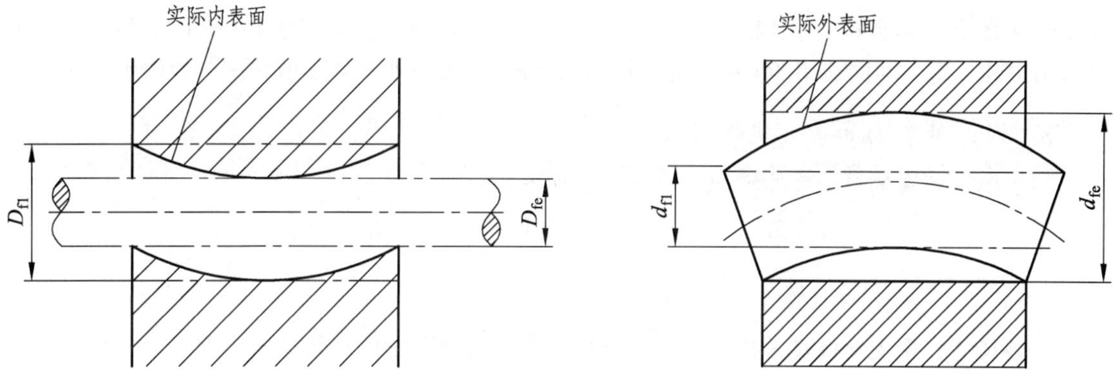

（a）　　（b）

图 3-5 体外作用尺寸和体内作用尺寸

6）实体状态、实体尺寸和实体边界

（1）最大实体状态（MMC）：假定提取组成要素的局部尺寸处于极限尺寸且使其具有实体最大时的状态。

（2）最小实体状态（LMC）：假定提取组成要素的局部尺寸处于极限尺寸且使其具有实体最小时的状态。

（3）最大实体尺寸（MMS）：确定要素最大实体状态的尺寸，即外尺寸要素的上极限尺寸，内尺寸要素的下极限尺寸。

（4）最小实体尺寸（LMS）：确定要素最小实体状态的尺寸，即外尺寸要素的下极限尺寸，内尺寸要素的上极限尺寸。

（5）最大实体边界（MMB）：最大实体状态理想形状的极限包容面。

（6）最小实体边界（LMB）：最小实体状态理想形状的极限包容面。

对内表面，最大实体尺寸即其下极限尺寸；对外表面，最大实体尺寸即其上极限尺寸。尺寸为最大实体尺寸且具有理想形状的内（对轴）、外（对孔）包容面称为最大实体边界。用 D_M 、d_M 表示内、外表面的最大实体尺寸。

7）实体实效状态、实体实效边界和实体实效尺寸

（1）最大实体实效状态（MMVC）：在给定长度上，实际要素处于最大实体状态且其导出要素的几何误差等于给出公差值的假设综合极限状态，即为最大实体实效状态。

（2）最小实体实效状态（LMVC）：在给定长度上，实际要素处于最小实体状态且其导出要素的几何误差等于给出公差的假设综合极限状态，即为最小实体实效状态。

（3）最大实体实效边界（MMVB）：尺寸为最大实体实效尺寸，且具有正确几何形状的理想包容面。

（4）最小实体实效边界（LMVB）：尺寸为最小实体实效尺寸，且具有正确几何形状的理想包容面。

（5）最大实体实效尺寸（MMVS）：尺寸要素的最大实体尺寸与其导出要素的几何公差（形状、方向和位置）共同作用产生的尺寸。用 D_{MV} 、d_{MV} 表示最大实体实效状态下的作用尺寸。

（6）最小实体实效尺寸（LMVS）：尺寸要素的最小实体尺寸与其导出要素的几何公差（形状、方向和位置）共同作用产生的尺寸。用 D_{LV}、d_{LV} 表示最小实体实效状态下的作用尺寸。

8）内、外表面的最大实体实效尺寸计算

（1）单一要素的最大实体实效尺寸计算式如下：

对内尺寸，最大实体实效尺寸 = 最小极限尺寸 − 导出要素的形状公差，即

$$D_{MV} = D_M - t_M = D_{min} - t$$

对外尺寸，最大实体实效尺寸 = 最大极限尺寸 + 导出要素的形状公差，即

$$d_{MV} = d_M + t_M = d_{max} + t$$

（2）关联要素的最大实体实效尺寸计算式如下：

对内尺寸，最大实体实效尺寸 = 最小极限尺寸 − 导出要素的位置公差，即

$$D_{MVr} = D_{Mr} - t_M = D_{min} - t$$

对外尺寸，最大实体实效尺寸 = 最大极限尺寸 + 导出要素的位置公差，即

$$d_{MVr} = d_{Mr} + t_M = d_{max} + t$$

9）内、外表面的最小实体实效尺寸计算

（1）单一要素的最小实体实效尺寸计算式如下：

对内尺寸，最小实体实效尺寸 = 最大极限尺寸 + 导出要素的形状公差，即

$$D_{LV} = D_{max} + t$$

对外尺寸，最小实体实效尺寸 = 最小极限尺寸 − 导出要素的形状公差，即

$$d_{LV} = d_{min} - t$$

（2）关联要素的最小实体实效尺寸计算式如下：

对内尺寸，最小实体实效尺寸 = 最小极限尺寸 − 导出要素的位置公差，即

$$D_{LVR} = D_{min} - t$$

对外尺寸，最小实体实效尺寸 = 最大极限尺寸 + 导出要素的位置公差，即

$$d_{LVR} = d_{max} + t$$

2. 最大实体要求

最大实体要求是当被测要素或基准要素偏离其最大实体状态时，几何公差可获得补偿值，即所允许的几何误差值增大的一种尺寸要求，且被测要素的实际轮廓遵守（不得超越）最大实体实效边界。

最大实体要求适用于导出要素（如中心点、线、面），不能应用于组成要素（如轮廓要素）。

采用最大实体要求应在几何公差框格值中的公差值或（和）基准符号后加注符号“Ⓜ”。

1）最大实体要求的应用特点

（1）几何公差值是被测要素或基准要素的实际轮廓处于最大实体状态的前提下给定的，目的是为保证装配互换性。

（2）被测要素的体外作用尺寸不得超过其最大实体实效尺寸。

（3）当被测要素的实际（组成要素）尺寸偏离最大实体尺寸时，其几何公差值可以增大，所允许的几何误差为图样上给定几何公差值与实际尺寸相对最大实体尺寸的偏离量之和。

（4）被测要素的实际（组成）要素尺寸应处于最大实体尺寸和最小实体尺寸之间。

2）最大实体要求的简单应用示例

例 3-1：图 3-6 所示为轴线直线度公差采用最大实体要求，最大实体要求用于被测要素。

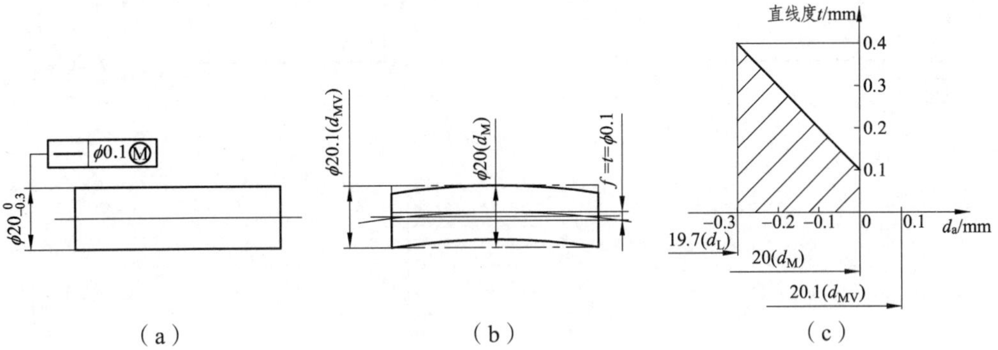

图 3-6　轴线直线度公差采用最大实体要求

轴应满足以下条件：

（1）实际尺寸为 $\phi 19.7 \sim \phi 20$mm 。

（2）轴实际轮廓不超出最大实体实效边界，$d_{MV}=d_M+t=(20+0.1)\text{mm}=20.1\ \text{mm}$ 。

（3）最小实体状态时，轴线直线度误差达到最大值 $\phi 0.4$ mm（为给定的直线度公差 0.1 mm + 尺寸公差 0.3 mm）。

例 3-2：图 3-7 所示为轴线垂直度公差采用最大实体要求，最大实体要求用于被测要素。

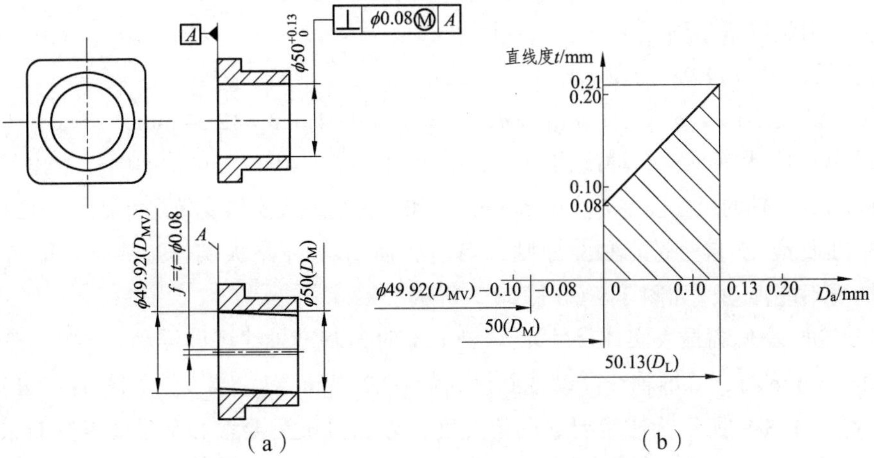

图 3-7　轴线垂直度公差采用最大实体要求

孔应满足以下条件：

（1）实际尺寸为 $\phi 50 \sim \phi 50.13$ mm。

（2）孔实际轮廓不超出最大实体实效边界，$D_{MV}=D_M-t=(50-0.08)\text{mm}=49.92\text{ mm}$。

（3）最小实体状态时，轴线垂直度误差达到最大值 $\phi 0.21$ mm（为给定的直线度公差 0.08 mm + 尺寸公差 0.13 mm）。

例 3–3：图 3-8 所示为最大实体要求同时用于被测要素和基准要素。

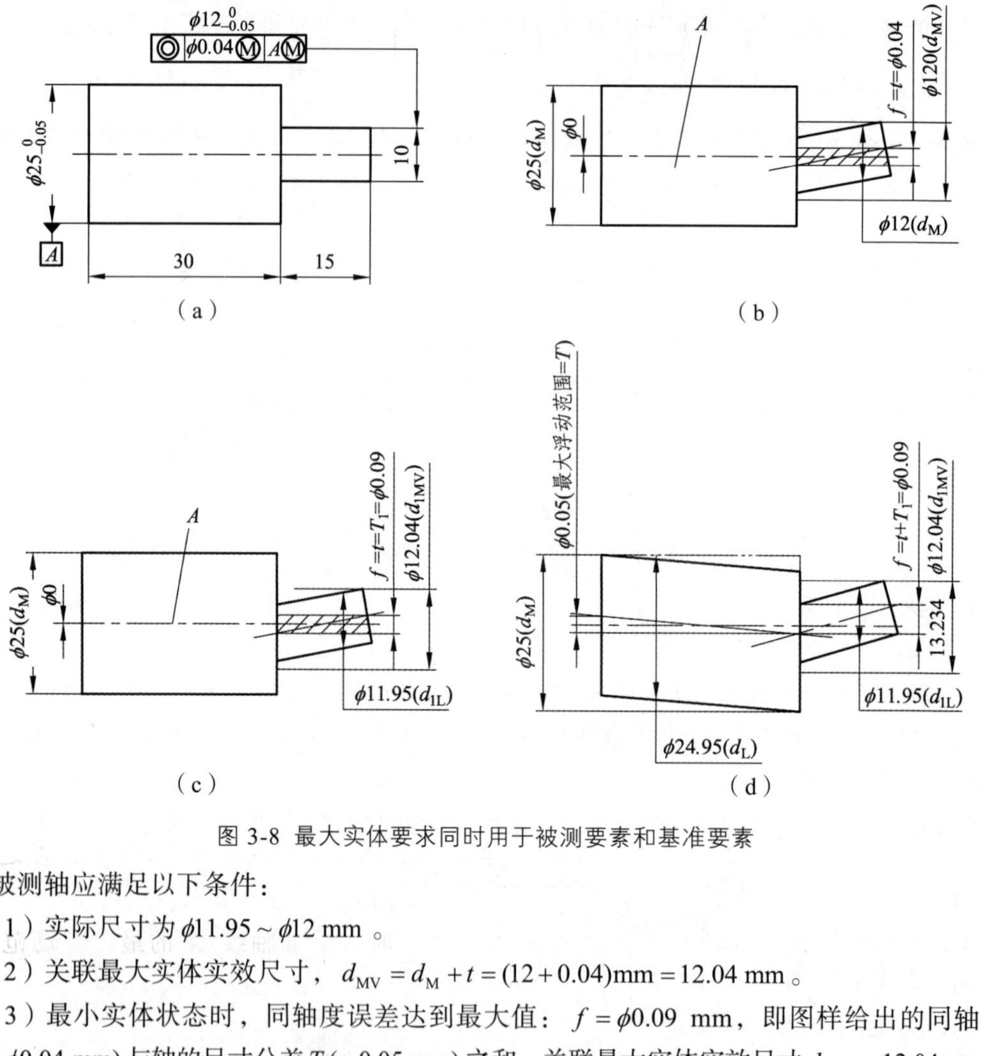

图 3-8 最大实体要求同时用于被测要素和基准要素

被测轴应满足以下条件：

（1）实际尺寸为 $\phi 11.95 \sim \phi 12$ mm。

（2）关联最大实体实效尺寸，$d_{MV}=d_M+t=(12+0.04)\text{mm}=12.04\text{ mm}$。

（3）最小实体状态时，同轴度误差达到最大值：$f=\phi 0.09$ mm，即图样给出的同轴度公差 $t(=\phi 0.04\text{ mm})$ 与轴的尺寸公差 $T_1(=0.05\text{ mm})$ 之和；关联最大实体实效尺寸 $d_{1MV}=12.04\text{ mm}$。

（4）基准要素 A 自身遵守独立原则，当基准轴 A 处于最大实体边界时，即 $d_M=25$ mm 时，基准轴线不能浮动，如图 3-8（b）、（c）所示。

（5）当基准 A 偏离最大实体尺寸 $d_M=25$ mm 时，基准轴线可以浮动。当其等于最小实体尺寸 $d_L=24.95$ mm 时，基准轴线浮动达到最大值 $\phi 0.05\text{ mm}(=d_M-d_L)$，如图 3-8（d）所示。

例 3–4：图 3-9 所示为成组要素的位置度公差，且被测要素和基准要素同时采用最大实体要求。

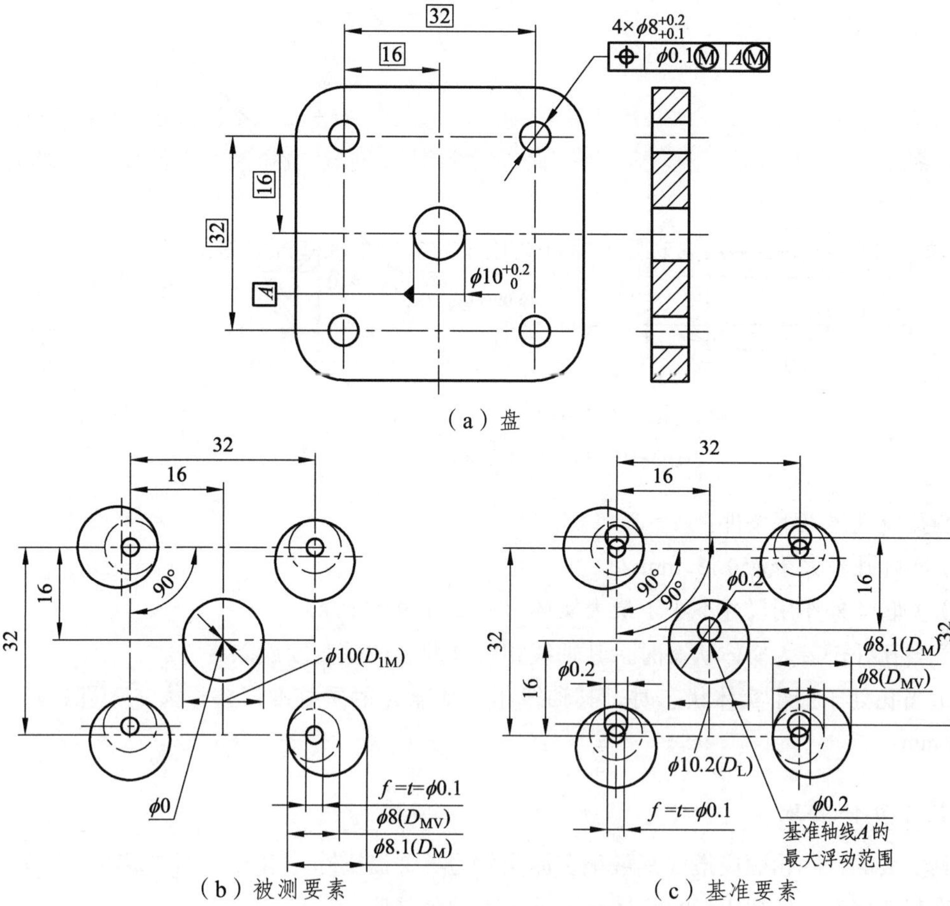

图 3-9 成组要素采用最大实体要求

各被测孔应满足以下条件：

（1）实际尺寸为 $\phi8.1 \sim \phi8.2$ mm 。

（2）孔的最大实体实效尺寸，$D_{MV} = D_M - t = (8.1 - 0.1)$ mm = 8 mm 。

（3）当各被测孔均处于最小实体状态时，其轴线位置度达到最大值，即给定公差之和为 $T_D(0.1 \text{ mm}) + t_{\oplus}(0.1 \text{ mm}) = 0.2$ mm ，且基准轴线 A 不能浮动。

（4）当基准的体外作用尺寸偏离最大实体尺寸时，基准轴线 A 的最大浮动范围为 $\phi0.2$ mm 。

例 3-5：图 3-10 所示为最大实体要求采用零几何公差。

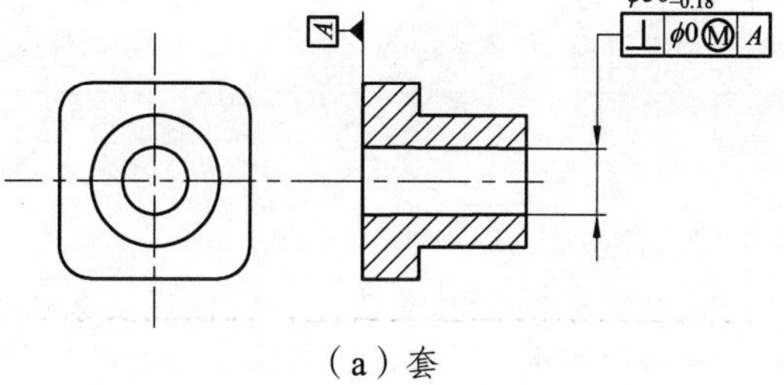

（a）套

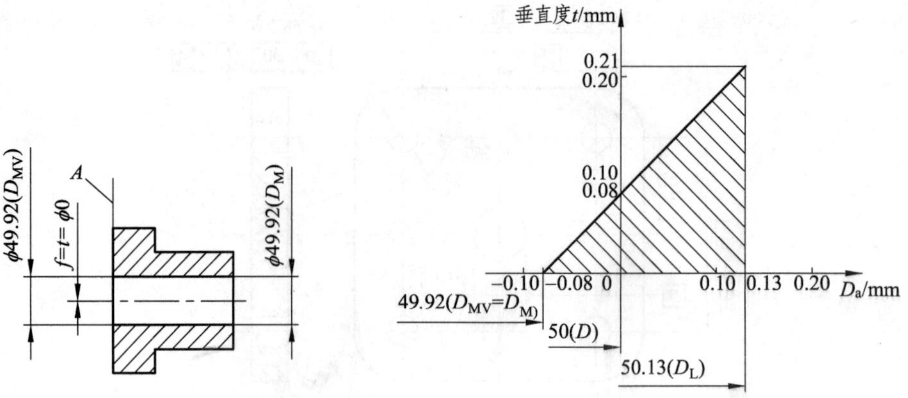

（b）孔处于最大实体状态　　（c）动态公差图

图 3-10 最大实体要求采用零几何公差

被测孔应满足以下条件：

（1）实际孔不大于 $\phi 50.13$ mm。

（2）关联体外作用尺寸不小于最大实体尺寸 D_M (49.92 mm)。

（3）当孔处于最大实体状态时，其轴线相对基准 A 的垂直度误差为零。

（4）当孔处于最小实体状态时，其轴线相对基准 A 的垂直度误差最大，为孔的尺寸公差值 $\phi 0.21$ mm。

3. 最小实体要求

被测要素的实际轮廓应遵守其最小实体实效边界，当实际（组成）要素偏离最小实体尺寸时，允许其几何误差值超出最小实体状态下给出的公差值。

当采用最小实体要求时，在被测要素几何公差框格中的公差值后标注符号Ⓛ；当最小实体要求应用于基准要素时，应在几何公差框格内的基准字母代号后标注符号Ⓛ。

最小实体要求的简单应用示例如下：

例 3-6：图 3-11 所示为最小实体要求应用于同轴度公差和基准要素。其中，图 3-11（a）所示为最小实体要求应用于孔 $\phi 39$ mm 的轴线相对基准 A 的同轴度公差，并同时应用于基准要素。当被测要素处于最小实体状态时，其轴线对基准 A 的同轴度公差为 $\phi 1$ mm，如图 3-11（b）所示。

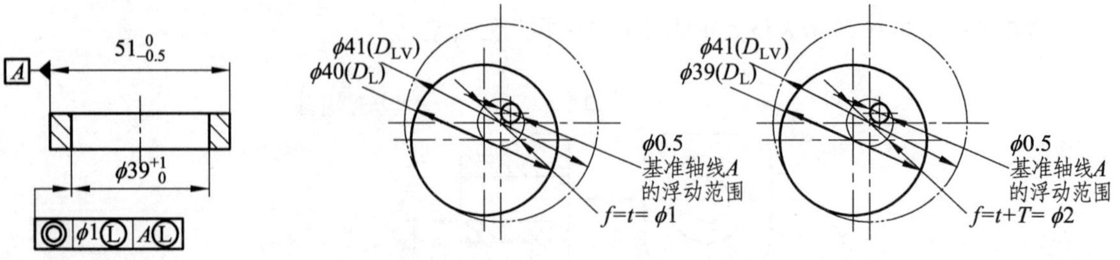

（a）　　（b）　　（c）

图 3-11 最小实体要求应用于同轴度公差和基准要素

被测孔应满足下列要求：

（1）实际尺寸为ϕ39 ~ ϕ40 mm。

（2）其关联体内作用尺寸不大于关联最小实体实效尺寸 $D_{LV} = D_L + t = 40\ \text{mm} + 1\ \text{mm} = 41\ \text{mm}$。

（3）当该孔处于最大实体状态时，其轴线相对 A 基准的同轴度误差允许到达最大值，即 2 mm（同轴度公差值 1 mm 与孔的尺寸公差值 1 mm 之和），如图 3-11（c）所示。

（4）当基准要素的实际轮廓偏离其最小实体边界，即其体内作用尺寸偏离最小实体尺寸时，允许基准要素在一定范围内浮动。其最大浮动范围是直径等于基准要素的尺寸公差 0.5 mm 的圆柱形区域，如图 3-11（b）、（c）所示。

例 3–7：图 3-12 所示为采用最小实体要求的零几何公差。孔 $\phi39^{+2}_{0}$ mm 的轴线相对基准 A 的同轴度公差为 0，并且最小实体要求同时应用于基准要素。

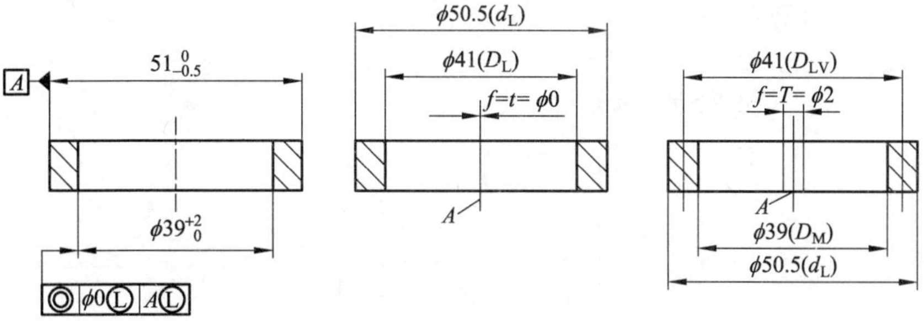

（a）　　（b）　　（c）

图 3-12　最小实体要求的零几何公差

被测孔应满足以下条件：

（1）孔实际尺寸不小于ϕ39 mm。

（2）实际轮廓不超出关联最小实体边界，即其关联体内作用尺寸不大于最小实体尺寸 D_L (41 mm)。

（3）当该孔处于最小实体状态时，其轴线对基准 A 的同轴度误差为零，如图 3-12（b）所示。

（4）当该孔处于最大实体状态时，其轴线相对基准 A 的同轴度误差允许达到最大值，即图样给出的被测要素的尺寸公差值ϕ2 mm，如图 3-12（c）所示。

4. 可逆要求

可逆要求是指在不影响零件功能的前提下，当被测轴线或中心平面的几何误差值小于给出的几何公差值时，允许相应的尺寸公差增大。它通常与最大实体要求或最小实体要求一起应用。

（1）可逆要求是最大实体要求或最小实体要求的附加要求，表示尺寸公差可以在实际几何误差小于几何公差的差值范围内增大。

可逆要求在图样上公差框格内标注：用符号Ⓡ标注在Ⓜ或Ⓛ之后，仅用于注有公差的要素，如图 3-13、图 3-14 所示。在最大实体要求（MMR）或最小实体要求（LMR）基础上附加可逆要求（RPR）后，改变了尺寸要素的尺寸公差，可以充分利用最大实体实效状态（MMVC）和最小实体实效状态（LMVC）的尺寸。在制造可能性的基础上，可逆要求（RPR）允许尺寸和几何公差之间相互补偿。此时，被测要素应遵守最大实体实效边界（MMVB）或最小实体实效边界（LMVB）。

（2）如图 3-13（a）所示，公差框格内加注Ⓜ、Ⓡ表示：被测要素孔的实际尺寸可在最小实体尺寸ϕ50.13 mm 和最大实体实效尺寸ϕ49.92 mm(= ϕ50 mm – 0.08 mm）之间变动，轴线的垂直度误差为 0 ~ 0.21 mm，如图 3-13（c）所示。

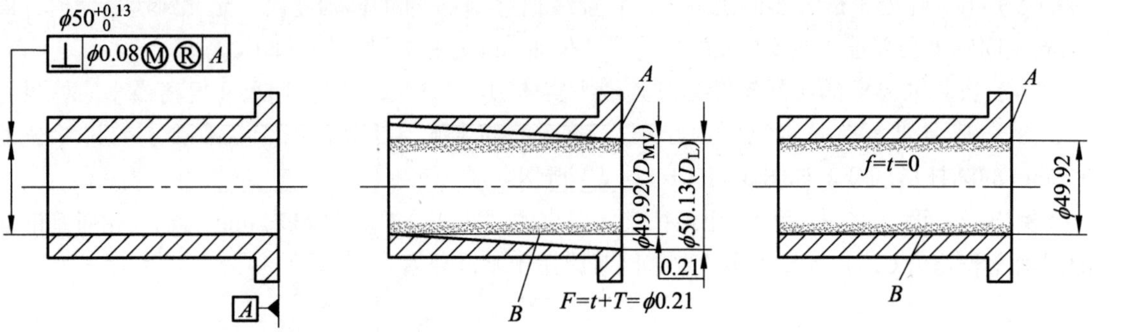

（a）零件图　　（b）补偿及反补偿

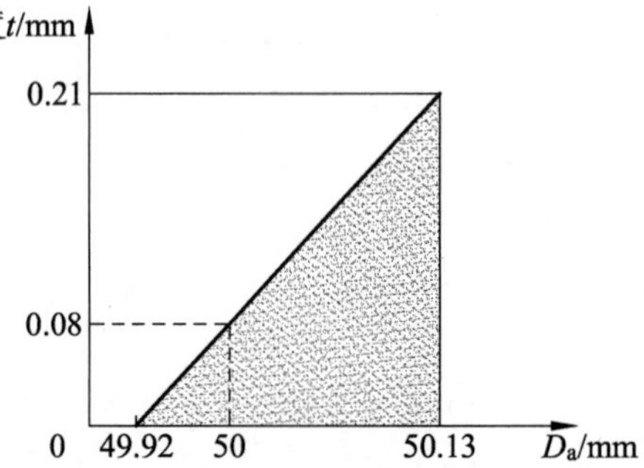

（c）补偿关系及合格区域

图 3-13 孔的轴线垂直度公差采用可逆的最大实体要求

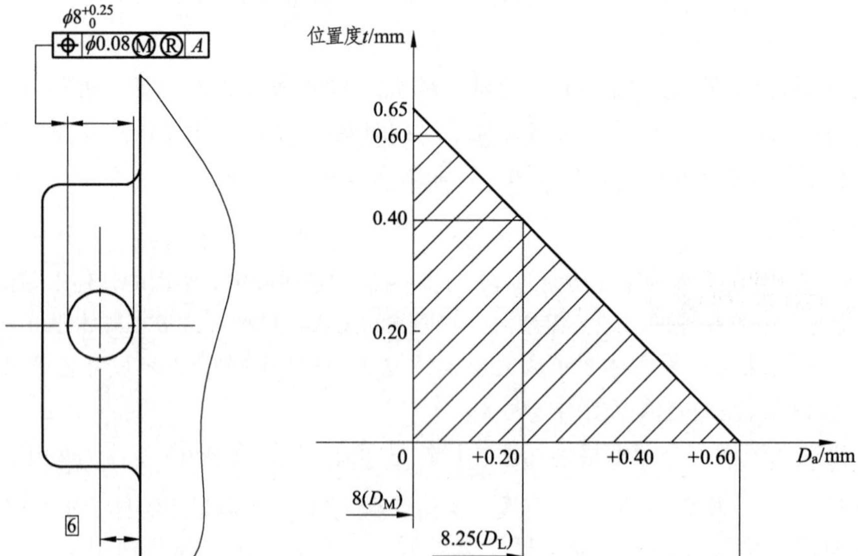

（a）零件图　　（b）补偿关系及合格区域

图 3-14 轴线位置度公差采用可逆的最小实体要求

如图 3-14（a）所示，公差框格内加注Ⓛ、Ⓡ表示：被测要素孔的实际尺寸可在最大实体尺寸 8 mm 和最小实体实效尺寸 ϕ8.65 mm（ = ϕ8 mm + 0.25 mm + 0.4 mm）之间变动，轴线的位置度误差为 0 ~ 0.65 mm，如图 3-14（b）所示。

（3）带有Ⓜ、Ⓡ和Ⓛ、Ⓡ的公差标注举例。为便于学习与理解，现给出最大实体要求和最小实体要求术语和概念，如图 3-15 所示。

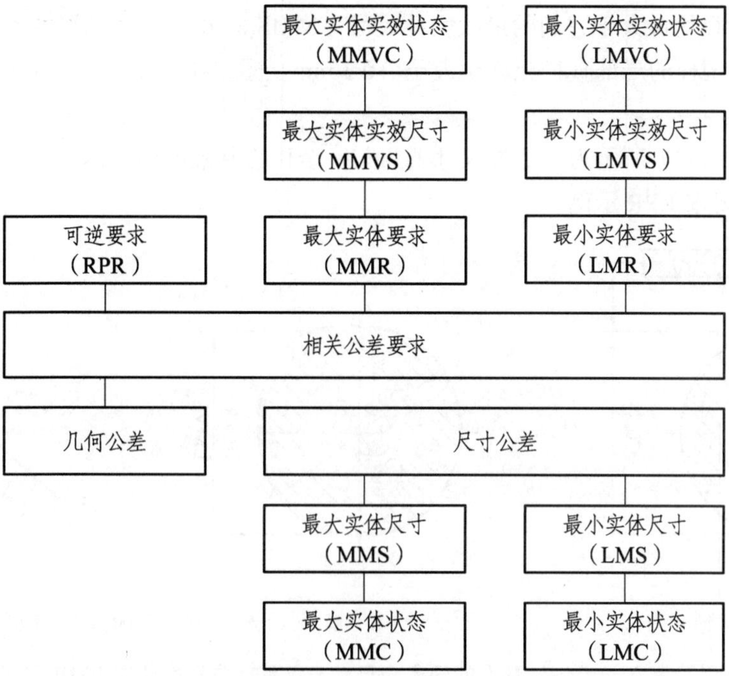

图 3-15　最大实体要求和最小实体要求术语和概念

可逆要求的简单应用示例如下：

例 3-8：如图 3-16 所示，两销柱要与一个板类零件装配，该板类零件具有两个公称尺寸为 ϕ10 mm 的孔，且相距 25 mm，且要与基准平面 *A* 相垂直。

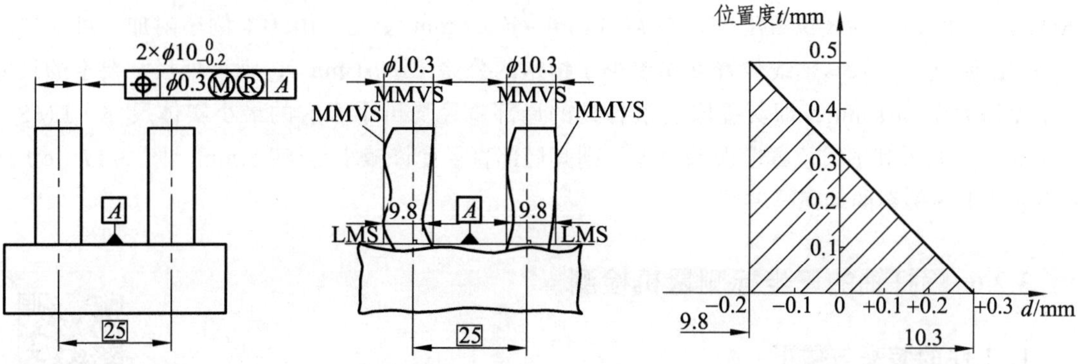

（a）图样标注　（b）解释　（c）动态公差图

图 3-16　两外圆柱面具有尺寸要求和轴线位置度要求 MMR 和附加要求 RPR 示例

解释：图中两销柱的轴线位置度公差（ϕ0.3 mm）是这两销柱均为最大实体状态（MMC）时给定的。若这两销柱均为最小实体状态（LMC），其轴线位置度误差允许达到的最大值如图 3-16（a）所示的轴线位置度公差（ϕ0.3 mm）与销柱的尺寸公差（0.2 mm）之和（ϕ0.5 mm）。当两销柱各自处于最大实体状态（MMC）与最小实体状态（LMC）之间，其轴线位置度公差为ϕ0.3 ~ 0.5 mm。由于本例还附加了可逆要求（RPR），因此如果两销柱的轴线位置度误差小于给定的公差（ϕ0.3 mm），则两销柱的尺寸公差允许大于 0.2 mm，即其提取要素各处的局部直径均可大于它们的最大实体尺寸（MMS = 10 mm）；如果两销柱的轴线位置度误差为零，则两销柱的局部直径允许增大至 10.3 mm。图 3-16（c）所示为表述上述关系的动态公差图。

例 3–9：图 3-17 所示为一个外尺寸要素与一个作为基准的同心内尺寸要素具有位置度要求 LMR 和附加要求 RPR 示例。

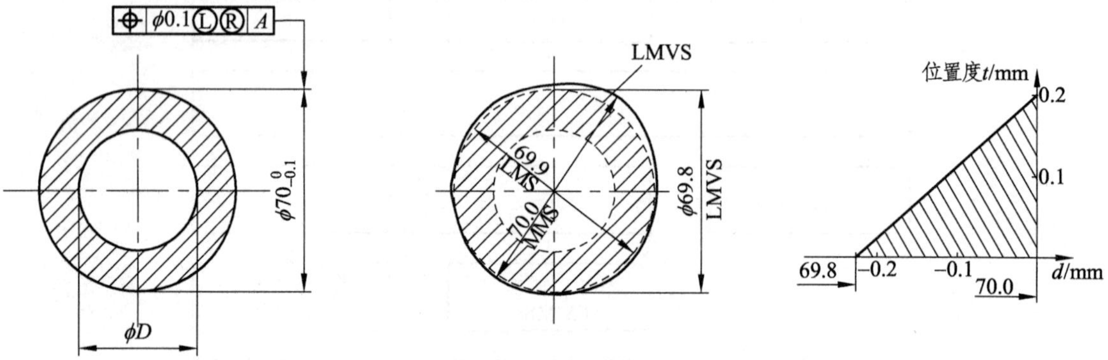

（a）图样标注　　（b）解释　　（c）动态公差图

图 3-17　一个外尺寸要素与一个作为基准的同心内尺寸要素具有位置度要求 LMR 和附加要求 RPR 示例

解释：图 3-17（a）所示轴线的位置度公差（ϕ0.1 mm）是该外尺寸要素为其最小实体状态（LMC）时给定的。若该外尺寸要素为其最大实体状态（MMC），则其轴线位置度误差允许达到的最大值，可为图 3-17（a）所示的轴线位置度公差（ϕ0.1 mm）与该外尺寸要素公差（0.1 mm）之和，即ϕ0.2 mm。当该外尺寸要素处于最小实体状态（LMC）与最大实体状态（MMC）之间，其轴线位置度公差在ϕ0.1 mm ~ ϕ0.2 mm 变化。由于本例还附加了可逆要求（RPR），因此，如果其轴线位置度误差小于给定的公差（ϕ0.1 mm），则该外尺寸要素的尺寸公差允许大于 0.1 mm，即其提取要素各处的局部直径均可小于它的最小实体尺寸（LMS = 69.9 mm）；如果其轴线位置度误差为零，则其局部直径允许减小至 69.8 mm。图 3-17（c）所示为表述上述关系的动态公差图。

3.2.6 蜗杆轴的三坐标测量机检测

1. 工件的装夹与摆正

蜗杆轴的装夹方式如图 3-18 所示。

微课：蜗杆轴测量前准备工作

图 3-18 蜗杆轴装夹

2. 粗、精建坐标

1）粗建坐标系

粗建坐标系的目的是确定零件的位置，为后面程序自动运行做准备，所以通常会测量最少的测量点数，具体步骤如下：

微课：蜗杆轴的坐标系建立

（1）在自学习模式下，将命令方式选择为“手动模式”。

（2）导入数模后，以测头为参考，查看软件中数模的位置和测量机上零件摆放位置是否一致，如图 3-19 所示，CAD 数模在软件中的摆放位置和测量机摆放位置（见图 3-18）不一致。

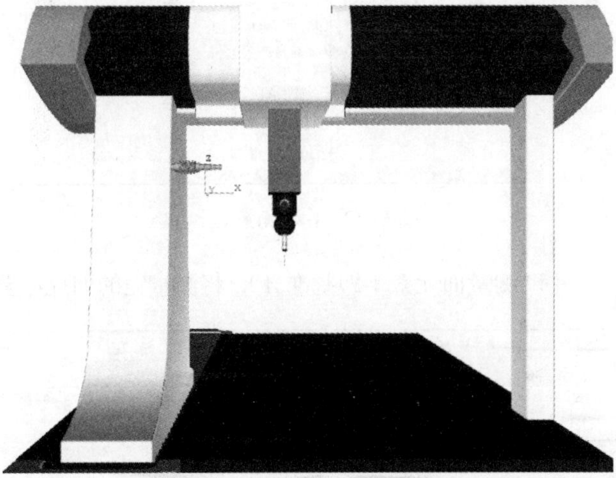

图 3-19 导入 CAD 数模

（3）如图 3-20 所示，选择“坐标”→“旋转”，选择旋转轴向，输入角度，预览坐标轴，确认无误后再单击“添加/激活坐标系”。

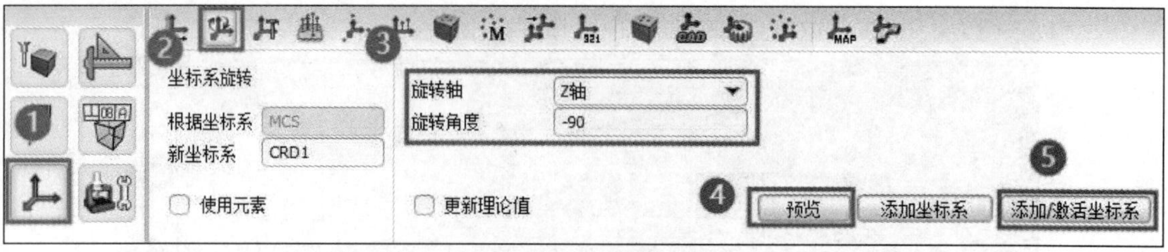

图 3-20 旋转坐标系

（4）如图 3-21 所示，在双数据区元素区选中导入模型，右键选择“模型对齐”，查看软件中 CAD 数模方向与测量机上零件摆放是否一致。

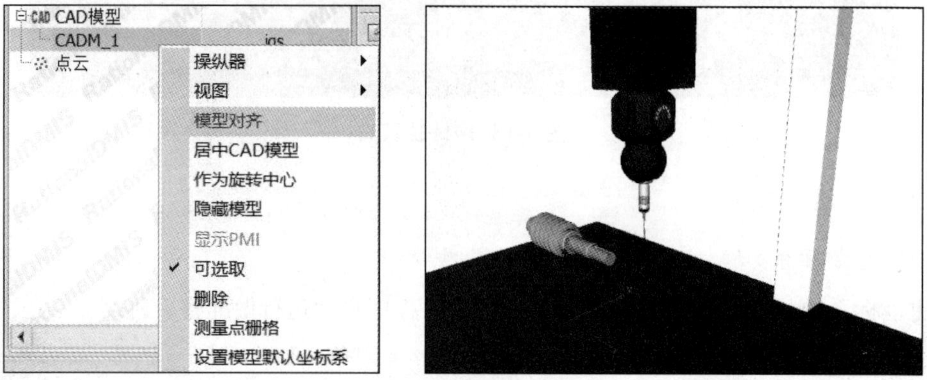

图 3-21 数模对齐

（5）如图 3-22 所示，在基准 *B* 轴线上手动测量圆元素，将测量完的圆拖放至双数据区的坐标处。

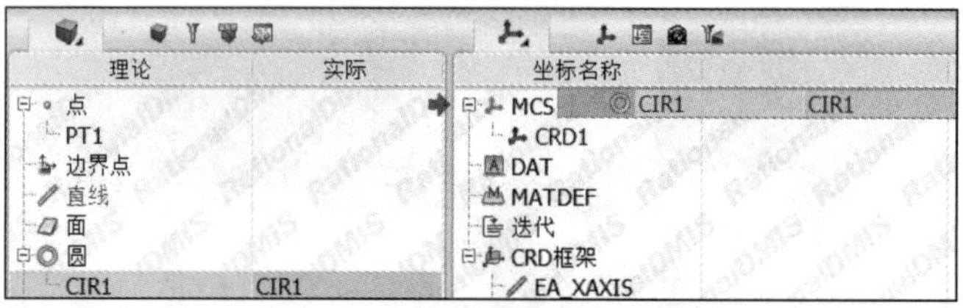

图 3-22 手动测量-圆

（6）如图 3-23 所示，手动测量面元素（即基准 *A*），将测量完的面拖放至双数据区的坐标处。

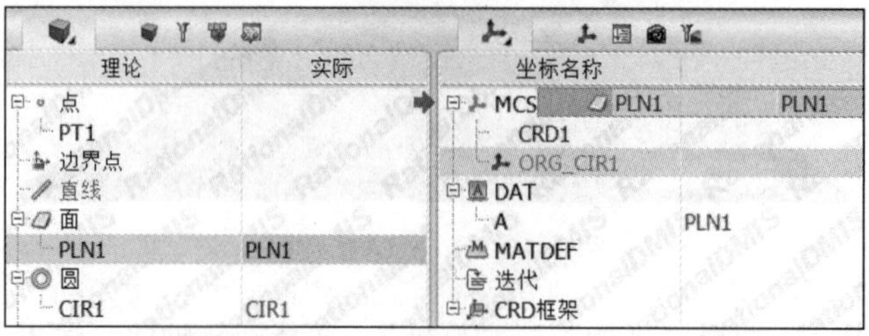

图 3-23 手动测量-面

（7）如图 3-24 所示，在 CAD 数模处右键选择“模型对齐”，完成粗坐标建立。

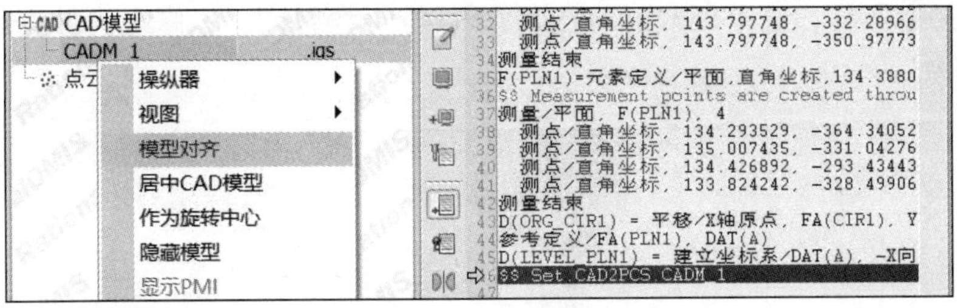

图 3-24　CAD 数模对齐

（8）移动手操器，将测针移动至工件的特征点处，观察测针与工件的位置在软件和实际中是否一致，如图 3-25 所示。

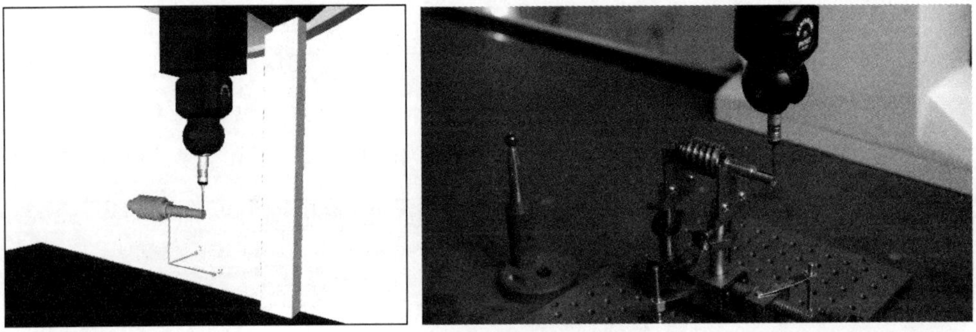

图 3-25　测针特征点位置

2）精建坐标系

精建坐标系的目的是准确测量相关基准元素，作为后续尺寸评价的基准，所以通常会测量更多的点数。因为自动坐标系在执行时是自动运行的，所以测量元素间需要加上安全移动点。具体步骤如下：

（1）将命令方式选择为“程序模式”，为了测量的安全性，一般建议粗建坐标使用“手动模式”，精建坐标使用“程序模式”。

（2）自动测量面，如图 3-26 所示，用 CAD 面型图形定义，在 CAD 模型上提取端面，使用自动测量的方法，测量所提取的面元素。

图 3-26　自动测量面

（3）用自动测量方式检测基准圆柱 C、D，如图 3-27 所示，用 CAD 面型图形定义，在 CAD 模型上提取圆柱，选中提取的圆柱，右键“产生测量点”，修改测量参数，预览无误后，单击“测量”。

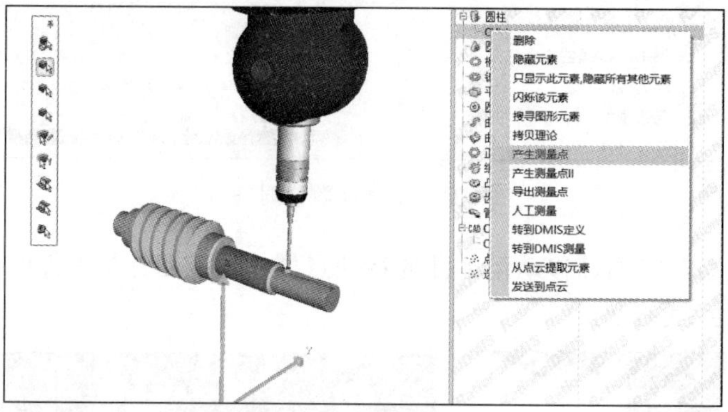

图 3-27 自动测量圆柱

（4）拟合找正直线，如图 3-28 所示，将基准圆柱 C 和 D 拖入“构造”→“拟合”命令中。

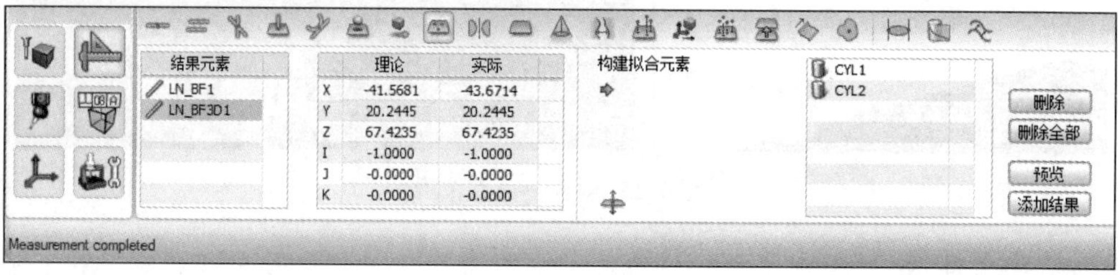

图 3-28 拟合公共基准

（5）构造坐标原点，如图 3-29 所示，将圆柱和面拖入“构造”→“相交”命令中，预览元素，确认无误后单击“添加结果”。

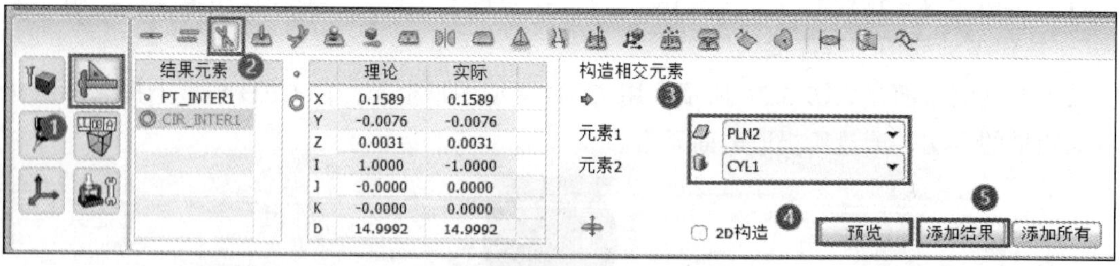

图 3-29 构造坐标原点

（6）如图 3-30 所示，“坐标”→“生成坐标”，将“拟合的公共基准”拖入第一栏，选择相应的圆柱轴向，预览坐标系，查看两坐标系方向是否一致，确认无误后单击“添加/激活坐标系”。长轴类零件用圆柱进行找正，短轴可用面找正。

（7）回转体类零件使用“3-3-1”建立坐标系时，可不用进行旋转这一步骤，保持测量机默认轴向即可。

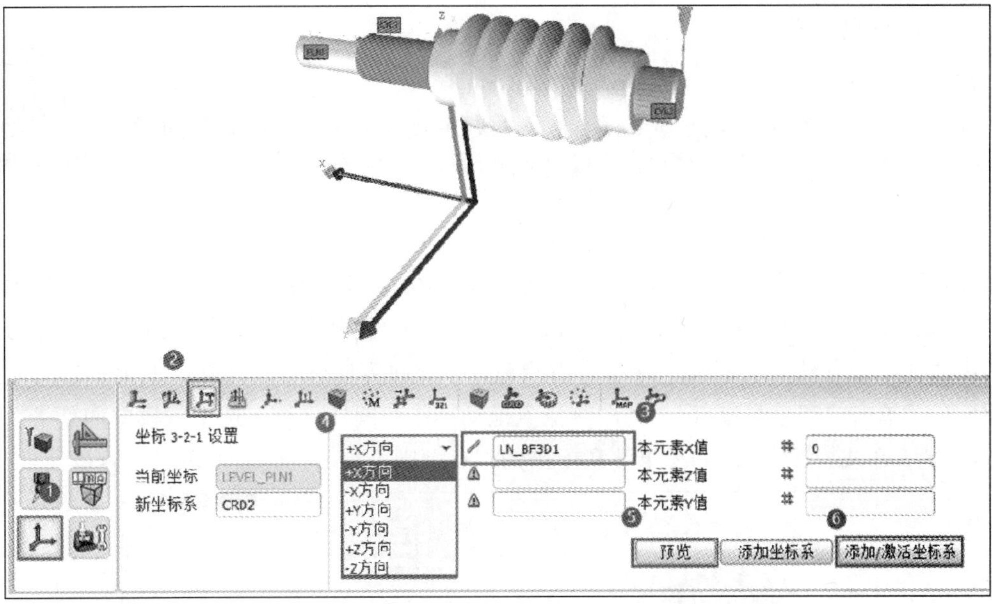

图 3-30 找正

（8）原点，如图 3-31 所示，“坐标”→“平移”，将圆拖入 *X*、*Y*、*Z* 轴，预览坐标系，查看两坐标系方向是否一致，确认无误后单击“添加/激活坐标系”。

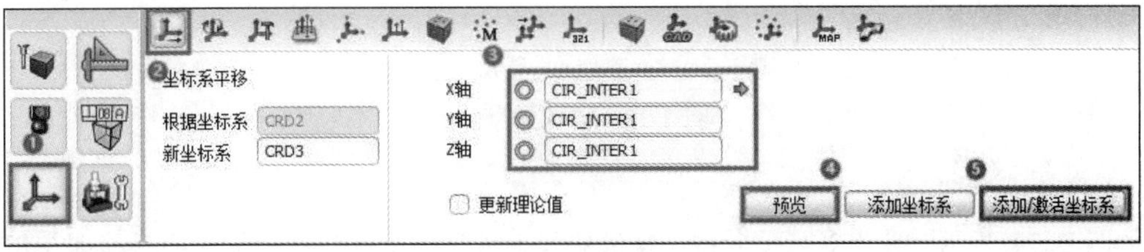

图 3-31 原点

（9）在双数据区元素区选中导入模型，右键选择“模型对齐”，手动操作测量机，将测针放在零件某个特征点上（如圆的象限点或圆心上），查看测针在软件中位置与测量机上位置是否一致，如图 3-32 所示。

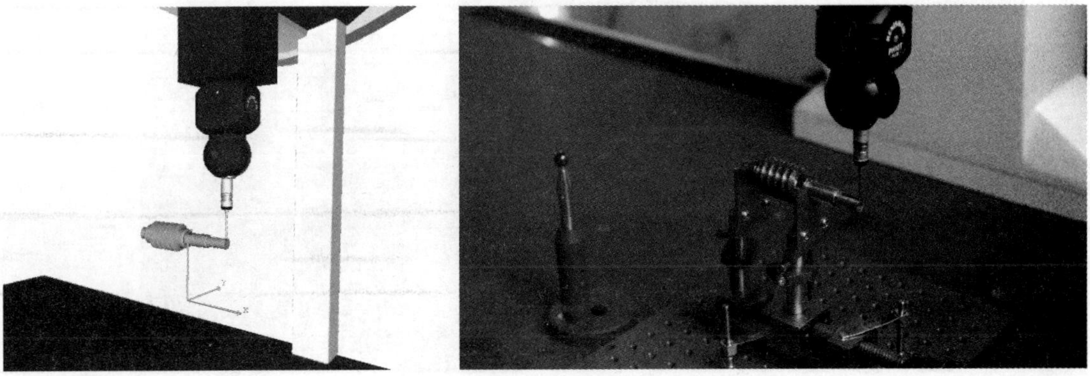

图 3-32 坐标系检查

3. CAD 辅助测量

微课：蜗杆轴的CAD 辅助测量

将测针放置零件某个特征点，确认数模对齐无误后，即可开始 CAD 辅助测量。CAD 辅助测量和自动测量步骤类似，两者主要区别在于理论元素的提取方法。

1）圆的 CAD 辅助测量方法

如图 3-33 所示，先使用“CAD 线型图形定义”在 CAD 数模中提取被测元素理论值，在双数据区的元素区选中“CIR3”，单击右键，选择“产生测量点”，修改测量点窗口的参数（圆的参数含义与圆柱大致相同，导程是指测量点按螺纹方向分布，同螺旋线上相邻对应点的轴向距离），单击“产生测量点”，圆的测量点拖动操作和圆柱一致，选中数模中的箭头，移动测量点位置，单击“预览”，如无干涉和不当的测点，则可单击“测量”来自动测量元素。

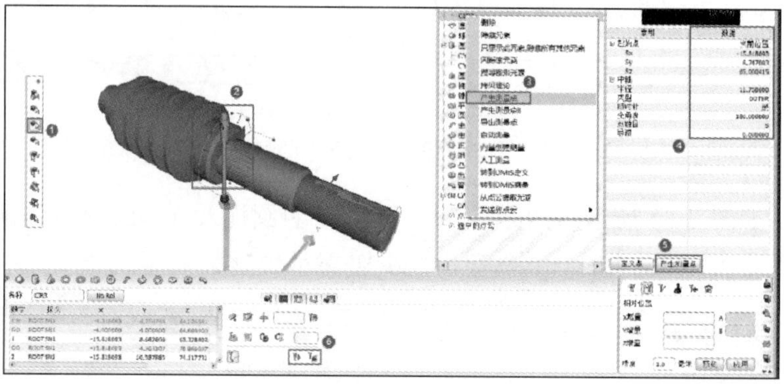

图 3-33 “CIR3”测量

2）螺距测量方法

如图 3-34 所示，首先在某一牙型、螺纹中径上采集一个点，然后使用绝对移动在相邻牙型中径上采集另一个点。

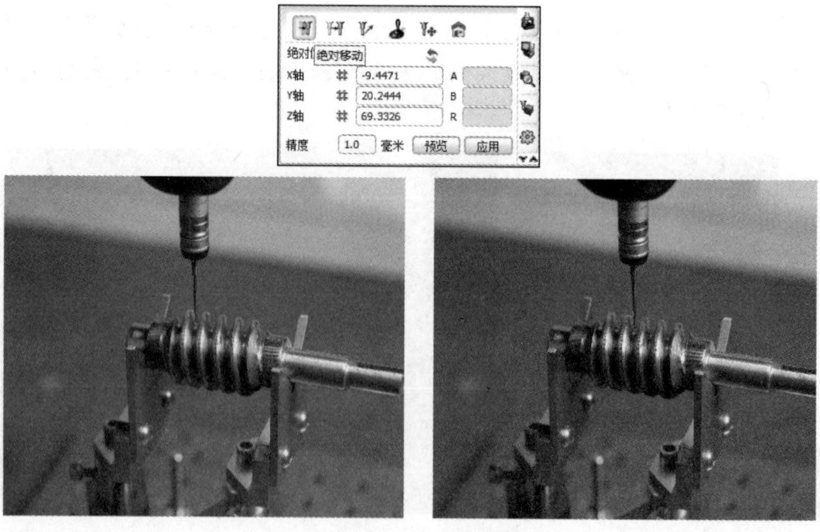

图 3-34 螺距测量

3）平面和圆柱的测量方法

平面和圆柱的测量方法与精建坐标一致，等被测元素测量完毕后，根据安全文明操作规范，需将测头移动至一定高度后，进行尺寸评价。

如图 3-35 所示，可使用软件右下角的“机器位置”→“相对移动”，控制测针移动，需先选择相应轴向，输入距离，预览无误后，单击“应用”。

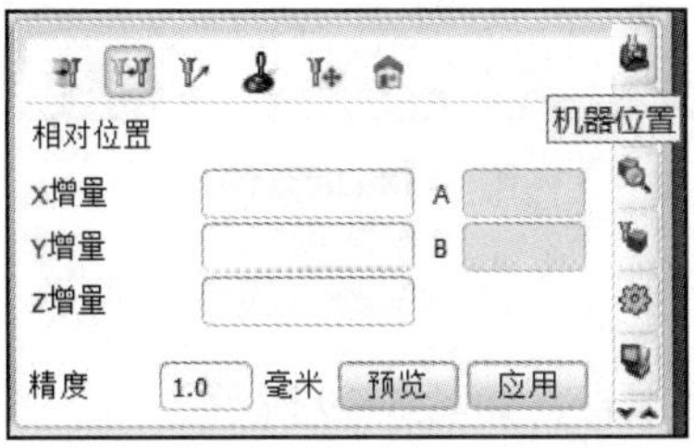

图 3-35　移动测头

4. 尺寸评价

1）清除输出屏幕

在双数据区的程序窗口，选择“清空输出屏幕”，如图 3-36 所示。

微课：蜗杆轴的尺寸评价

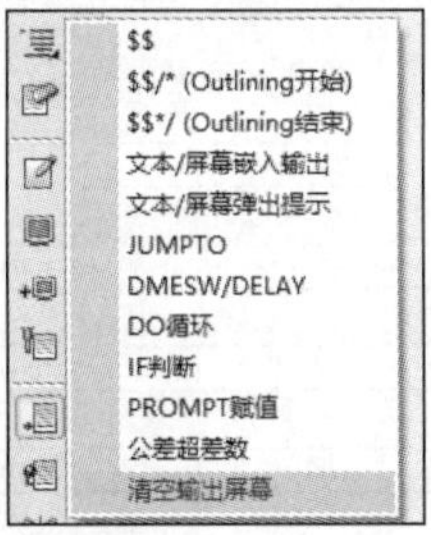

图 3-36　清除输出屏幕

2）键槽长度评价

（1）将圆拖至“构造”→“极限点”界面，构造极限点，如图 3-37 所示。

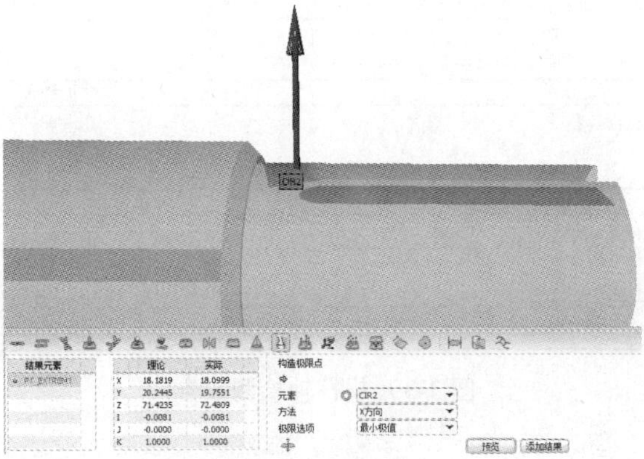

图 3-37　构造极限点

（2）将边界点和被测平面拖至“距离”界面，进行评价，如图 3-38 所示。

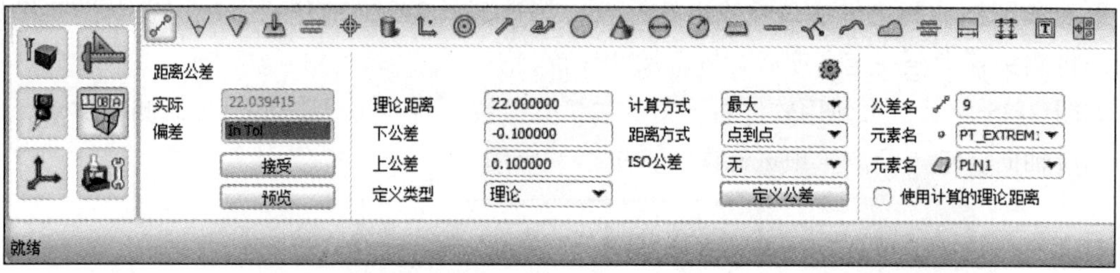

图 3-38 距离评价

5. 蜗杆轴检测报告

检测完毕，生成蜗杆轴检测报告，如图 3-39 所示。

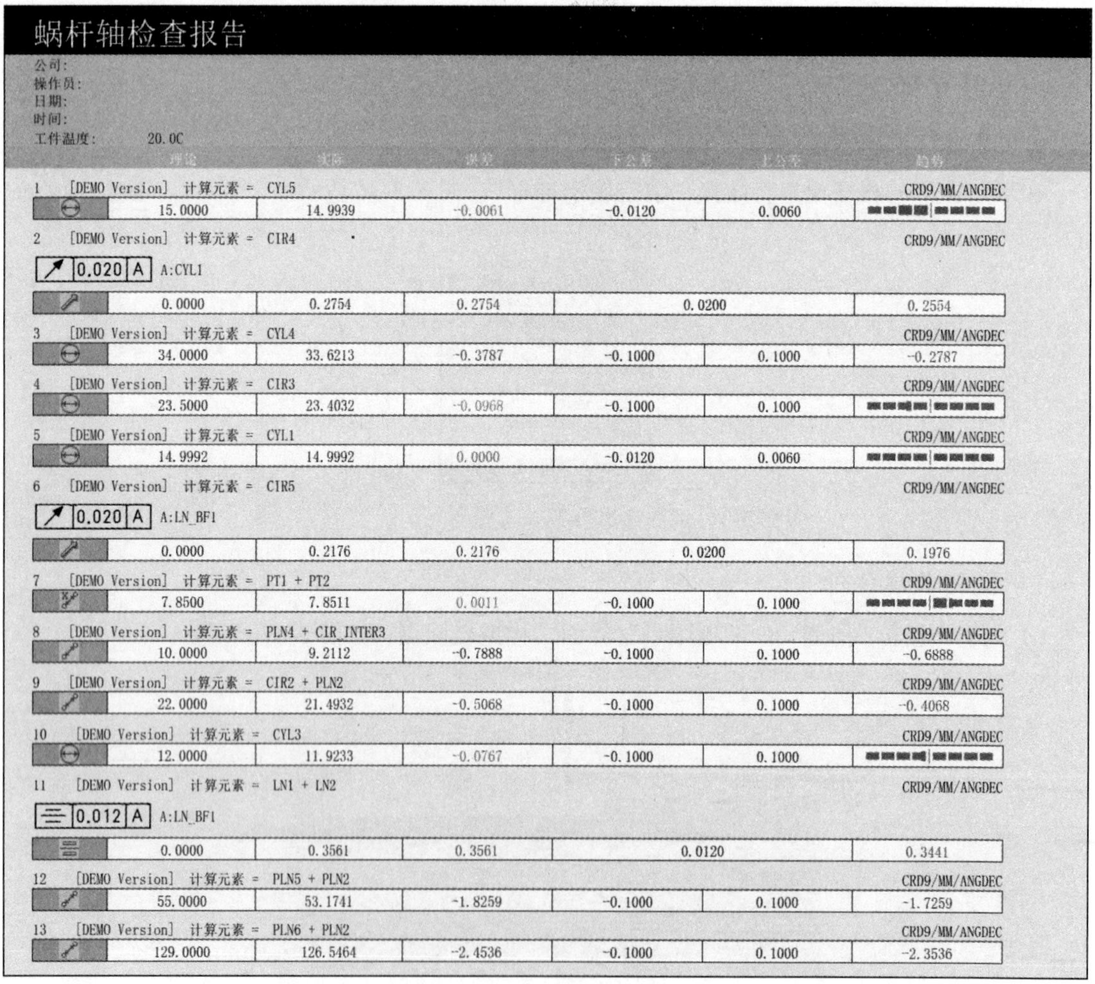

蜗杆轴检查报告

公司：
操作员：
日期：
时间：
工件温度： 20.0C

	理论	实际	误差	下公差	上公差	趋势
1 [DEMO Version] 计算元素 = CYL5						CRD9/MM/ANGDEC
	15.0000	14.9939	-0.0061	-0.0120	0.0060	
2 [DEMO Version] 计算元素 = CIR4						CRD9/MM/ANGDEC
0.020 A A:CYL1						
	0.0000	0.2754	0.2754	0.0200		0.2554
3 [DEMO Version] 计算元素 = CYL4						CRD9/MM/ANGDEC
	34.0000	33.6213	-0.3787	-0.1000	0.1000	-0.2787
4 [DEMO Version] 计算元素 = CIR3						CRD9/MM/ANGDEC
	23.5000	23.4032	-0.0968	-0.1000	0.1000	
5 [DEMO Version] 计算元素 = CYL1						CRD9/MM/ANGDEC
	14.9992	14.9992	0.0000	-0.0120	0.0060	
6 [DEMO Version] 计算元素 = CIR5						CRD9/MM/ANGDEC
0.020 A A:LN_BF1						
	0.0000	0.2176	0.2176	0.0200		0.1976
7 [DEMO Version] 计算元素 = PT1 + PT2						CRD9/MM/ANGDEC
	7.8500	7.8511	0.0011	-0.1000	0.1000	
8 [DEMO Version] 计算元素 = PLN4 + CIR_INTER3						CRD9/MM/ANGDEC
	10.0000	9.2112	-0.7888	-0.1000	0.1000	-0.6888
9 [DEMO Version] 计算元素 = CIR2 + PLN2						CRD9/MM/ANGDEC
	22.0000	21.4932	-0.5068	-0.1000	0.1000	-0.4068
10 [DEMO Version] 计算元素 = CYL3						CRD9/MM/ANGDEC
	12.0000	11.9233	-0.0767	-0.1000	0.1000	
11 [DEMO Version] 计算元素 = LN1 + LN2						CRD9/MM/ANGDEC
0.012 A A:LN_BF1						
	0.0000	0.3561	0.3561	0.0120		0.3441
12 [DEMO Version] 计算元素 = PLN5 + PLN2						CRD9/MM/ANGDEC
	55.0000	53.1741	-1.8259	-0.1000	0.1000	-1.7259
13 [DEMO Version] 计算元素 = PLN6 + PLN2						CRD9/MM/ANGDEC
	129.0000	126.5464	-2.4536	-0.1000	0.1000	-2.3536

图 3-39 蜗杆轴检测报告

任务 3.3 蜗杆轴的三维数字化检测

3.3.1 手持式激光三维扫描仪简介

手持式激光三维扫描仪，如图 3-40 所示，通常包括激光、结构光投影器、两个（或以上）工业相机、用于进行三维数字图像处理的计算单元，以及用于标定上述设备的标定板及标记点等附件。工业相机基于机器视觉原理获得物体的三维数据，利用标记点信息进行数据自动拼接，实现基础的三维扫描和测量功能。手持式三维扫描仪携带方便，使用灵活，具有很强的实用性。

图 3-40 手持式激光三维扫描仪

手持式激光三维扫描仪采用多条线束激光来获取物体表面的三维点云，操作者手持扫描仪，实时调整扫描仪与被测物体之间的距离和角度，系统自动获取被测对象的三维表面信息。该扫描仪可以方便地携带到工业现场或者生产车间，并根据被扫描物体的大小、形状以及扫描的工作环境来进行高效、精确地扫描。

1. 设备工作原理

手持式激光三维扫描仪是一种利用双目视觉原理来获得空间三维点云的仪器，工作时借助于贴在被扫描工件表面的反光标记点来定位，通过激光发射器发射激光，照射在被扫描工件表面，由两个经过厂家校准的相机来捕捉反射回来的光，经计算得到工件的外形数据。

扫描仪的两个相机之间存在一定角度，两个相机的视野相交形成一个公共视野，在扫描过程中要保证公共视野内存在四个以上定位标记点，同时满足被扫描表面在相机的公共焦距范围内。扫描仪的公共焦距称之为基准距，公共焦距范围称之为景深。该设备基准距为 300 mm、景深为 250 mm、分布为 – 100 ~ + 150 mm，所以扫描仪工作时距离被扫表面 200 ~ 450 mm。距离因素在软件中显示为颜色浮标，如图 3-41 所示。

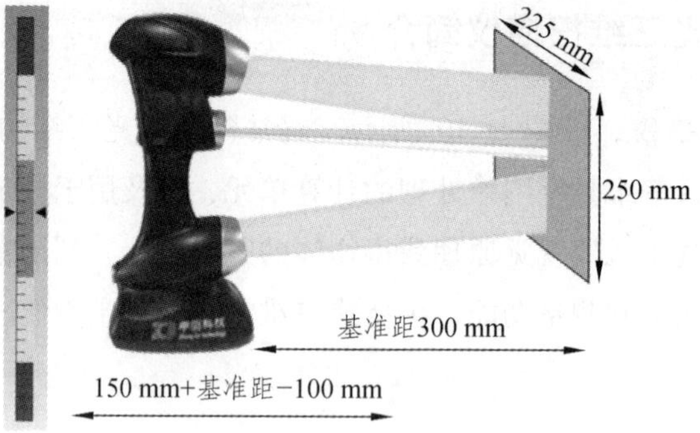

图 3-41 景深和基准距

2. 手持式激光三维扫描仪硬件结构介绍

手持式激光三维扫描仪各按键功能介绍如下：

（1）视窗放大/缩小键——调整视窗的大小，便于查看扫描数据是否完整。

（2）扫描开关键——单击为打开或关闭扫描软件，双击为切换激光线模式（仅对于有两种激光模式的设备型号）。

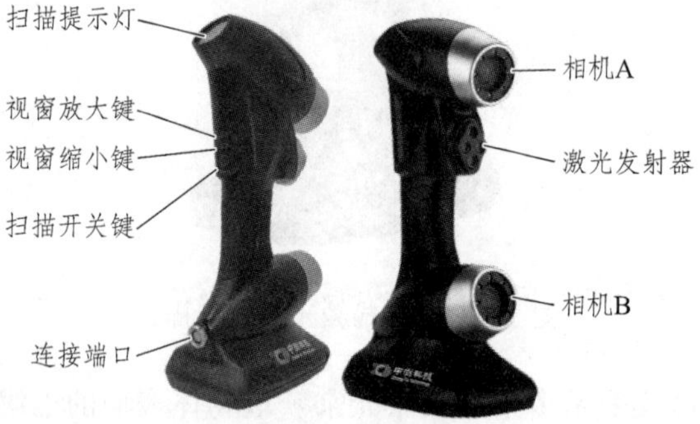

图 3-42 手持式激光三维扫描仪各结构名称

3. Scan Viewer 功能介绍

软件界面如图 3-43 所示，主要分为快速菜单栏、应用菜单栏、工具栏、扫描控制面板、状态栏和三维查看器几块。快速菜单栏包括新建、重置、打开、保存、新增等操作；应用菜单栏主要有扫描、探测、编辑、点、网格、特征、对齐、分析、其他等操作；扫描控制面板包含扫描控制（开始/停止）和扫描参数设置；状态栏显示现在软件处于的状态以及数据统计；三维查看器显示扫描数据情况。

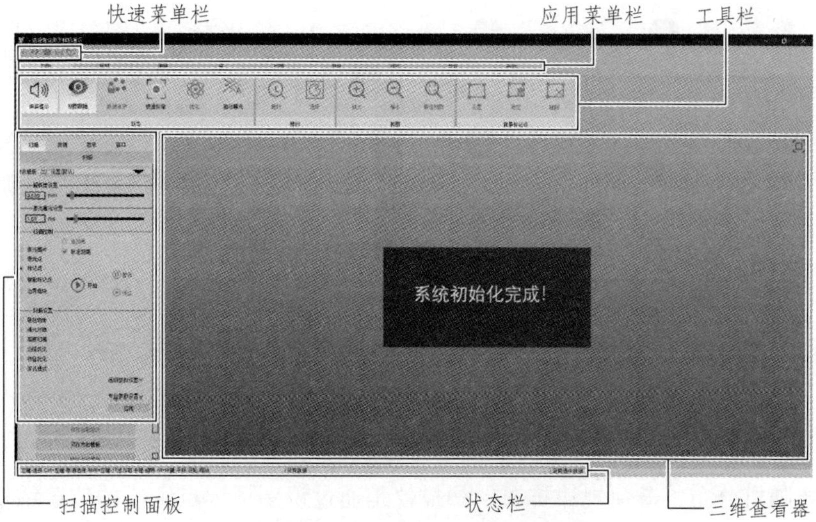

图 3-43 Scan Viewer 软件界面

3.3.2 扫描的基本流程

1. 扫描工件材质要求

扫描仪是使用激光探测进行扫描的，所以，被检测物体材质以及表面颜色若属于下列情况时，会对扫描结果产生一定的影响。

透明材质：例如玻璃。若待扫描工件为玻璃材质，由于激光会穿透玻璃，使得相机无法准确捕捉到激光线所在位置，所以，无法对其进行扫描。

渗光材质：例如玉石、陶瓷等。对于玉石、陶瓷等材质工件，激光线打到物体表面会渗透到物体内部，导致相机所捕捉到的激光线位置并非物体表面轮廓，从而影响扫描数据的精度。

高反光材质：例如镜子、金属加工高反光面等。相机捕捉的是激光照射到物体表面以后漫反射的光线，而镜子等高反光材质会对光线产生镜面反射，无法捕捉到激光线，从而无法得到其三维数据。

其他会影响激光漫反射效果的材质：例如深黑色物体。由于黑色物体吸光，使反射到相机的光线信息变少，因此扫描时速度会变慢。

若要对以上材质的工件进行扫描，在扫描前需要在工件表面喷反差增强剂，使工件可以正常对照射在表面的激光进行漫反射。

2. 标记点粘贴注意事项

扫描仪是通过标记点定位的，所以在扫描工件前，需要在工件表面贴标记点。贴标记点的要求如下：

每两个标记点之间间距为 30 ~ 100 mm，具体要根据工件实际情况确定。如果表面曲率变化较小，距离可以适当大一些，但不宜超过 100 mm。如果工件特征较多、曲率变化较大，可以适当减小距离，最小距离可为 30 mm，如图 3-44 所示。

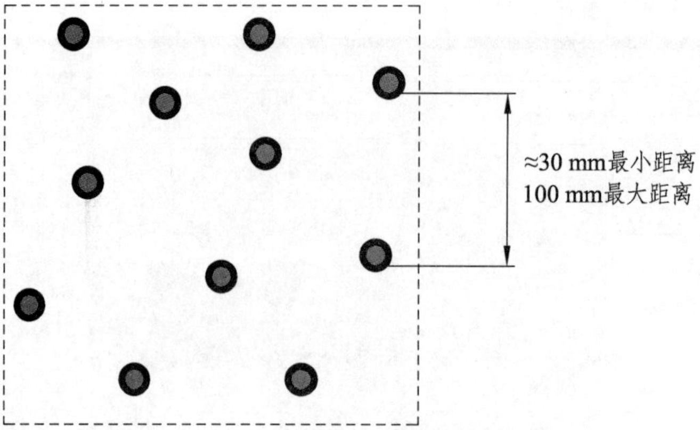

图 3-44 标记点正确粘贴方式

贴点时要随机分布，避免规律排布。扫描仪是通过识别标记点组成的位置结构来进行相对定位的，若标记点排布规律，会增大标记点位置读取错误的概率，从而使数据采集错误，如图 3-45 所示。

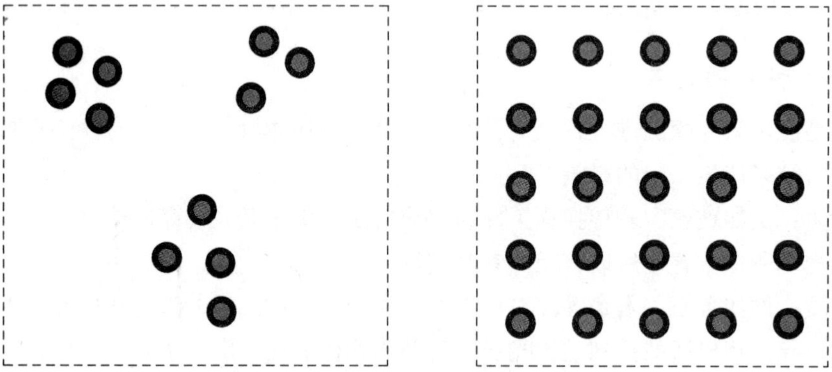

图 3-45 标记点错误粘贴方式

标记点粘贴时，尽量贴在工件上平整以及无细节特征的表面；过渡面边缘可以适当增加标记点；不能弄脏反光点（影响扫描仪识别标记点）；不宜贴在工件边缘，须离开边缘 2 mm 以上，便于后期数据修补处理。

此外，贴标记点时还需注意避免使标记点弄脏、隐藏或破损。若是需要喷粉的工件，先喷粉，后贴点。

3. 扫描仪设备标定

将手持式激光三维扫描仪连接后，需进行设备预热（连接完成后放置不动即可），预热时间为 5 ~ 10 min。使用设备配套标定板，对设备进行快速标定，标定时使标定板外部文字方向正对使用者，如图 3-46 所示。

微课：设备的连接与标定

快速标定：对设备的参数进行校准，若长时间未快速标定，会导致设备使用时激光束不全、无法采集数据等情况，经快速标定后扫描仪才可以正常使用，一般标定的时间间隔为长途搬运后 1 次，或每天 1 次，或长时间未使用 1 次，或与新电脑配对后 1 次。

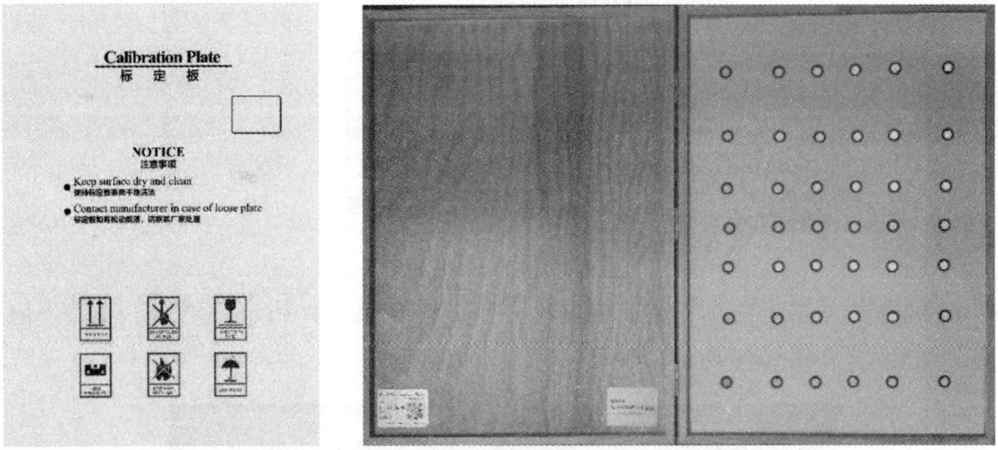

图 3-46 标定板

标定流程如下：

（1）打开 Scan Viewer 软件，单击“快速标定”图标，如图 3-47 所示；进入快速标定界面，默认状态下为“红色激光标定”，如图 3-48 所示。在界面左上角单击“操作选项”，可选择“开始标定（红光）”“开始标定（蓝光）”，如图 3-49 所示。

图 3-47 快速标定

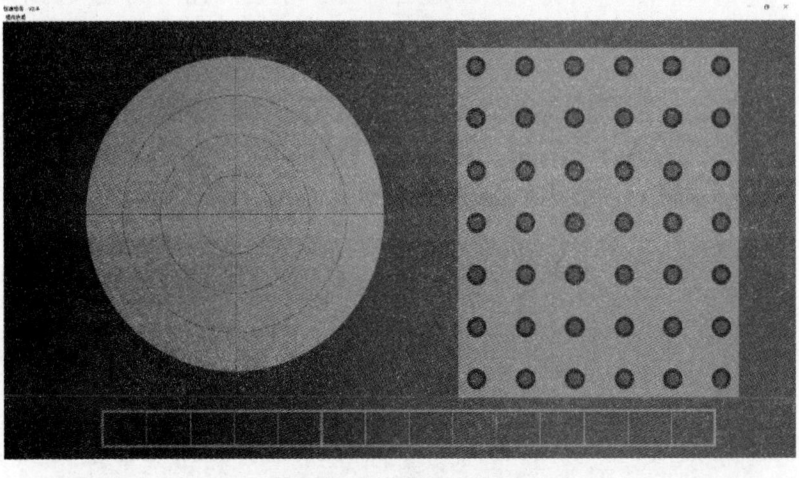

图 3-48 快速标定界面

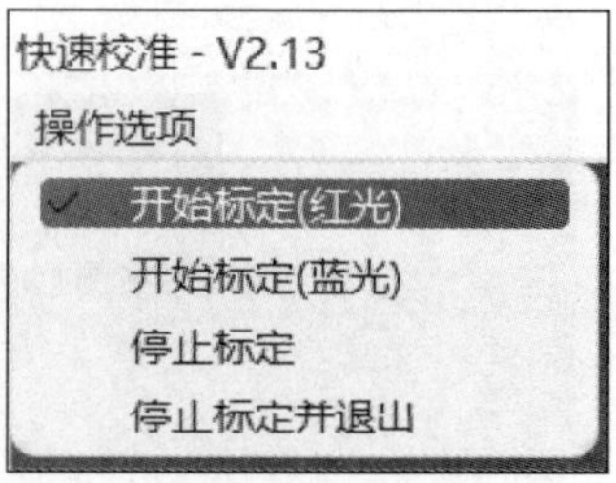

图 3-49 操作选项

（2）将标定板放置稳定的平面，扫描仪正对标定板，距离 30 cm，按下扫描仪上的开关键，发出激光束，如图 3-50 所示。

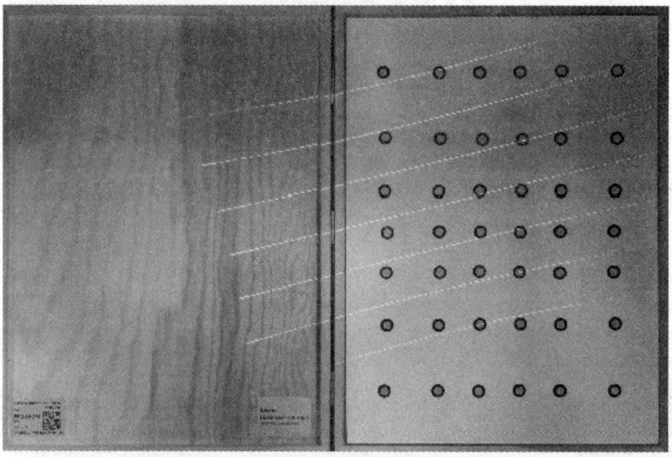

图 3-50 扫描仪标定

（3）控制扫描仪角度，调整扫描仪与标定板的距离，使左侧的圆阴影重合，右侧的梯形阴影重合，如图 3-51 所示。在保证左侧圆阴影基本重合状态下，扫描仪所处水平面不改变角度时，水平移动扫描仪，使右侧的梯形阴影重合，然后调整扫描仪与标定板的距离，使其大小符合，进入下一步标定，此角度控制共 10 步。

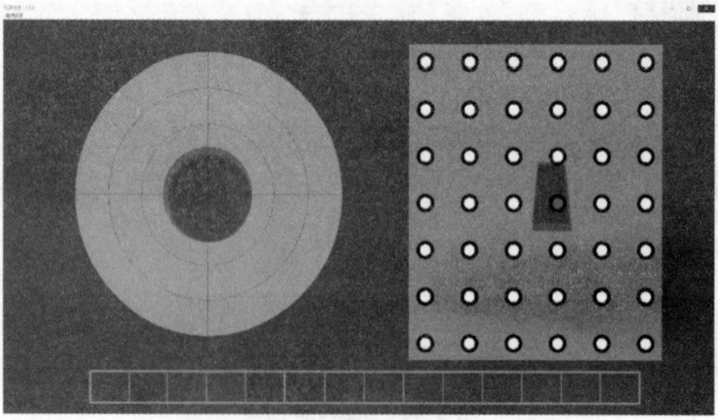

图 3-51 阴影重合

（4）右侧 30°标定，如图 3-52 所示。将扫描仪向右倾斜 30°，激光束保持处在第四行标记点左右，使阴影重合，进入下一步标定。

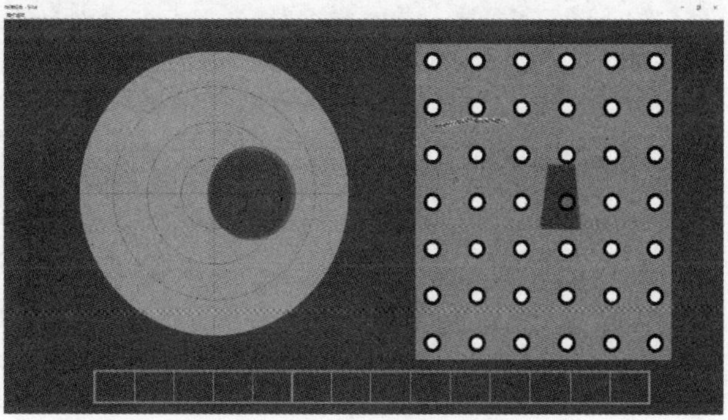

图 3-52 右侧 30°标定

（5）左侧 30°标定，如图 3-53 所示。将扫描仪向左倾斜 30°，激光束保持处在第四行标记点左右，使阴影重合，进入下一步标定。

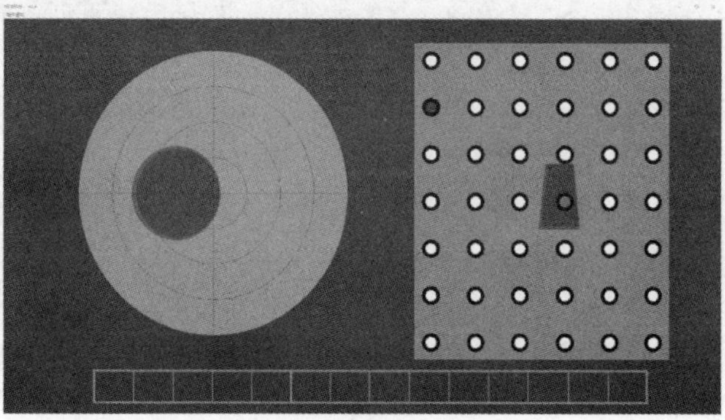

图 3-53 左侧 30°标定

（6）上侧 30°标定，如图 3-54 所示。将扫描仪向上倾斜 30°，激光束保持处在第四行标记点左右，使阴影重合，进入下一步标定。

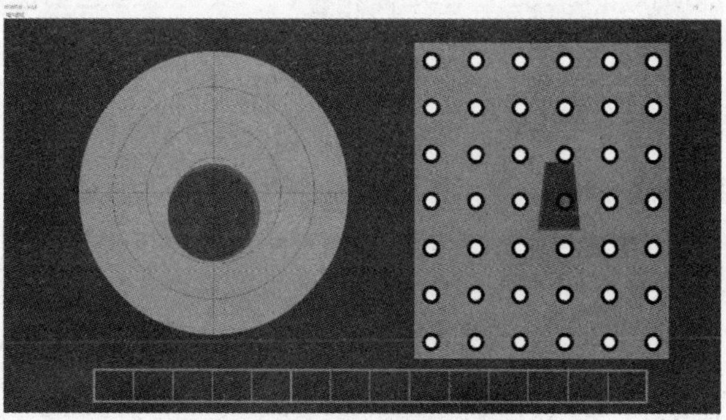

图 3-54 上侧 30°标定

（7）下侧 30°标定，如图 3-55 所示。将扫描仪向下倾斜 30°，激光束保持处在第四行标记点左右，使阴影重合，进入下一步标定。

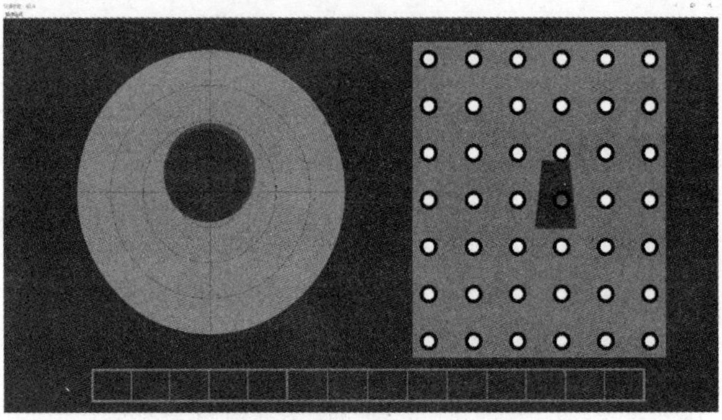

图 3-55 下侧 30°标定

（8）完成第 7 步之后，如图 3-56 所示。界面提示“单击右上角关闭标定窗口”，标定到此完成，直接单击右上角关闭标定窗口。

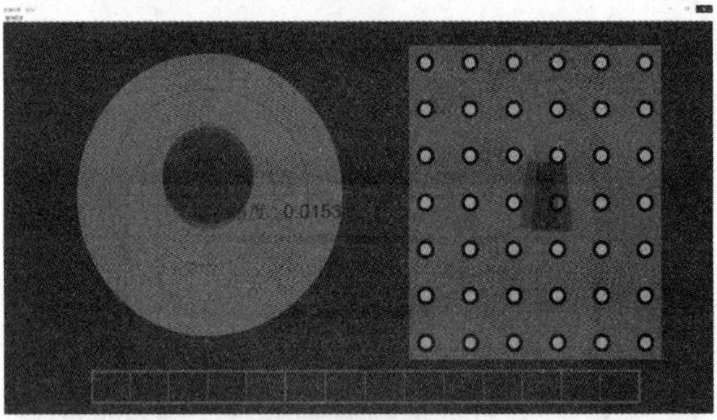

图 3-56 完成标定

标定过程中，共有三个限制因素——扫描仪角度、相机视野中心位置以及扫描仪与标定板之间的距离，分别通过左侧的圆、右侧的梯形和图形的大小控制。灰色的图形是标准要求，淡紫色的图形是扫描仪所处状态。标定操作时，只要将淡紫色的图形尽量对齐灰色标准图像即可。

4. 工件扫描流程

工件扫描流程如图 3-57 所示。使用手持激光扫描仪扫描物体时，可以直接扫描激光点，也可以先扫描标记点再扫描激光点，后者的扫描精度更高。将工件倾斜摆放即可只扫描一次。

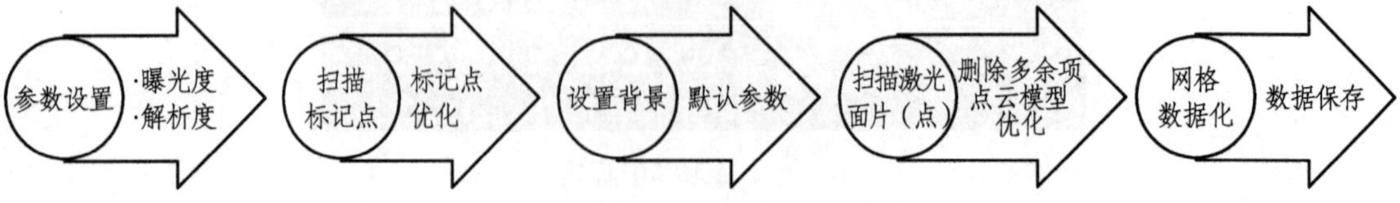

图 3-57 扫描流程

5. 扫描参数设置含义

打开 Scan Viewer 软件，在扫描控制面板下进行“解析度参数”和“激光曝光参数”的设置，如图 3-58 所示。

解析度设置：可设置采集到点云数据疏密程度的参数，不同的设备型号有不同的设置范围。解析度值越小，点云越密集，数据量越大，扫描速度越慢，物体细节越好；解析度值越大，点云越稀疏，数据量越小，扫描速度越快，物体细节越差。

激光曝光设置：可以调整激光线强度的参数，数值越大，激光越亮，可识别更深颜色、表面反光程度越高的工件。

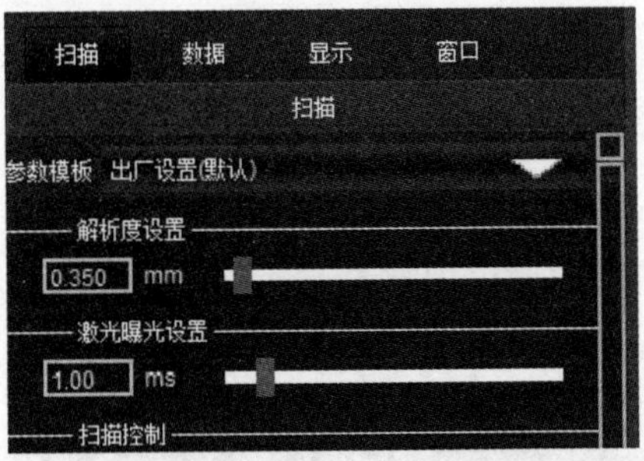

图 3-58　扫描参数设置

3.3.3 蜗杆轴的三维数字化检测

1. 扫描前准备工作

1）清洁蜗杆轴表面

使用无尘布、毛刷等工具将蜗杆轴表面清理干净、达到基本无尘。

2）粘贴标记点

根据蜗杆轴的大小与表面特征，选择直径为 3 mm 的标记点。用镊子将 3 mm 的标记点粘贴在蜗杆轴的过渡面上，确保过渡面有 4 个及以上标记点。蜗杆轴正反面标记点粘贴如图 3-59 所示。

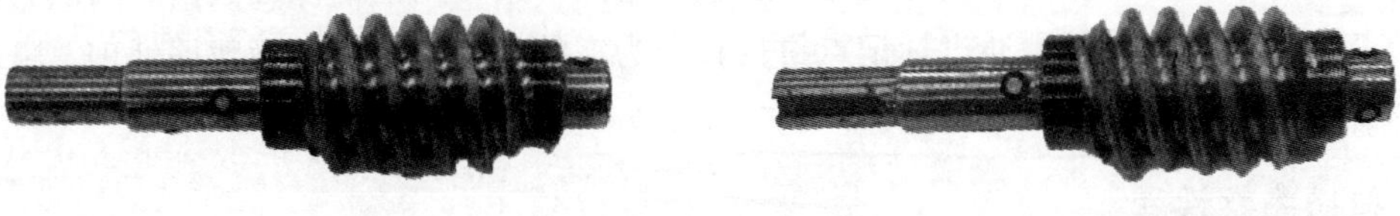

图 3-59 粘贴标记点

3）工件摆放

将粘贴好标记点的蜗杆轴放置在手动转盘（可简化扫描时操作）中央区域，底部借助黏土辅助固定，如图 3-60 所示。

图 3-60 放置在转盘上

4）手持式激光三维扫描仪快速标定

将手持式激光三维扫描仪连接后，需进行设备预热（连接完成后放置不动即可），预热时间为 5 ~ 10 min，确保使用前后扫描仪内部温差变化小，降低对精度影响。使用设备配套标定板，对设备进行快速标定，标定时使标定板外部文字方向正对使用者，如图 3-61 所示。

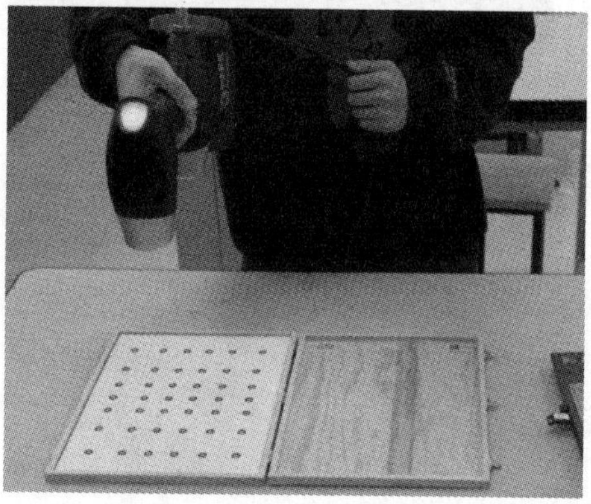

图 3-61 扫描仪标定

2. 扫描步骤分析

根据蜗杆轴三维数据采集要求及工件特点，现将蜗杆轴扫描分为正反面两次扫描，每次扫描步骤分为：扫描参数设置→扫描标记点→设置标记点背景→扫描蜗杆轴数据。两次数据采集完成后在 Scan Viewer 软件上通过标记点拼接整合为完整蜗杆轴数据并做数据处理，最后导出数据文件。

1）扫描参数设置

打开 Scan Viewer 软件，在扫描控制面板上将“解析度”设置为 0.4 mm，“激光曝光参数”设置为 2.4 ms，“扫描设置”下点开“高级参数设置”，在“标记点设置”下的“标记点直径设置”将“3 mm”勾选并单击“应用”，如图 3-62 所示。

微课：蜗杆轴的三维数字化扫描

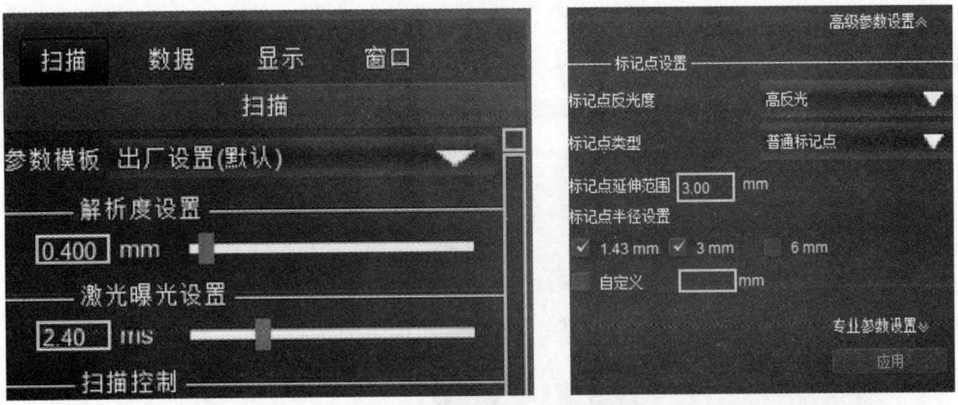

图 3-62　扫描参数设置

2）扫描标记点

软件上“扫描控制”面板下选择“标记点”，单击“开始”，如图 3-63 所示；使用转盘，零件放置在转盘上，将扫描仪正对蜗杆轴，在扫描仪距离被扫物体表面 30 cm 处按下扫描仪上的激光开关键，开始扫描标记点，扫描时从多个角度识别标记点。图 3-64 所示为扫描标记点时的场景。

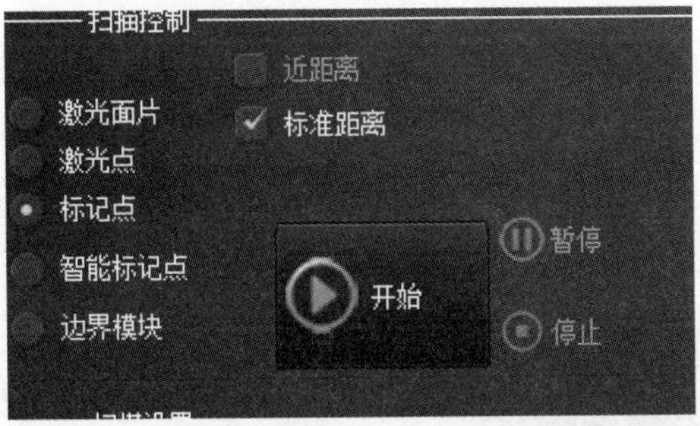

图 3-63　扫描控制面板

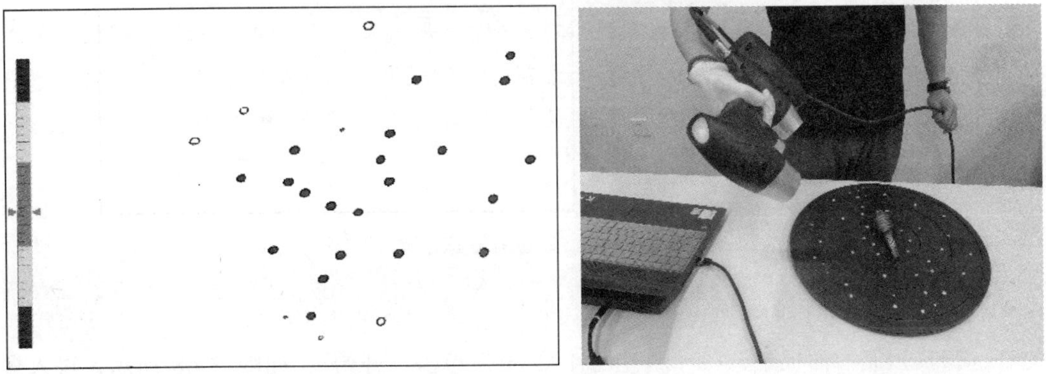

图 3-64　扫描标记点

3）设置背景标记点

标记点扫描完毕后，按下扫描仪上的激光开关键关闭光源，单击 Scan Viewer 扫描软件中的“停止”按钮，如图 3-65 所示。停止标记点扫描后，优先使用“标记点优化”命令，如图 3-66 所示。

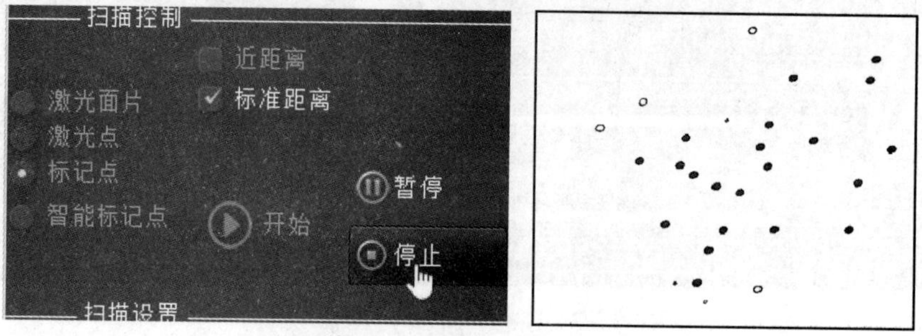

图 3-65 停止标记点扫描

图 3-66 标记点优化

旋转软件视图，选中 4 个及以上底平面（转盘）上标记点，被选择的标记点将以紫红色显示，选择“背景标记点”下的“设置”，“背景标记点”命令对话框下单击“确定”，完成背景设置，如图 3-67 所示。背景设置完成后，后续扫描时软件不会记录任何低于此平面以及该平面的数据。

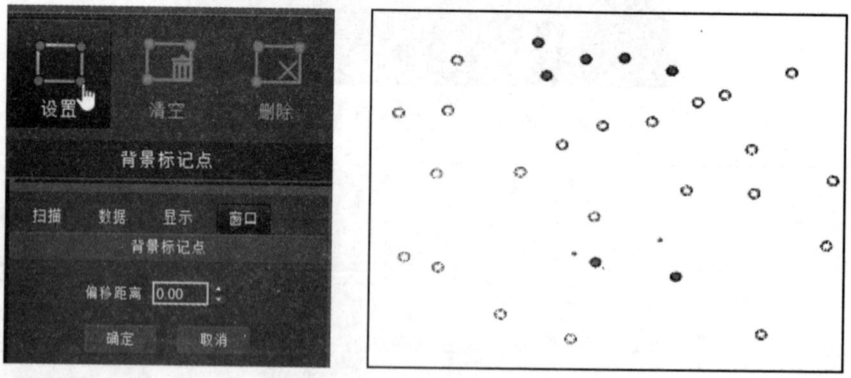

图 3-67 设置背景标记点

4）扫描采集蜗杆轴数据

在“扫描控制”面板中选择“激光面片”，然后单击“开始”，如图 3-68 所示，进入多条激光（红色）模式。

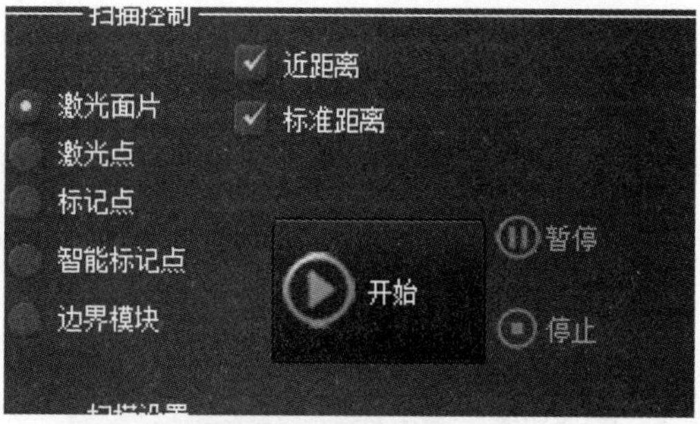

图 3-68 切换激光面片扫描

将扫描仪正对蜗杆轴，在扫描仪距离被扫物体表面 30 cm 处按下扫描仪上的激光开关键，开始扫描采集蜗杆轴数据，如图 3-69 所示。在扫描过程中可以按下扫描仪上的视窗放大键，Scan Viewer 扫描软件视图会相应地放大，便于观察细节，扫描过程中可以平缓转动转盘，辅助扫描。当遇到深槽等不易扫描的部位时，双击扫描仪上的扫描开关键，切换到单条激光线模式，扫描时注意扫描仪的角度及距离。

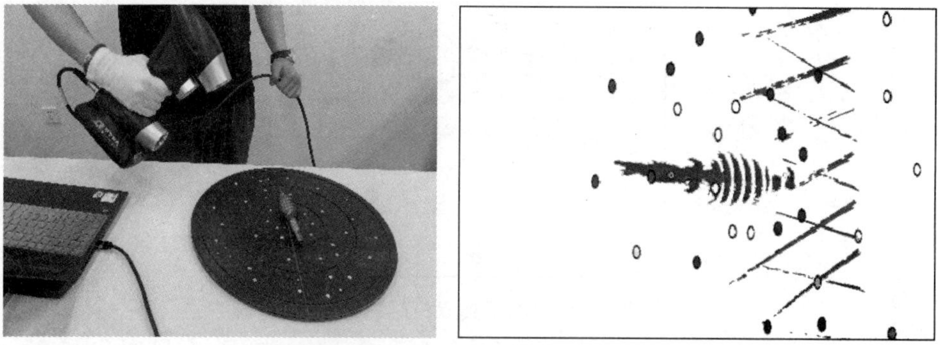

图 3-69 扫描采集蜗杆轴数据

数据采集完整后，关闭扫描仪激光线。Scan Viewer 软件上单击“停止”，检查此面数据是否扫描完整，若还有缺失，可在未改变蜗杆轴与转盘位置情况下再次进行扫描，采集未扫描完整的数据。

5）扫描采集蜗杆轴背面数据

在 Scan Viewer 软件左上角“快速菜单栏”选择“新增”命令增加一个扫描对象，如图 3-70 所示的最右侧图标。

“新增”在不影响原有的扫描对象数据情况下增加一个扫描对象，所有扫描对象可在“扫描控制面板”下的“数据”中查看。扫描时弹出 “当前扫描对象并非上一次扫描对象，若继续扫描则会清除之前所有临时数据，是否继续？”提示框，单击“是”。

图 3-70 新增扫描对象

在新的扫描对象窗口下，将蜗杆轴壳体翻面放置，如图 3-71 所示摆放。按前述（1）~（4）的步骤将此面数据扫描采集完整，数据采集效果如图 3-72 所示。两组数据需要拼接的情况下，需保证“解析度”设置一致，两组数据均有过渡面上的共同标记点和激光点数据。

图 3-71 第二次摆放

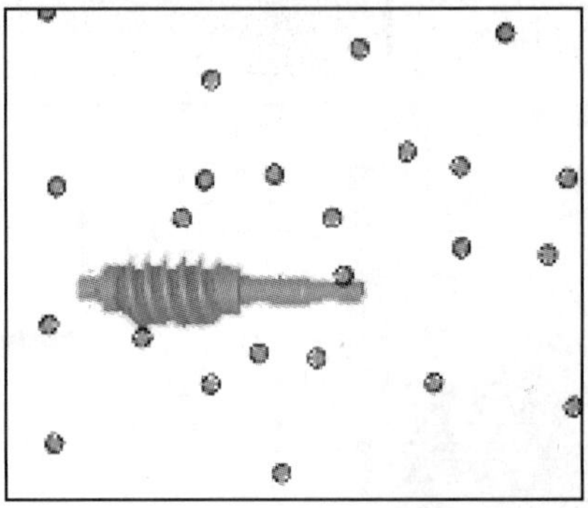

图 3-72 扫描采集蜗杆轴背面数据

3. 数据处理并导出文件

1）标记点拼接

在“扫描控制面板”下的“数据”中将“新项目 1”右键设置为 Reference（参考）数据，“新项目 2”右键设置为 Test（测试）数据，如图 3-73、图 3-74 所示。

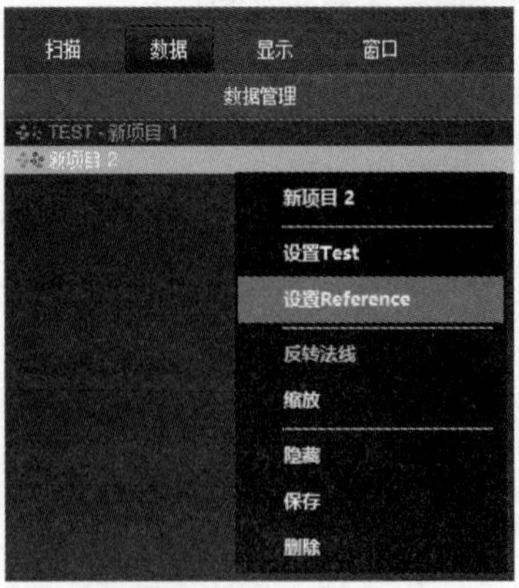

图 3-73 设置 Reference（参考）

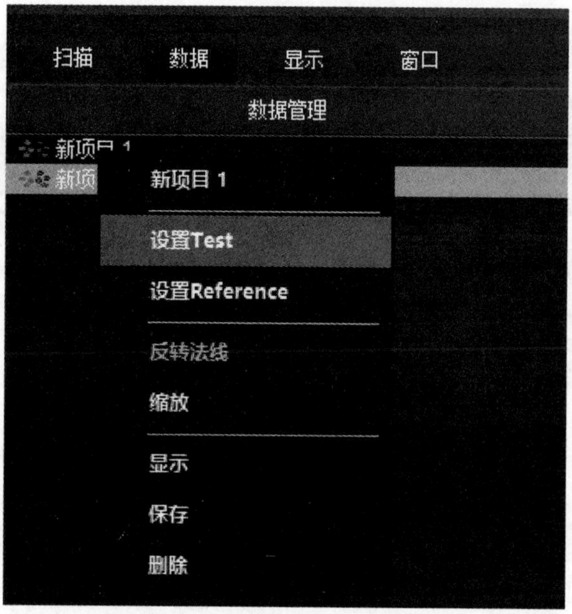

图 3-74　设置 Test（测试）

在“点工具条”下“注册区域”选择“标记点拼接”，在 Test（测试）数据（视窗左下角视图）中选择两组对象共有标记点，命令框勾选“合并”，先后单击“应用”“确定”，完成标记点拼接，如图 3-75 所示。

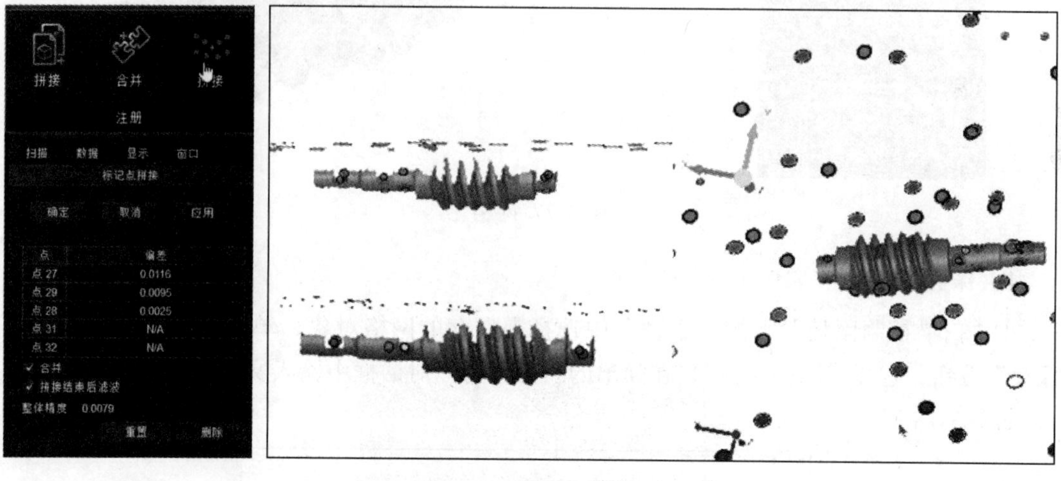

图 3-75　标记点拼接

2）数据处理

拼接完成后的数据在 Reference（参考）数据组中查看，在“点工具条”下“激光点区域”选择“非连接项”，单击“确定”，如图 3-76 所示。非连接项选择完成后单击软件上的“删除”键或电脑键盘的【Delete】键将数据删除。

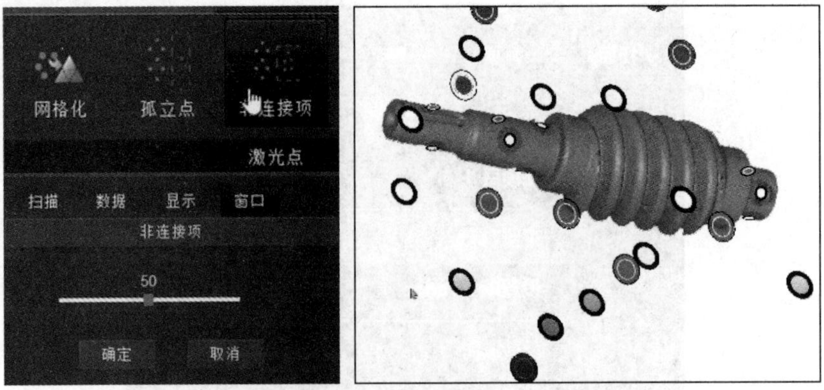

图 3-76 非连接项

3）数据网格化

选择“点工具条”下“激光点区域”，单击“网格化”，进行网格化参数设置，参数默认，单击“确定”完成网格化处理，如图 3-77 所示。

图 3-77 网格化

4）保存数据

在“扫描控制面板”下的“数据”中选择需保存的网格对象，单击“快速菜单栏”中的“保存”按钮，选择“网格文件”，在弹出的“另存为”对话框中输入文件名，单击“保存”按钮，如图 3-78 所示。

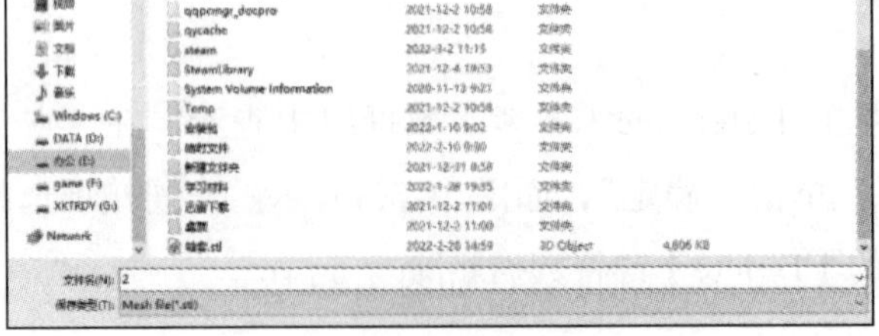

图 3-78 网格数据保存

4. 蜗杆轴数据分析比对

1）导入网格数据与模型数据

微课：蜗杆轴的三维数字化检测

打开 Gemogic Control X 软件，单击软件左上角“导入”命令，在导入管理器中找到数据所在文件夹，将“涡杆轴-扫描数据”和“涡杆轴-CAD 模型”选中，选择“仅导入”，将数据输入至软件界面中，如图 3-79 所示。

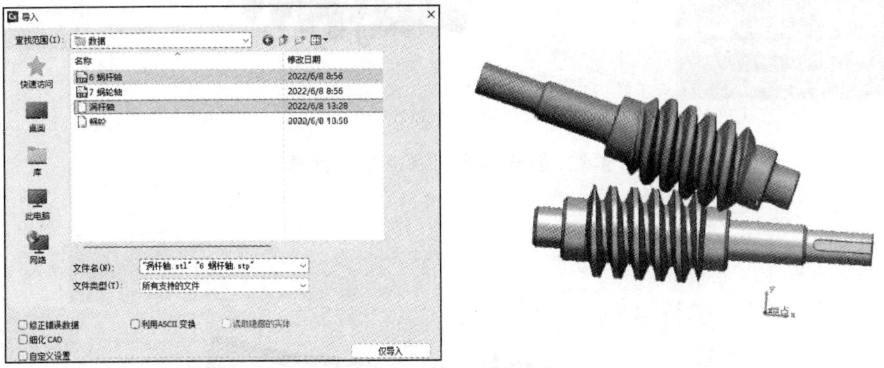

图 3-79　导入数据

2）数据对齐

单击“初始对齐”命令，在命令对话框中选择“快”，如图 3-80 所示；单击“√”使测试数据与参考数据完成初始对齐，效果如图 3-81 所示。

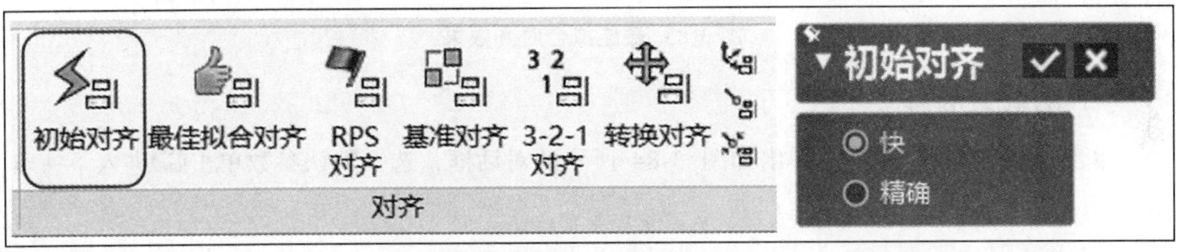

图 3-80　初始对齐命令

图 3-81　初始对齐效果

完成初始对齐后，单击“最佳拟合对齐”命令，参数默认，如图 3-82 所示；单击“√”使测试数据与参考数据完成最佳拟合对齐，如图 3-83 所示。

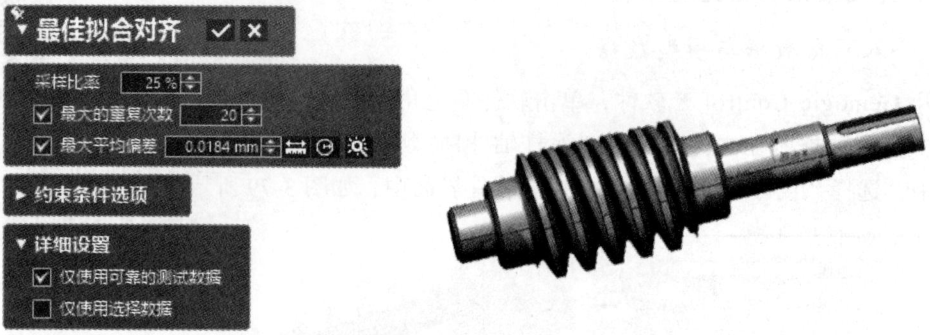

图 3-82 最佳拟合对齐命令对话框

图 3-83 最佳拟合对齐效果

3）3D 比较分析

单击“3D 比较”命令，弹出如图 3-84 所示的对话框，选择默认参数单击➡进入下一步操作。

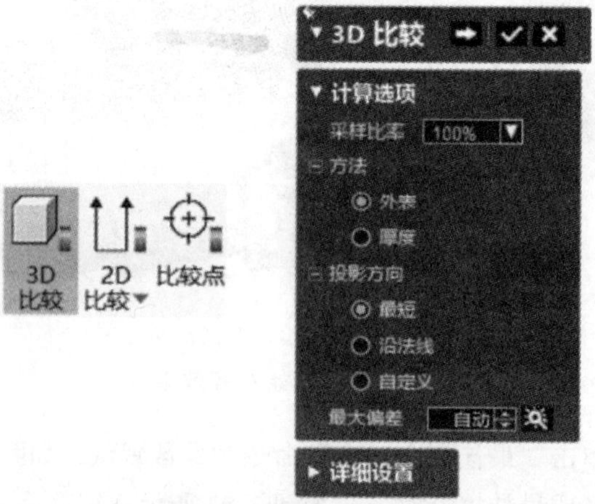

图 3-84 3D 比较命令

进入下一步操作后，测量数据将自动隐藏，因此可以清楚地看见色图。在“显示选项”选择“色图”，“最大范围”设置为“1”并回车或左键单击予以确定，“最小范围”随“最大范围”自动变化，“ 颜色面板选项”下勾选“使用指定公差”，设置为 ± 0.1 mm，如图 3-85 所示，单击“√”完成 3D 比较操作。

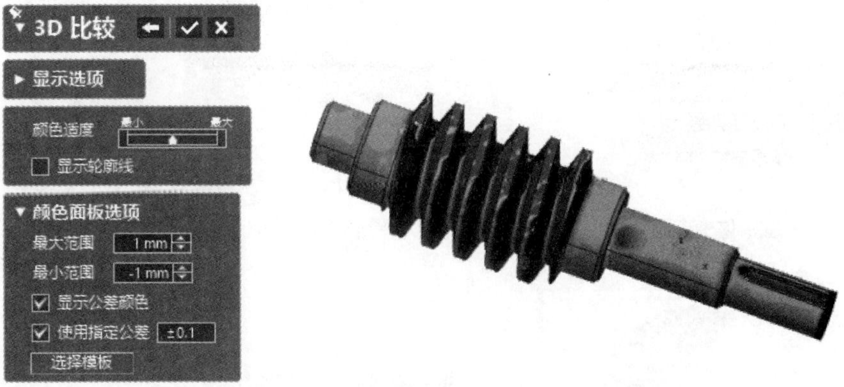

图 3-85 3D 比较参数设置

4）比较点分析

单击“比较点”命令，将鼠标移动至颜色偏差比较深的地方，单击一下鼠标左键创建和显示位置的偏差，单击“√”完成，如图 3-86 所示。

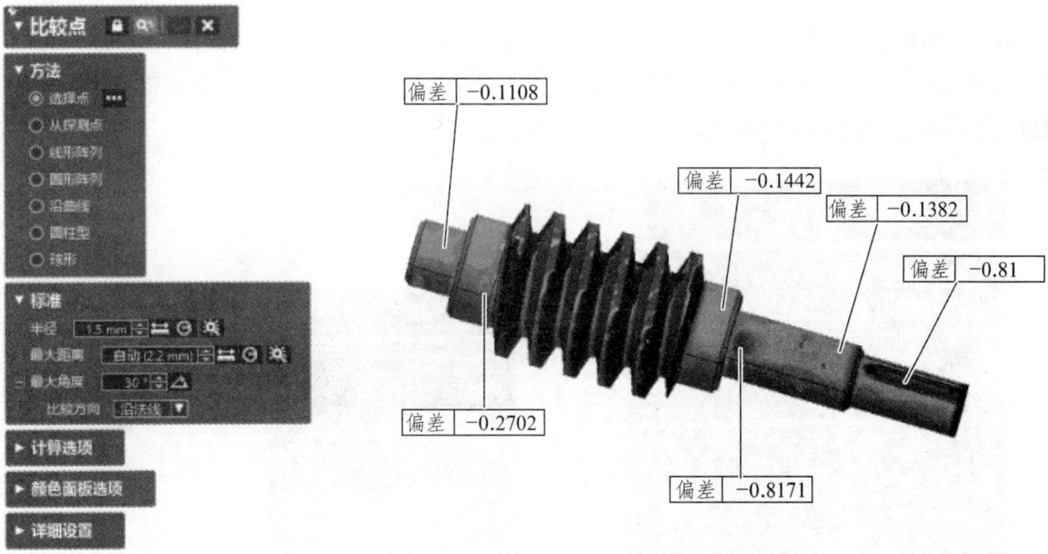

图 3-86 比较点命令

选择“捕捉”，手动调整标签布局，如图 3-87 所示。

图 3-87 自动排列

软件左侧选中“CMP1”，比较点显示的视角不是满足需求的视角，将视图调整后，单击左下角“更新视点”图标（重新分配视点），如图 3-88 所示。

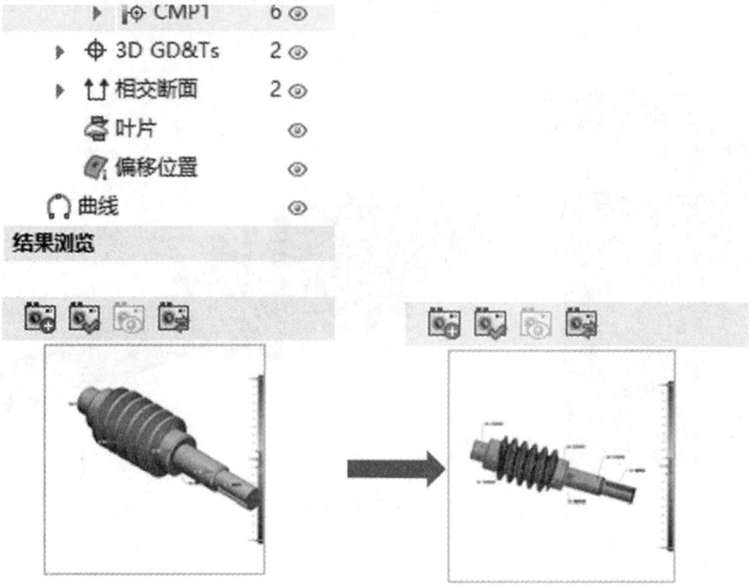

图 3-88 更新视点

5）2D 比较分析

单击“2D 比较”命令，弹出对话框，在“设置截面平面”中选择“偏移”选项，“基准平面”选择“Z”完成，在偏移距离的输入框中输入“0 mm”来设置所选面的偏移距离，再单击进入下一步，如图 3-89 所示。

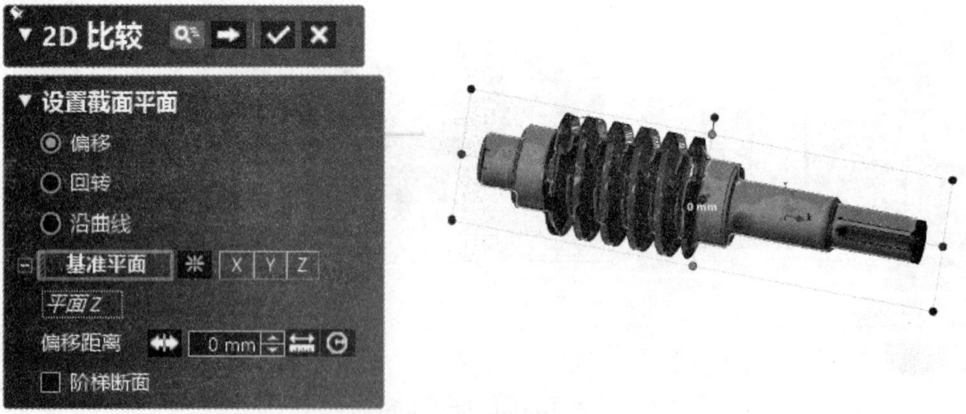

图 3-89 XY 面比较参数

显示“截面图”后，可通过（逆时针旋转视图 90°）和（顺时针旋转视图 90°）来调整视图。“偏差标签”下选择“手动”选项，点选断面上若干点，来分析特定位置的偏差值。每个点位置和偏差的注释将会显示（黑色线条无数据），单击“√”完成，如图 3-90 所示。

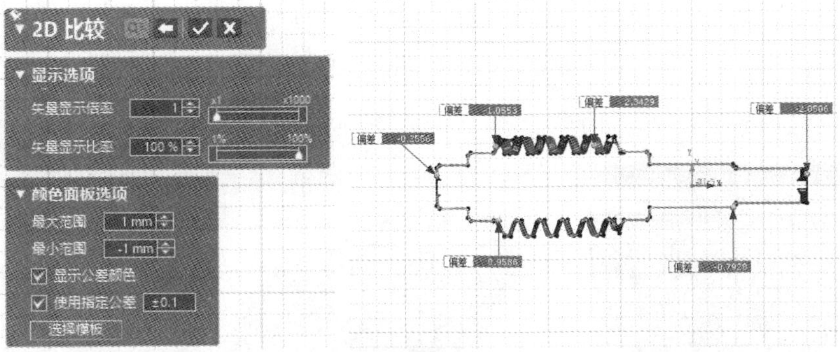

图 3-90　2D 比较

6）3D 尺寸测量

尺寸菜单栏下选择“3D”，进入 3D 尺寸测量界面，如图 3-91 所示。

图 3-91　3D 尺寸测量切换

单击“长度尺寸”，“方法”选择“个别指定”，“对象”选择尺寸 8 所处两平面后，设置“公差”为“± 0.5”，“参照”为“129 mm”，如图 3-92 所示，单击“√”完成尺寸测量 8。

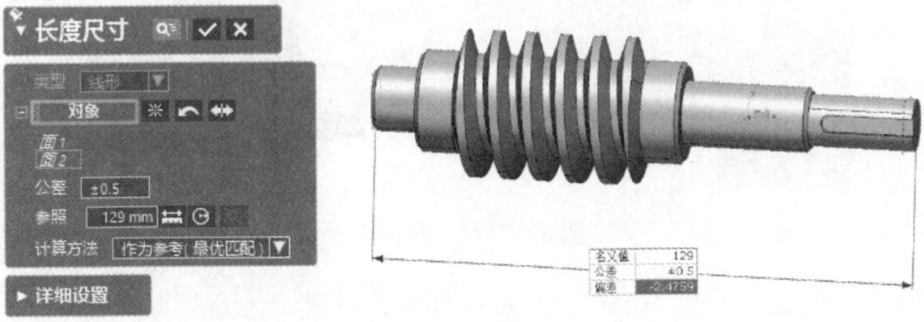

图 3-92　尺寸测量 8

单击“长度尺寸”，“方法”选择“个别指定”，“对象”选择尺寸 4 所处两平面后，设置“公差”为“± 0.3”，“参照”为“55 mm”，如图 3-93 所示，单击“√”完成尺寸测量 4。

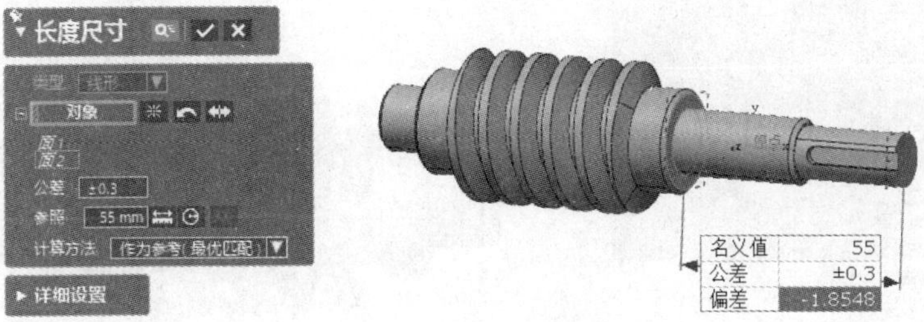

图 3-93　尺寸测量 4

单击“长度尺寸”，“方法”选择“个别指定”，“对象”选择尺寸 3 所处的平面和圆弧面后，设置“公差”为“± 0.2”，“参照”为“22 mm”，“圆弧条件”下选择“最大”，如图 3-94 所示，单击“√”完成尺寸测量 3。

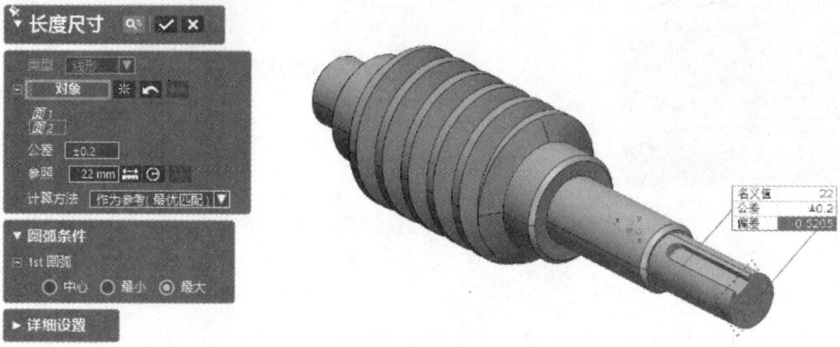

图 3-94 尺寸测量 3

单击“半径尺寸”，“对象”选择尺寸 7 所处圆柱面，设置“公差”为“－0.012～0.006”，“参照”为“15 mm”，如图 3-95 所示，单击“√”完成尺寸测量 7。

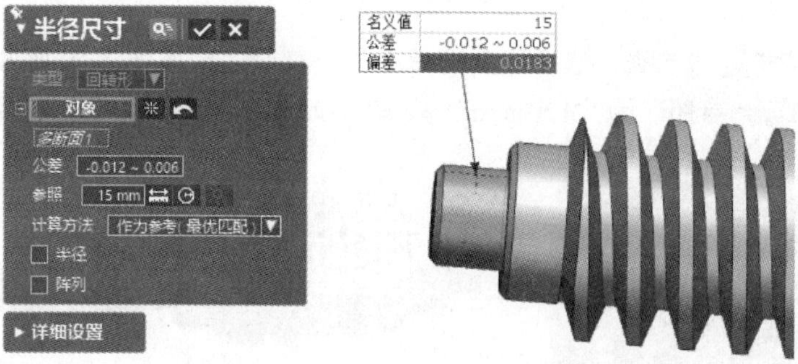

图 3-95 尺寸测量 7

单击“半径尺寸”，“对象”选择尺寸 6 所处面，设置“公差”为“± 0.3”，“参照”为“34 mm”，如图 3-96 所示，单击“√”完成尺寸测量 6。

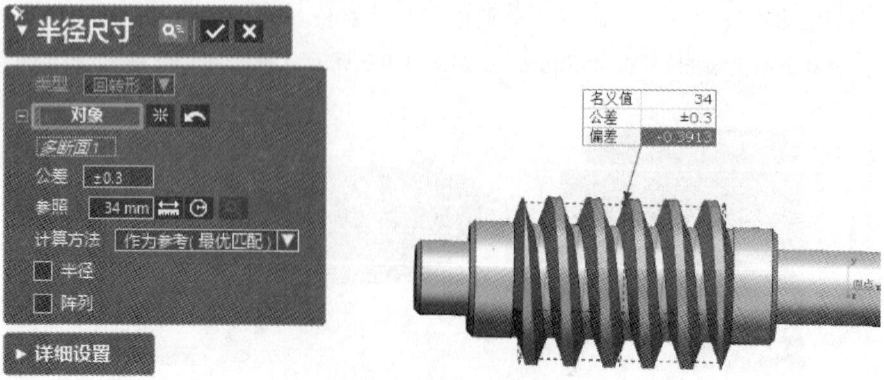

图 3-96 尺寸测量 6

单击“半径尺寸”，“对象”选择尺寸 5 所处面，设置“公差”为“±0.2”，“参照”为“23.5 mm”，如图 3-97 所示，单击“√”完成尺寸测量 5。

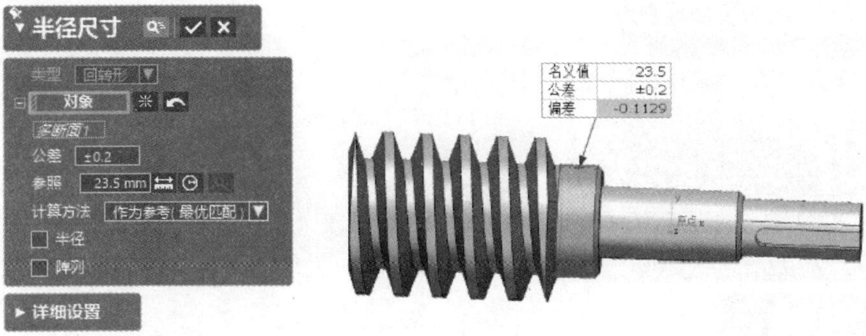

图 3-97 尺寸测量 5

单击“平面”命令，“输入选项”下位置均输入“0 mm”，“法线”选择“*Y*”，如图 3-98 所示，单击“√”完成平面创建。

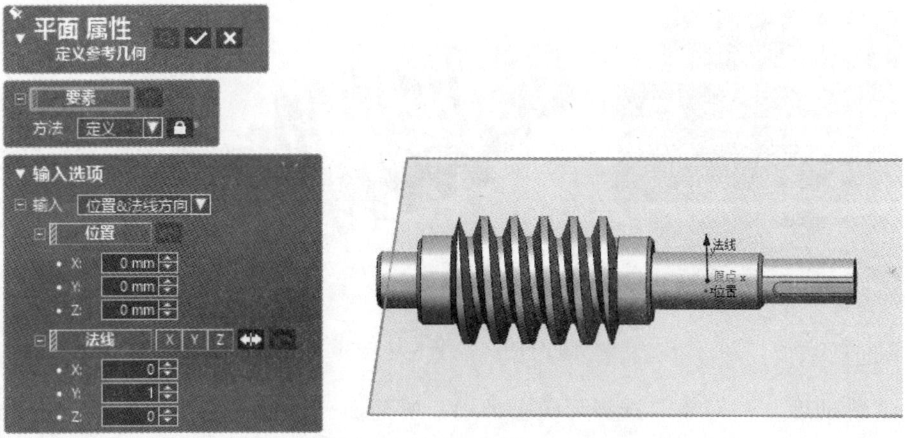

图 3-98 平面创建

单击“基准”，“对象”选择平面 1，如图 3-99 所示，单击“√”完成基准 *A* 创建。

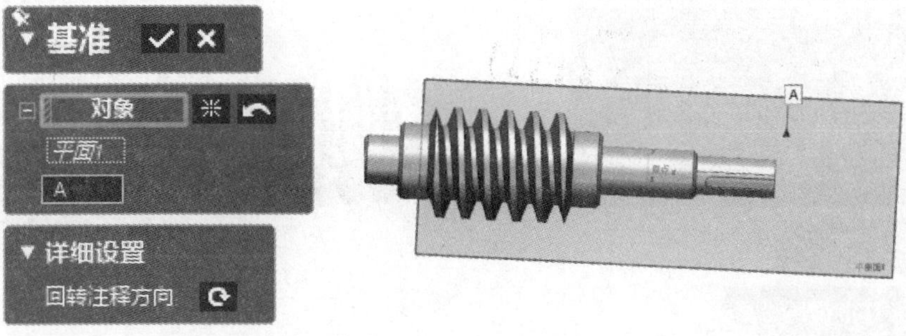

图 3-99 基准 A 创建

单击“对称度”，“对象”选择形位公差 12 所处两张面，设置“公差”为“0.012 mm”，“基准”选择“*A*”，如图 3-100 所示，单击“√”完成形位公差测量 12。

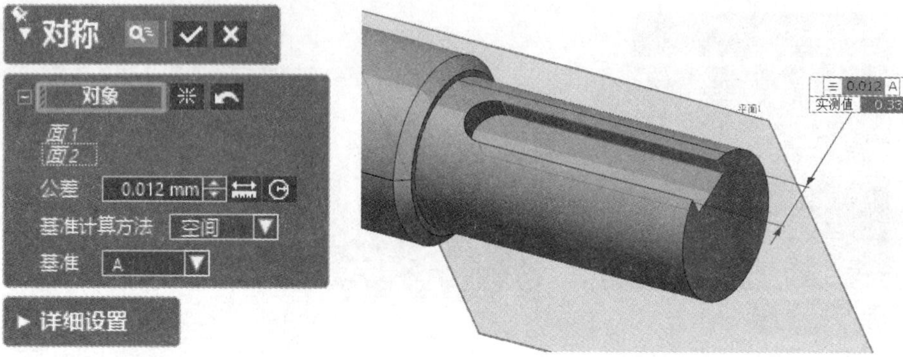

图 3-100 形位公差测量 12

单击“基准”，“对象”按住【shift】键选择 *C*、*D* 基准所在圆柱面，“文字框”输入“*CD*”，如图 3-101 所示，单击“√”完成基准 *CD* 创建。

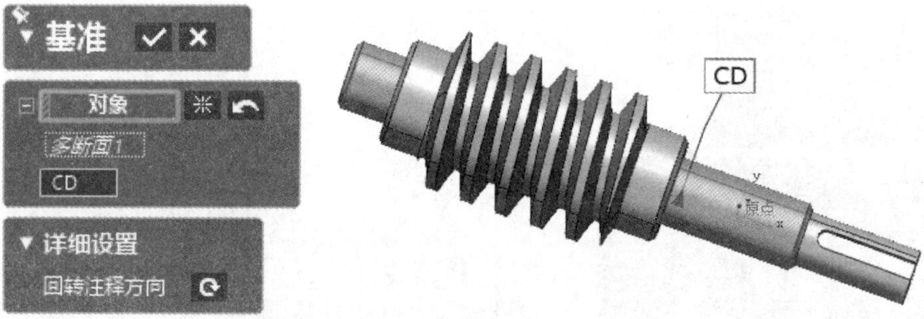

图 3-101 基准 CD 创建

单击“跳动度”，“对象”选择形位公差 11 所处面，设置“公差”为“0.02 mm”，“基准”选择“*CD*”，如图 3-102 所示，单击“√”完成形位公差测量 11。

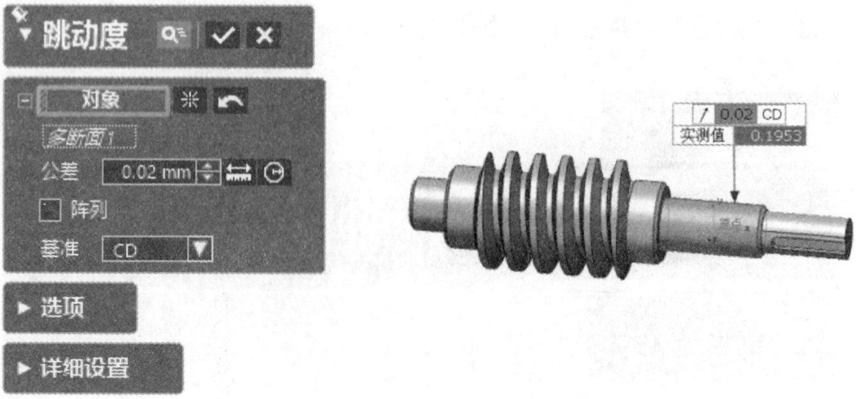

图 3-102 形位公差测量 11

单击“基准”，“对象”选择基准 *C* 所在圆柱面，“文字框”输入“*C*”，如图 3-103 所示，单击“√”完成基准 *C* 创建。

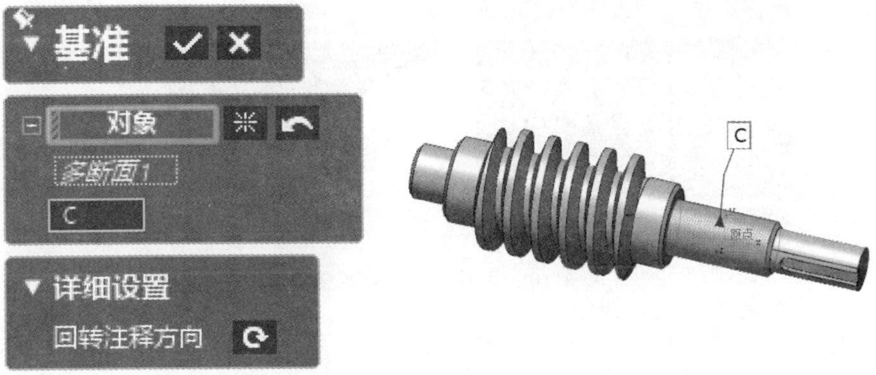

图 3-103 基准 C 创建

单击“跳动度”，“对象”选择形位公差 10 所处面，设置“公差”为“0.02 mm”，“基准”选择“*C*”，如图 3-104 所示，单击“√”完成形位公差测量 10。

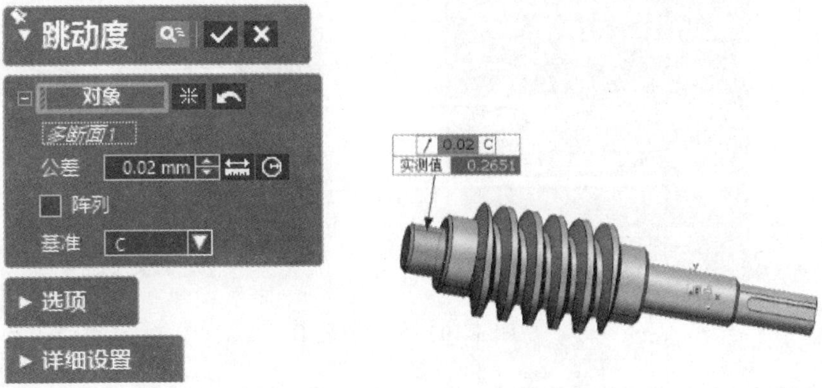

图 3-104 形位公差测量 10

7）2D 尺寸测量

尺寸菜单栏下选择“2D”，进入 2D 尺寸测量界面，如图 3-105 所示。

图 3-105 2D 尺寸测量切换

单击“添加截面”命令，“基准平面”选择键槽顶平面，“偏移距离”输入“9 mm”并单击以反转方向，或鼠标左键按住视图中长箭头移动至 9 mm 处，如图 3-106 所示，单击“√”完成 2D 截面创建。

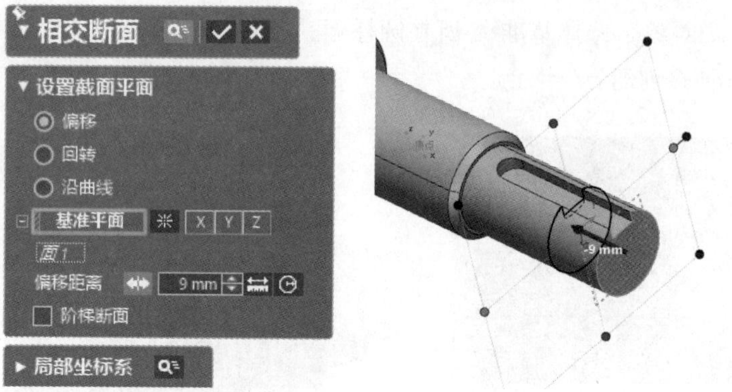

图 3-106 添加 2D 尺寸测量截面

单击“长度尺寸”，“方法”选择“个别指定”，“对象”选择尺寸 1 所处两边线后，设置“公差”为“±0.2”，“参照”为“10 mm”，“圆弧条件”选择最大，如图 3-107 所示，单击“√”完成尺寸测量 1。

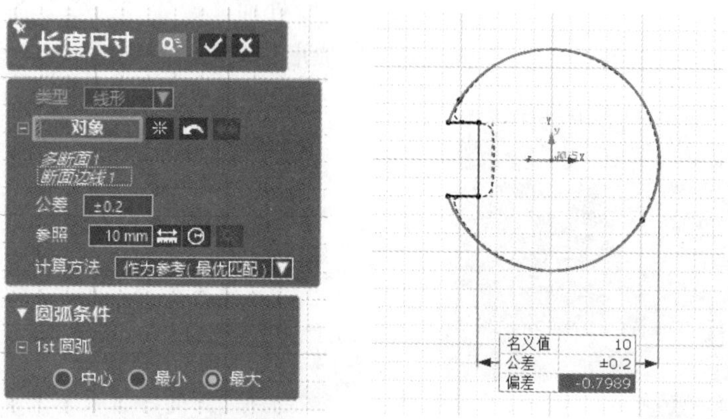

图 3-107 尺寸测量 1

单击“半径尺寸”，“对象”选择尺寸 2 所在圆弧线段，设置“公差”为“±0.2”，“参照”为“12 mm”，如图 3-108 所示，单击“√”完成尺寸测量 2。单击“退出”，完成该截面尺寸测量。

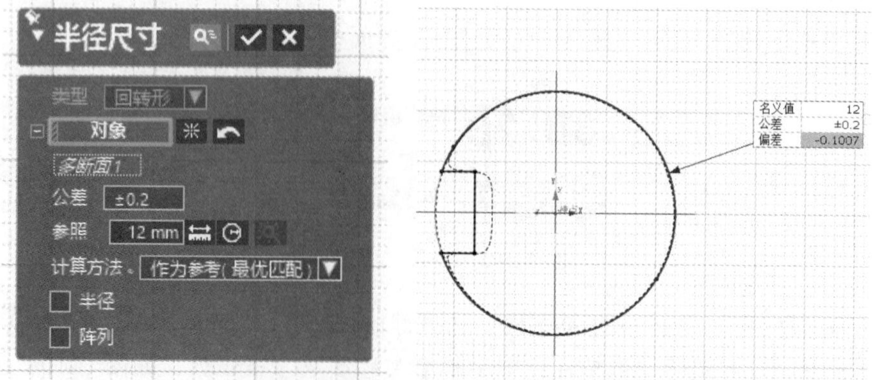

图 3-108 尺寸测量 2

单击“添加截面”命令，“基准平面”选择“*Z*”，“偏移距离”输入“0 mm”，如图 3-109 所示，单击“√”完成 2D 截面创建。

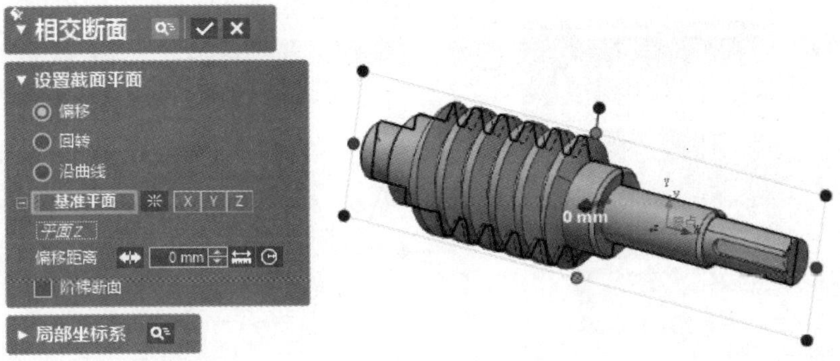

图 3-109　添加 2D 尺寸测量截面

单击“线”，输入选项下“*X*”输入“0 mm”，“*Y*”输入“14.5 mm”；“方向”下选择“*X*”，如图 3-110 所示，单击“√”完成线创建。

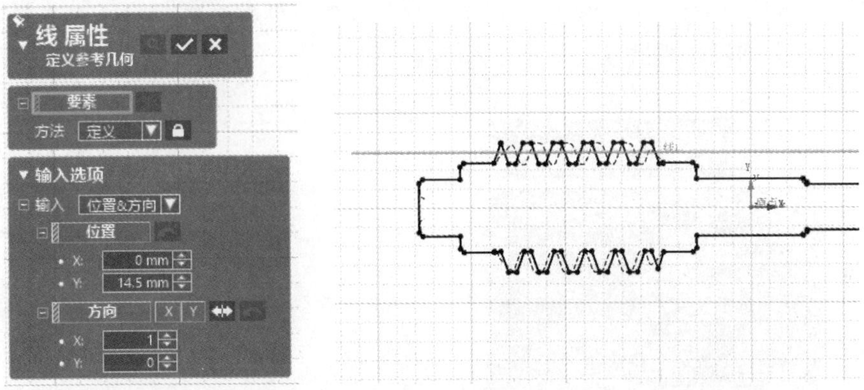

图 3-110　线创建

单击“点”，“方法”选择“两线相交”，“要素”选择线 1 和螺纹截面线，如图 3-111 所示，单击“√”完成点创建 1。

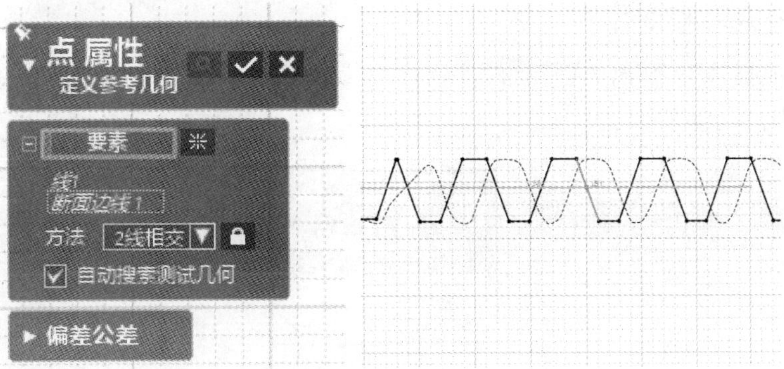

图 3-111　点创建 1

单击“点”，“方法”选择“两线相交”，“要素”选择线 1 和螺纹截面线，如图 3-112 所示，单击“√”完成点创建 2。

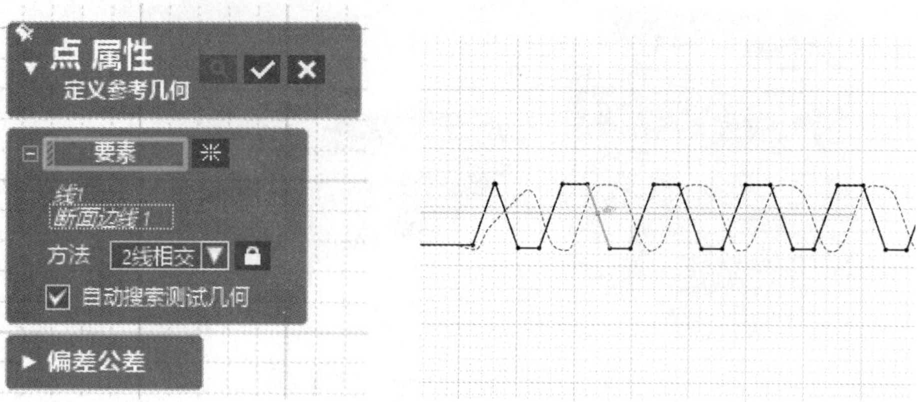

图 3-112 点创建 2

单击“长度尺寸”，“方法”选择“个别指定”，“对象”选择点 1、点 2 后，设置“公差”为“± 0.2”，“参照”为“7.85 mm”，如图 3-113 所示，单击“√”完成尺寸测量 9。单击“退出”，完成该截面尺寸测量。

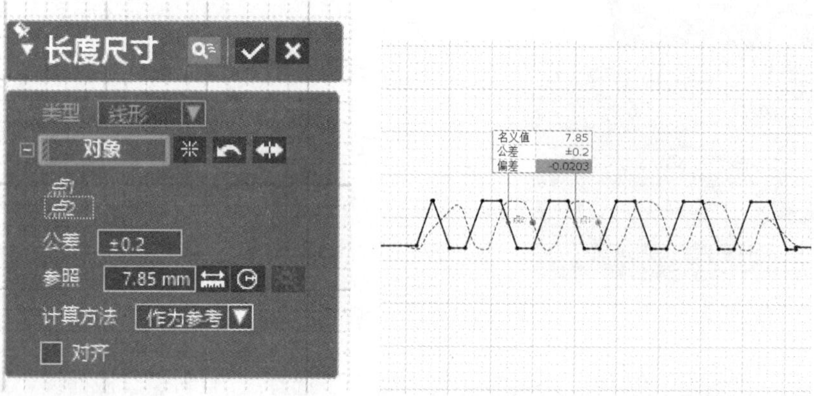

图 3-113 尺寸测量 9

8）报告生成与导出

单击“生成报告”，弹出“创建报告”对话框，单击“生成”，自动生成之前所操作的检测数据报告，如图 3-114 所示。

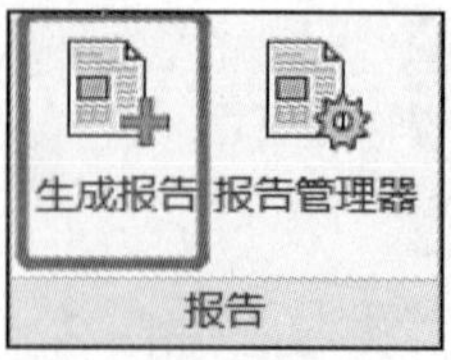

图 3-114 生成报告

确认添加在激活结果数据中的特征都在“所选实体”列表中列出，分别将相交断面 1、2 和 Group1、2 选中后单击“组”。单击“生成”，如图 3-115 所示。

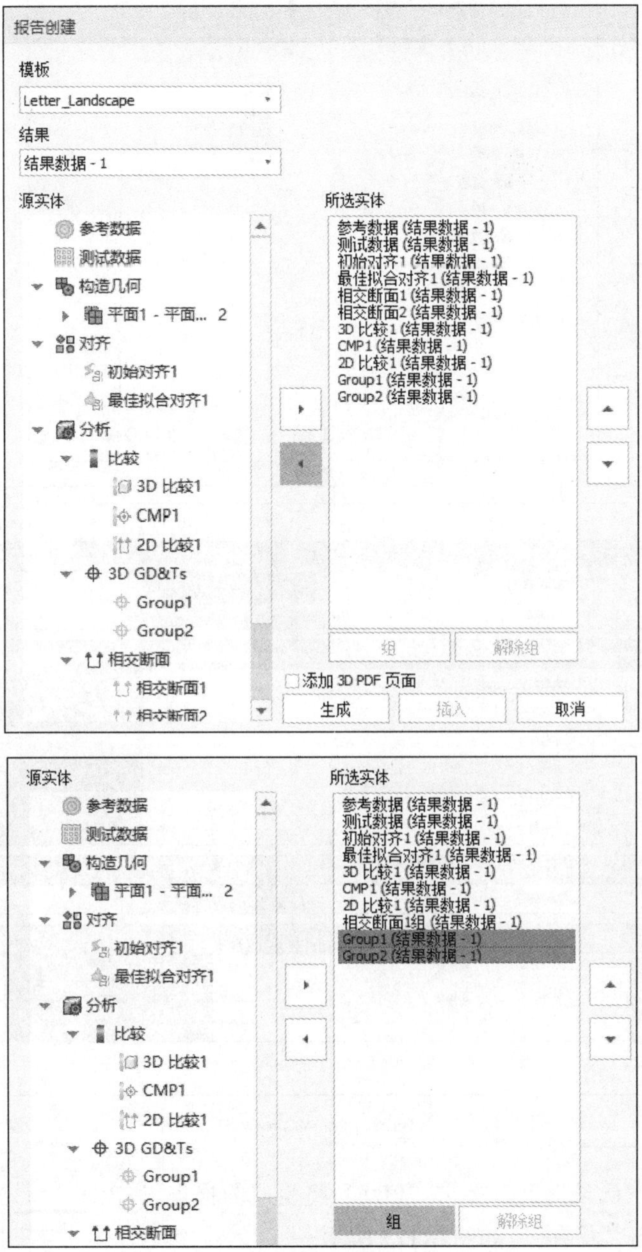

图 3-115 生成报告

在报告中找到对应组的表格，选中后单击“字段选择”，调整结果顺序后“确定”，使表格内数据按名称顺序排列。“报告树栏”下选择需要的命令后，“项目报告栏”会出现对应表格选项，选中“表格视图（尺寸）”后拖入表格内，如图 3-116 所示，完成所有尺寸在一张表格内的排布。

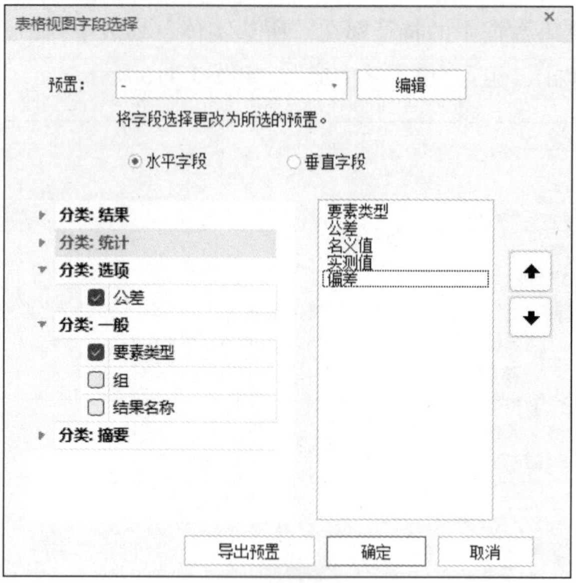

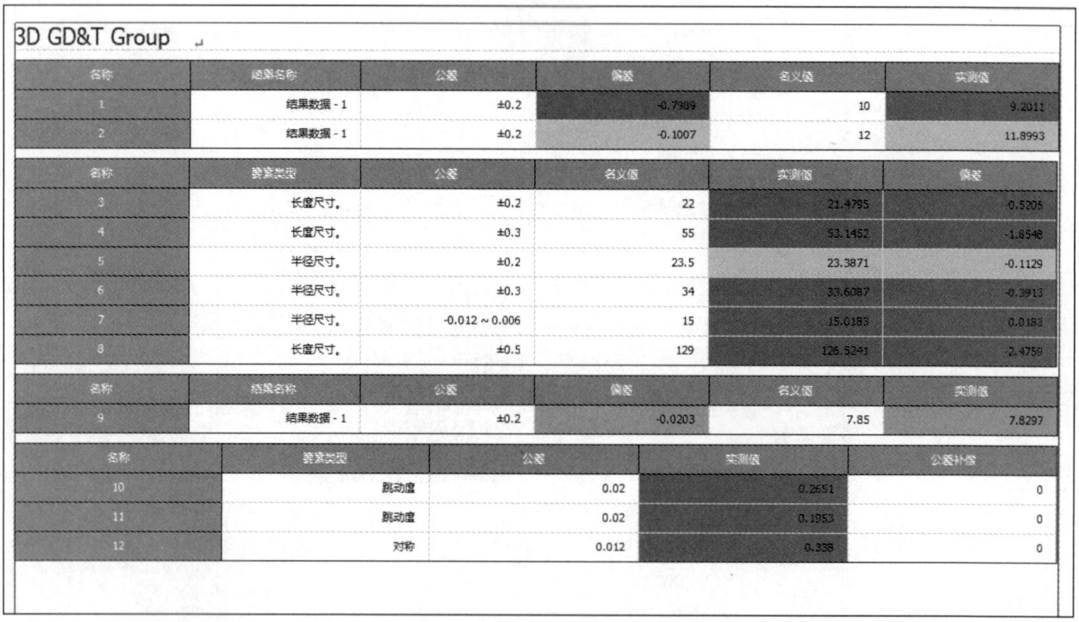

3D GD&T Group

名称	结果名称	公差	偏差	名义值	实测值
1	结果数据 - 1	±0.2	-0.7989	10	9.2011
2	结果数据 - 1	±0.2	-0.1007	12	11.8993

名称	要素类型	公差	名义值	实测值	偏差
3	长度尺寸。	±0.2	22	21.4795	-0.5205
4	长度尺寸。	±0.3	55	53.1452	-1.8548
5	半径尺寸。	±0.2	23.5	23.3871	-0.1129
6	半径尺寸。	±0.3	34	33.6087	-0.3913
7	半径尺寸。	-0.012 ~ 0.006	15	15.0183	0.0183
8	长度尺寸。	±0.5	129	126.5241	-2.4759

名称	结果名称	公差	偏差	名义值	实测值
9	结果数据 - 1	±0.2	-0.0203	7.85	7.8297

名称	要素类型	公差	实测值	公差补偿
10	跳动度	0.02	0.2651	0
11	跳动度	0.02	0.1953	0
12	对称	0.012	0.338	0

图 3-116 修改表格

在文件选项卡默认条件下，单击“PDF”将生成的报告以 PDF 文件输出。选择保存到指定文件夹目录，单击“保存”，如图 3-117 所示。

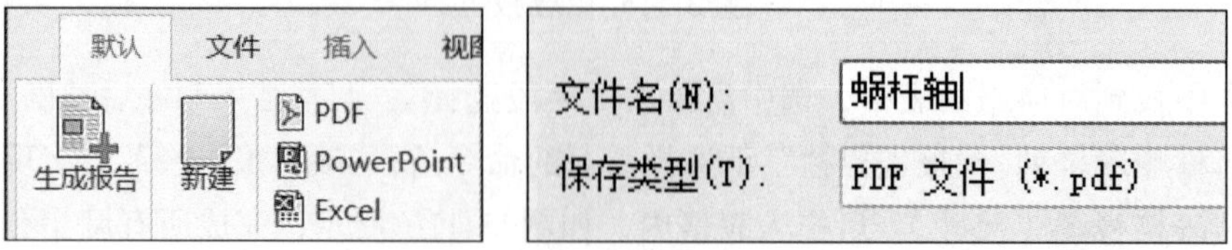

图 3-117 保存 PDF

任务 3.4　基于不同检测方法的检测报告分析

本次检测主要针对蜗杆轴的尺寸公差和形位公差进行检测，并进行比对。

将蜗杆轴的几何公差用手持式激光三维扫描仪进行测量，其结果与三坐标测量机检测数据进行比对，同时也与图纸数据进行对比，检测数据汇总如表 3-12 所示。

表 3-12　蜗杆轴检测数据比对　　单位：mm

编号	公称尺寸	扫描仪实测值	三坐标实测值	两者之差
1	$L10\pm0.2$	9.201 1	9.211 2	−0.010 1
3	$\phi12\pm0.2$	11.899 3	11.923 3	0.024 0
3	$L22\pm0.2$	21.479 5	21.493 2	0.013 7
4	$L55\pm0.3$	53.145 2	53.174 1	0.028 9
5	$\phi23.5\pm0.2$	23.387 1	23.403 2	0.016 1
6	$\phi34\pm0.3$	33.608 7	33.621 3	0.013 3
7	$\phi15^{+0.004}_{-0.012}$	15.018 3	14.993 9	0.024 4
8	$L129\pm0.5$	126.524 1	126.546 4	0.022 3
9	$L7.85\pm0.2$	7.829 7	7.851 1	0.021 4
10	*h*0.02	0.265 1	0.275 4	0.010 3
11	*h*0.02	0.195 3	0.217 6	0.022 3
12	*i*0.012	0.338	0.356 1	0.018 1

由表 3-12 数据可知，用手持式激光三维扫描仪采集的蜗杆轴检测数据与三坐标测量机获得的检测报告相比，差值在 0.03 mm 以内。

对于单件、小批量生产的零部件，或者大型工件等精度要求不高的产品，通常可采用手持式激光三维扫描仪进行检测。对于大批量生产或精度要求高的几何公差检测则可使用三坐标测量机等精密仪器。

项目 4

蜗轮的检测

学习目标

1. 知识目标

（1）掌握检测技术的基础知识。

（2）掌握长度和角度的计量单位及换算。

（3）掌握计量器具分类及测量方法分类。

2. 技能目标

（1）熟练掌握手持式激光扫描仪的使用。

（2）能熟练使用“3-4-1”法建坐标。

（3）能采用不同的检测方式进行蜗轮检测。

3. 素养目标

（1）具有理解问题、分析问题、解决问题的能力。

（2）具有认真、细心的学习态度和精益求精的工匠精神。

考核要求

（1）完成本项目学习内容，能够读懂图纸。

（2）能熟练使用三坐标测量机和手持式激光扫描仪进行检测。

（3）出具检测报告。

任务 4.1　蜗轮检测任务描述

某企业采购一批蜗轮，发现采购的蜗轮与自己生产的蜗轮轴不能很好地进行装配，现通过抽样的方式对采购的蜗轮进行部分尺寸检测。表 4-1 为需要检测的尺寸，图 4-1 和图 4-2 为蜗轮的零件图和图纸，抽样分析蜗轮的检测报告，作为采取下一步措施的依据。

表 4-1　蜗轮检测表　　单位：mm

序号	方位	尺寸类型	公称尺寸	上偏差	下偏差
1	B5	ϕ	75	+0.033	0
2	B5	L	23	+0.2	−0.2
3	A4	L	6	0	−0.03
4	B3	L	24	+0.2	−0.2
5	B2	ϕ	34	+0.3	−0.3
6	B2	ϕ	55	+0.3	−0.3
7	C3	L	14	+0.2	−0.2
8	C2	h	0	0.02	
9	C3	h	0	0.02	
10	A4	i	0	0.012	

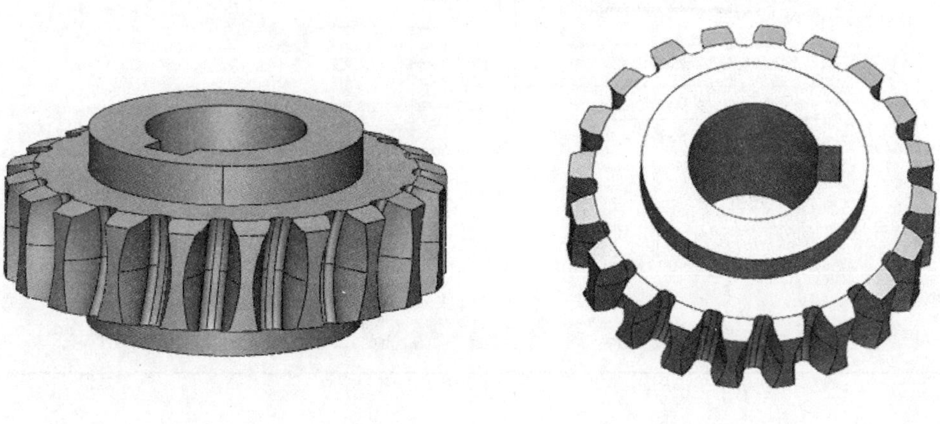

图 4-1　蜗轮零件图

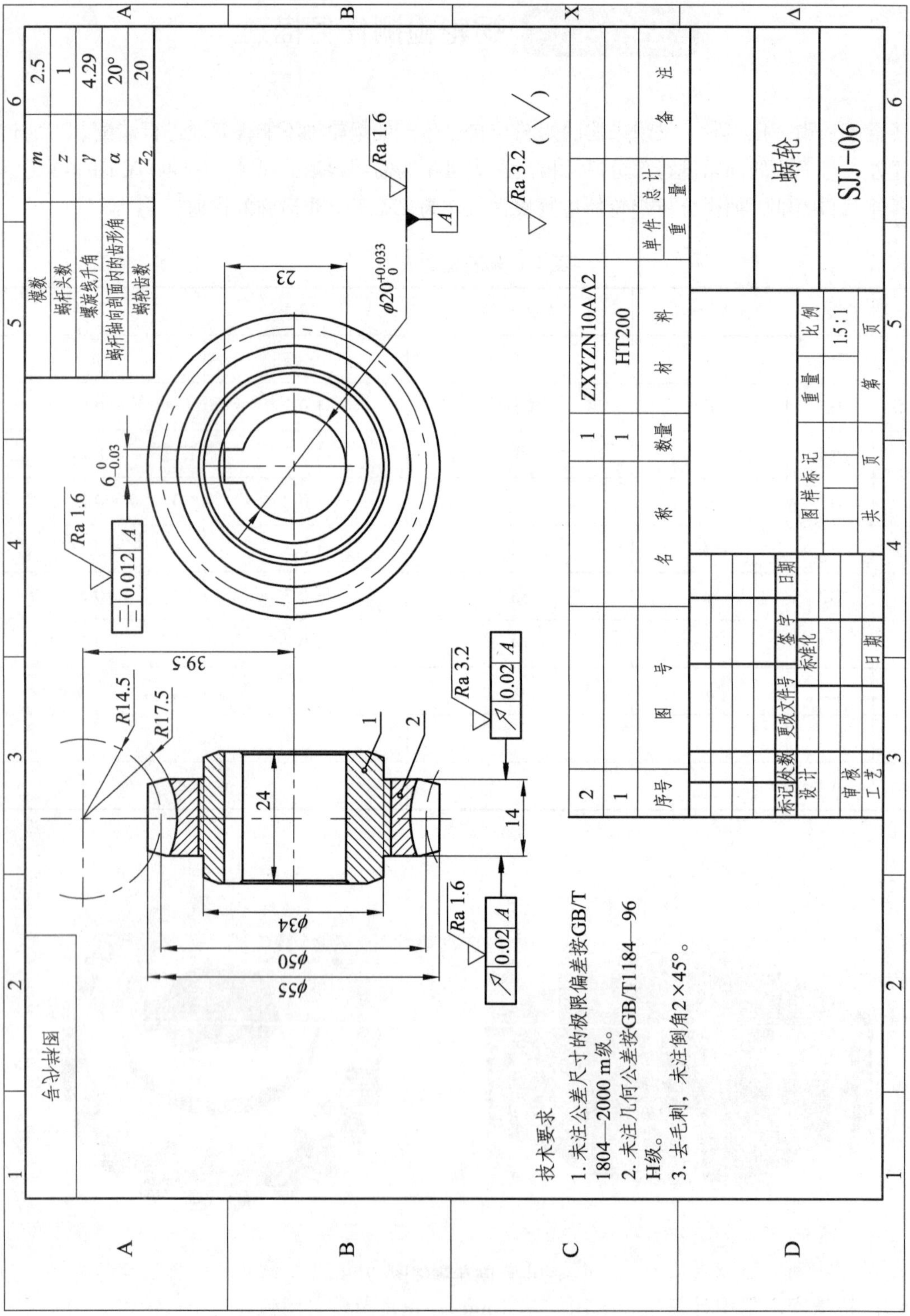
模数 m 2.5
蜗杆头数 z 1
螺旋线升角 γ 4.29
蜗杆轴向剖面内的齿形角 α 20°
蜗轮齿数 z2 20
φ20+0.033 0
23
6 0 -0.03
Ra 1.6
0.012 A
A
Ra 3.2
39.5
R14.5
R17.5
24
14
0.02 A
φ34
φ50
φ55
技术要求
1. 未注公差尺寸的极限偏差按GB/T 1804—2000 m级。
2. 未注几何公差按GB/T1184—96 H级。
3. 去毛刺，未注倒角2×45°。
ZXYZN10AΛ2
HT200
蜗轮
SJJ-06
1.5:1

图 4-2 蜗轮图纸

任务 4.2　蜗轮的三坐标智能检测

4.2.1　测量技术的基本概念

为了满足零件几何精度的要求，除了正确合理地设计和加工外，还必须进行严格的测量或检验。测量即是将被测对象与单位（或标准量）进行比较，为确定其比值而进行的实验过程。如果在测量中 L 为被测量，E 为所采用的计量单位，则它们的比值为

$$R = L / E \tag{4-1}$$

式（4-1）说明，在被测量 L 一定的情况下，比值 R 的大小完全取决于所采用的计量单位 E，并且与 E 成反比关系。同时，它也说明计量单位的选择决定于被测量所要求的精确程度，这样经比较而得的被测量为 $L = R \times E$。因此，任何一个测量过程必须有被测对象和采用的计量单位，还有二者是怎样进行比较、比较以后的精确程度，也就是测量的方法和测量的精确度问题。

测量过程包括测量对象、计量单位、测量方法及测量精度四个要素。

测量对象：指机械几何量，包括长度、角度、表面粗糙度、形位误差等。

计量单位：用来度量同类物理量量值的标准量称为计量单位。我国实行法定计量单位制。在几何量的测量中，长度单位是米（m）、毫米（mm）、微米（μm），角度单位是度（°）、分（′）、秒（″）。

测量方法：指在进行测量时所采用的测量原理、测量器具及测量条件的总和。

测量精度：测量结果与真实值的一致程度。由于任何测量过程都不可避免地会出现测量误差。误差大说明测量结果离真实值远，精确度低。因此，应将测量误差控制在允许的范围内。

技术测量分为测量与检验两类。

检验是确定被测量是否合格的过程，而不需要确定出被测量的量值大小，如用量规对孔、轴的检验。

测量与检验的主要区别是：测量是要确定出被测量的具体量值，而检验不要求测量出被测量的具体量值，检验只能确定被测量是否合格。检验的效率较高，所以在生产实际中应用较广，如对食品质量的检验、零件的入库检验等。

实际工作中对技术测量的基本要求是：合理选择测量器具和测量方法，既要保证足够的测量精确程度，又要有一定的测量效率；二是快速、准确地测量出被测量量值的同时，保证测量具有较低的测量成本。

4.2.2　长度单位和尺寸传递

为了保证测量的正确性，必须保证测量过程中测量单位的统一，在国际单位制及我国法定计量单位中，长度的基本单位名称是“米”，其单位符号为“m”。

1983 年，国际计量大会对“米”作出规定：“米”是光在真空中 1/299 792 458 秒的时间内行进路程的长度。机械制造中常用的长度单位是毫米（mm）；精密测量中计量单位采用微米（μm）；超精密测量中计量单位采用纳米（nm）；角度单位常用弧度（rad）、度（°）、分

（′）、秒（″）。表 4-2 为长度计量单位的换算关系，表 4-3 为角度计量单位的换算关系。

表 4-2 长度计量单位换算关系

单位名称	符号	与基本单位关系
米	m	基本单位
毫米	mm	1 mm = 10^{-3} m（0.001 m）
微米	μm	1 μm = 10^{-6} m（0.000 001 m）
纳米	nm	1 nm = 10^{-9} m（0.000 000 001 m）

表 4-3 角度计量单位的换算关系

单位名称	符号	单位换算关系
度	°	基本单位 1° =（π/180）rad = 0.017 453 3rad
分	′	1° = 60′
秒	″	1′ = 60″
弧度	rad	基本单位 1 rad =（180/π）° = 57.295 779 51°
微弧度	μrad	1 μrad = 10^{-6}rad

米的定义体现出米的科学性，它是以光在真空中的速度作为基础，通过精确测定时间就可以确定出长度值。在生产实践活动中使用这样的“米”是非常困难的，也是不经济的，所以在生产实际过程中采取了尺寸传递的媒介——量块和线纹尺进行尺寸的传递，即将科学的“米”转换成具体实物标准量。通过对计量器具的检定或校准，将国家基准所复现的计量单位量值通过各等级计量标准传递到工作计量器具，以保证对被测对象所测得的量值的准确和一致的体系称作尺寸传递。我国长度单位尺寸传递如图 4-3 所示。我国尺寸传递分为量块传递系统与线纹尺传递系统。量块传递系统中以各等量块为标准量，线纹尺传递系统中以各等线纹尺为标准量。

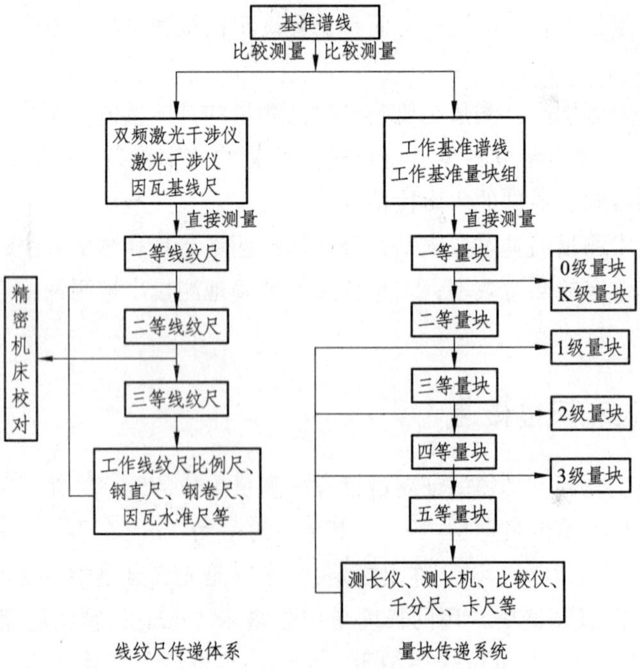

图 4-3 尺寸传递

4.2.3 计量器具与测量方法的分类

1. 计量器具

计量器具（或称为测量器具）是指测量仪器和测量工具的总称，按结构特点可分为量具、量规、量仪（测量仪器）和计量装置等四类。

1）量 具

量具是以固定形式复现量值的计量器具，通常是指结构比较简单的工具，没有传动放大系统，包括标准量具和通用量具。标准量具，是指用来复现单一量值的量具，如量块、直角尺等；通用量具，是指一种能复现一定范围的一系列不同量值的量具，如固定刻度量具——钢直尺，游标量具——游标卡尺，螺旋测微量具——千分尺等。

2）量 规

量规是一种没有刻度的，用以检验零件尺寸或形状、相互位置的专用检验工具。它只能判断零件是否合格，而不能得出具体尺寸，如光滑极限量规（用于检验光滑圆柱形工件的合格性）——环规、卡规、塞规等，螺纹量规（用于检验螺纹的合格性）——螺纹环规、螺纹塞规等，圆锥量规（用于检验圆锥的锥度及尺寸）——锥度套规、锥度塞规等。

3）量 仪

量仪即计量仪器，是指能将被测的量值转换成可直接观察的指示值或等效信息的计量器具，如钟表式百分表、杠杆式百分表等。其一般具有传动放大系统，按工作原理和结构特征，量仪可分为机械式、电动式、光学式、气动式，以及它们的组合形式——光机电一体的现代量仪。

4）计量装置

计量装置是指确定被测几何量值所需的计量器具和辅助设备的总体，如三坐标等。一种专用检验工具，可以迅速地检验更多或更复杂的参数，从而有助于实现自动测量和自动控制，如自动分选机、检验夹具、主动测量装置等。

2. 计量器具的基本技术指标

（1）标尺间距：计量器具刻度标尺或刻度盘上两相邻刻线中心线间的距离。为了便于读数，标尺间距不宜太小，一般为 1 ~ 2.5 mm。

（2）分度值：计量器具标尺上每刻线间距所代表的被测量的量值。一般长度计量器具的分度值有 0.1 mm、0.01 mm、0.001 mm、0.000 5 mm 等。如图 4-4 所示，表盘上的分度值为 1 μm。

（3）测量范围：计量器具所能测量的最大值与最小值范围。图 4-5 所示测量范围为 0 ~ 180 mm。

（4）示值范围：计量器具标尺或刻度盘内全部刻度所代表的最大值与最小值的范围。图 4-4 所示的示值范围为 ± 20 μm。

（5）灵敏度：对于给定的被测量值，被观测变量的增量ΔL 与相应的被测量的增量Δx 之比，即

$$S = \Delta L / \Delta x$$

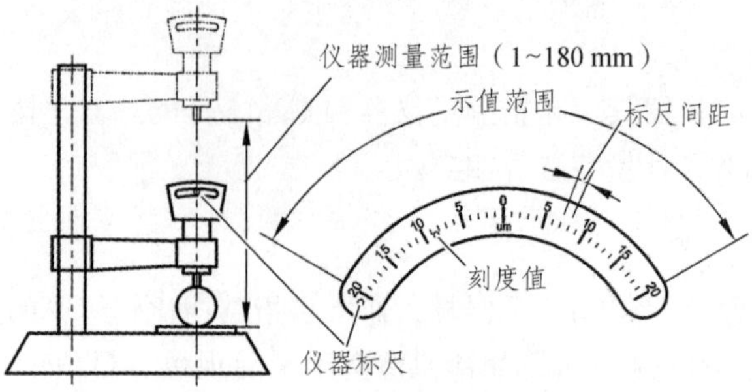

图 4-4 测量器具参数示意图

在分子、分母是同一类量的情况下，灵敏度亦称放大比或放大倍数。

（6）示值误差：测量器具示值减去被测量的真值所得的差值。

（7）测量的重复性误差：在相同的测量条件下，对同一被测量进行连续多次测量时，所有测得值的分散程度即为重复性误差。它是计量器具本身各种误差的综合反映。

（8）不确定度：表示由于测量误差的存在而对被测几何量不能肯定的程度。

3. 测量方法的分类

测量方法是指进行测量时所采用的测量原理、测量器具和测量条件的总和，是根据测量对象的特点（尺寸大小、精度要求、形状特点、材料性质以及数量等）来选择和确定。

1）按获得测量结果的方法分

直接测量：无需计算，从测量器具的读数装置上即可得到欲测之量的数值或对标准值的偏差的量值。

间接测量：先测出与欲测之量有一定函数关系的相关量，然后按相应的函数关系式，求得欲测量的量值。

2）按示值是否为被测量的整个量值分

绝对测量（全值测量）：计量器具的读数值直接表示被测尺寸，如用游标卡尺、千分尺测量轴径或孔径。

相对测量（微差或比较测量）：计量器具的读数值表示被测尺寸相对于标准量的微差值或偏差。

3）按被测量时被测表面与计量器具的测头是否接触分

接触测量：测量器具的测头与被测表面接触的测量。

非接触测量：测量器具的测头不与被测表面接触的测量。

4）按测量在加工过程中所起作用分

主动测量：在加工过程中进行的测量。其测量结果直接用来控制零件的加工过程，能及时防止废品的发生，所以又称为在线测量。

被动测量：加工完成后进行的测量。其结果仅用于发现并剔除废品，所以又称离线测量。

5）按工件上同时测量被测量的数量分

单项测量：对工件上的每一参数分别进行测量。

综合测量：同时测量工件上几个有关几何量的综合结果效应或综合参数。

6）按被测工件在测量时与测量器具测头的相对运动状态分

静态测量：测量时被测件表面与测量器具测头处于静止状态。

动态测量：测量时被测件表面与测量器具测头处于相对运动状态。

4.2.4 蜗轮的三坐标编程检测

1. 图纸分析

进行检测前，必须先核对零件图样，并对照实际工件进行仔细分析，且需要明确测量的基准坐标系及几何公差检测内容。

微课：蜗轮测量前准备工作

1）确定基准坐标系

基准坐标系是零件测量及几何公差评价的基础，基准坐标系的确定需考虑工件的装夹位置、检测方便性、工件的检测姿态等。

如图 4-2 所示，根据图样上的标注，包括基准 *A* 平面，可通过基准建立零件坐标系，采用“3-4-1”法建立坐标系。

图 4-5　蜗轮摆放

2）确定检测内容

检测内容是指检测任务中工件需要被检测的各项参数内容、几何公差，如对称度、圆跳动等。分析过程中，需要明确各项参数、公差的评价要求、基准情况、评价公差需要测量采集的数据及数据量等。

如表 4-1 所示，根据检测表要求，对照图 4-2，确定蜗轮的检测内容含有平面、圆柱、圆等元素。

3）确定零件的装夹位置及测量角度

图 4-5 所示为蜗轮的装夹，对照表 4-1 和图 4-2 可知，共需两个角度即可完成所有尺寸的测量，即（A0°、B0°），（A90°、B180°）。

4）确定所需测针直径和长度

图 4-6 所示为雷尼绍测针模型，雷尼绍的测针总长度是从测针的后安装端面到测球中心的长度；有效工作长度是在零件法线方向测量时，从测球中心到测杆与被测目标干涉点之间的距离。

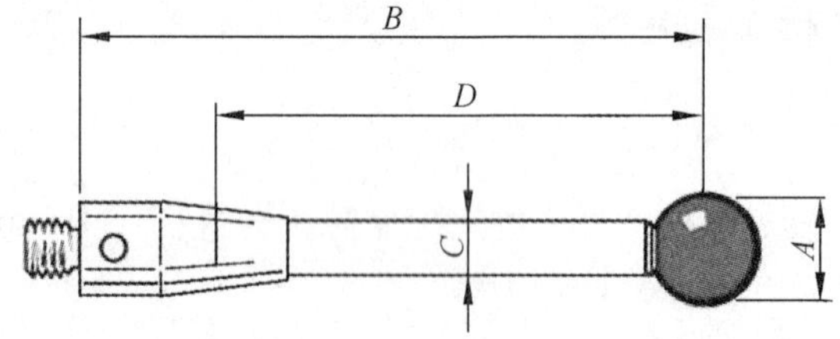

A—测球直径；*B*—总长；*C*—测杆直径；*D*—有效工作长度。

图 4-6 雷尼绍测针模型

测针选择时，一般遵循以下原则：

（1）尽量选用短测针：测针弯曲或变形量越大，精度越低，所以使用尽可能短的测针。

（2）尽量减少接头：每增加一个测针与加长杆的连接，便增加了一个潜在的弯曲和变形点，所以要尽可能地减少测针组件数。

（3）选用的测球直径要尽量大：目的是能增大测球/测杆的距离，从而减少由于碰撞测杆所引起的误触发；其次，测球直径越大，受被测工件表面光洁度的影响越小。

分析图 4-2 所示蜗轮图纸，由于最小测量面深度为 3 mm，故测针可选择 1 × 20 mm 即可满足测量。

微课：蜗轮的坐标系建立

2. 坐标系建立

（1）如图 4-7 所示，通过面和圆粗建坐标系，粗建坐标方法和蜗轮一致。

图 4-7 蜗轮粗建坐标

（2）精建坐标系，将命令方式选择为“程序模式”。

（3）如图 4-8 所示，用 CAD 面型图形定义，在 CAD 模型上提取端面，测量所提取的面元素。

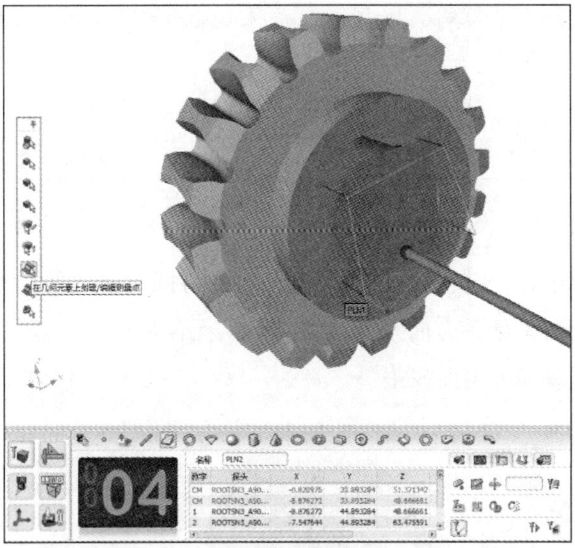

图 4-8　测量面元素

（4）设置安全平面，如图 4-9 所示。

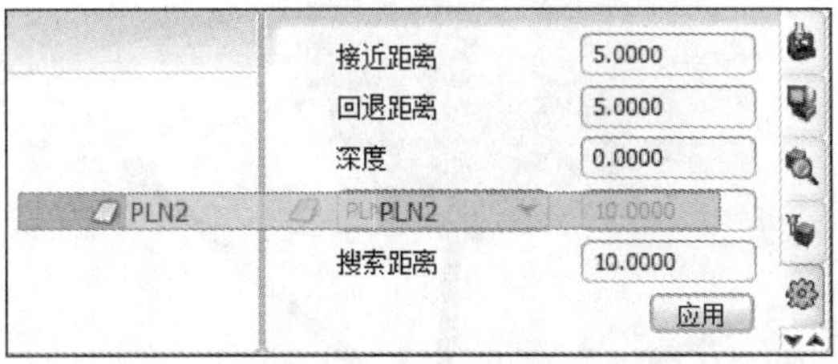

图 4-9　设置安全平面

（5）自动测量圆柱，如图 4-10 所示，用 CAD 面型图形定义，在 CAD 模型上提取圆柱，选中提取的圆柱，右键“产生测量点”，修改测量参数，预览无误后，单击“测量”。

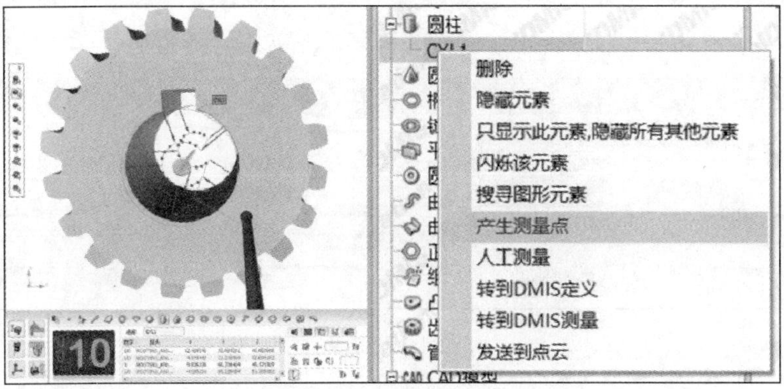

图 4-10　自动测量圆柱

（6）构造圆，如图 4-11 所示，将圆柱和面拖入“构造”→“相交”命令中，预览元素，确认无误后单击“添加结果”。

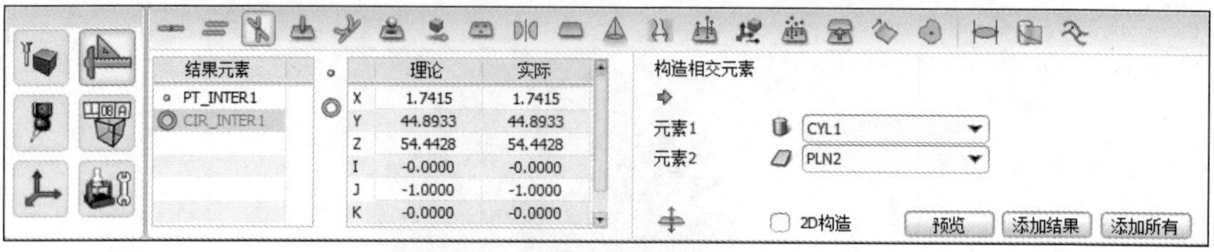

图 4-11　构造圆

（7）如图 4-12 所示，“坐标”→“生成坐标”，将圆柱拖入第一栏，选择相应的圆柱轴向，预览坐标系，查看两坐标系方向是否一致，确认无误后单击“添加/激活坐标系”。长轴类零件用圆柱进行找正，短轴可用面找正。

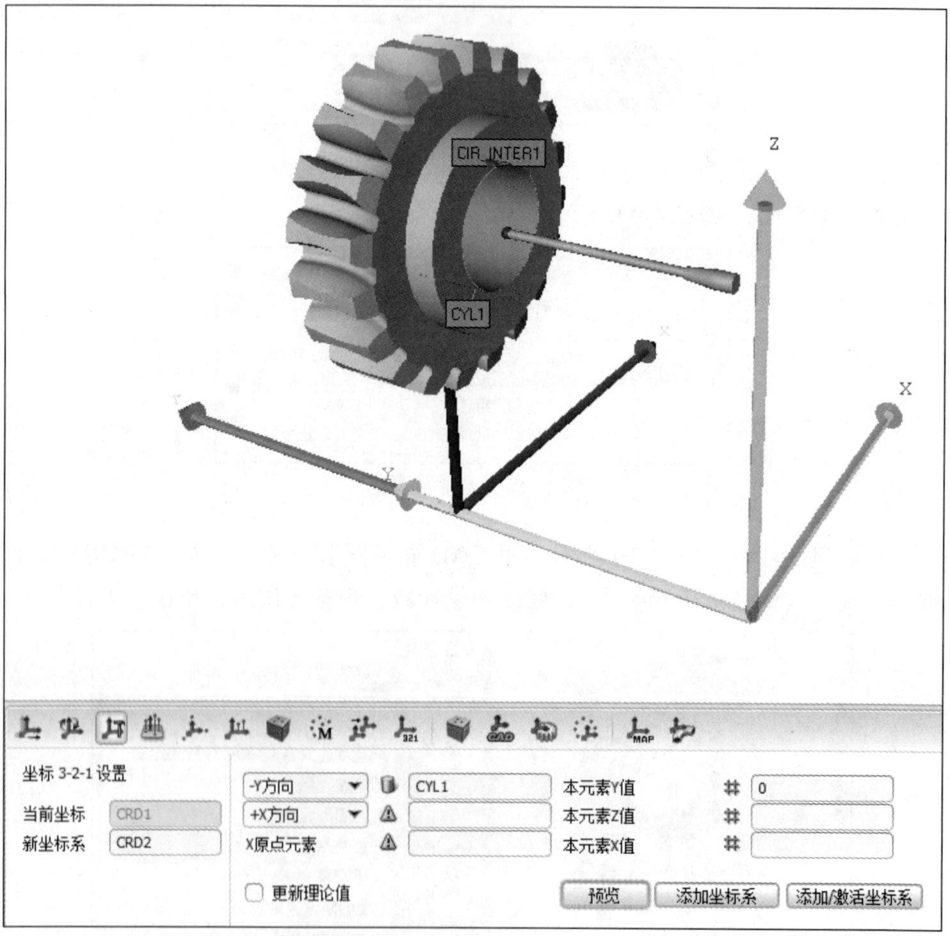

图 4-12　找正

（8）回转体类零件使用“3-4-1”法建立坐标系时，可不用进行旋转这一步骤，保持测量机默认轴向即可。

（9）原点，如图 4-13 所示，“坐标”→“平移”，将圆拖入 *X*、*Y*、*Z* 轴，预览坐标系，查看两坐标系方向是否一致，确认无误后单击“添加/激活坐标系”。

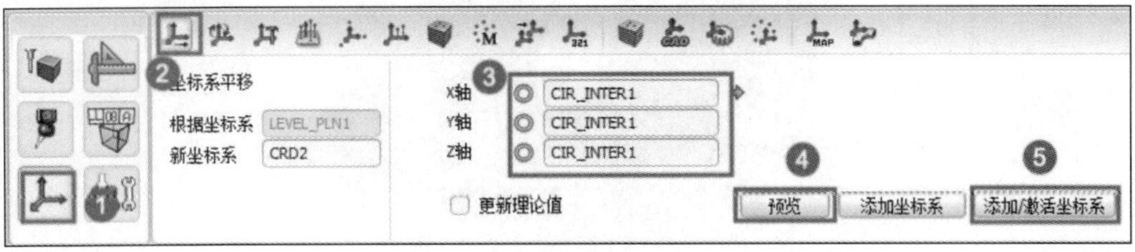

图 4-13　原点

（10）在双数据区元素区选中导入模型，右键选择“模型对齐”，手动操作测量机，将测针放在零件某个特征点上（如圆的象限点或圆心上），查看测针在软件中位置与测量机上位置是否一致，如图 4-14 所示。

图 4-14　坐标系检查

3. 元素测量

1）测量元素确认

零件有 CAD 数模，通过建立坐标系，数模对齐之后，即进行 CAD 辅助测量。分析表 4-1 和图 4-2 可知，测量该零件尺寸共需三个角度，即（A0°、B0°），（A90°、B180°），（A90°、B0°）。图 4-15 所示为（A90°、B180°）测量几何特征，图 4-16 所示为（A0°、B0°）测量几何特征，图 4-17 所示为（A0°、B0°）测量几何特征。

微课：蜗轮的
CAD 辅助测量

图 4-15 （A90°、B180°）测量几何特征

图 4-16 （A0°、B0°）测量几何特征　图 4-17 （A90°、B0°）测量几何特征

2）CAD 辅助测量

将测针放置零件某个特征点，确认数模对齐无误后，即可开始 CAD 辅助测量。由于精建坐标测头角度为（A90°、B180°），是通过基准建立完成的，所以可先将该角度下需要测量的元素测量完毕，建坐标元素可直接使用，不必重复测量。

3）（A90°、B180°）测量元素

（1）如图 4-18 所示，设置安全平面及测针接近、回退距离，将精建坐标系时的测量元素“PLN2”（即基准 *A*）拖放至安全平面处，输入“接近距离”“回退距离”数值，单击“应用”。

图 4-18　安全平面

（2）圆元素的测量，如图 4-19 所示。

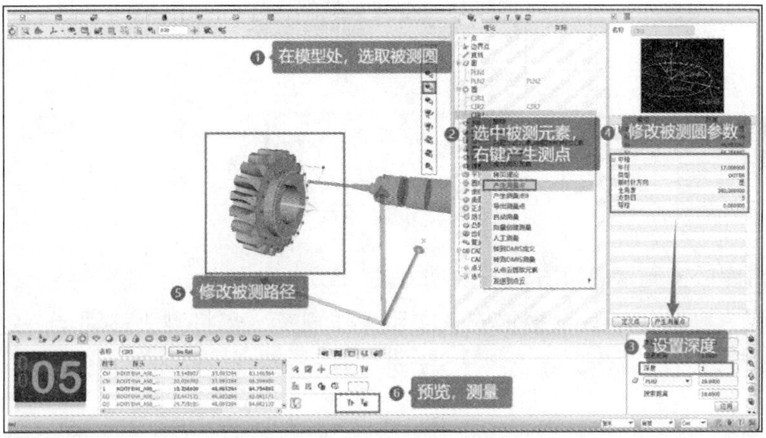

图 4-19 “CIR2” 测量

（3）平面元素的测量，如图 4-20 所示。

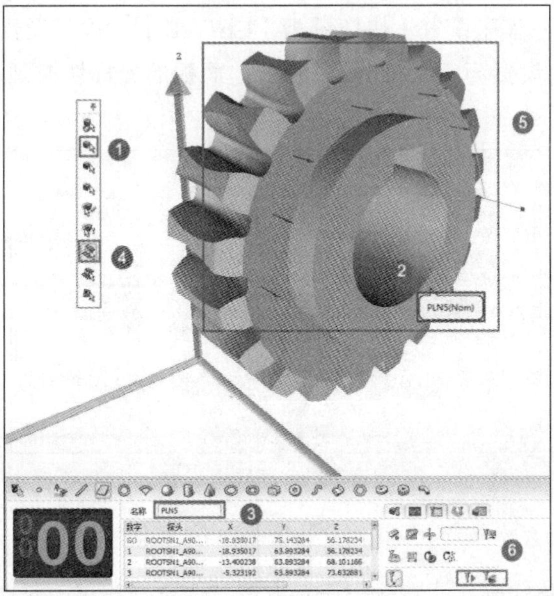

图 4-20 “PLN2” 测量

（4）（A0°、B0°）测量元素。使用手操器将测头移动至距离零件最顶点（110～120）mm处，在周围无干涉的情况下，进行角度更换。

（5）设置安全平面。每次更换测头角度后，都需要重新设置安全平面，如图 4-21 所示，测头用（A0°、B0°）测量回转类零件时，为了提高检测效率，一般关闭安全平面和采取深度距离，这样可以提高检测效率，并且可以在测量圆时防止产生干涉点。关闭安全平面后，各特征元素之间测量时，需要手动移动特征至被测元素附近，或通过右下方“机器位置”→“相对移动”，选择相应轴向，输入距离，预览无误后，单击“应用”移动。

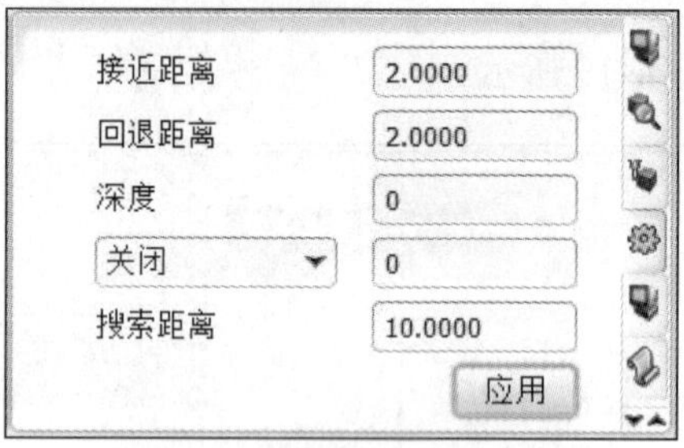

图 4-21 关闭安全平面

（6）更换角度后，元素测量方法与前期方法一致。

（7）被测元素测量完毕后，根据安全文明操作规范，需将测头移动至一定高度后，进行尺寸评价。

4. 尺寸评价

常见公差设置如下：

1）公差界面设置

软件主菜单→选项→程序设置（快捷键为【Ctrl + D】），程序设置里如果将“公差使用 GD&T”设置为“是”，可以将公差面板的图标切换到 GD&T 标准样式，如图 4-22 所示。

微课：蜗轮的尺寸评价

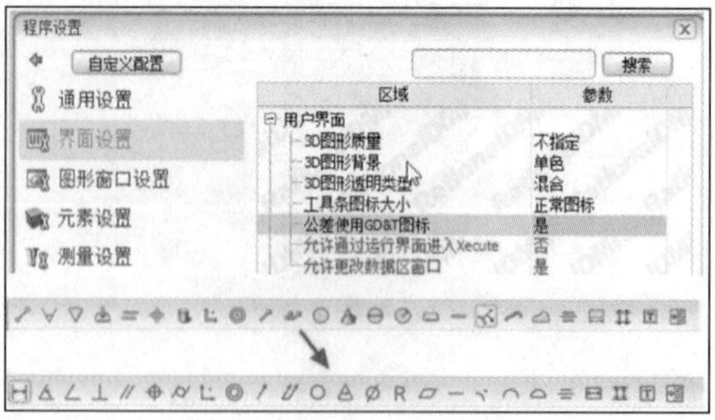

图 4-22 公差界面设置

2）公差显示设置

输出界面→设置→格式定义，在输出设置取消勾选“合并相同元素的公差输出”下的“激活”，勾选“显示公差数据的描述”下的“激活”和“没有 DAT 描述”，如图 4-23 所示，接着多选公差标签，拖放到输出面板，如图 4-24 所示，即可显示公差符号。

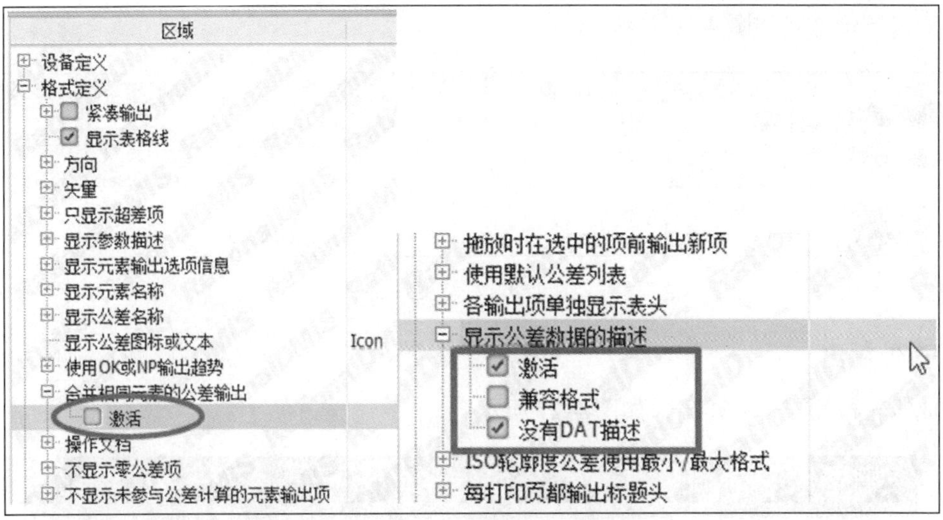

图 4-23　公差描述设置

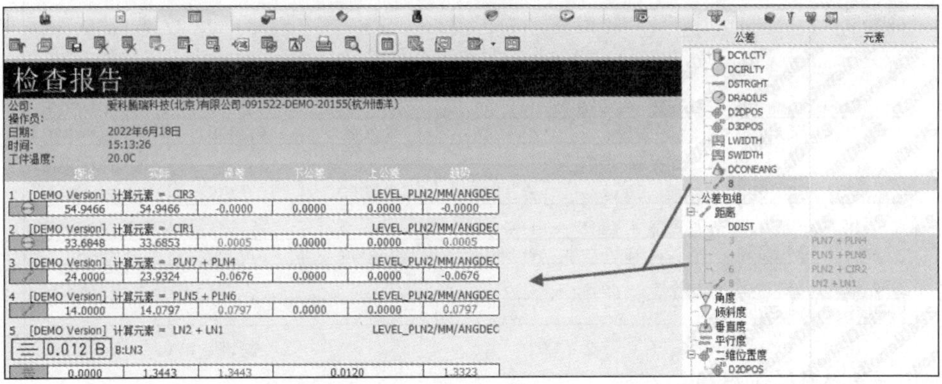

图 4-24　公差拖放

3）输出尺寸小数位数设置

输出界面→设置→小数点设置，如图 4-25 所示，可根据需求设置所需小数点数。

图 4-25　小数位数设置

4）对称度评价

对称度评价方式如图 4-26 所示。

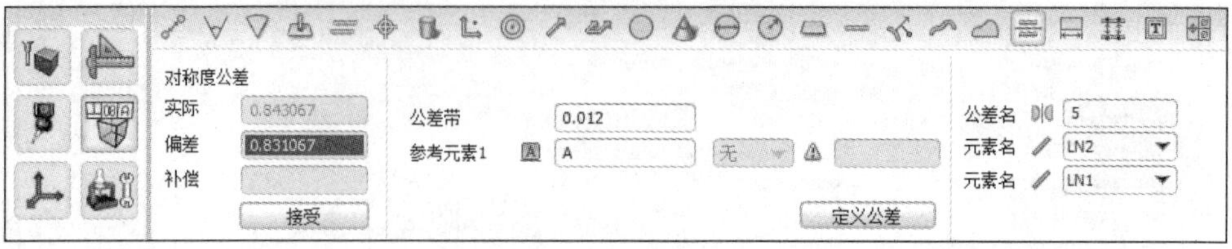

图 4-26 对称度评价

5. 报告输出

生成蜗轮检测报告并输出，如图 4-27 所示。

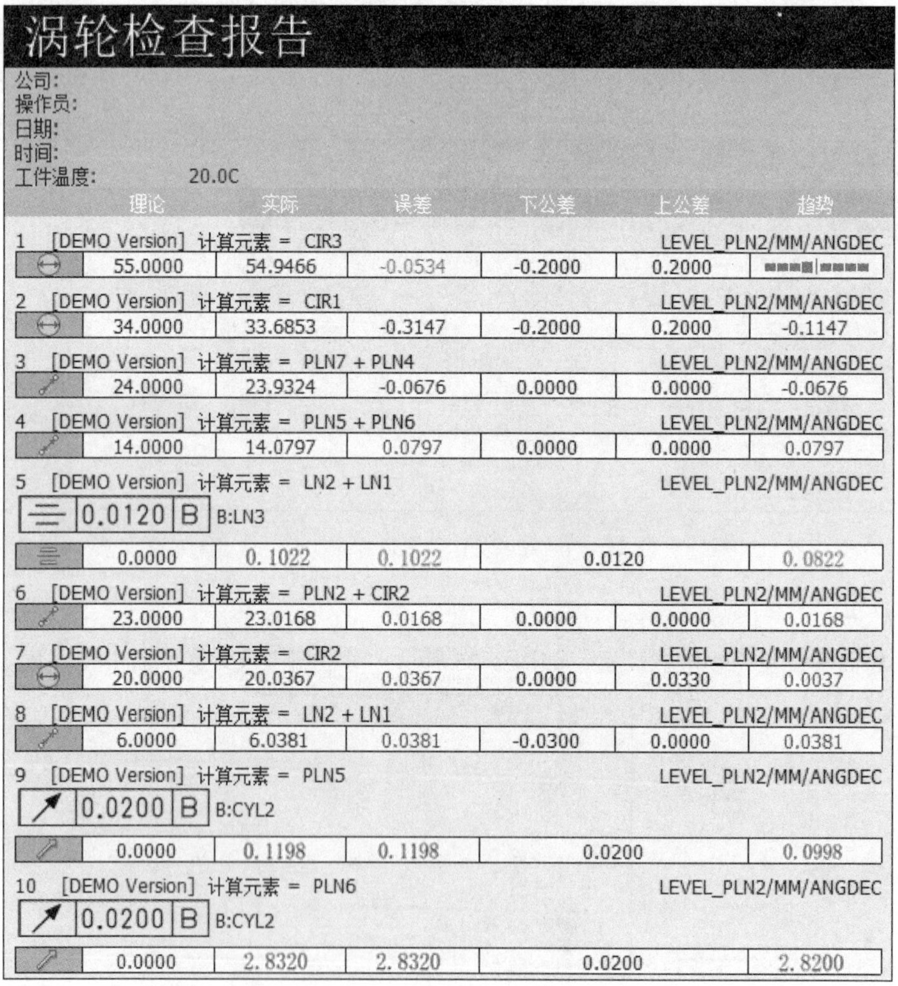

涡轮检查报告

公司:
操作员:
日期:
时间:
工件温度: 20.0C

	理论	实际	误差	下公差	上公差	趋势
1 [DEMO Version] 计算元素 = CIR3 LEVEL_PLN2/MM/ANGDEC						
	55.0000	54.9466	-0.0534	-0.2000	0.2000	
2 [DEMO Version] 计算元素 = CIR1 LEVEL_PLN2/MM/ANGDEC						
	34.0000	33.6853	-0.3147	-0.2000	0.2000	-0.1147
3 [DEMO Version] 计算元素 = PLN7 + PLN4 LEVEL_PLN2/MM/ANGDEC						
	24.0000	23.9324	-0.0676	0.0000	0.0000	-0.0676
4 [DEMO Version] 计算元素 = PLN5 + PLN6 LEVEL_PLN2/MM/ANGDEC						
	14.0000	14.0797	0.0797	0.0000	0.0000	0.0797
5 [DEMO Version] 计算元素 = LN2 + LN1 LEVEL_PLN2/MM/ANGDEC						
0.0120 B B:LN3						
	0.0000	0. 1022	0. 1022	0.0120		0. 0822
6 [DEMO Version] 计算元素 = PLN2 + CIR2 LEVEL_PLN2/MM/ANGDEC						
	23.0000	23.0168	0.0168	0.0000	0.0000	0.0168
7 [DEMO Version] 计算元素 = CIR2 LEVEL_PLN2/MM/ANGDEC						
	20.0000	20.0367	0.0367	0.0000	0.0330	0.0037
8 [DEMO Version] 计算元素 = LN2 + LN1 LEVEL_PLN2/MM/ANGDEC						
	6.0000	6.0381	0.0381	-0.0300	0.0000	0.0381
9 [DEMO Version] 计算元素 = PLN5 LEVEL_PLN2/MM/ANGDEC						
0.0200 B B:CYL2						
	0.0000	0. 1198	0. 1198	0.0200		0. 0998
10 [DEMO Version] 计算元素 = PLN6 LEVEL_PLN2/MM/ANGDEC						
0.0200 B B:CYL2						
	0.0000	2. 8320	2. 8320	0.0200		2. 8200

图 4-27 蜗轮检测报告

任务 4.3　蜗轮的三维数字化检测

1. 扫描前准备工作

1）清洁蜗轮表面

使用无尘布、毛刷等工具将蜗轮表面清理干净，达到基本无尘。

2）粘贴标记点

根据蜗轮的大小与表面特征，选择直径为 3 mm 的标记点。用镊子将 3 mm 的标记点粘贴在蜗轮的过渡面上，确保过渡面有 4 个及以上标记点。蜗轮正反面标记点粘贴如图 4-28 所示。

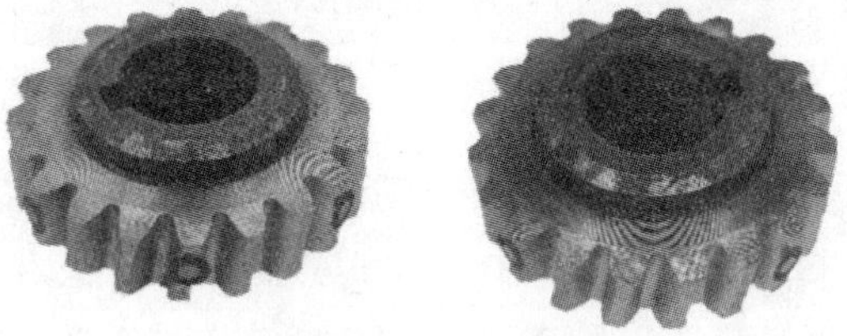

图 4-28　粘贴标记点

3）工件摆放

将粘贴好标记点的蜗轮放置在手动转盘（可简化扫描时操作）中央区域，如图 4-29 所示。

图 4-29　蜗轮放置在转盘上

4）手持式激光三维扫描仪快速标定

将手持式激光三维扫描仪连接后，需进行设备预热（连接完成后放置不动即可），预热时间为 5 ~ 10 min，确保使用前后扫描仪内部温差变化小，减小对精度影响。使用设备配套标定板，对设备进行快速标定，标定时使标定板外部文字方向正对使用者，如图 4-30 所示。

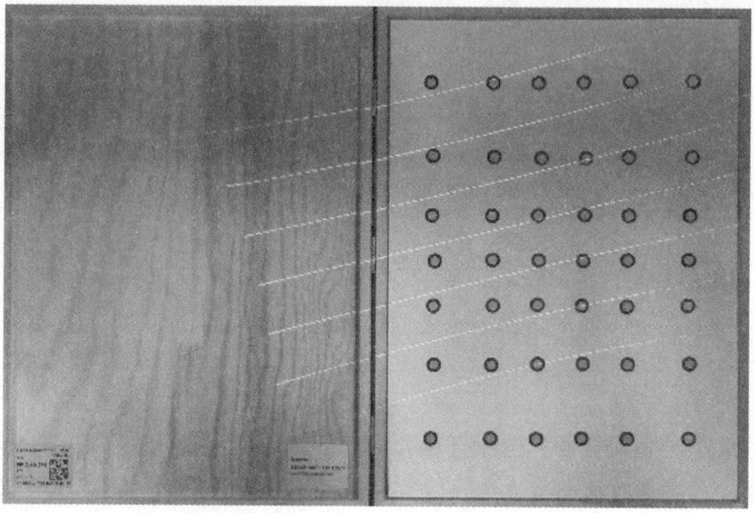

图 4-30 手持式激光三维扫描仪快速标定

2. 扫描步骤分析

根据蜗轮三维数据采集要求及工件特点，现将蜗轮扫描分为正反面两次扫描，每次扫描步骤为：扫描参数设置→扫描标记点→设置标记点背景→扫描采集蜗轮数据。两次数据采集完成后在 Scan Viewer 软件上通过标记点拼接整合为完整蜗轮数据并做数据处理，最后导出数据文件。

微课：蜗轮的三维数字化扫描

1）扫描参数设置

打开 Scan Viewer 软件，在扫描控制面板上将“解析度设置”设置为 0.4 mm，“激光曝光参数”设置为 2 ms，“扫描设置”下点开“高级参数设置”，“标记点设置”下的“标记点直径设置”将“3 mm”勾选并单击“应用”，如图 4-31 所示。

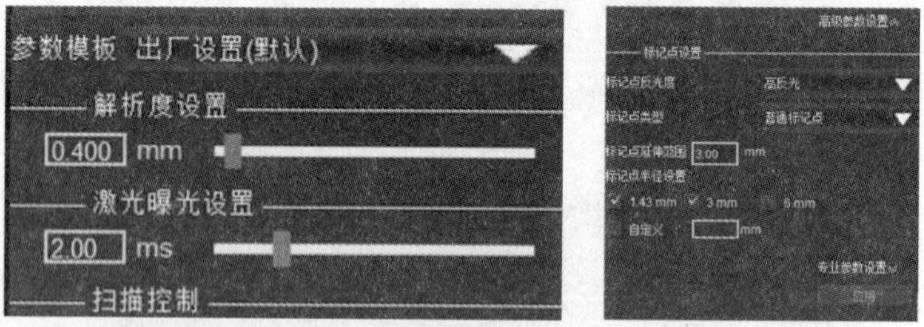

图 4-31 扫描参数设置

2）扫描标记点

软件上“扫描控制”面板下选择“标记点”，单击“开始”，如图 4-32 所示。使用转盘，零件放置在转盘上，将扫描仪正对蜗轮，在扫描仪距离被扫物体表面 30 cm 处按下扫描仪上的激光开关键，开始扫描标记点，扫描时从多个角度识别标记点。图 4-33 所示为扫描标记点时的场景。

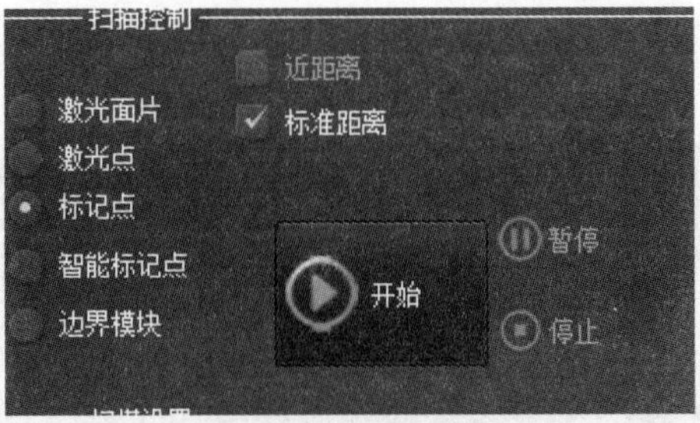

图 4-32　扫描控制面板

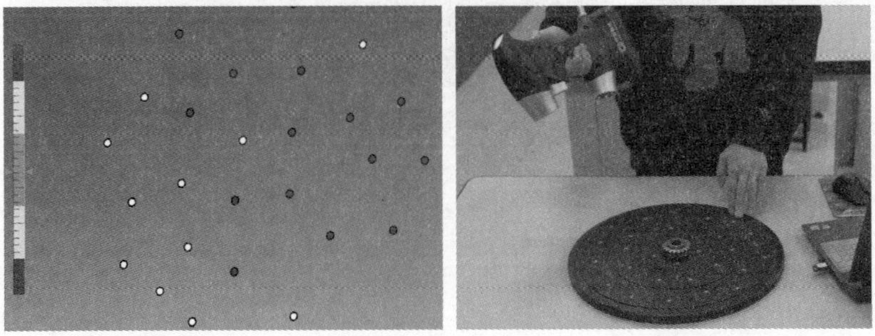

图 4-33　扫描标记点

3）设置标记点背景

标记点扫描完毕后，按下扫描仪上的激光开关键关闭光源，单击 Scan Viewer 扫描软件中的“停止”按钮，如图 4-34 所示。停止标记点扫描后，优先使用“标记点优化”命令，如图 4-35 所示。

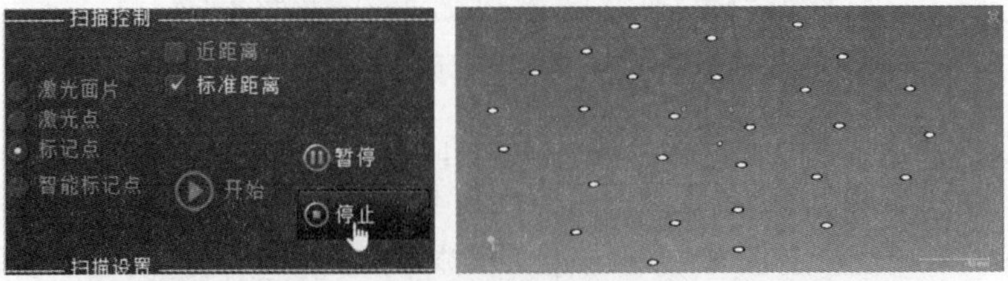

图 4-34　停止标记点扫描

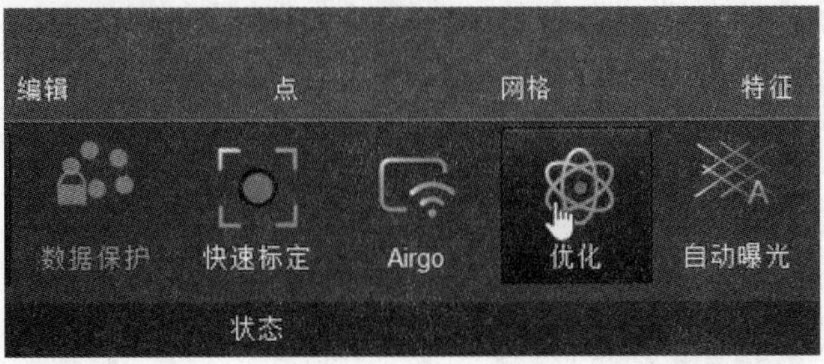

图 4-35　标记点优化

旋转软件视图，选中 4 个及以上底平面（转盘）上标记点，被选择的标记点将以紫红色显示，选择“背景标记点”下的“设置”，“背景标记点”命令对话框下单击“确定”，完成背景设置，如图 4-36 所示。背景设置完成后，后续扫描时软件不会记录任何低于此平面以及该平面的数据。

图 4-36 设置背景标记点

4）扫描采集蜗轮数据

在“扫描控制”面板中选择“激光面片”，然后单击“开始”，如图 4-37 所示，进入多条激光（红色）模式。

图 4-37 切换激光面片扫描

将扫描仪正对蜗轮，在扫描仪距离被扫物体表面 30 cm 处按下扫描仪上的激光开关键，开始扫描蜗轮数据，如图 4-38 所示。在扫描过程中可以按下扫描仪上的视窗放大键，Scan Viewer 扫描软件视图会相应的放大，便于观察细节，扫描过程中可以平缓转动转盘，辅助扫描。当遇到深槽等不易扫描的部位时，双击扫描仪上的扫描开关键，切换到单条激光线模式，扫描时注意扫描仪的角度及距离。

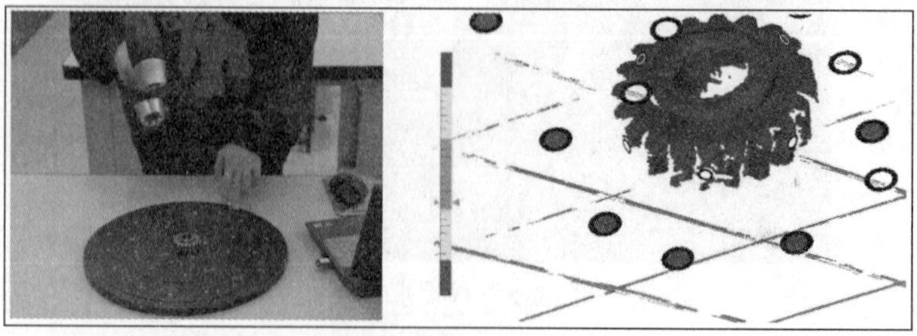

图 4-38 扫描采集蜗轮数据

数据采集完整后，关闭扫描仪激光线。Scan Viewer 软件上单击“停止”，检查此面数据是否扫描采集完整，若还有缺失，可在未改变蜗轮与转盘位置情况下再次进行扫描，采集未扫描完整的数据。

5）扫描采集蜗轮背面数据

在 Scan Viewer 软件左上角“快速菜单栏”选择“新增”命令增加一个扫描对象，如图 4-39 所示最右侧图标。

“新增”在不影响原有的扫描对象数据情况下新增加一个扫描对象，所有扫描对象可在“扫描控制面板”下的“数据”中查看。扫描时出现 “当前扫描对象并非上一次扫描对象，若继续扫描则会清除之前所有临时数据，是否继续？”提示框，单击“是”。

图 4-39　新增扫描对象

在新的扫描对象窗口下，将蜗轮壳体翻面放置，如图 4-40 所示摆放。按（1）~（4）的步骤将此面数据扫描采集完整，数据采集效果如图 4-41 所示。两组数据需要拼接的情况下，需保证“解析度”设置一致，两组数据均有过渡面上的共同标记点和激光点数据。

图 4-40　第二次摆放

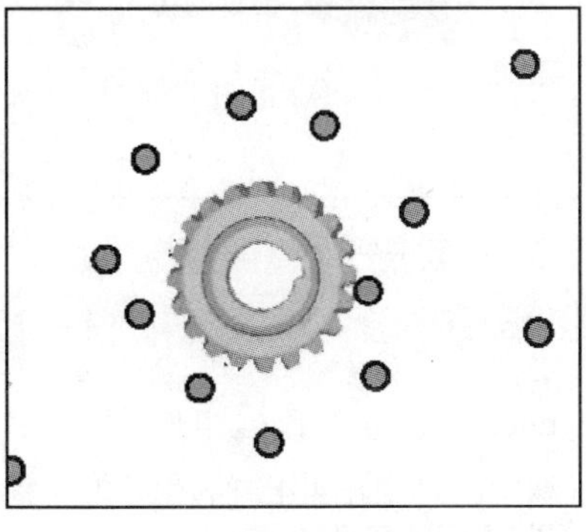

图 4-41　蜗轮背面数据采集

3. 数据处理并导出文件

1）标记点拼接

在“扫描控制面板”下的“数据”中将“新项目 1”右键设置为 Reference（参考）数据，“新项目 2”右键设置为 Test（测试）数据，如图 4-42、图 4-43 所示。

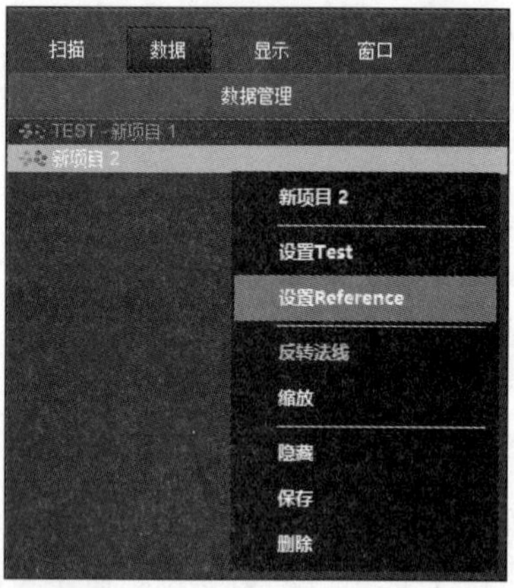

图 4-42 设置 Reference（参考）

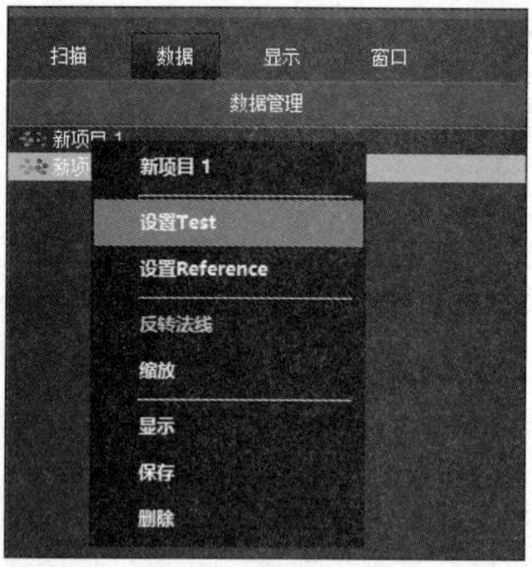

图 4-43 设置 Test（测试）

在“点工具条”下“注册区域”，选择“标记点拼接”，在 Test（测试）数据（视窗左下角视图）中选择两组对象共有标记点，命令框勾选“合并”，先后单击“应用”“确定”，完成标记点拼接，如图 4-44 所示。

图 4-44 标记点拼接

2）数据处理

拼接完成后的数据在 Reference（参考）数据组中查看，在“点工具条”下“激光点区域”，选择“非连接项”，单击“确定”，如图 4-45 所示。非连接项选择完成后，单击软件上的删除键或电脑键盘的【Delete】键将数据删除。

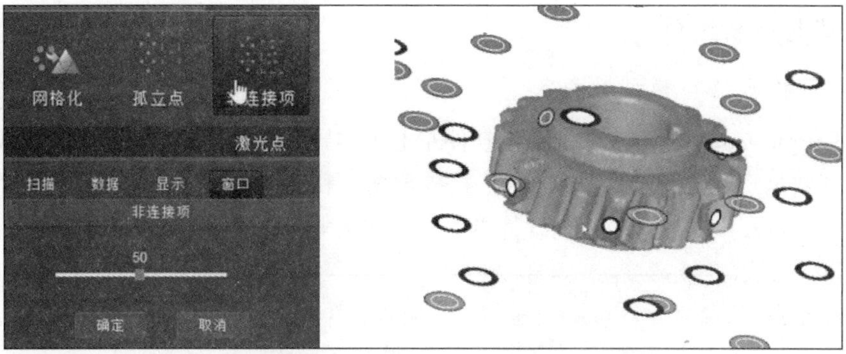

图 4-45 非连接项

3）数据网格化

选择“点工具条”下“激光点区域”，单击“网格化”，进行网格化参数设置，参数默认，单击“确定”完成网格化处理，如图 4-46 所示。

图 4-46 网格化

4）保存数据

在“扫描控制面板”下的“数据”中选中需保存的网格对象，单击“快速菜单栏”中的“保存”，选择“网格文件”，在弹出的“另存为”对话框中输入文件名，单击“保存”，如图 4-47 所示。

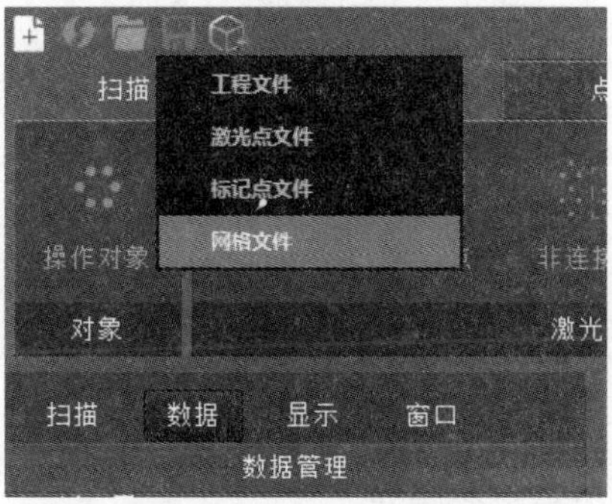

图 4–47 保存网格文件

4. 蜗轮数据分析比对

微课：蜗轮的三维数字化检测

1）导入网格数据与模型数据

打开 Gemogic Control X 软件，单击软件左上角“导入”命令，在导入管理器中找到数据所在文件夹，将“蜗轮-扫描数据”和“蜗轮-CAD 模型”选中，选择“仅导入”将数据输入至软件界面中，如图 4-48 所示。

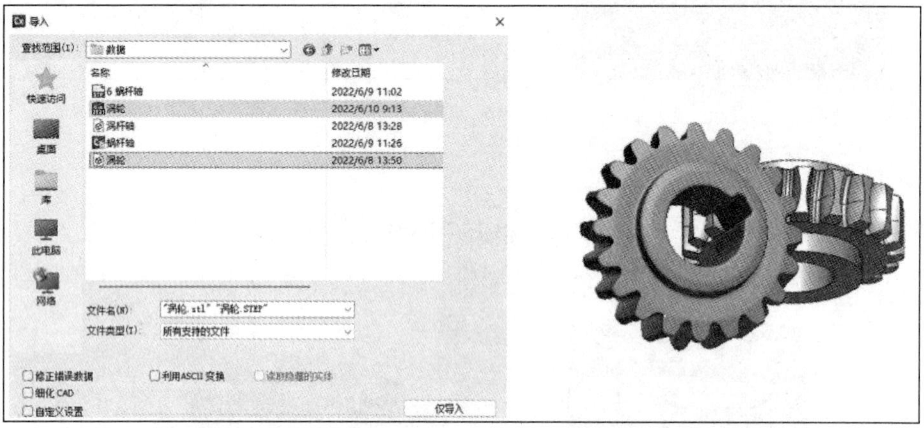

图 4-48 导入数据

2）数据对齐

单击“初始对齐”命令，在命令对话框中选择“快”，如图 4-49 所示；单击“√”使测试数据与参考数据完成初始对齐，效果如图 4-50 所示。

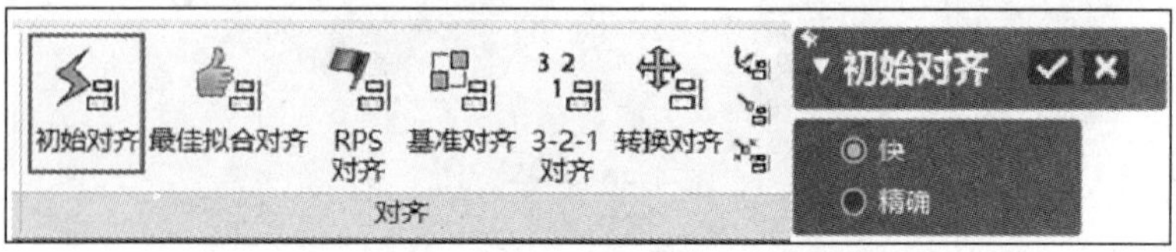

图 4-49 初始对齐命令

图 4-50 初始对齐效果

完成初始对齐后，单击“基准对齐”命令，基准对 1 选择圆柱面，基准对 2 选择平面，如图 4-51 所示；单击“√”使测试数据与参考数据完成基准对齐，如图 4-52 所示。

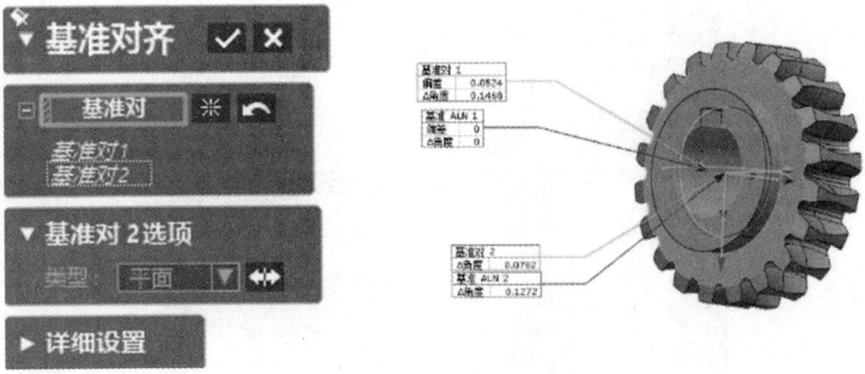

图 4-51 基准对齐命令对话框

图 4-52 基准对齐效果

3）3D 比较分析

单击“3D 比较”命令，弹出如图 4-53 所示“3D 比较”对话框，选择默认参数，单击➡进入下一步操作。

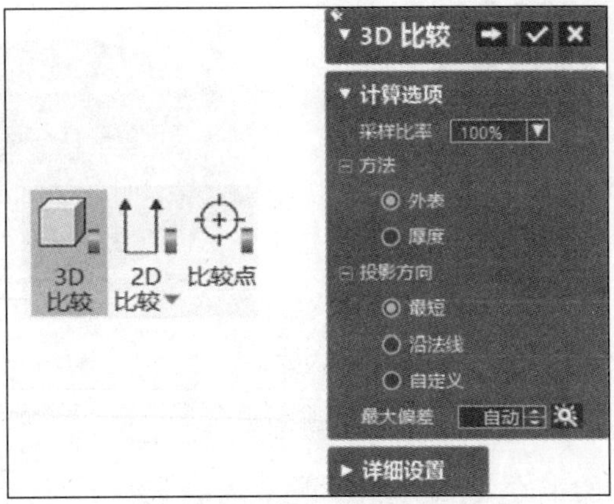

图 4-53 3D 比较命令

进入下一步操作后，测量数据将自动隐藏，因此可以清楚地看见色图。在“显示选项”选择“色图”，“最大范围”设置为“1”并回车或左键单击以确定，“最小范围”随“最大范围”自动变化，“颜色面板选项”下勾选“使用指定公差”，设置为 ± 0.1 mm，如图 4-54 所示，单击“√”完成 3D 比较操作。

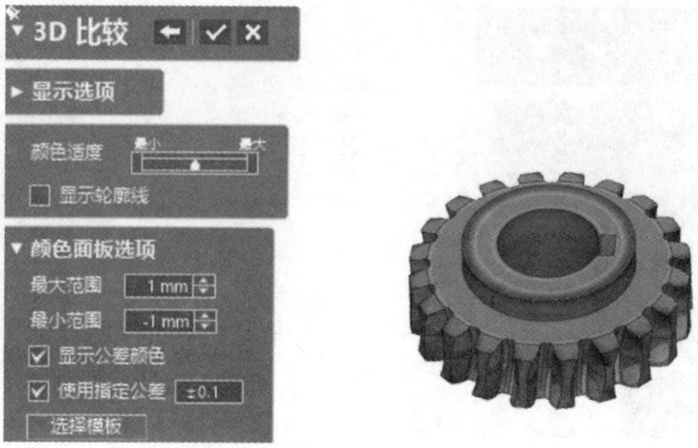

图 4-54 3D 比较参数设置

4）比较点分析

单击“比较点”命令，将鼠标移动至颜色偏差比较深的地方，单击一下鼠标左键创建和显示位置的偏差，单击“√”完成，如图 4-55 所示。

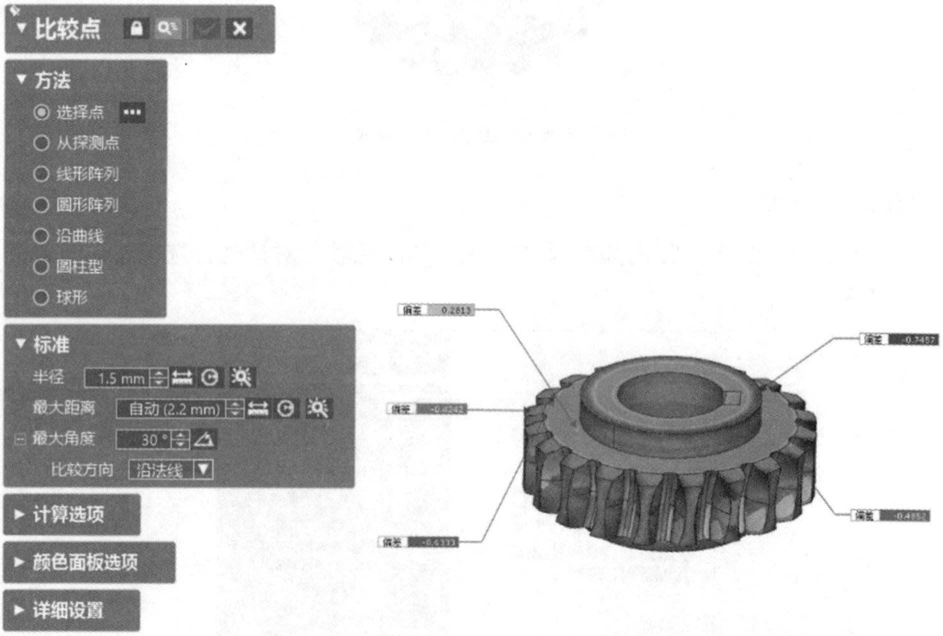

图 4-55 比较点命令

选择“捕捉”，手动调整标签布局，如图 4-56 所示。

图 4-56 自动排列

软件左侧选中“CMP1”，比较点显示的视角不是满足需求的视角，将视图调整后，单击左下角“更新视点”图标（重新分配视点），如图 4-57 所示。

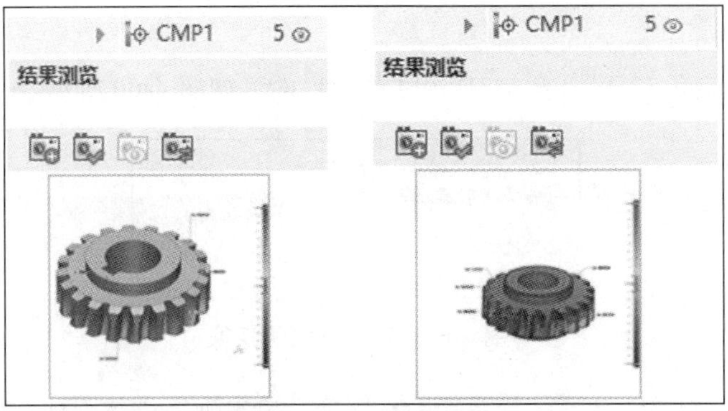

图 4-57　更新视点

5）2D 比较分析

单击“2D 比较”命令，弹出“2D 比较”对话框，在“设置截面平面”中选择“偏移”选项，“基准平面”选择“X”，在偏移距离输入框中输入 “0 mm” 来设置所选面的偏移距离，再单击➡进入下一步操作，如图 4-58 所示。

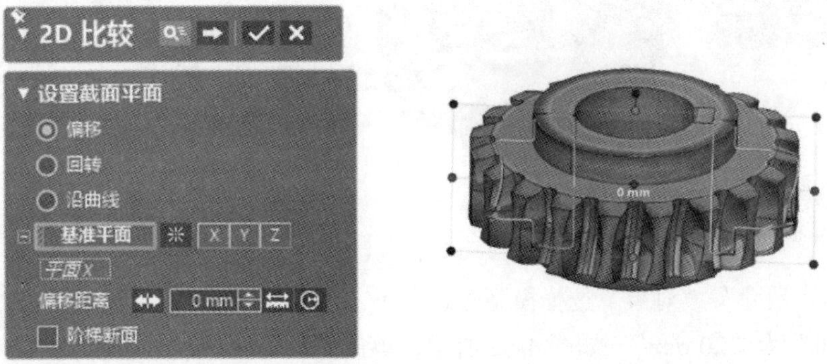

图 4-58　YZ 面比较参数

显示“截面图”后，可通过（逆时针旋转视图 90°）和（顺时针旋转视图 90°）来调整视图。“偏差标签”下选择“手动”选项，点选断面上若干点，来分析特定位置的偏差值。每个点位置和偏差的注释将会显示（黑色线条无数据），单击“√”完成，如图 4-59 所示。

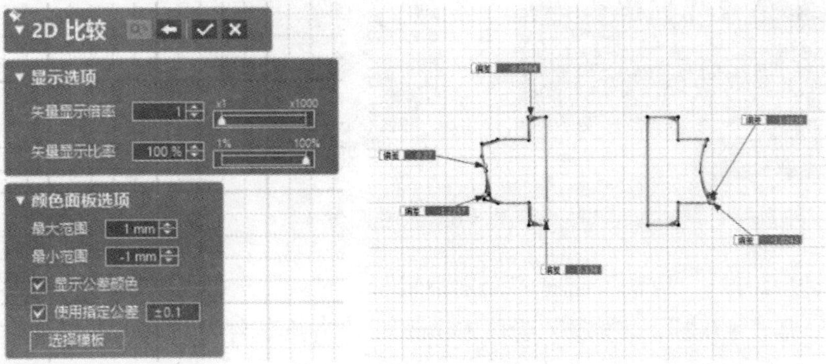

图 4-59　2D 比较

6）3D 尺寸测量

尺寸菜单栏下选择“3D”，进入 3D 尺寸测量界面，如图 4-60 所示。

图 4-60 3D 尺寸测量切换

单击“圆柱”，“要素”选择扫描数据圆柱部分，单击确定创建圆柱，如图 4-61 所示。

在模型管理器下，右键“圆柱 1”，选择“创建和组合参考几何形状”，如图 4-62 所示。

图 4-61 创建测试圆柱

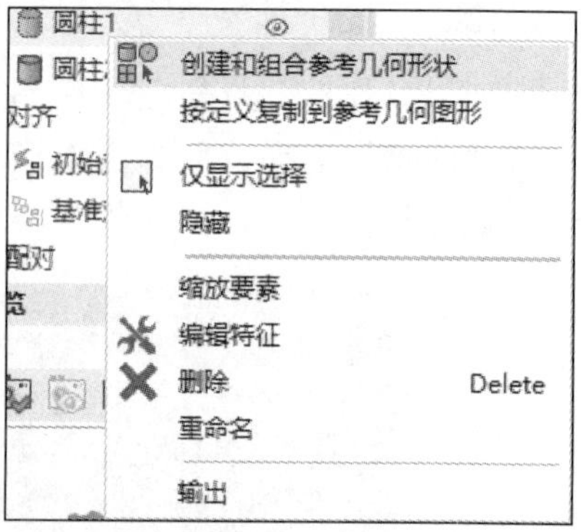

图 4-62 配对元素

单击“半径尺寸”，“对象”选择模型管理器下“圆柱 2-圆柱 1”，设置“公差”为“－0～0.033”，“参照”为“20 mm”，如图 4-63 所示，单击“√”完成尺寸测量 1。

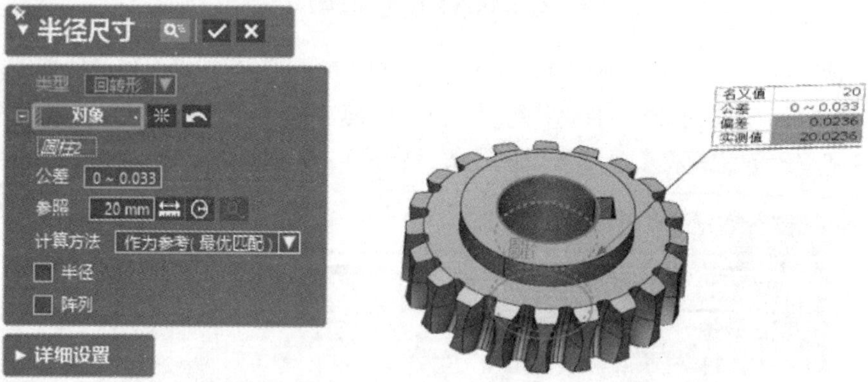

图 4-63 尺寸测量 1

单击“长度尺寸”，“方法”选择“个别指定”，“对象”选择尺寸 2 所处平面和圆柱面后，设置“公差”为“±0.2”，“参照”为“23 mm”，“圆弧条件”选择“最大”，如图 4-64 所示，单击“√”完成尺寸测量 2。

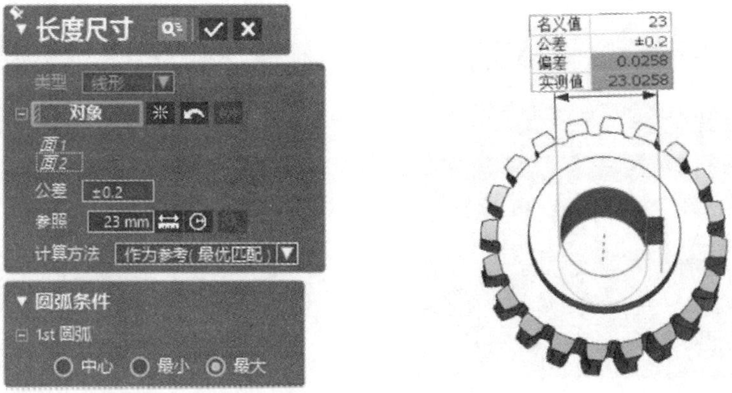

图 4-64　尺寸测量 2

单击“长度尺寸”，“方法”选择“个别指定”，“对象”选择尺寸 3 所处的键槽两平面后，设置“公差”为“－0.03 ~ 0”，“参照”为“6 mm”，如图 4-65 所示，单击“√”完成尺寸测量 3。

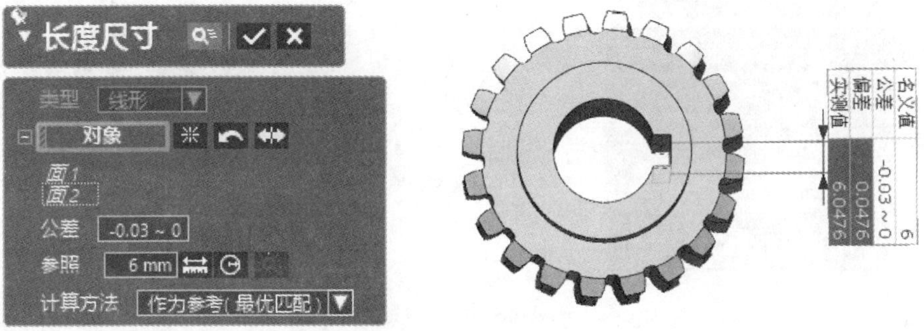

图 4-65　尺寸测量 3

单击“平面”，使用和创建圆柱 1 相同的方法分别创建尺寸 4 所在的两测试平面，如图 4-66 所示。

图 4-66　提取测试平面

在模型管理器下，分别右键“平面 2”“平面 3”，选择“创建和组合参考几何形状”。单击“长度尺寸”，“方法”选择“个别指定”，“对象”选择两平面后，设置“公差”为“±0.2”，“参照”为“24 mm”，如图 4-67 所示，单击“√”完成尺寸测量 4。

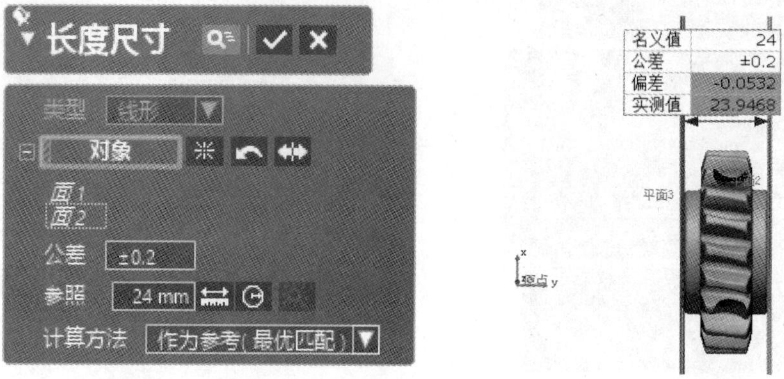

图 4-67 尺寸测量 4

单击“半径尺寸”，“对象”按住【Shift】键选择尺寸 5 所处的两圆柱面后，设置“公差”为“± 0.3”，“参照”为“34 mm”，如图 4-68 所示，单击“√”完成尺寸测量 5。

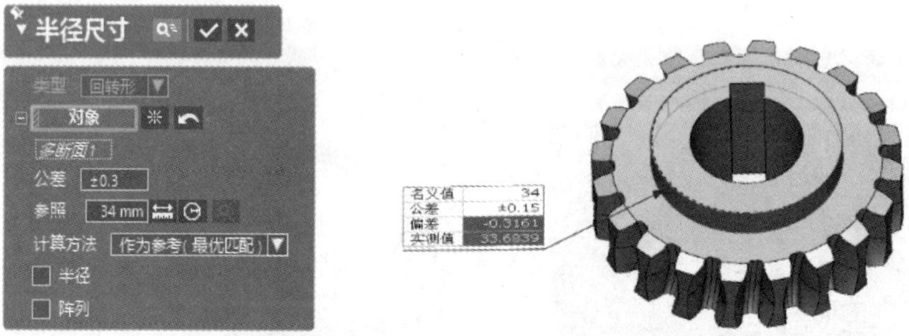

图 4-68 尺寸测量 5

单击“圆柱”，使用和创建圆柱 1 相同的方法创建尺寸 6 所在的测试圆柱面，如图 4-69 所示。

图 4-69 提取测试平面

在模型管理器下，右键“圆柱 3”，选择“创建和组合参考几何形状”。单击“半径尺寸”，“对象”选择“圆柱 4-圆柱 3”后，设置“公差”为“± 0.3”，“参照”为“55 mm”，如图 4-70 所示，单击“√”完成尺寸测量 6。

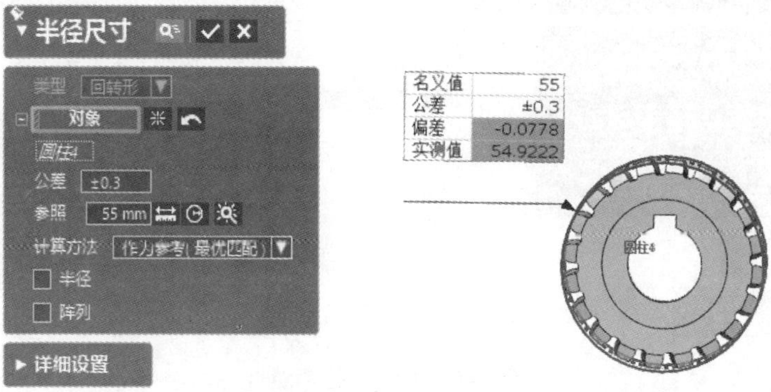

图 4-70　尺寸测量 6

单击“长度尺寸”，“方法”选择“个别指定”，“对象”选择尺寸 7 所处的两平面后，设置“公差”为“± 0.2”，“参照”为“14 mm”，如图 4-71 所示，单击“√”完成尺寸测量 7。

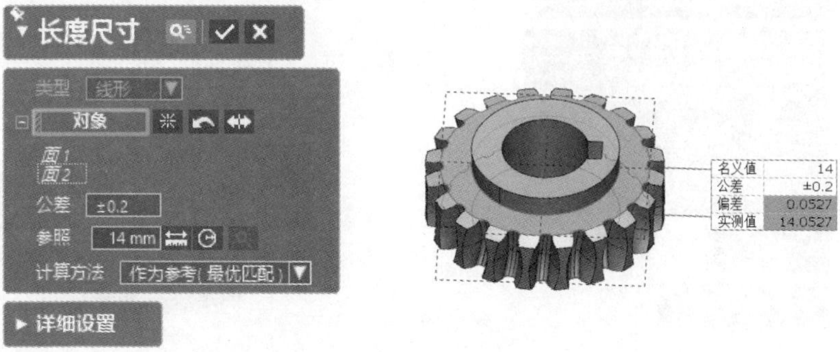

图 4-71　尺寸测量 7

单击“基准”，“对象”选择基准所处圆柱面，如图 4-72 所示，单击“√”完成基准 A 创建。

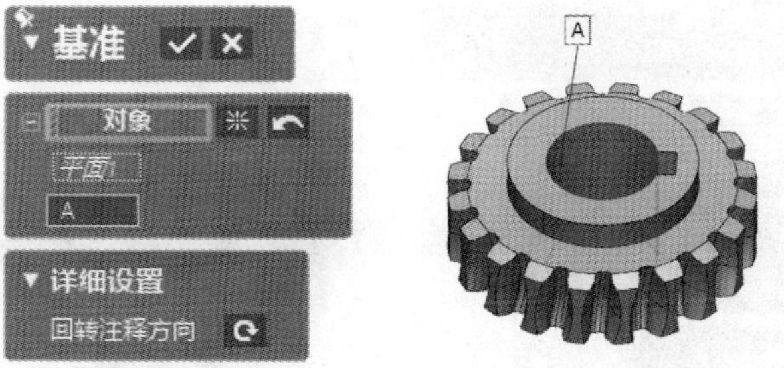

图 4-72　基准 A 创建

单击“跳动度”，“对象”选择形位公差 8 所处面，设置“公差”为“0.02 mm”，“基准”选择“A”，如图 4-73 所示，单击“√”完成形位公差测量 8。

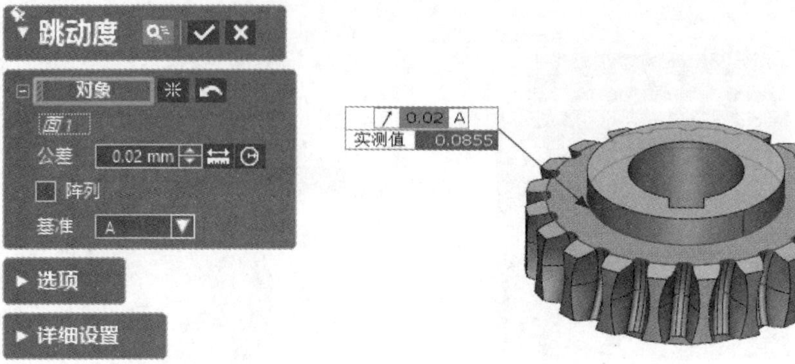

图 4-73 形位公差测量 8

单击“跳动度”，“对象”选择形位公差 9 所处面，设置“公差”为“0.02 mm”，“基准”选择“A”，如图 4-74 所示，单击“√”完成形位公差测量 9。

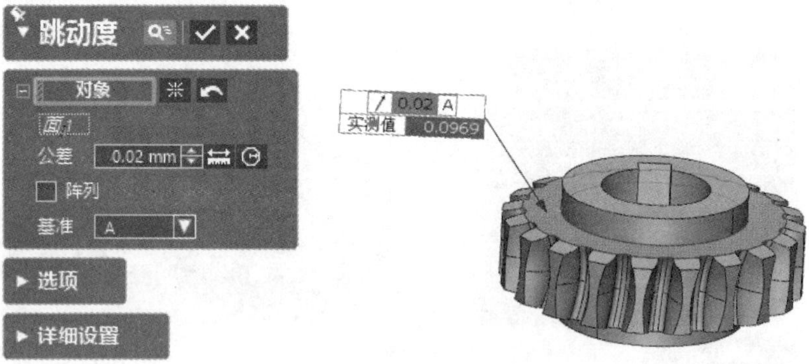

图 4-74 形位公差测量 9

单击“平面”命令，“方法”选择“平均”，“要素”选择键槽两侧平面，如图 4-75 所示，单击“√”完成平面创建。

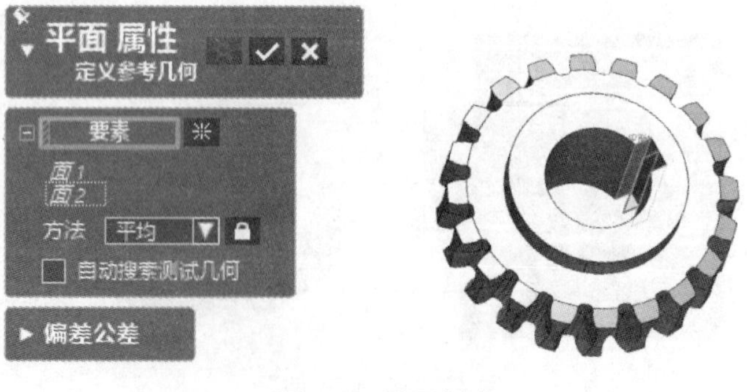

图 4-75 平面创建

单击“基准”，“对象”选择平面 1，“文字框”输入“AA”，如图 4-76 所示，单击“√”完成基准 AA 创建。

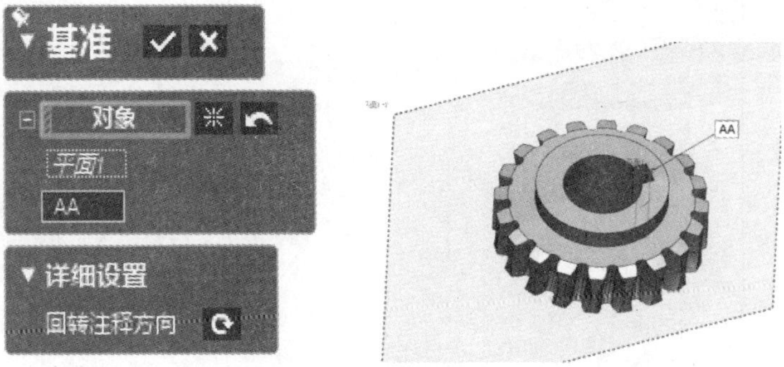

图 4-76 基准 AA 创建

单击“对称度”，“对象”选择形位公差 10 所处两张面，设置“公差”为“0.012 mm”，“基准”选择“AA”，如图 4-77 所示，单击“√”完成形位公差测量 10。

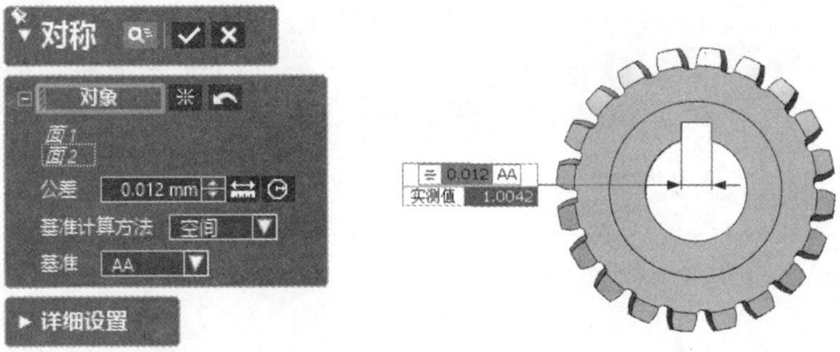

图 4-77 形位公差测量 10

7）报告生成与导出

单击“生成报告”功能，弹出“创建报告”对话框，单击“生成”，自动生成之前所操作的检测数据报告，如图 4-78 所示。

图 4-78 生成报告

确认添加在激活结果数据中的特征都在“所选实体”列表中列出，单击“生成”，如图 4-79 所示。

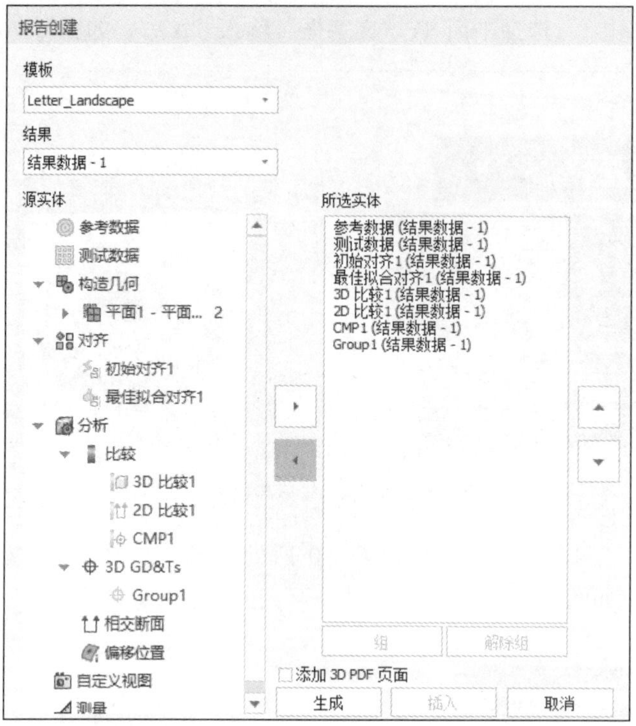

图 4-79 生成报告

生成报告并导出，部分内容如图 4-80、4-81 和 4-82 所示。

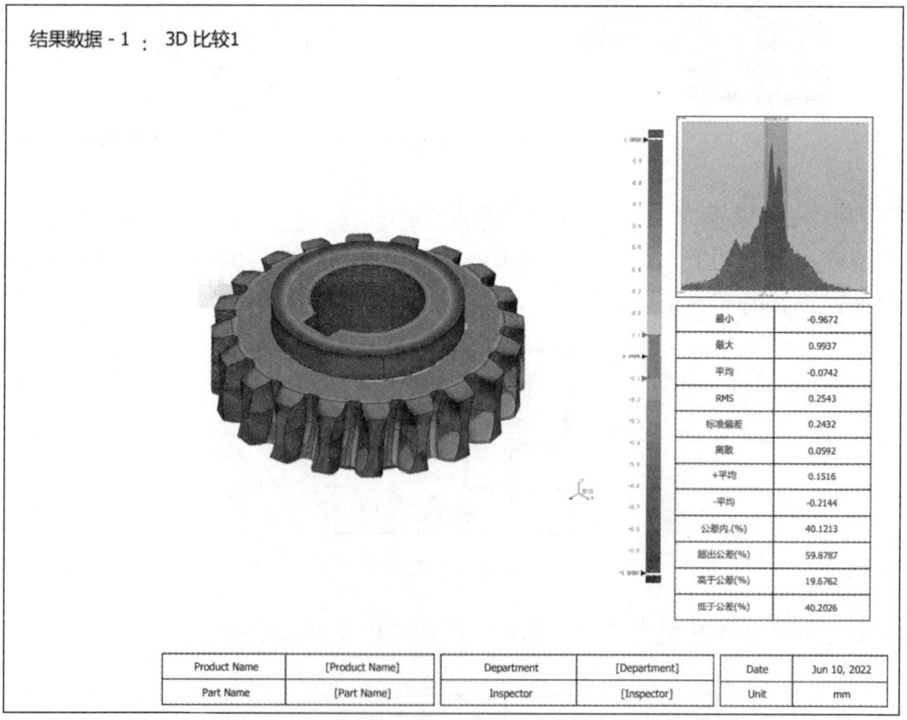

图 4-80 色谱图报告

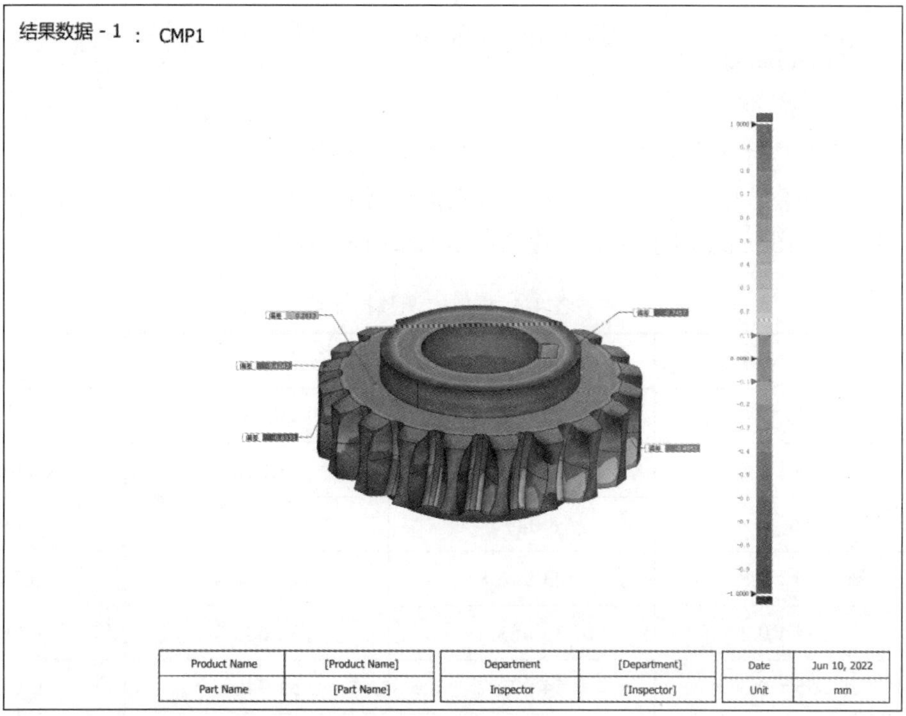

图 4-81 比较点报告

名称	结果名称	公差	偏差	名义值	实测值
1	结果数据 - 1	0 ~ 0.033	0.0236	20	20.0236
2	结果数据 - 1	±0.2	0.0258	23	23.0258
3	结果数据 - 1	-0.03 ~ 0	0.0476	6	6.0476
4	结果数据 - 1	±0.2	-0.0532	24	23.9468
5	结果数据 - 1	±0.15	-0.3161	34	33.6839
6	结果数据 - 1	±0.3	-0.0778	55	54.9222
7	结果数据 - 1	±0.2	0.0505	14	14.0505

名称	结果名称	公差	实测值	公差补偿
8	结果数据 - 1	0.02	0.0855	0
9	结果数据 - 1	0.02	0.0969	0
10	结果数据 - 1	0.1	1.0042	0

Product Name	[Product Name]	Department	[Department]	Date	Jun 20, 2022
Part Name	[Part Name]	Inspector	[Inspector]	Unit	mm

图 4-82 尺寸检测报告

任务 4.4 基于不同检测方法的检测报告分析

本次检测主要是对蜗轮的尺寸公差和形位公差进行的检测，并进行比对。

将蜗轮的几何公差用手持式激光三维扫描仪进行测量，其结果与三坐标测量机检测数据进行比对，同时也与图纸数据进行对比，检测数据汇总如表 4-4 所示。

表 4-4 蜗轮检测数据比对 单位：mm

编号	公称尺寸	扫描仪实测值	三坐标实测值	两者之差
1	$\varphi 20_{0}^{+0.033}$	20.023 6	20.0367	−0.0131
2	$L23 \pm 0.2$	23.025 5	23.016 8	0.008 7
3	$L6_{-0.03}^{0}$	6.047 6	6.038 1	0.009 5
4	$L24 \pm 0.2$	23.946 8	23.932 4	0.014 4
5	$\phi 34 \pm 0.3$	33.683 9	33.685 3	−0.001 4
6	$\phi 55 \pm 0.3$	54.922 2	54.946 6	−0.024 4
7	$L14 \pm 0.2$	14.050 5	14.079 7	−0.029 2
8	$h0.02$	0.085 5	0.102 2	−0.016 7
9	$h0.02$	0.096 9	0.119 8	−0.022 9
10	$i0.012$	2.819	2.832 0	−0.013 0

由表 4-4 数据可知，用手持式激光三维扫描仪采集的蜗轮检测数据与三坐标测量机获得的检测报告相比，差值在 0.03 mm 以内，手持式激光三维扫描仪的精度能满足大部分工业产品的检测需要，由此可见，用手持式激光三维扫描仪测量圆跳动等用传统方式难以精确测量数值时，检测效率高，且获得精确的检测数据。此外，对于不合格产品的改进能提供一定的改进依据和方向，这对保证产品的质量，缩短产品的设计与制造周期，具有较大的作用，同时能减轻检测人员的工作强度。

项目5

箱体的检测

学习目标

1. 知识目标

（1）了解三坐标测量机的脱机检测流程。
（2）理解常见 DMIS 语句含义。
（3）理解表面粗糙度的相关符号含义。

2. 技能目标

（1）掌握三坐标测量机的脱机编程方法。
（2）掌握表面粗糙度测量仪的使用方法。
（3）能使用三坐标测量机和表面粗糙度测量仪搭配完成箱体检测。

3. 素养目标

（1）具有理解问题、分析问题、解决问题的能力。
（2）具有认真、细心的学习态度和精益求精的工匠精神。

考核要求

完成本项目学习内容，能熟练使用三坐标测量机对箱体进行编程检测，使用表面粗糙度测量仪对箱体进行表面粗糙度检测，并出具检测报告。

任务 5.1 箱体检测任务描述

某企业承接一批箱体加工订单，现已完成铣削加工，需送检测组进行终检，表 5-1 为需要检测的尺寸，图 5-1 和图 5-2 为箱体的零件图和图纸，按要求完成箱体检测，并提交检测报告。

表 5-1 箱体检测表　　单位：mm

序号	方位	尺寸类型	公称尺寸	上偏差	下偏差
1	A3	ϕ	35	0	−0.016
2	B2	L	39.5	+0.012	−0.012
3	A2	L	5	+0.1	−0.1
4	A2	ϕ	38	+0.3	−0.3
5	A5	L	54	+0.3	−0.3
6	B5	ϕ	68	0	−0.03
7	A6	b	0	ϕ0.04	
8	A6	c	0	0.02	
9	A4	c	0	0.02	
10	B3	c	0	0.02	
11	A3	c	0	0.015	
12	A1	c	0	0.02	
13	A1	√	*R*a3.2		
14	A3	√	*R*a3.2		
15	B4	√	*R*a1.6		
16	A6	√	*R*a1.6		

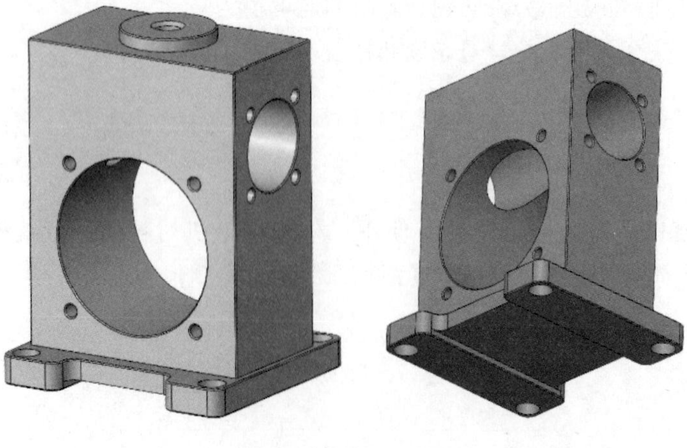

图 5-1 箱体零件图

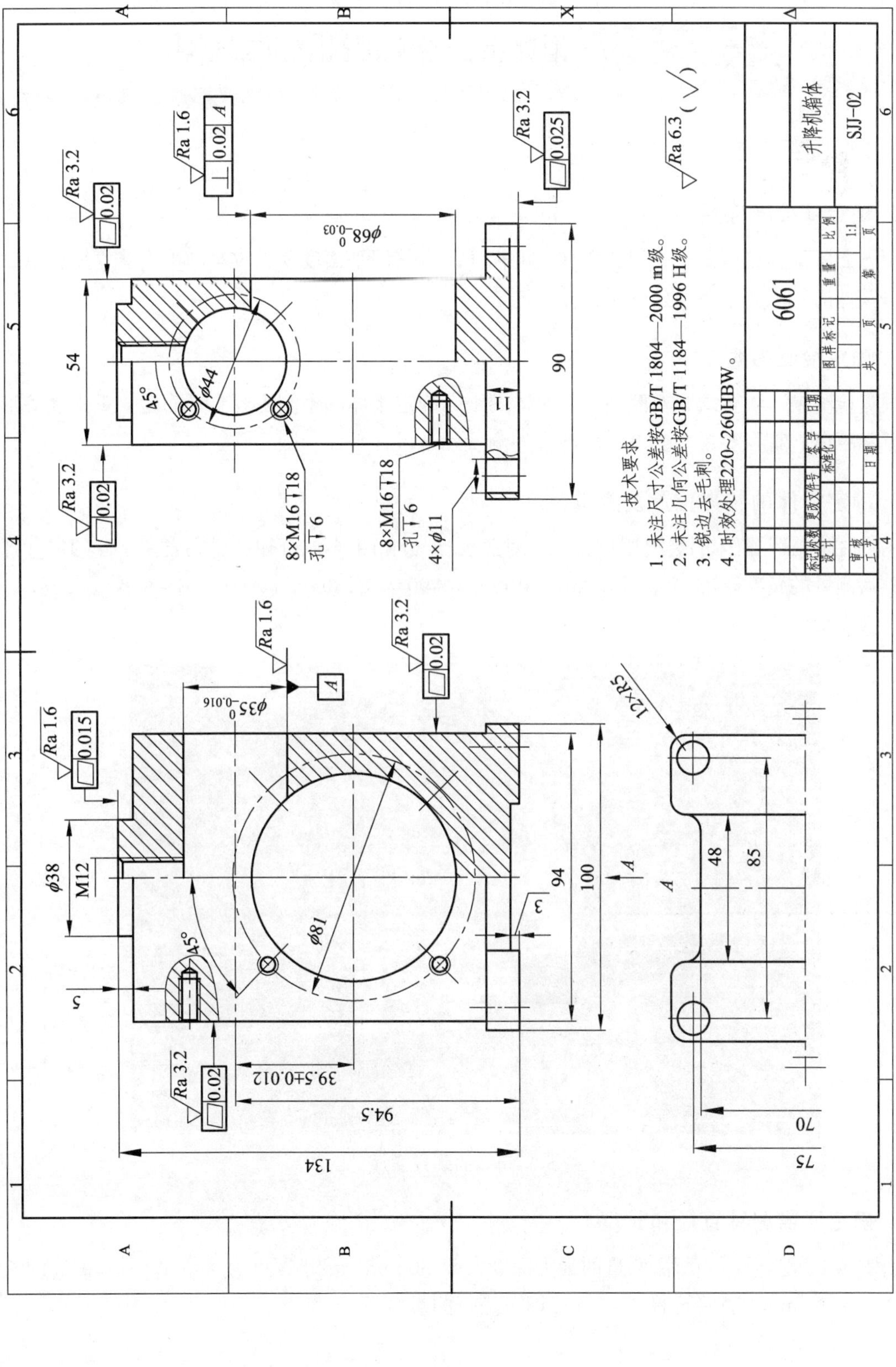
技术要求
1. 未注尺寸公差按GB/T 1804—2000 m级。
2. 未注几何公差按GB/T 1184—1996 H级。
3. 锐边去毛刺。
4. 时效处理220~260HBW。
6061
升降机箱体
SJJ-02
Ra 6.3
134
94.5
39.5±0.012
94
100
48
85
70
75
54
90
φ38
M12
φ81
φ44
45°
12×R5
8×M16↧18
孔↧6
4×φ11
Ra 1.6
Ra 3.2
0.015
0.02
0.025
A

图 5-2 箱体图纸

任务 5.2 箱体的三坐标脱机编程检测

5.2.1 图纸分析

1. 确定基准坐标系

图 5-2 所示为箱体图纸，根据图样上的标注，可使用平面度要求较高的平面建立坐标系，或通过零件的基准要素建立坐标系。

2. 确定检测内容

根据检测表 5-1 要求，对照图 5-2 箱体图纸，确定箱体的检测内容有平面度、垂直度等形位公差和距离、直径等尺寸公差，其涉及的测量元素包含平面、圆、圆柱。

3. 确定零件的装夹位置及测量角度

图 5-3 所示为箱体的装夹摆放方式，对照表 5-1 和图 5-2 可知，要完成该零件的尺寸评价，共需测量的角度有 5 个，即（A0°、B0°)，（A90°、B180°)，（A90°、B－90°)，（A90°、B90°)，（A90°、B0°)。

图 5-3 箱体的装夹摆放

4. 确定所需测针直径和长度

由图 5-1 可知，已知所需测量的最大深度大于 50 mm，最小厚度为 5 mm，所以测针的长度选择 30 ~ 40 mm，直径选择 2 ~ 3 mm 即可进行测量。

5.2.2 粗、精建坐标系

微课：箱体脱机编程–坐标系建立

1. 粗建坐标系

（1）打开软件，关闭驱动，使软件进入离线状态，如图 5-4 所示。

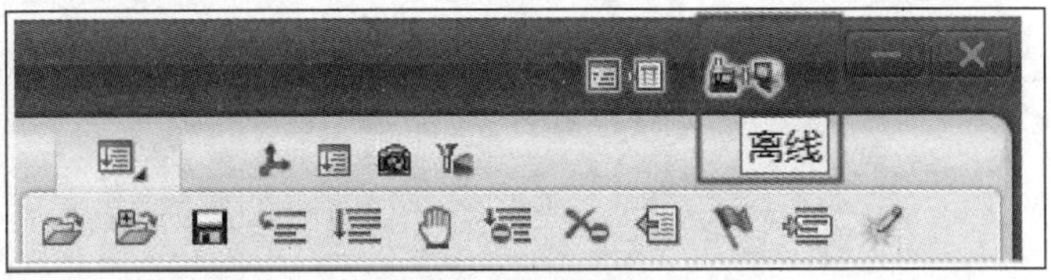

图 5-4 测量机离线

（2）激活测头，角度（A0°、B0°），导入箱体的 CAD 模型，打开自学习功能，选择数据程序区“命令方式”功能中的“模式/程序模式，手动模式”作为程序头参数。

（3）在零件上确定一个建立粗坐标的基准点，如图 5-5 所示，选择这个相交点作为基准点。由于该点为边界点，不能直接得出，需要进行构造获得。

图 5-5 粗坐标基点

（4）选择“测点选项”中的“CAD 线性图形定义”选取边缘线，将操作工具条切换到构造界面，选择“相交”功能，将 LIN1 和 LIN2 拖放至元素 1 与元素 2 窗口，此时结构元素显示当前构造点坐标系数值（该点的坐标数值就是该点与 CAD 数模的位置关系），记录当前基准点坐标数值即可，如图 5-6 所示。

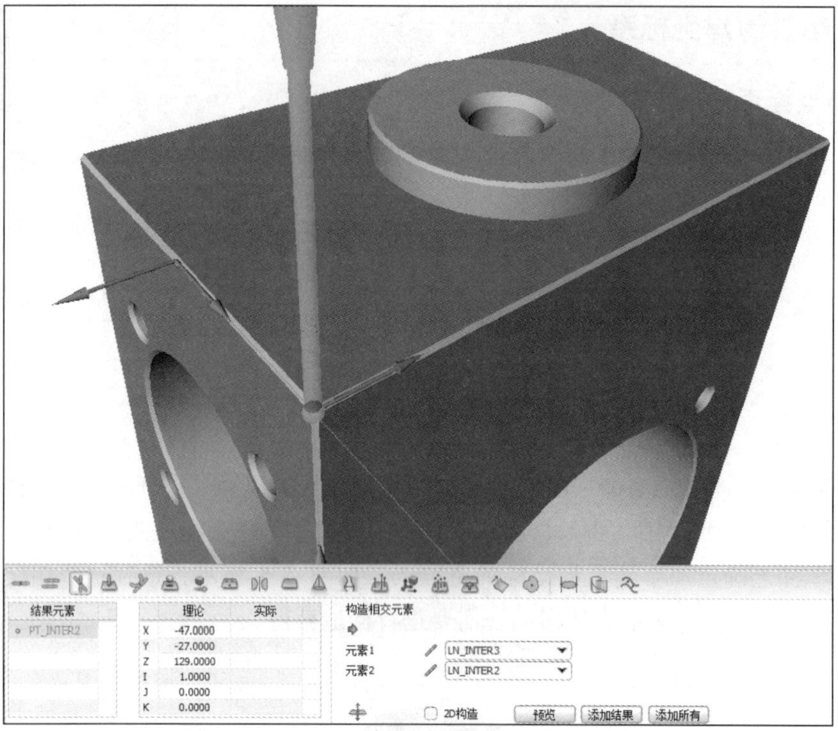

图 5-6 基准点坐标

（5）如图 5-7 所示，切换至操作功能元素区，选择点元素，在设置界面，将点元素的“最少点数”改为“0”，单击“缺省”和“接受”；回到统计图界面，单击“结束”，生成 PT1，PT1 为当前红宝石测针坐标值。

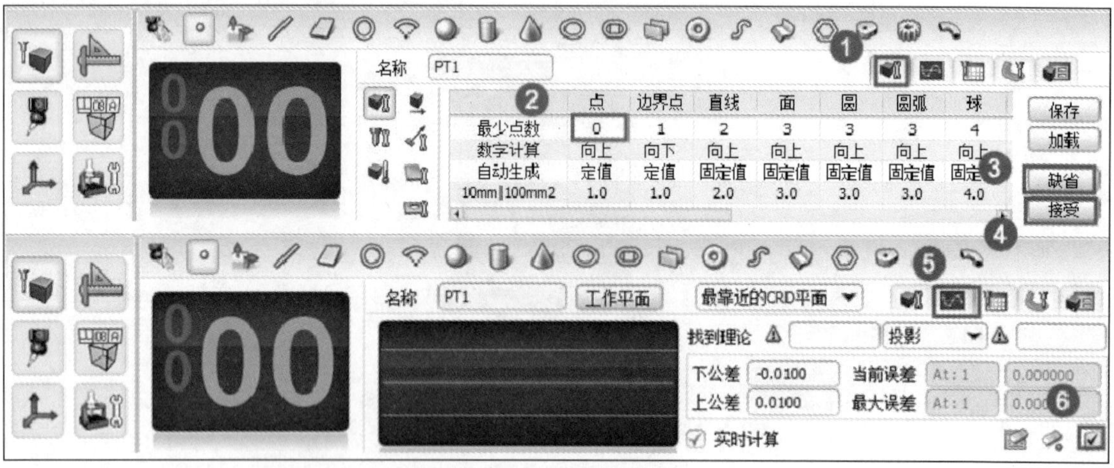

图 5-7 红宝石测针坐标值

（6）切换至操作功能坐标系区，选择“平移坐标系”，将 PT1 实际值拖放至窗口 *X* 轴、*Y* 轴、*Z* 轴位置处，单击“预览”，建立坐标系 CRD1，如图 5-8 所示。

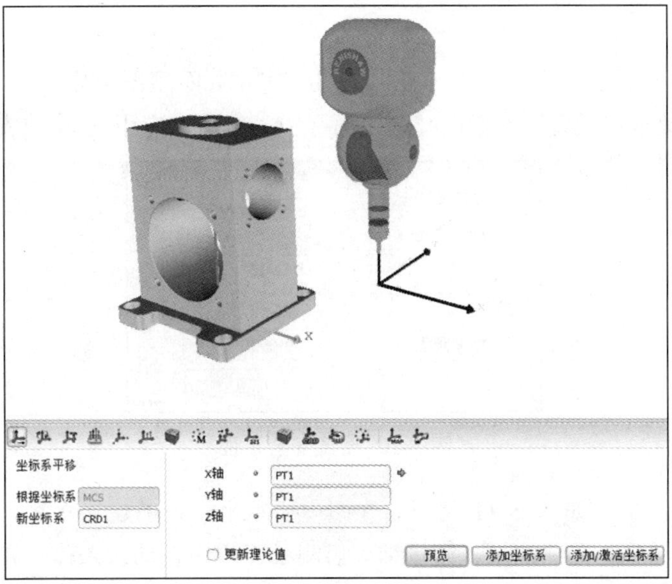

图 5-8 平移坐标系

（7）因新建的坐标系 CRD1 与 CAD 数模坐标系并不一致，故需要平移坐标系，将基准点与 CAD 数模的位置关系数值：[*X*：47，*Y*：27，*Z*：-130 + 1（红宝石球半径）]，输入至平移坐标系，如图 5-9 所示，将坐标系平移至 CAD 数模坐标系处，单击“预览”，“添加/激活坐标系”。

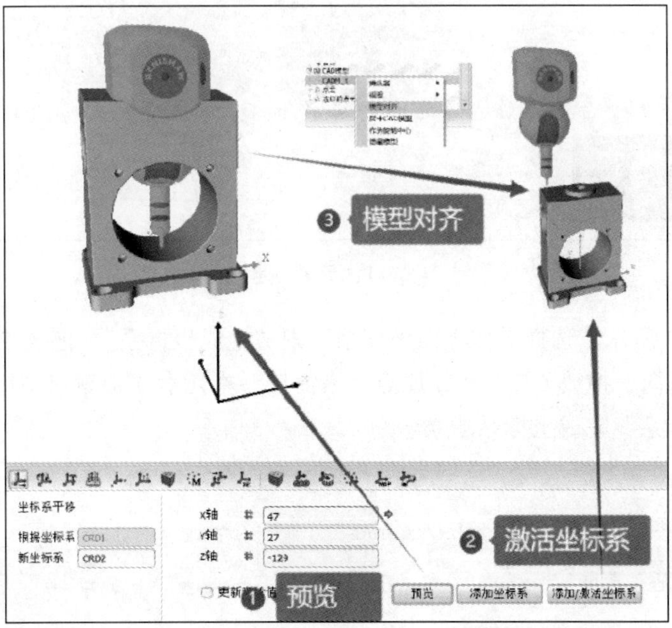

图 5-9 平移坐标系

（8）单击模型名称，鼠标右键选择“模型对齐”，完成粗建坐标系。

2. 精建坐标系

（1）如图 5-10 所示，设置安全平面：单击“CAD 面型图形定义”最上面的平面，将 PLN1 理论元素拖放至“设置”界面的“间距面”中，单击“应用”，生成安全平面。

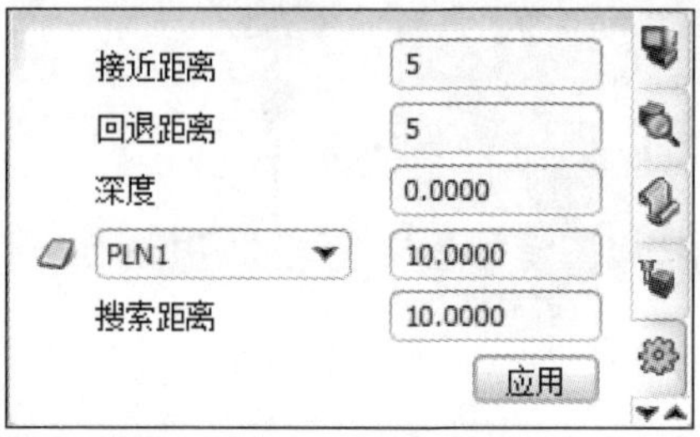

图 5-10 设置安全平面

（2）坐标元素测量，如图 5-11 所示，在图中所示坐标系中建立元素，按照自动测量的方式，依次编辑测量路径，然后测量，测量结束后测量面程序自动录入程序界面。

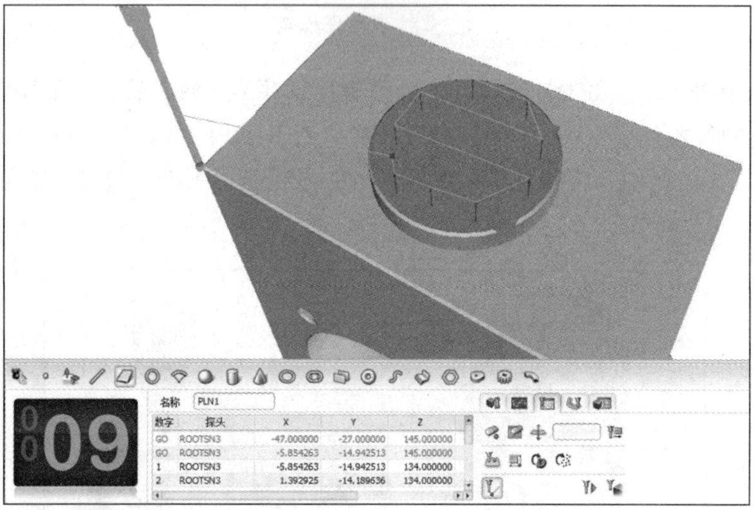

图 5-11 元素测量

（3）如图 5-12 所示，选择操作界面坐标系区中“生成坐标系”，拖放 PLN2 至 + *Z* 方向，拖放 LN3 至 + *X* 方向，拖放 CIR1 至 *X* 原点元素窗口，本元素 *Y* 值窗口中拖放 CIR1 元素，单击“添加/激活坐标系”完成坐标系建立。

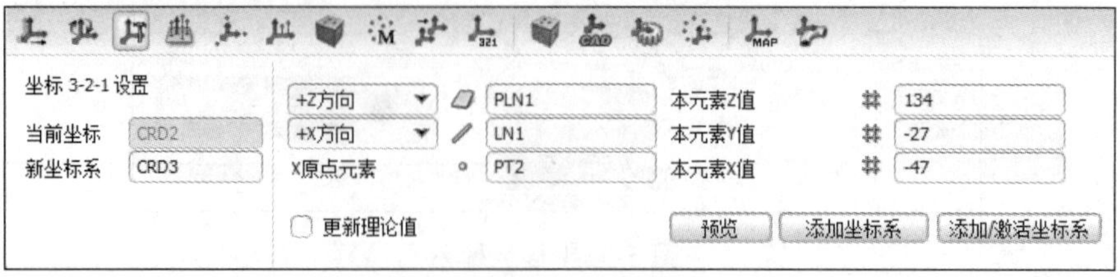

图 5-12 精建坐标系

（4）数模对齐：点击模型名称，鼠标右键选择“模型对齐”，此时数模与零件对齐。

5.2.3 元素测量

1. 测量元素确认

零件有 CAD 数模时，即可由 CAD 辅助完成脱机编程。分析表 5-1 和图 5-2 可知，测量该零件尺寸共需 5 个角度。图 5-13 为（A0°、B0°）测量几何特征，图 5-14 为（A90°、B180°）测量几何特征，图 5-15 为（A90°、B – 90°）测量几何特征，图 5-16 为（A90°、B90°）测量几何特征，图 5-17 为（A90°、B0°）测量几何特征。

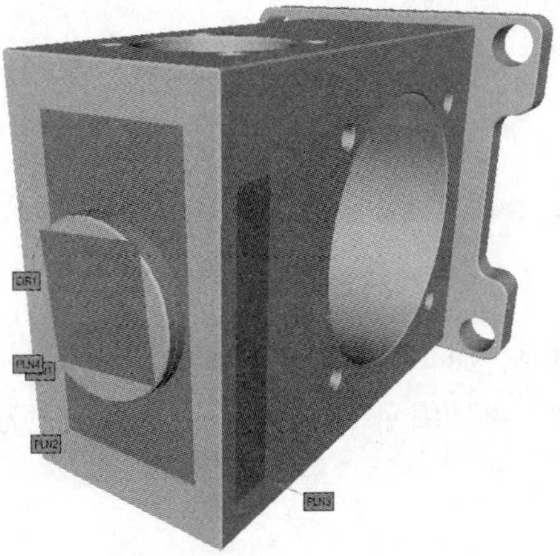

图 5-13 （A0°、B0°）测量元素

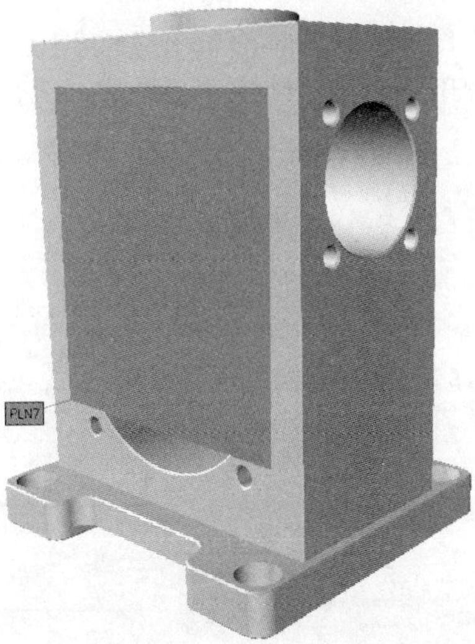

图 5-14 （A90°、B180°）测量元素

图 5-15 （A90°、B – 90°）测量元素

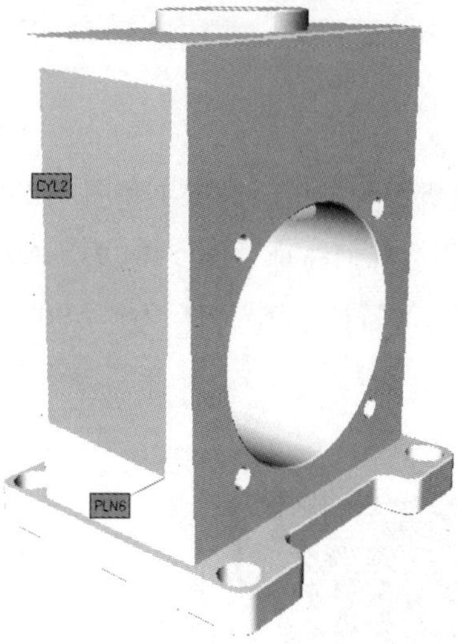

图 5-16 （A90°、B90°）测量元素

图 5-17 （A90°、B0°）测量元素

2. 元素测量

本案例测量的元素主要包含面、圆、圆柱，这些元素的测量方法在前几个项目中已经介绍，此处就不再详细介绍测量方法，下面简单地介绍程序语句的含义。

微课：箱体脱机编程-元素测量

1）圆柱测量语句

图 5-18 所示为 Rational DMIS 软件自学习生成的圆柱测量语句。第 1 行是元素开头的定义语句；第 2 行是元素测量前的默认语句；第 3 行表示宏程序调用；第 4 行表示元素的测量点数量；第 5～57 行表示测量点的坐标轨迹，第 58 行是元素测量的结束语句。一个完整的测量语句总共包含 6 个部分：元素定义→默认语句→调用→测量点数→测量轨迹→测量结束语句。

```
F(CYL2)=FEAT/CYLNDR,INNER,CART,0.000000,0.000000,94.500000,-1.000000,0.000000,0.000000, 35.000000,  93.000000
$$ Measurement points are created through nominal points
CALL/M(EASI_CLEARPLN_GOTO), 0, -58.000000, -17.271759, 31.179962
MEAS/CYLNDR, F(CYL2), 10
  GOTO/CART,    -58.000000, -17.271759,  31.179962
  GOTO/CART,    -58.786700,  -3.671900,  83.396900
  PTMEAS/CART, -44.041931,  -5.262207,  77.809906, 0.000000,  0.300705,  0.953717
  GOTO/CART,    -44.041931,   0.100464,  83.000427
  GOTO/CART,    -44.041931,   3.649109,  83.594299
  GOTO/CART,    -44.041931,   6.840576,  85.255707
  PTMEAS/CART, -44.041931,  14.247132,  84.337860, 0.000000, -0.814112,  0.580708
  GOTO/CART,    -44.041931,  10.967774,  91.041992
  GOTO/CART,    -44.041931,  11.499542,  94.600464
  GOTO/CART,    -44.041931,  10.905670,  98.149109
  PTMEAS/CART, -44.041931,  14.067383, 104.909546, 0.000000, -0.803883, -0.594787
  GOTO/CART,    -44.041931,   6.677948, 103.862396
  GOTO/CART,    -44.041931,   3.457977, 105.467743
  GOTO/CART,    -44.041931,  -0.100494, 105.999512
  PTMEAS/CART, -44.041931,  -5.553009, 111.095581, 0.000000,  0.317308, -0.948323
  GOTO/CART,    -44.041931,  -6.840576, 103.744262
  GOTO/CART,    -44.041931,  -9.362427, 101.177978
  GOTO/CART,    -44.041931, -10.967804,  97.957977
  PTMEAS/CART, -44.041931, -17.499328,  94.347076, 0.000000,  0.999962,  0.008700
  PTMEAS/CART, -29.041870, -17.499328,  94.347076, 0.000000,  0.999962,  0.008700
  GOTO/CART,    -29.041870, -10.967804,  97.957977
  GOTO/CART,    -29.041870,  -9.362427, 101.177978
  GOTO/CART,    -29.041931,  -6.840576, 103.744262
  PTMEAS/CART, -29.041931,  -5.553009, 111.095581, 0.000000,  0.317308, -0.948323
  GOTO/CART,    -29.041931,  -0.100494, 105.999512
  GOTO/CART,    -29.041931,   3.457977, 105.467743
  GOTO/CART,    -29.041931,   6.677948, 103.862396
  PTMEAS/CART, -29.041931,  14.067383, 104.909546, 0.000000, -0.803883, -0.594787
  GOTO/CART,    -29.041931,  10.905670,  98.149109
  GOTO/CART,    -29.041931,  11.499542,  94.600464
  GOTO/CART,    -29.041931,  10.967774,  91.041992
  PTMEAS/CART, -29.041931,  14.247132,  84.337860, 0.000000, -0.814112,  0.580708
  GOTO/CART,    -29.041931,   6.840576,  85.255707
  GOTO/CART,    -29.041931,   3.649109,  83.594299
  GOTO/CART,    -29.041931,   0.100464,  83.000427
  PTMEAS/CART, -29.041931,  -5.262207,  77.809906, 0.000000,  0.300705,  0.953717
ENDMES
```

图 5-18 圆柱测量语句

圆柱的 DMIS 编辑语句格式如下：

F（LABEL）= FEAT/CYLNDR，var_1，var_2，*I*，*J*，*K*，*D*，*H*

$$ Measurement points are created through nominal points

CALL/M（EASI_CLEARPLN_GOTO），MACRO/ISNOM，TARX，TARY，TARZ

MEAS/CYLNDR，F（CYL1），*n*

GOTO/ var_2

PTMEAS/ var_2，*I*，*J*，*K*

……

ENDMES

注意：

F（LABEL），默认为 CYL + 数字，表示元素名，可以任意定义。

var_1，为 INNER，表示内圆柱测量；或者 OUTER，表示外圆柱测量。

var_2，为 CART，*X*，*Y*，*Z*，表示直角坐标，圆柱轴线中点坐标；或者 POL，*r*，*a*，*h*，表示极坐标。

MACRO/ISNOM，TARX，TARY，TARZ：调用安全平面的宏定义，用理论元素设置安全平面，MACRO/ISNOM 处为 0；用实际元素设置安全平面，MACRO/ISNOM 处为 1。

n 为测量点数量。

I，*J*，*K* 为圆柱轴线方向，*D* 为圆柱直径，*H* 为圆柱轴线长度。

2）平面测量语句

平面的测量语句如图 5-19 所示。

```
F(PLN5)=FEAT/PLANE,CART,1.062000,27.000000,88.412884,0.000000,1.000000,0.000000
$$ Measurement points are created through nominal points
CALL/M(EASI_CLEARPLN_GOTO), 1, 31.523804, 38.000000, 256.912155
MEAS/PLANE, F(PLN5), 10
  GOTO/CART,     31.523804, 38.000000, 256.912155
  GOTO/CART,     33.651734, 38.000000, 120.144256
  PTMEAS/CART,   33.651734, 27.000000, 120.144256, 0.000000, 1.000000, 0.000000
  PTMEAS/CART,   -0.082641, 27.000000, 120.005798, 0.000000, 1.000000, 0.000000
  PTMEAS/CART, -29.094299, 27.000000, 120.319244, 0.000000, 1.000000, 0.000000
  PTMEAS/CART, -29.476989, 27.000000, 103.349579, 0.000000, 1.000000, 0.000000
  PTMEAS/CART,    0.410584, 27.000000, 104.720154, 0.000000, 1.000000, 0.000000
  PTMEAS/CART,   32.206421, 27.000000, 101.873413, 0.000000, 1.000000, 0.000000
  PTMEAS/CART,   39.405396, 27.000000,  72.929626, 0.000000, 1.000000, 0.000000
  PTMEAS/CART, -37.258545, 27.000000,  73.717712, 0.000000, 1.000000, 0.000000
  PTMEAS/CART, -37.792724, 27.000000,  34.655609, 0.000000, 1.000000, 0.000000
  PTMEAS/CART,   38.651062, 27.000000,  32.413452, 0.000000, 1.000000, 0.000000
ENDMES
```

图 5-19 平面测量语句

平面的 DMIS 编辑语句格式如下：

F（LABEL）= FEAT/PLANE，var_1，*I*，*J*，*K*

$$ Measurement points are created through nominal points

CALL/M（EASI_CLEARPLN_GOTO），0，*X*，*Y*，*Z*

MEAS/PLANE，F（LABEL），*n*

GOTO/ var_1

PTMEAS/ var_1，*I*，*J*，*K*

……

ENDMES

注意：

F（LABEL），默认为 PLN + 数字，表示元素名，可以任意定义；

var_1，为 CART，*X*，*Y*，*Z*，或者 POL ，*R*，*A*，*H*。

3）圆测量语句

圆的测量语句如图 5-20 所示。

```
F(CIR1)=FEAT/CIRCLE,OUTER,CART,0.000000,0.000000,133.570851,0.000000,0.000000,1.000000, 37.858299
$$ Measurement points are created through nominal points
CALL/M(EASI_CLEARPLN_GOTO), 0, 31.689392, -15.394485, 145.000000
MEAS/CIRCLE, F(CIR1), 5
  GOTO/CART,     31.689392, -15.394485, 145.000000
  GOTO/CART,     22.423279, -10.893082, 143.092712
  GOTO/CART,     22.423279, -10.893082, 141.663559
  PTMEAS/CART,   17.026367,  -8.271301, 131.663574,  0.899469, -0.436985, 0.000000
  GOTO/CART,     17.959656, -17.289108, 131.663574
  GOTO/CART,     11.738037, -21.992752, 131.663574
  GOTO/CART,      4.367370, -24.543594, 131.663574
  PTMEAS/CART,   -2.605042, -18.749039, 131.663574, -0.137598, -0.990488, 0.000000
  GOTO/CART,    -10.893067, -22.423279, 131.663574
  GOTO/CART,    -17.289185, -17.959656, 131.663574
  GOTO/CART,    -21.992737, -11.738022, 131.663574
  PTMEAS/CART, -18.636414,  -3.316238, 131.663574, -0.984532, -0.175206, 0.000000
  GOTO/CART,    -24.691956,   3.430756, 131.663574
  GOTO/CART,    -22.423279,  10.893051, 131.663574
  GOTO/CART,    -17.959656,  17.289108, 131.663574
  PTMEAS/CART,   -8.912903,  16.699478, 131.663574, -0.470894,  0.882190, 0.000000
  GOTO/CART,     -4.367371,  24.543595, 131.663574
  GOTO/CART,      3.430725,  24.691956, 131.663574
  GOTO/CART,     10.893066,  22.423279, 131.663574
  PTMEAS/CART,   13.127930,  13.637085, 131.663574,  0.693528,  0.720429, 0.000000
  GOTO/CART,     17.289123,  17.959656, 141.663559
ENDMES
```

图 5-20 圆测量语句

为圆的 DMIS 编辑语句格式如下：

F（LABEL）= FEAT/CIRCLE， var_1， var_2，*I*，*J*，*K*，diam

$$ Measurement points are created through nominal points

CALL/M（EASI_CLEARPLN_GOTO）， 0， *X*， *Y*， *Z*

MEAS/CIRCLE， F（LABEL），*n*

GOTO/ var_2

……

PTMEAS/ var_2，*I*，*J*， *K*

ENDMES

注意：

F（LABEL），默认为 CIR + 数字，表示元素名，可以任意定义；

var_1，为 INNER，表示内圆测量；或者 OUTER，表示外圆测量；

var_2，为 CART，*X*，*Y*，*Z*，表示直角坐标，圆心点坐标；或者 POL，*r* ，*a*， *h*，表示极坐标。

5.2.4 尺寸评价

微课：箱体脱机编程-尺寸评价

1. 垂直度评价

（1）如图 5-21 所示，为箱体图纸所示垂直度评价。

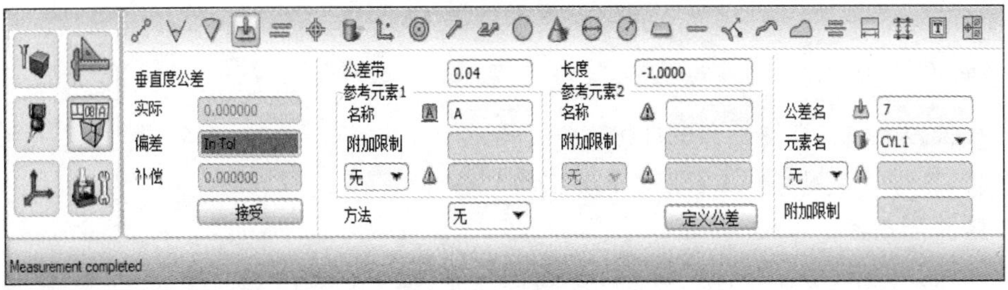

图 5-21 垂直度评价

（2）垂直度、位置度、同轴度等形位公差评价除常规评价外，还有 MMC（最大实体要求）、LMC（最小实体要求）、RFS（忽略特征尺寸）等评价要求。下面以最大实体要求进行举例。

① 将被测元素直径尺寸进行公差定义，如图 5-22 所示。

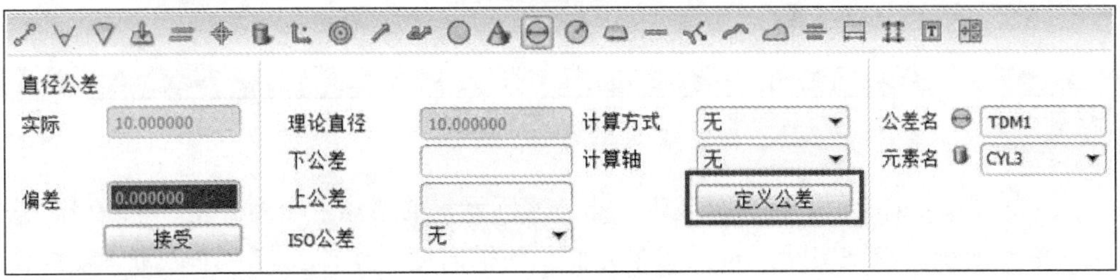

图 5-22 定义公差

② 在双数据公差区将定义的公差直径拖入垂直度评价的实体要求处，如图 5-23 所示。

图 5-23 拖放定义公差

③ 单击“接受”，完成评价，查看报告，如图 5-24 所示。最大实体要求符号为 m，最小实体要求符号为 l，忽略特征尺寸符号为 s。

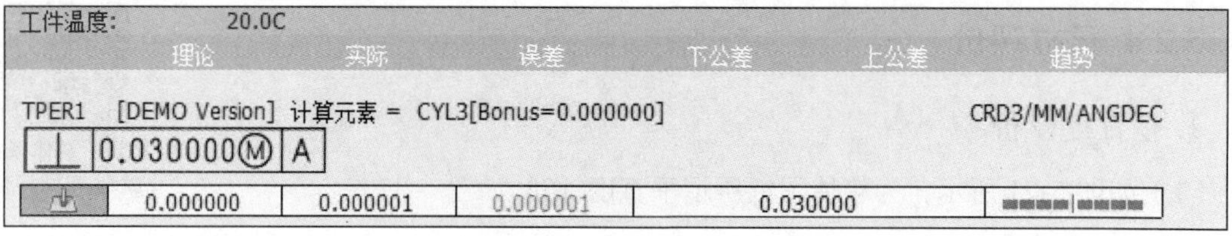

图 5-24 最大实体要求评价

2. 平面度评价

（1）在公差界面，选择平面度评价；

（2）将“PLN1”的实际元素拖入元素名称栏；

（3）修改公差名；

（4）输入公差带；

（5）单击“接受”，完成该尺寸评价，如图 5-25 所示。

图 5-25 平面度评价

注意：如图 5-26 所示，选择公差带，指该实际元素的整体平面度公差；单位带，按图纸先定义一单元面积，指该实际元素任意单元面积的平面度公差；公差 + 单位带，复合公差评价，需按图纸要求定义一单元面积，指实际元素的整体平面度公差有一数值，其中任意单元面积的平面度公差又有一数值，其余参数评价和上述类似，结果会输出至输出窗口并记录在公差数据区。

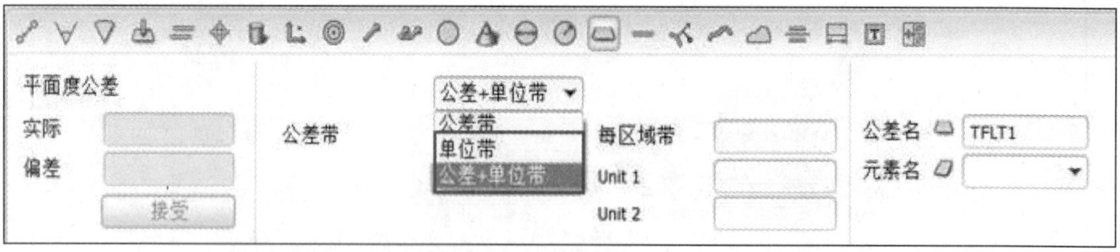

图 5-26 公差带选项

5.2.5 程序验证

由于每个零件在生产过程中都存在一定的误差，所以通过数模脱机编程的程序都需要联机进行程序调试及验证，确保程序运行快捷稳定、无碰撞后，再进行批量件的检测。具体步骤如下：

（1）构建测头文件，检验所需的测头角度。

（2）装夹被测工件，并将测针移动至程序起始点，如图 5-27 所示。

图 5-27　程序起始点

微课：箱体程序验证–测针校验

（3）打开解决方案，运行程序，如图 5-28 所示。

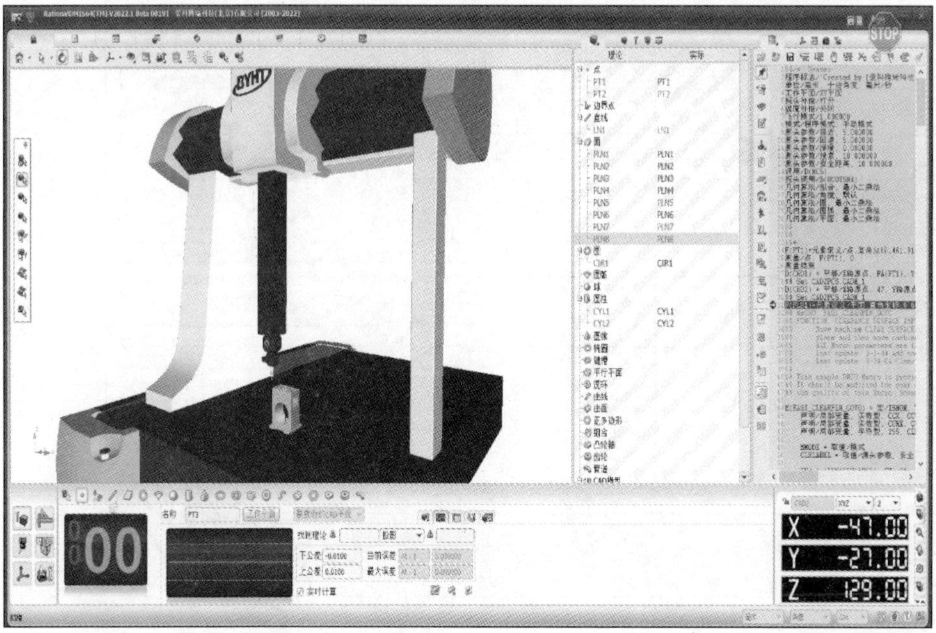

图 5-28　运行程序

微课：箱体程序验证–元素测量

（4）程序运行后生成检测报告，如图 5-29 所示。

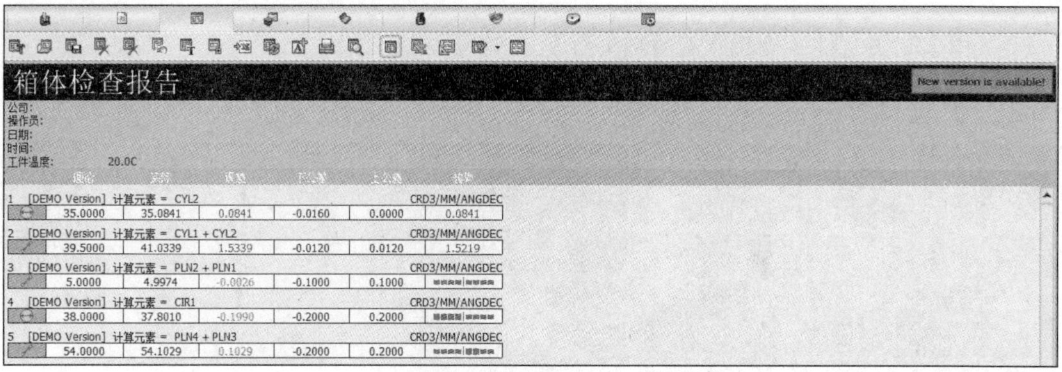

图 5-29 查看检测报告

5.2.6 检测报告

生成箱体公差检测评价报告，如图 5-30 所示。

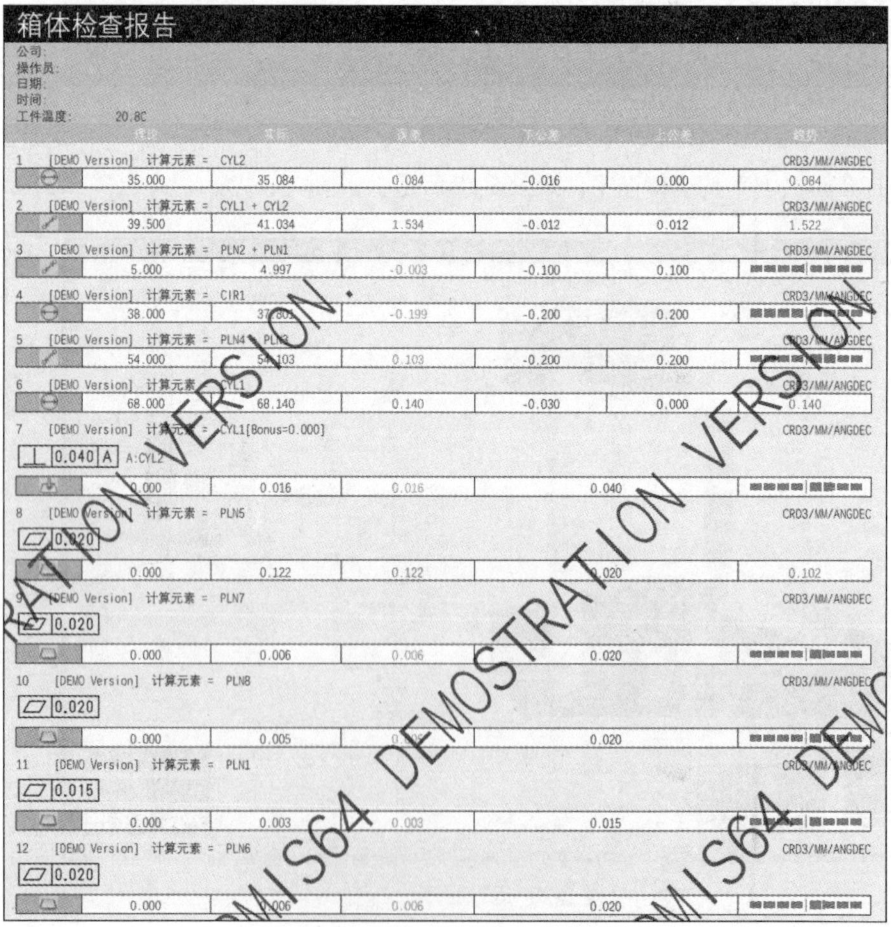

图 5-30 箱体检测评价报告

任务 5.3 箱体的表面粗糙度检测

5.3.1 表面粗糙度概述

1. 表面缺陷

表面缺陷是零件表面不仅在加工中，而且在运输、储存或使用过程中生成的无一定规则的单元体。它与表面粗糙度、波纹度和有限表面上的形状误差一起，综合形成了零件的表面特征。

1）表面缺陷的特征

表面缺陷具有尺寸大小、深度、高度，以及缺陷面积、缺陷数量、单位面积上缺陷数等参数指标，以上各参数是一个规定的表面上允许的最大极限值。

2）常见的缺陷类型

（1）凹缺陷类：如铸件表面产生的毛孔、砂眼，模锻件的裂缝、缺损等。

（2）凸缺陷类：如冲压件的氧化皮、飞边，模铸或模锻模具挤出的缝脊。

（3）混合缺陷类：如滚压或锻压出现的皱皮、折叠，吃刀量过大造成的不可去除的刀痕残余。

（4）区域和外观缺陷类：如磨削进给量过大引起的表面网状裂纹（车轴的裂纹）和鳞片，切削热造成的表面烧伤。

对于表面缺陷的检验与评定，可用经验法目测，需进一步判断、分析其原因时，则用各种仪器测定，控制产品质量。实际表面上有缺陷不表示该表面不可用，缺陷的可接受性取决于表面的用途或功能，并根据项目应用确定该表面是否可用。长度、宽度、深度、单位面积上的缺陷数等，应单独规定其要求。

2. 表面粗糙度

表面粗糙度是指零件在加工过程中，因不同的加工方法、机床与工具的精度、振动及磨损等因素在加工表面上所形成的具有较小间隔和较小峰谷的微观状况，它属微观几何形状误差。

表面粗糙度的产生主要是由切削加工中的刀痕、刀具与零件表面的摩擦、切屑与工件分离时的塑性变形、工艺系统的高频振动等造成的。它是评定产品质量的重要指标。

表面波纹度主要是由加工工艺系统的强迫振动造成的，是表面具有较强周期性波动的中间几何形状误差。

在控制工件表面质量时，强调表面粗糙度是指微观几何形状特性，在评定过程中不能把表面缺陷，如沟槽、划痕、缩孔等包含进去，即不列入表面粗糙度的测量结果。对于某一表面是否允许有表面缺陷或缺陷的程度如何，应有单独规定。

经机械加工的零件表面，总是存在着宏观和微观的几何形状误差，如图 5-32 所示，h_R、h_W 为波高，λ_R、λ_W 为波距，1 为实际工作表面，2 为表面粗糙度，3 为波度，4 为表面宏观几何形状。

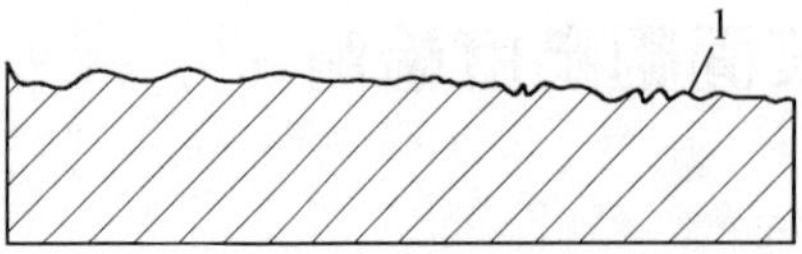

（a）放大的实际工作表面示意图

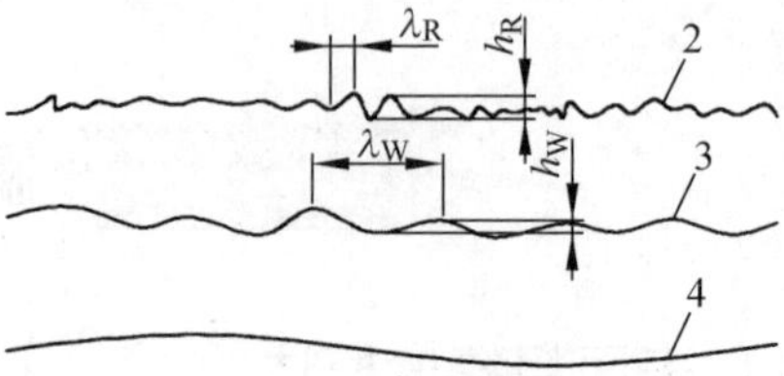

（b）实际工作表面波形分解图

图 5-31 表面粗糙度的概念

表面粗糙度误差与宏观几何形状误差和波度误差的区别，一般以一定的波距 λ 与波高 h 之比来划分。一般 $\lambda/h>1\,000$ 者为宏观几何形状误差，$\lambda/h<40$ 者为表面粗糙度误差，$\lambda/h=40\sim1\,000$ 者为波度误差。

3. 表面粗糙度对零件使用性能的影响

1）对耐磨性的影响

当两个表面做相对运动时，一般情况下表面越粗糙，其摩擦系数、摩擦阻力越大，磨损也越快。

2）对配合性质的影响

对间隙配合，粗糙表面会因峰尖很快磨损而使间隙很快增大；对过盈配合，粗糙表面的峰顶被挤平，使实际过盈减小，影响连接强度。

3）对疲劳强度的影响

表面越粗糙，微观不平的凹痕就越深，在交变应力的作用下易产生应力集中，使表面出现疲劳裂纹，从而降低零件的疲劳强度。

4）对接触刚度的影响

表面越粗糙，表面间的实际接触面积就越小，单位面积受力就越大，使峰顶处的局部塑性变形增大，接触刚度降低，从而影响机器的工作精度和抗振性能。

5）对其他的影响

表面质量还影响零件表面的抗腐蚀性及结合表面的密封性和润滑性等。

对于表面粗糙度的有关标准，我国目前现行实施的主要有 4 个，《产品几何技术规范（GPS）表面结构 轮廓法 术语、定义及表面结构参数》GB/T 3505—2009、《产品几何技术规范（GPS）表面结构 轮廓法 表面粗糙度参数及其数值》GB/T 1031—2009、《产品几何技术规范（GPS）技术产品文件中表面结构的表示法》CB/T 131—2006 和《产品几何技术规范（GPS）表面结构 轮廓法 评定表面结构的规则和方法》GB/T 10610—2009。

5.3.2 表面粗糙度的评定

在测量和评定表面粗糙度时，要确定取样长度、评定长度、基准线和评定参数。

1. 取样长度 l_r

取样长度是在测量表面粗糙度时所取的一段与轮廓总的走向一致的长度，用 l_r 表示。规定和选择这段长度是为了限制和减弱表面波纹度对表面粗糙度测量结果的影响，表面越粗糙，取样长度应越大。一个取样长度范围内应包含 5 个以上的轮廓峰和轮廓谷。国家标准规定的取样长度如表 5-2 所示。

表 5-2　l_r 和 l_n 的数值

$Ra/\mu m$	$Rz/\mu m$	$l_r/\mu m$	$l_n/mm(l_n=5l_r)$
≥0.008 ~ 0.02	≥0.025 ~ 0.10	0.08	0.4
>0.02 ~ 0.10	>0.10 ~ 0.50	0.25	1.25
>0.1 ~ 2.0	>0.5 ~ 10.0	0.8	4.0
>2.0 ~ 10.0	>10.0 ~ 50.0	2.5	12.5
>10.0 ~ 80.0	>50.0 ~ 320.0	8.0	40.0

2. 评定长度 l_n

评定长度是指评定表面粗糙度所必需的一段长度，它可包括一个或几个取样长度。

这样规定是由于被测表面上各处的表面粗糙度不一定很均匀，在一个取样长度上往往不能合理地反映被测表面的粗糙度的全貌，所以需要在几个取样长度上分别测量和评定。对均匀性好的表面，可选 $l_n < 5l_r$；对均匀性较差的表面，可选 $l_n < 5l_r$。

3. 基准线

基准线是指用以评定表面粗糙度参数的给定线。基准线有下列两种：

1）轮廓的最小二乘中线

轮廓的最小二乘中线是指具有几何轮廓形状并划分轮廓的基准线，在取样长度内，使轮廓线上各点的纵坐标值 $z(x)$ 的平方和为最小，即 $\sum_{i=1}^{n} z_i^2 = \min$。如图 5-32（a）中所示的 O_1O_1 和 O_2O_2 线。

2）轮廓的算术平均中线

轮廓的算术平均中线是指具有几何轮廓形状，在取样长度内与轮廓走向一致并划分实际轮廓为上下两部分，且使上下两部分的面积相等（$\sum_{i=1}^{n} F_i = \sum_{i=1}^{n} F_i'$）的基准线，如图 5-32（b）中所示的 O_1O_1 和 O_2O_2。

最小二乘中线符合最小二乘原则，从理论上讲是理想的基准线，但在轮廓图形上确定最小二乘中线的位置比较困难，而算术平均中线与最小二乘中线的差别很小，故通常用算术平均中线来代替最小二乘中线，用目测估计来确定轮廓的算术平均中线。当轮廓不规则时，算术平均中线不是唯一的中线。

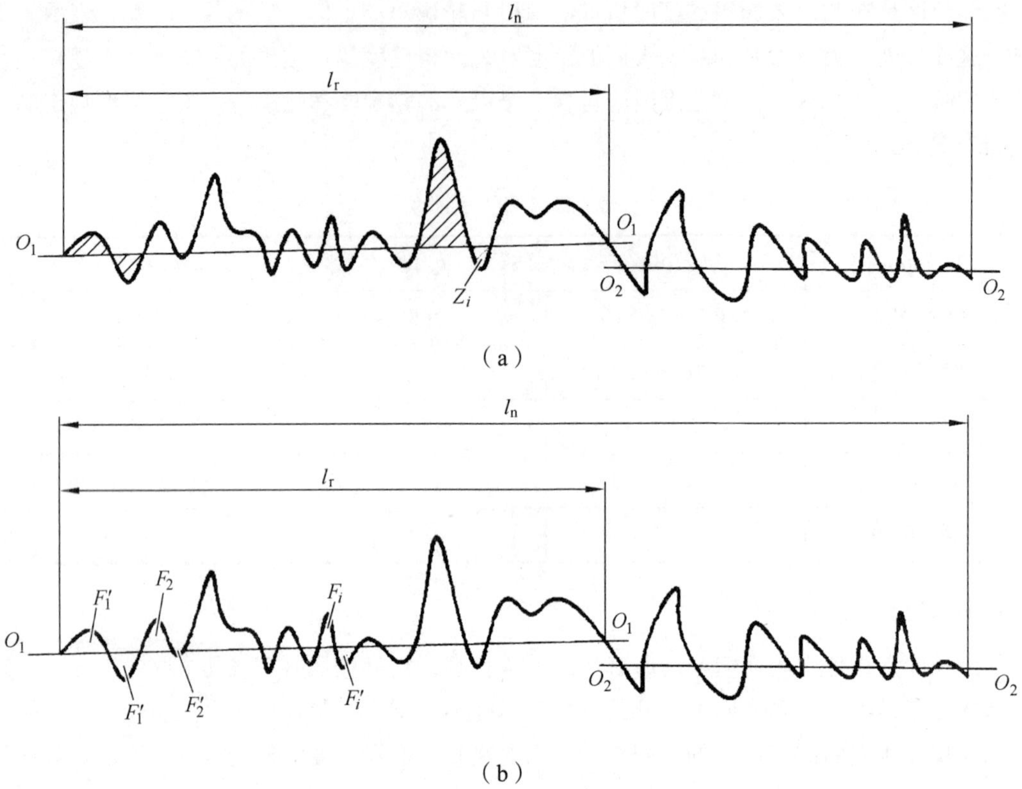

图 5-32 取样长度、评定长度、轮廓基准中线

4. 表面粗糙度主要评定参数（GB/T 3505—2009）

1）轮廓算术平均偏差 *R*a

在一个取样长度内，轮廓偏距绝对值[即图 5-36 中纵坐标 $z(x)$的绝对值]的算术平均值称作轮廓算术平均偏差。*R*a 的数学表达式为

$$Ra = \frac{1}{l_r}\int_0^{l_r} z(x)\mathrm{d}x \tag{5-1}$$

测得的 *R*a 值越大，则表面越粗糙。*R*a 参数能充分反映表面微观几何形状高度方面的特性，是普遍被采用的评定参数。

2）轮廓最大高度 *R*z

在一个取样长度内，最大轮廓峰高 $Z_{p,\ max}$ 和最大轮廓谷深 $Z_{v,\ max}$ 之和（即在取样长度内，轮廓峰顶线与轮廓谷底线之间的距离）称作轮廓最大高度，如图 5-33 所示。*R*z 的数学表达式为

$$Rz = Z_{p,\ max} + Z_{v,\ max} \tag{5-2}$$

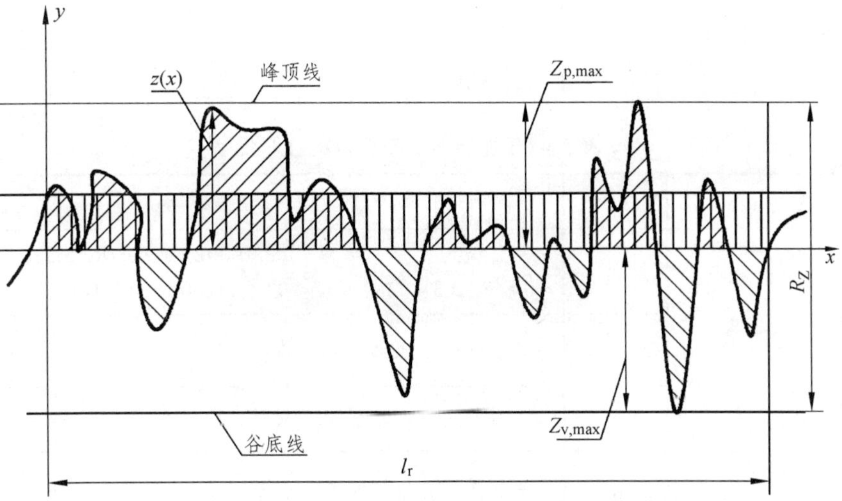

图 5-33　轮廓的幅度参数 Ra 、 Rz

5.3.3　表面结构代号

表面结构要求包括零件表面的表面结构参数、加工工艺、表面纹理及方向、加工余量、传输带、取样长度等。表面结构参数包括：粗糙度参数、波纹度参数和原始轮廓参数等，其中粗糙度参数是最常用的表面结构要求。表面结构指经过机械加工后的零件表面会留有许多高低不平的凸峰和凹谷。

GB/T 131—2006 标准对表面结构中的粗糙度符号、代号及标注都作了规定，下面主要对高度参数 Ra 、 Rz 的标注作简要说明。

1. 表面粗糙度符号

表面粗糙度的基本符号如图 5-34 所示，在图样上用粗实线画出。符号及其意义见表 5-3。

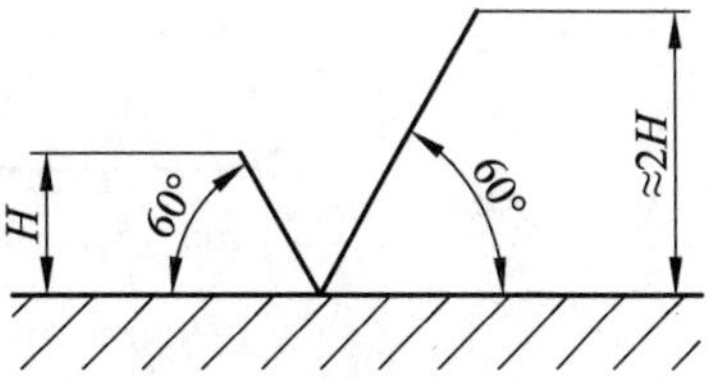

图 5-34　表面粗糙度的基本符号

表 5-3　表面粗糙度符号

符号名称	符号	含义
基本图形符号		表示表面可用任何方法获得。当不加注表面粗糙度参数值或有关说明（例如表面处理、局部热处理状况等）时，仅适用于简化代号标注
扩展图形符号		在基本图形符号上加一短横，表示指定表面用去除材料的方法获得，如车、铣、钻、磨、剪切、抛光等
		在基本图形符号上加一圆圈，表示指定表面用非去除材料的方法获得，如铸、锻、冲压变形、粉末冶金等
完整图形符号	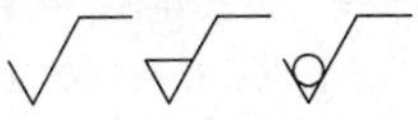	当要求标注表面结构特征的补充信息时，应在图形符号的长边上加一横线
工件轮廓各表面的图形符号	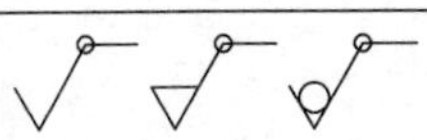	在上述三个符号的长边与横线的拐角处均可加一小圆，表示该视图上构成封闭轮廓的所有表面具有相同的表面粗糙度

2. 补充要求及注写

表面结构补充要求及注写位置见表 5-4。

表 5-4 表面结构补充要求的注写位置

符号	位置	注写内容
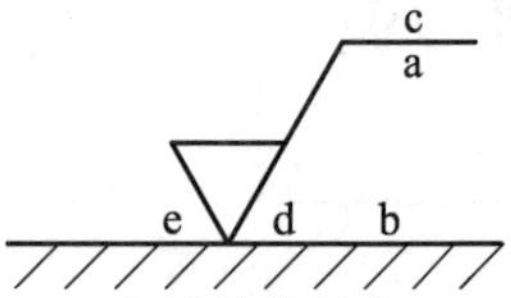 表面结构完整图形符号	a	表面结构的单一要求，如 0.002 5 − 0.8/*Rz* 5.3（传输带标注）：− 0.8/*Rz* 5.3（取样长度要求）；0.008 − 0.5/16/*R* 10
	a 和 b	两个或多个表面结构要求
	c	加工方法，如车、磨、镀等
	d	要求的表面纹理和方向，如“=”“×”“M”
	e	加工余量数值，单位为 mm

3. 控制表面功能最少标注

控制表面功能的最少标注如图 5-35 所示。

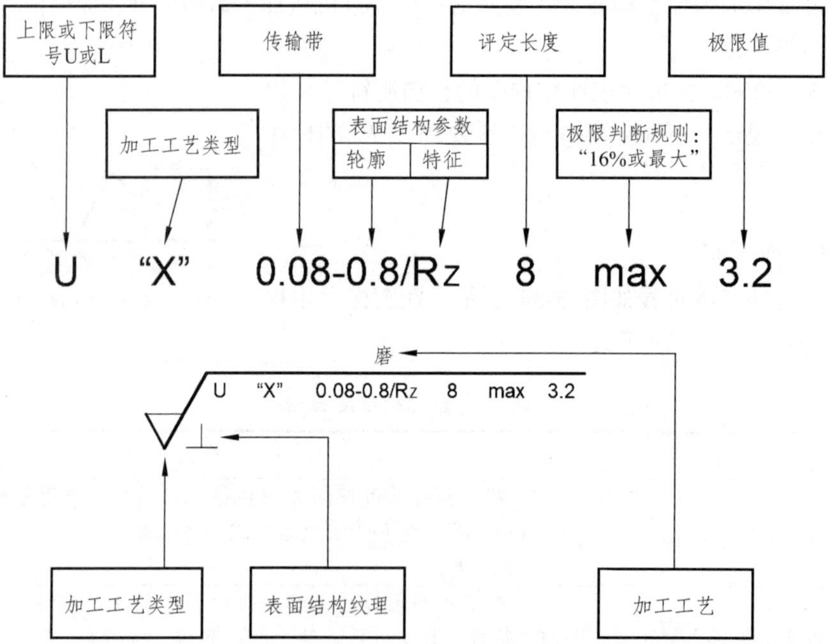

a—上限或下限符号 U 或 L；b—滤波器类型“X”（标准滤波器是高斯滤波器，代替了 2RC 滤波器）；c—传输带标注为短波或长波滤波器；d—轮廓（R、W 或 P）；e—特征/参数，代号后无“max”用“16%”规则；否则按“最大规则”；f—评定长度包括若干个取样长度（默认评定长度 $l_n = 5l_r$）；g—极限判断规则（“16%规则”或“最大化规则”）；h—以微米为单位的极限值。

图 5-35 控制表面功能最少标注

4. 表面结构代号含义

表面粗糙度代号的具体标注示例如表 5-5 所示。

表 5-5　表面结构代号含义

符号	含义/解释
*Rz*0.4	表示不允许去除材料，单向上限值，默认传输带，粗糙度的最大高度 0.4 μm，评定长度为 5 个取样长度（默认），“16%规则”（默认）
Rz,max 0.2	表示去除材料，单向上限值，默认传输带，粗糙度的最大高度为 0.2 μm，评定长度为 5 个取样长度（默认），“最大规则”
0.008—0.8/*R*a 3.2	表示去除材料，单向上限值，传输带 0.008 ~ 0.8 mm，算术平均偏差为 3.2 μm，评定长度为 5 个取样长度（默认），“16%规则”（默认）
−0.8/*R*a3 3.2	表示去除材料，单向上限值，传输带：根据 GB/T 6062—2009《产品几何技术规范（GPS）表面结构　轮廓法　接触（触针）式仪器的标称特性》，取样长度 0.8 mm（λ_S默认 0.002 5 mm），算术平均偏差 3.2 μm，评定长度包含 3 个取样长度，“16%规则”（默认）
U *R*a max 3.2 L *R*a 0.8	表示不允许去除材料，双向极限值，两极限值均使用默认传输带。上限值：算术平均偏差为 3.2 μm，评定长度为 5 个取样长度（默认），“最大规则”；下限值：算术平均偏差为 0.8 μm（表面粗糙度评定参数的上极限用 U 表示，下极限用 L 表示）。评定长度为 5 个取样长度（默认），“16%规则”（默认）
0.0025−0.1//*R*x 0.2	表示任意加工方法，单向上限值，传输带 $\lambda_S = 0.002\,5$ mm，$A = 0.1$ mm，评定长度 3.2 μm（默认），粗糙度图形参数，粗糙度图形最大深度为 0.2 μm，“16 % 规则”（默认）
/10/*R* 10	表示不允许去除材料，单向极限值，传输带 $\lambda s = 0.008$ mm（默认），$A = 0.5$ mm（默认），评定长度为 10 mm，粗糙度图形参数，粗糙度图形平均深度为 10 μm，“16%规则”（默认）
−0.3/6/*AR* 0.09	表示任意加工方法，单向上限值，传输带 $\lambda s = 0.008$ mm（默认），$A = 0.3$ mm（默认），评定长度为 6 mm，粗糙度图形参数，粗糙度图形平均间距为 0.09 mm，“16%规则”（默认）

5.3.4 表面粗糙度的选用原则及检测

表面粗糙度是一项重要的技术经济指标，选取时应在满足零件功能要求的前提下，同时考虑工艺的可行性和经济性。确定零件表面粗糙度时，除有特殊要求的表面外，一般多采用类比法选取。

1. 表面粗糙度参数的选用原则

（1）优先选用轮廓算术平均偏差 *R*a，当表面要求特别高或特别低时，可选用轮廓最大高度 *R*z 参数。

（2）在满足表面功能要求的前提下，尽量选用较大的表面粗糙度参数值。

（3）工作表面的粗糙度参数值应小于非工作表面的粗糙度参数值。

（4）摩擦表面比非摩擦表面的粗糙度数值要小；运动速度高、压力大的摩擦表面应比运动速度低、压力小的摩擦表面的粗糙度数值要小。

（5）承受循环载荷的表面（如圆角、沟槽等），容易引起应力集中，其粗糙度数值要小。

（6）配合精度要求高的结合表面、配合间隙小的配合表面以及要求连接可靠且承受重载的过盈配合表面，应采用较小的粗糙度数值。

2. 常见零件的轮廓参数选用

表 5-6 列出了各种不同的表面粗糙度轮廓幅度参数值的选用实例。

表 5-6 表面粗糙度轮廓幅度参数值的选用实例

表面特征		*R*a/μm	加工方法	应用举例
粗糙表面	可见刀痕	>20 ~ 40	粗车、粗刨、粗铣、钻、粗锉、锯	半成品粗加工后的表面，非配合的加工表面，如轴端面、倒角、钻孔、齿轮的侧面、带轮的侧面、键槽底面、垫圈接触面等
	微见刀痕	>10 ~ 20		
半光表面	微见加工痕迹	>5 ~ 10	车、铣、镗、刨、钻、锉、粗磨、粗铰	轴上不安装轴承、齿轮的非配合表面，紧固件的自由装配表面等
		>2.5 ~ 5	车、铣、镗、刨、磨、锉、滚压、电火花加工、粗刮	半精加工表面，箱体、支架、端盖、套筒等与其他零件结合而无配合要求的表面，需要发蓝的表面等
	看不清加工痕迹	>1.25 ~ 2.5	车、铣、镗、刨、磨、拉、刮、滚压、铣齿	接近于精加工表面，齿轮的齿面、定位销孔、箱体上安装轴承的镗孔表面
光表面	可辨加工痕迹的方向	>0.63 ~ 1.25	车、铣、镗、拉、磨、刮、精铰、粗研、磨齿	要求保证定心及配合特性的表面，如锥销、圆柱销，与滚动轴承相配合的轴颈，磨削的齿轮表面，普通车床的导轨面，内、外花键定心表面等
	微辨加工痕迹的方向	>0.32 ~ 0.63	精铰、精镗、磨、刮、滚压、研磨	要求配合性质稳定的配合表面，受交变应力作用的重要零件，较高精度车床的导轨面
	不可辨加工痕迹的方向	>0.16 ~ 0.32	布轮磨、精磨、研磨、超精加工、抛光	精密机床主轴锥孔，顶尖圆锥面，发动机曲轴、凸轮轴工作表面，高精度齿轮齿面
极光表面	暗光泽面	>0.08 ~ 0.16	精磨、研磨、抛光、超精车	精密机床主轴颈表面，气缸内表面，活塞销表面，仪器导轨面，阀的工作面，量规测量面等
	亮光泽面	>0.04 ~ 0.08	超精磨、镜面磨削、精抛光	精密机床主轴颈表面，滚动导轨中的钢球、滚子和高速摩擦的工作表面
	镜面光泽面	>0.01 ~ 0.04		高压柱塞泵中柱塞和柱塞套的配合表面，中等精度仪器零件配合表面
	镜面	≤0.01	镜面磨削、超精研	高精度量仪、量块的工作表面，高精度仪器摩擦机构的支承表面，光学仪器中的金属镜面

3. 表面粗糙度轮廓的检测

检测表面粗糙度要求不高的表面时，通常采用比较法。检测精度要求较高，要求准确获得评定参数时，则须采用专业的仪器检测表面粗糙度轮廓。

1）比较法

比较法是将被测表面和表面粗糙度样板直接进行比较，用目测和手摸感触来判断表面粗糙度大小的一种检测方法。比较时还可借助放大镜、比较显微镜等工具，以减少误差，提高判断的准确性。比较时，应使样块与被检测表面的加工纹理方向一致。

比较法简便易行，多用于车间评定表面粗糙度值较大的工件，要求尽可能选择材料、形状和加工方法与被测工件相同的样板。

2）仪器检测法

传统的仪器检测方法有光切法、干涉法和针描法等。

（1）光切法：利用“光切原理”来测量零件的表面粗糙度值，工厂计量部门用的光切显微镜（又称双管显微镜）就是应用这一原理设计而成的。一般用于测量表面粗糙度的 *R*a、*R*z 两参数，参数测量范围根据仪器型号不同而有所差异。*R*z 值为 0.8 ~ 80 μm，对内表面及大工件测量不便。

（2）干涉法：利用光波干涉原理，用干涉显微镜测量。通常用于测量表面粗糙度的 *R*a、*R*z 两参数，并可测到较小的参数值，一般范围为 0.03 ~ 1 μm，对内表面及大工件测量不便。

（3）针描法：又称感触法，是一种接触式测量表面粗糙度的方法，最常用的仪器是表面粗糙度测量仪。该仪器可直接显示 *R*a 值，适宜测量 *R*a 为 0.025 ~ 5.3 μm 的工件。图 5-36 所示为表面粗糙度测量仪的原理图。测量时，仪器的触针针尖与被测表面接触，当触针以一定速度沿着被测表面移动时，微观不平的痕迹使触针作垂直于轮廓方向的上下运动，该微量移动通过传感器转换成电信号，再经过滤波器，将表面轮廓上属于形状误差和波度的成分滤去，留下只属于表面粗糙度的轮廓曲线信号，经放大器、计算器、显示器直接显示出 *R*a 值。该仪器使用方便，测量精度高。

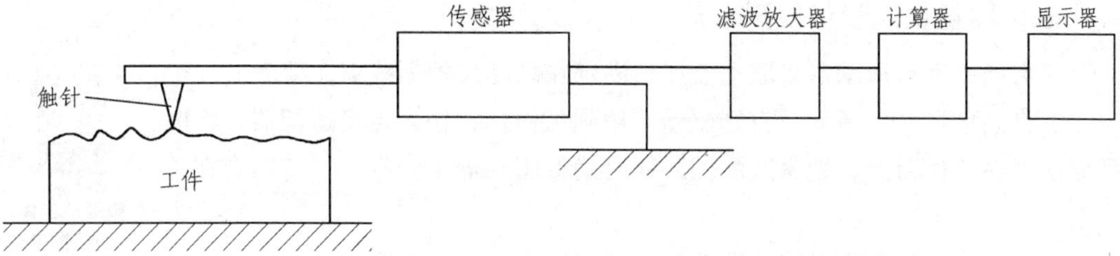

图 5-36 表面粗糙度测量仪原理图

（4）印模法：利用石蜡、低熔点合金或其他印模材料，压印在被测零件表面，放在显微镜下间接地测量被测表面的粗糙度。适宜测量 *R*a 值为 0.8 ~ 330 μm 的笨重零件外表面及内表面。

5.3.5 箱体的表面粗糙度检测

微课：设备的连接与校准

1. 表面粗糙度测量仪校准

（1）按【Menu/Enter】键进入校正测量。

（2）按【Red】键进入次目录。

（3）按【Enter】键进入标准值。

（4）用“方向键”调整数值为标准样片的“2.97”，然后按【Enter】【Esc】键。

（5）将表面粗糙度标准片置于测针下方，保证测量时测针和刀纹呈 90°，如图 5-37 所示。

（6）按下【Start】键开始校正测量。

（7）得出实测值，按【Red】键使实测值与标准值进行校正。

（8）按【Esc】键进入测量界面，测量标准样片，验证校正结果。

（9）校正测量结束。

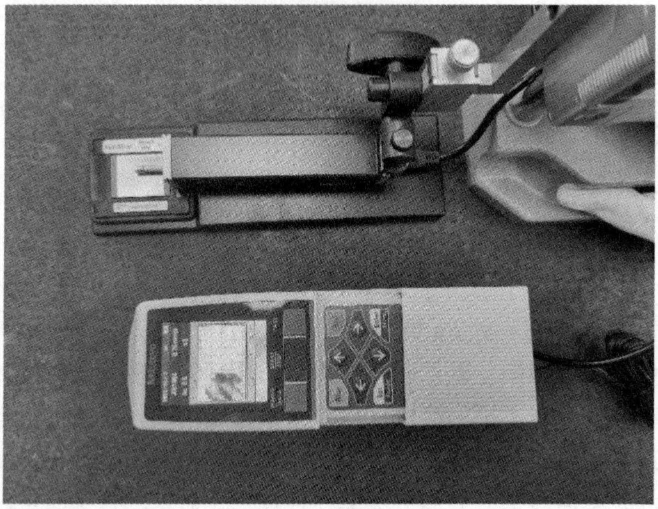

图 5-37 表面粗糙度测量仪校准

2. 表面粗糙度测量仪检测示范

微课：箱体的表面粗糙度测量

（1）借助高度尺适配器将驱动器连接固定在高度尺的划线器支架上。

（2）将高度尺降到最低，直到驱动器压到工作台，松开连接适配器，将驱动部分压平在工作台上，锁紧适配器，同时确保驱动器未倾斜，保持贴合在工作台上。

（3）将零件装到 V 形块上，保证零件水平。

（4）观察零件摆正，将测针放到被测量面上，检测器与车削纹路成 90°。

（5）转动手轮，使高度尺往下降 2 ~ 4 mm。

（6）在主页面按下次菜单键，显示测量条件画面。

（7）利用“上下”键选择“取样数”，按下“确定”键，利用“上下”键选择合适的取样长度，再按下“确定”键，再按“保存”功能键。

（8）按下“后退”键，退到主页面。

（9）按下“开始”键，测量零件表面粗糙度。

（10）在检测器移动过程中，显示部显示波型轮廓画面，测量完成后，在显示部得出测量值，将高度尺升高。

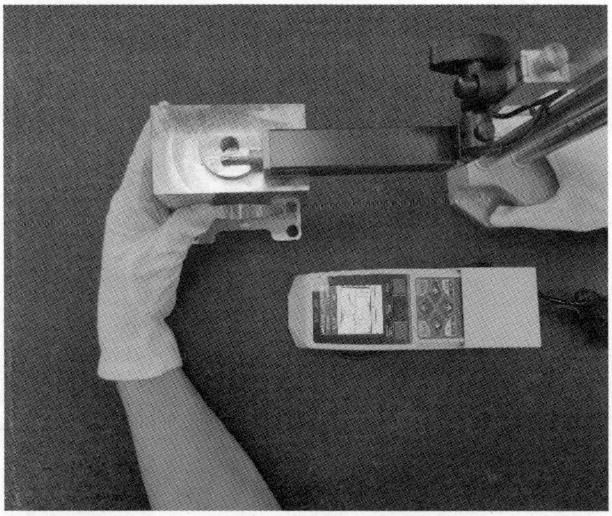

图 5-38 表面粗糙度测量仪检测示意图

项目 6

蜗轮蜗杆升降机的装配检测

学习目标

1. 知识目标

（1）理解配合的基本概念及其分类。
（2）了解配合的基准制及其选用。

2. 技能目标

（1）能根据实际需求选择合适的配合制。
（2）能熟练使用手持式激光扫描仪进行装配件的尺寸评价。

3. 素养目标

（1）具有理解问题、分析问题、解决问题的能力。
（2）具有认真、细心的学习态度和精益求精的工匠精神。

考核要求

完成本项目学习内容，能够读懂装配图，完成蜗轮蜗杆升降机的装配尺寸检测，并出具检测报告。

任务 6.1 装配件蜗杆升降机的装配任务描述

某企业承接一批蜗轮蜗杆升降机加工订单，现已完成铣削加工，需送检测组进行终检，表 6-1 为需要检测的尺寸，图 6-1 和图 6-2 为蜗轮蜗杆升降机的零件图和图纸，按要求完成蜗轮蜗杆升降机检测，并提交检测报告。

图 6-1 蜗轮蜗杆升降机零件图

表 6-1 装配件蜗杆升降机装配检测表　　　　单位：mm

序号	方位	尺寸类型	公称尺寸	上偏差	下偏差
1	E4	*L*	144	0.5	−0.5
2	C4	*L*	15	0.2	−0.2
3	E7	*L*	118.5	0.3	−0.3
4	D7	*L*	55	0.3	−0.3
5	C8	*L*	146	0.5	−0.5
6	C7	*L*	18	0.2	−0.2
7	D9	*L*	75	0.3	−0.3
8	E10	*L*	85	0.3	−0.3
9	D11	ϕ	11	0.2	−0.2
10	C11	*L*	11.5	0.2	−0.2
11	C10	ϕ	14	0.2	−0.2
12	B10	*L*	5	0.1	−0.1
13	B9	*L*	5	0.1	−0.1
14	C9	ϕ	12	0.2	−0.2
15	C9	*L*	9.5	0.2	−0.2

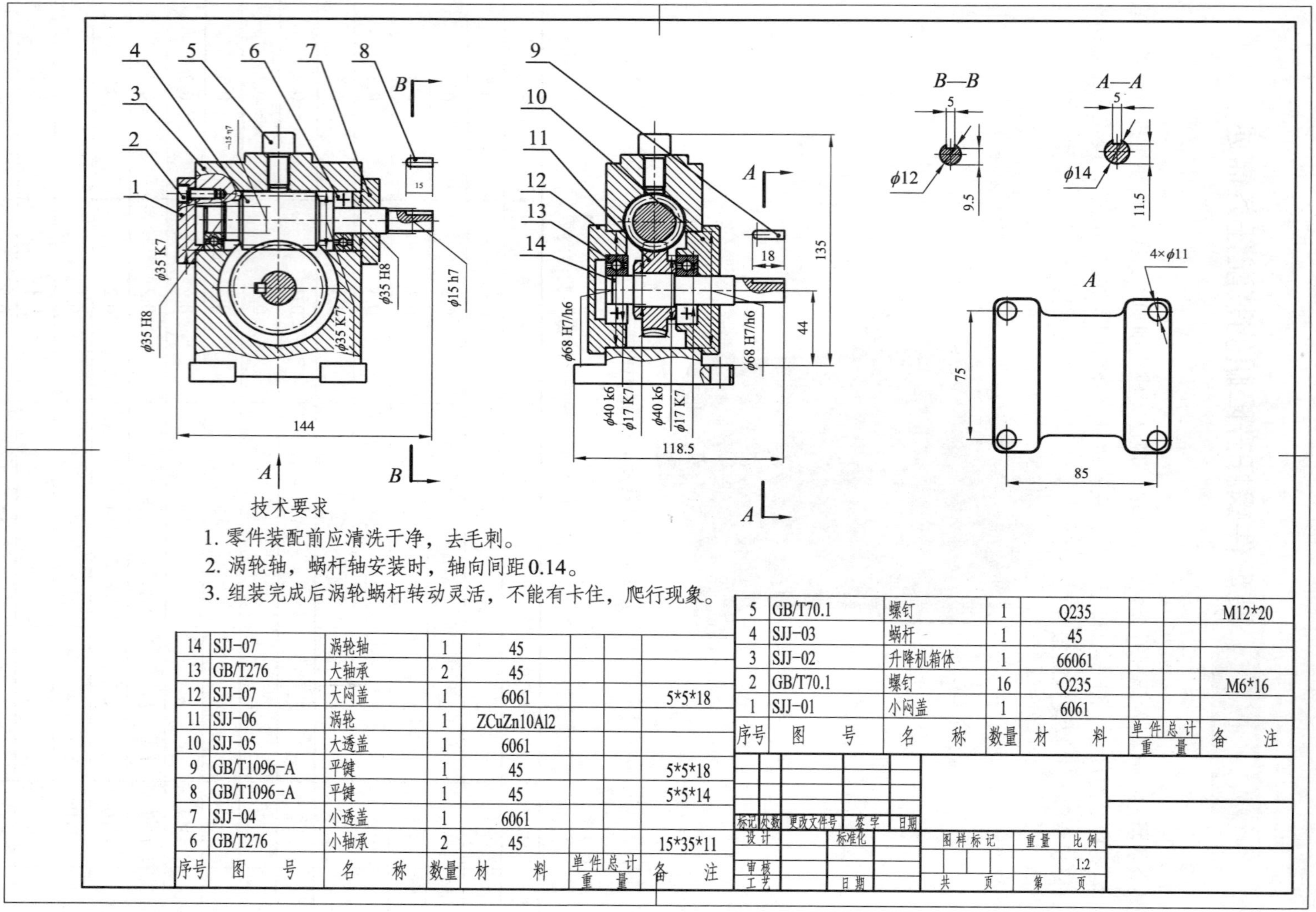

图 6-2 蜗轮蜗杆升降机图纸

任务 6.2　配合的定义及其分类

6.2.1　配　合

公称尺寸相同的、相互结合的孔和轴公差带之间的关系称作配合。根据形成间隙或过盈的情况，配合分为三类，即间隙配合、过渡配合和过盈配合。

配合的类型可以根据孔、轴公差带间的相互位置来判别，也可根据孔、轴的极限偏差来判别。由三种配合的孔、轴公差带位置可以看出：当 $EI \geqslant es$ 时，为间隙配合；当 $ES \leqslant ei$ 时，为过盈配合；当以上两式都不成立时，为过渡配合。

6.2.2　间隙和过盈

1. 间　隙

孔的尺寸减去相配合的轴的尺寸所得的代数差，差值为正值时称作间隙，用符号 X 表示。

2. 过　盈

孔的尺寸减去相配合的轴的尺寸所得的代数差，差值为负值时称作过盈，用符号 Y 表示。

6.2.3　配合的种类

1. 间隙配合

具有间隙（包括最小间隙为零）的配合称作间隙配合。此时，孔公差带在轴公差带的上方，如图 6-3 所示；其特征值是最大间隙 X_{max} 和最小间隙 X_{min}。

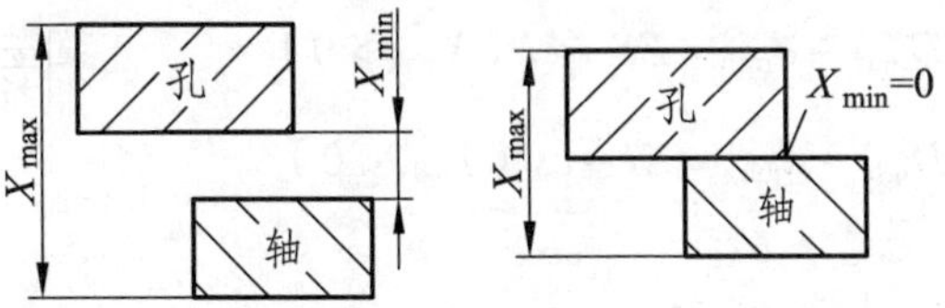

图 6-3　间隙配合

孔的上极限尺寸减去轴的下极限尺寸所得的代数差称作最大间隙，此时配合处于最松状态，用 X_{max} 表示。孔的下极限尺寸减去轴的上极限尺寸所得的代数差称作最小间隙，此时配合处于最紧状态，用 X_{min} 表示。X_{max} 和 X_{min} 的计算公式如下：

$$X_{max} = D_{max} - d_{min} = ES - ei \ (X_{max} > 0) \qquad (6\text{-}1)$$

$$X_{min} = D_{min} - d_{max} = EI - es \ (X_{min} \geqslant 0) \qquad (6\text{-}2)$$

2. 过盈配合

具有过盈（包括最小过盈等于零）的配合称作过盈配合。此时，孔公差带在轴公差带的下方，如图 6-4 所示；其特征值是最大过盈 Y_{max} 和最小过盈 Y_{min}。

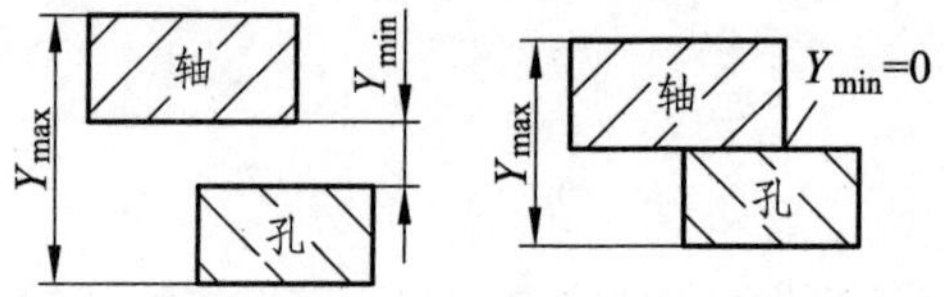

图 6-4 过盈配合

孔的下极限尺寸减去轴的上极限尺寸所得的代数差称作最大过盈，此时配合处于最紧状态，用符号 Y_{max} 表示。孔的上极限尺寸减去轴的下极限尺寸所得的代数差称作最小过盈，此时配合处于最松状态，用符号 Y_{min} 表示。Y_{max} 和 Y_{min} 的计算公式如下：

$$Y_{max} = D_{min} - d_{max} = EI - es \ (Y_{max} < 0) \tag{6-3}$$

$$Y_{min} = D_{max} - d_{min} = ES - ei \ (Y_{min} \leqslant 0) \tag{6-4}$$

3. 过渡配合

可能具有间隙也可能具有过盈的配合称作过渡配合。此时，孔公差带与轴公差带相互重叠如图 6-5 所示；其特征值是最大间隙 X_{max} 和最大过盈 Y_{max}。

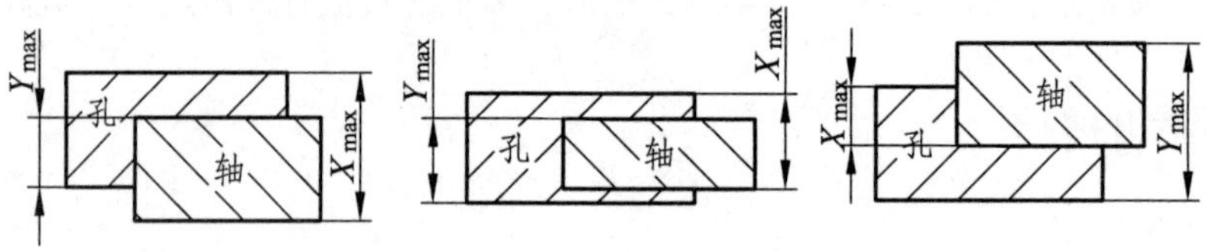

图 6-5 过渡配合

X_{max} 和 Y_{max} 的计算公式如下：

$$X_{max} = D_{max} - d_{min} = ES - ei \ (X_{max} > 0) \tag{6-5}$$

$$Y_{max} = D_{min} - d_{max} = EI - es \ (Y_{max} < 0) \tag{6-6}$$

6.2.4 配合公差

相互结合的孔与轴公差之和称作配合公差，它是间隙或过盈的允许变动量，用符号 T_f 表示。它表示配合精度，是评定配合质量的一个重要综合指标。对于间隙配合、过盈配合和过渡配合，T_f 的计算公式如下：

间隙配合：$T_f = |X_{max} - X_{min}|$ （6-7）

过盈配合：$T_f = |X_{min} - Y_{max}|$ （6-8）

过渡配合：$T_f = |X_{min} - Y_{max}|$ （6-9）

将最大、最小间隙和过盈分别用孔、轴极限尺寸或极限偏差换算后代入式（6-7）、式（6-8）和式（6-9），则得三类的配合公差都为：

$$T_f = T_h + T_s \quad (6\text{-}10)$$

式（6-10）表明配合精度（配合公差）取决于相互配合的孔和轴的尺寸精度（尺寸公差）。在设计时，可根据配合公差来确定孔和轴的尺寸公差。

配合公差与尺寸公差具有相同的特性，同样以绝对值定义，没有正负，也不可能为零。但需要注意的是，配合公差并不反映配合的松紧程度，它反映的是配合的松紧变化程度。配合的松紧程度由配合的极限过盈值或极限间隙值决定。

任务 6.3 配合的基准制

6.3.1 配合制

一种零件的基本偏差（公差带位置）不变，而只改变另一种零件的基本偏差（公差带位置），以获得不同配合性质的配合制度称作"配合制"，也称作"基准制"。

配合代号：国家标准规定，配合代号用孔、轴公差带代号的组合表示，写成分数形式，分子为孔的公差带代号，分母为轴的公差带代号，如 H7/k6 或 $\frac{H7}{k6}$，标注方法如图 6-6 所示。

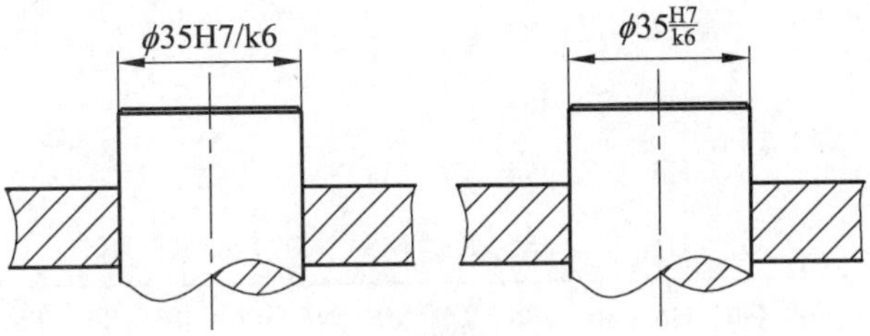

图 6-6 配合标注

例如：ϕ35H7 孔与ϕ35 k6 轴形成的配合标注为：ϕ35H7/k6 或 $\phi35\frac{H7}{k6}$。

ϕ35H7/k6 配合可以理解为：

孔的公差带是ϕ35H7，读作公称尺寸为 35 mm，公差等级为 7 级，基本偏差为 H 的基准孔公差带；

轴的公差带是ϕ35 k6，读作公称尺寸为 35 mm，公差等级为 6 级，基本偏差为 k 的轴公差带；

配合读作公称尺寸为 35 mm、公差等级为 7 级的基准孔与公差等级为 6 级、基本偏差为 k

的轴形成的基孔制过渡配合。

6.3.2 基孔制

基本偏差为一定的孔的公差带，与不同基本偏差轴的公差带形成各种配合的一种制度。在基孔制中，孔是基准件，称作基准孔；轴是非基准件，称作配合轴。同时规定，基准孔的基准偏差是其下极限偏差，且等于零，$EI = 0$，并以基本偏差代号“H”表示，应优先选用。

6.3.3 基轴制

基本偏差为一定的轴的公差带，与不同基本偏差孔的公差带形成各种配合的一种制度。在基轴制中，轴是基准件，为基准轴；孔是非基准件，称作配合孔。同时规定，基准轴的基本偏差是其上极限偏差，且等于零，$es = 0$，并以基本偏差代号“h”表示。

6.3.4 一般、常用及优先公差带

孔、轴公差带代号由基本偏差代号与公差等级数字组成。例如，H9、D7、B11 等为孔公差带代号，h6、d9、j7 等为轴公差带代号。

图 6-7 所示为公称尺寸≤500 mm 的孔的优先、常用和一般用途公差带，一共 105 种，其中方框内为常用公差带 44 种，带圆圈的为优先公差带 13 种。

图 6-8 所示为公称尺寸≤500 mm 的轴的优先、常用和一般用途公差带，共 116 种，其中方框内为常用公差带 59 种，带圆圈的为优先公差带 13 种。

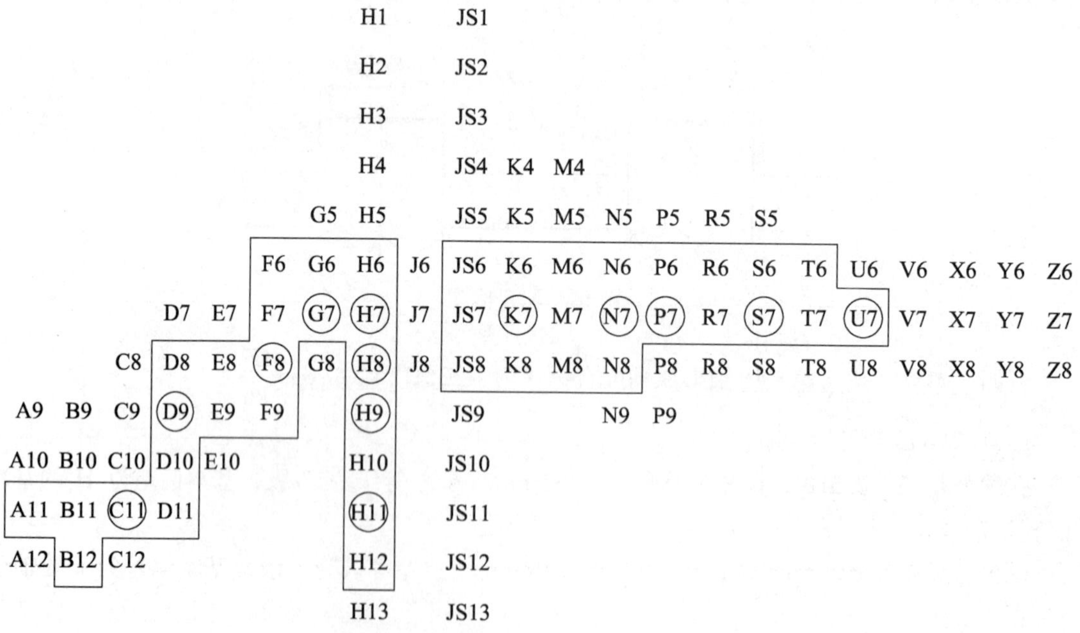

图 6-7 公称尺寸≤500 mm 的孔的优先、常用和一般用途公差带

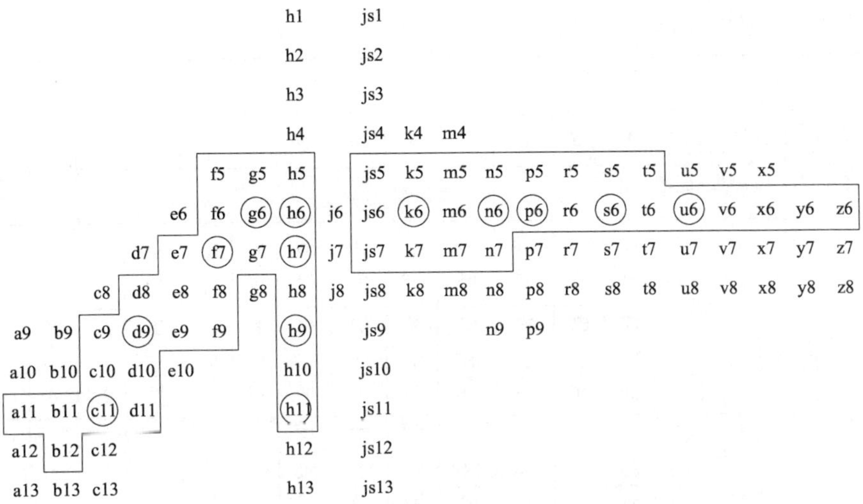

图 6-8 公称尺寸≤500 mm 的轴的优先、常用和一般用途公差带

6.3.5 常用及优先配合

首先应选用优先配合，其次才选用常用、一般用途的孔、轴公差带组成的配合，再次可按国标所提供的 544 种轴公差带和 543 种孔公差带选取合适的公差带，组成所需要的配合。

表 6-2 基孔制优先、常用配合（GB/T 1806—2009）

基准孔	轴																				
	a	b	c	d	e	f	g	h	js	k	m	n	p	r	s	t	u	v	x	y	z
	间隙配合							过渡配合						过盈配合							
H6						$\frac{H6}{f5}$	$\frac{H6}{g5}$	$\frac{H6}{h5}$	$\frac{H6}{js5}$	$\frac{H6}{k5}$	$\frac{H6}{m5}$	$\frac{H6}{n5}$	$\frac{H6}{p5}$	$\frac{H6}{r5}$	$\frac{H6}{s5}$	$\frac{H6}{t5}$					
H7						◸ $\frac{H7}{f6}$	◤ $\frac{H7}{g6}$	◤ $\frac{H7}{h6}$	◸ $\frac{H7}{js6}$	◤ $\frac{H7}{k6}$	◸ $\frac{H7}{m6}$	◤ $\frac{H7}{n6}$	◤ $\frac{H7}{p6}$	◸ $\frac{H7}{r6}$	◤ $\frac{H7}{s6}$	◸ $\frac{H7}{t6}$	◤ $\frac{H7}{u6}$	◸ $\frac{H7}{v6}$	◸ $\frac{H7}{x6}$	◸ $\frac{H7}{y6}$	◸ $\frac{H7}{z6}$
H8					◸ $\frac{H8}{e7}$	◤ $\frac{H8}{f7}$	◸ $\frac{H8}{g7}$	◤ $\frac{H8}{h7}$	◸ $\frac{H8}{js7}$	◸ $\frac{H8}{k7}$	◸ $\frac{H8}{m7}$	◸ $\frac{H8}{n7}$	◸ $\frac{H8}{p7}$	◸ $\frac{H8}{r7}$	◸ $\frac{H8}{s7}$	◸ $\frac{H8}{t7}$	◸ $\frac{H8}{u7}$				
				$\frac{H8}{d8}$	$\frac{H8}{e8}$	$\frac{H8}{f8}$		$\frac{H8}{h8}$													
H9			◸ $\frac{H9}{c9}$	◤ $\frac{H9}{d9}$	◸ $\frac{H9}{e9}$	◸ $\frac{H9}{f9}$		◤ $\frac{H9}{h9}$													
H10			$\frac{H10}{c10}$	$\frac{H10}{d10}$				$\frac{H10}{h10}$													
H11	◸ $\frac{H11}{a11}$	◸ $\frac{H11}{b11}$	◤ $\frac{H11}{c11}$	◸ $\frac{H11}{d11}$				◤ $\frac{H11}{h11}$													
H12		$\frac{H12}{b12}$						$\frac{H12}{h12}$													

注：① $\frac{H6}{n5}$、$\frac{H7}{p6}$ 在基本尺寸≤3 mm 和 $\frac{H8}{r7}$ 在基本尺寸≤100 mm 时，为过渡配合；

② 标注◤的配合为优先配合。

表 6-3 基轴制优先、常用配合（GB/T 1806—2009）

基准轴	孔																				
	A	B	C	D	E	F	G	H	JS	K	M	N	P	R	S	T	U	V	X	Y	Z
	间隙配合								过渡配合			过盈配合									
h5						F6/h5	H6/h5	H6/h5	JS6/h5	K6/h5	M6/h5	N6/h5	P6/h5	R6/h5	S6/h5	T6/h5					
h6						◸ F7/h6	◤ G7/h6	◤ H7/h6	◸ JS7/h6	◤ K7/h6	◸ M7/h6	◤ N7/h6	◤ P7/h6	◸ R7/h6	◤ S7/h6	◸ T7/h6	◤ U7/h6				
h7					◸ E8/h7	◤ F8/h7		◤ H8/h7	◸ JS8/h7	◸ K8/h7	◸ M8/h7	◸ N8/h7									
h8				D8/h8	E8/h8	F8/h8		H8/h8													
h9			◸	◤ D9/h9	◸ E9/h9	◸ F9/h9		◤ H9/h9													
h10				D10/h10				H10/h10													
h11	◸ A11/h11	◸ B11/h11	◤ C11/h11	◸ D11/h11				◤ H11/h11													
h12		B12/h11						B12/h12													

注：标注◤的配合为优先配合。

任务 6.4 配合制的选用

6.4.1 公差等级的选用原则

公差带与配合的选择就是公差等级、配合制和配合种类的选择。在满足使用要求的前提下，应尽可能选用较大的标准公差值，即选取较低的公差等级。

确定公差等级的方法：

（1）计算-查表法：对于已知配合要求的可以用计算-查表法确定其公差等级；

（2）类比法：参照类似的机构、工作条件和使用要求等经验资料，然后确定合适的公差等级。

6.4.2 配合制的选用

基准制选择原则：基准制的选择与使用要求无关，主要考虑工艺性、加工的经济性和结构的合理性，即有利于零件的加工、装配和降低成本。

（1）一般情况下优先选用基孔制。制造指定精度的轴要比孔容易，改变轴的直径要比孔简单，加工高精度的孔比轴的成本高，所以采用基孔制配合，孔的公差带数量减少，从而可减少孔用定值刀、量具的规格数量，降低生产成本，达到生产经济的目的。

（2）以下情况为必要时，可选用基轴制。

① 有明显经济效益时，例如用冷拉光轴作轴时。

② 结构上的特点，不能选用基孔制（一轴配多孔，且配合性质不同时）。

③ 与标准件配合的零件，应以标准件的配合部位作为基准件，从而确定基准制。

（3）特殊需要时，允许用任一孔轴公差带组合成所需配合——非基准制配合的应用。

6.4.3 配合种类选用

类比法就是参照现有同类型机器或机构中，经过生产实践验证的配合的实例，再结合所设计产品的使用要求和应用条件来确定配合代号的一种方法。该方法应用最广。

表 6-4　配合类别选择的基本原则

<table>
<tr><td rowspan="4">无相对运动</td><td rowspan="3">要传递转矩</td><td rowspan="2">要精确同轴</td><td>永久结合</td><td>过盈配合</td></tr>
<tr><td>可拆结合</td><td>过渡配合或基本偏差为 H（h）①的间隙配合加紧固件②</td></tr>
<tr><td colspan="2">无须精确同轴</td><td>间隙配合加紧固件②</td></tr>
<tr><td colspan="3">不传递转矩</td><td>过渡配合或小过盈配合</td></tr>
<tr><td rowspan="2">有相对运动</td><td colspan="3">只有移动</td><td>基本偏差为 H（h）①、G（g）①的间隙配合</td></tr>
<tr><td colspan="3">转动或转动和移动复合运动</td><td>基本偏差为 A～F（a～f）①的间隙配合</td></tr>
</table>

注：① 指非基准件的基本偏差代号；
② 紧固件指键、销钉和螺钉等。

计算法就是根据理论和公式，计算出符合使用要求的间隙或过盈大小来选定配合的方法。由于影响间隙和过盈的因素很多，理论的计算也是近似的，所以在实际应用中还需经过试验来确定，一般情况下，很少使用计算法。

试验法就是用试验的方法确定满足产品工作性能的间隙或过盈范围。该方法主要用于特别重要的、对产品性能影响重大而又缺乏经验的场合。试验法比较可靠，但周期长、成本高，应用也较少。

任务 6.5 装配件的检测

6.5.1 扫描前准备工作

1. 清洁装配件表面

使用无尘布、毛刷等工具将装配件表面清理干净、达到基本无尘。

微课：蜗轮蜗杆升降机的三维数字化扫描

2. 粘贴标记点

根据装配件的检测要求及大小与表面特征，选择直径为 6 mm 的标记点粘贴在装配件所在平面上即可，装配件标记点粘贴如图 6-9 所示。

图 6-9 粘贴标记点

3. 工件摆放

将装配件放置在平面上标记点范围内的中央区域，如图 6-10 所示。

图 6-10 装配件放置在转盘上

4. 手持式激光三维扫描仪快速标定

将手持式激光三维扫描仪连接后，需进行设备预热（连接完成后放置不动即可），预热时间为 5 ~ 10 min，确保使用前后扫描仪内部温差变化小，减少对精度影响。使用设备配套标定板，对设备进行快速标定，标定时使标定板外部文字方向正对使用者，如图 6-11 所示。

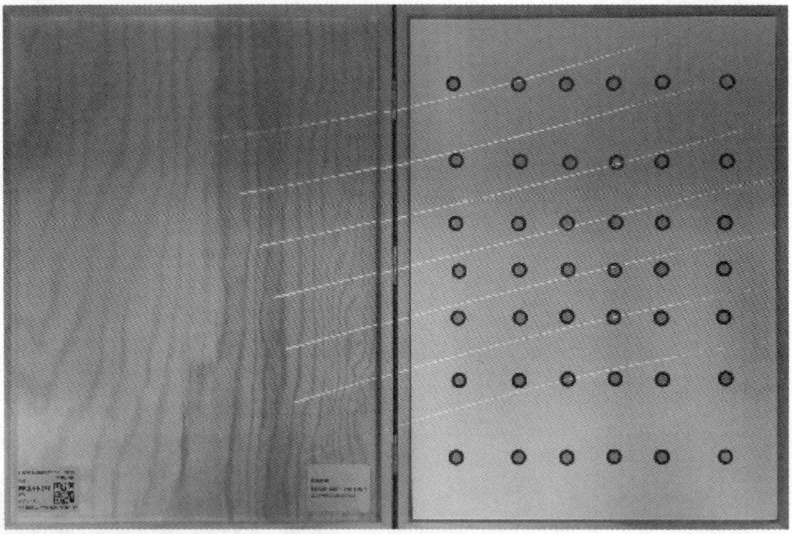

图 6-11　扫描仪标定

6.5.2　扫描步骤分析

根据装配件三维数据采集要求及工件特点，现将装配件扫描分为单次扫描，每次扫描步骤分为：扫描参数设置→扫描标记点→扫描采集装配件数据。数据采集完成后在 Scan Viewer 软件上作数据处理，最后导出数据文件。

1. 扫描参数设置

打开 Scan Viewer 软件，在扫描控制面板下，“解析度设置”设置为 0.4 mm，“激光曝光参数”设置为 2.5 ms，如图 6-12 所示。

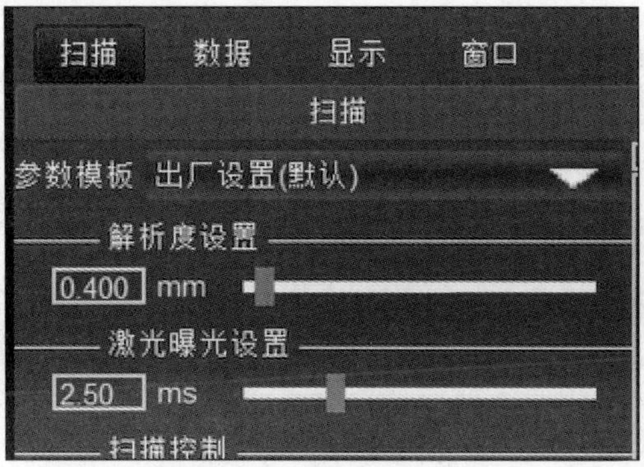

图 6-12　扫描参数设置

2. 扫描标记点

软件上“扫描控制”面板下选择“标记点”，单击“开始”，如图 6-13 所示。将扫描仪正对装配件，在扫描仪距离被扫物体表面 30 cm 处按下扫描仪上的激光开关键，开始扫描标记点，扫描时从多个角度识别标记点。图 6-14 所示为扫描标记点时的场景。

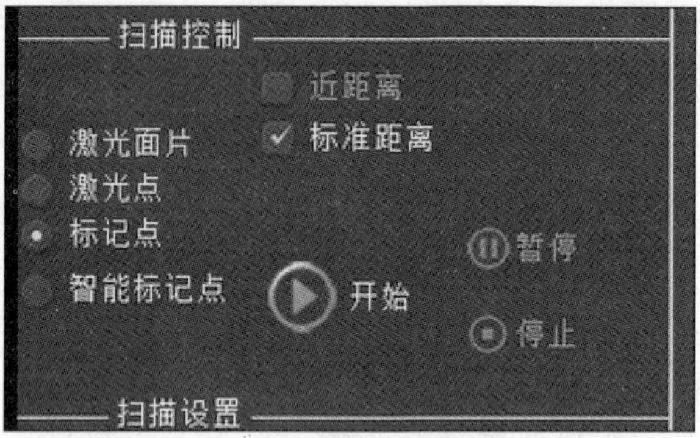

图 6-13 扫描控制面板

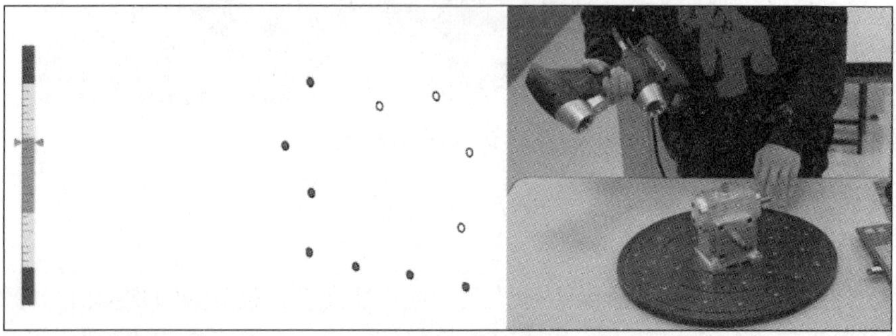

图 6-14 扫描标记点

3. 扫描采集装配件数据

标记点扫描完毕后，按下扫描仪上的激光开关键关闭光源，单击 Scan Viewer 扫描软件中的“停止”按钮，如图 6-15 所示。停止标记点扫描后，优先使用“标记点优化”命令，如图 6-16 所示。

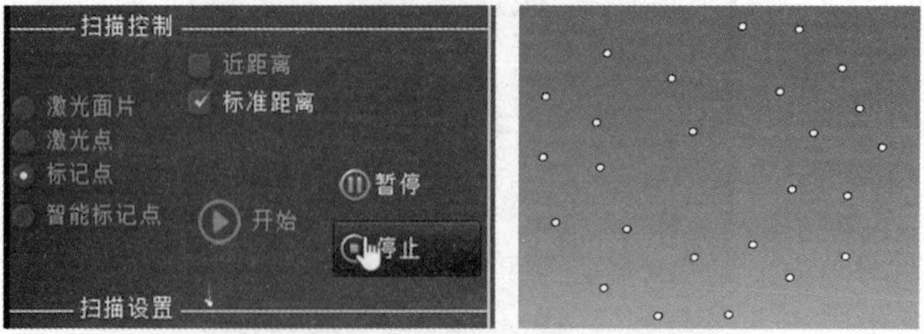

图 6-15 停止标记点扫描

图 6-16　标记点优化

在“扫描控制”面板中选择“激光面片”，然后单击“开始”，如图 6-17 所示，进入多条激光（红色）模式。

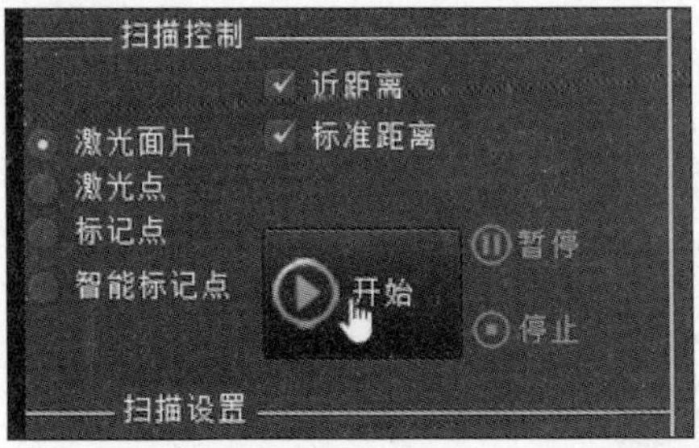

图 6-17　切换激光面片扫描

将扫描仪正对装配件，在扫描仪距离被扫物体表面 30 cm 处按下扫描仪上的激光开关键，开始扫描采集装配件数据，如图 6-18 所示。在扫描过程中可以按下扫描仪上的视窗放大键，Scan Viewer 扫描软件视图会相应地放大，便于观察细节。当遇到深槽等不易扫描的部位时，双击扫描仪上的扫描开关键，切换到单条激光线模式，扫描时注意扫描仪的角度及距离。

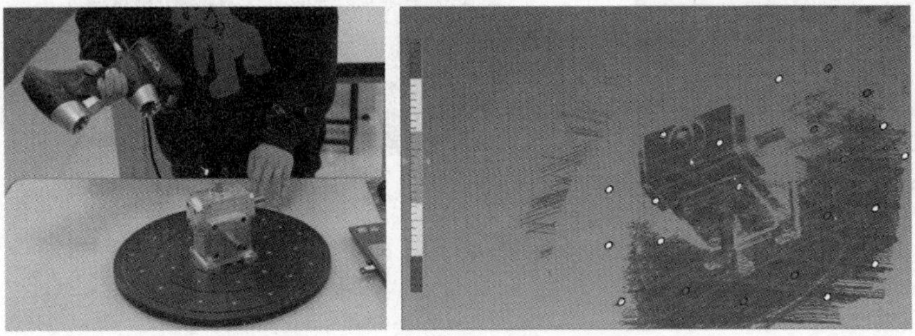

图 6-18　扫描采集装配件数据

数据扫描采集完整后，关闭扫描仪激光线。Scan Viewer 软件上单击“停止”，检查此面数据是否扫描完整，若还有缺失，可在未改变装配件与平面位置情况下再次进行扫描，采集未扫描完整的数据。

6.5.3 数据处理并导出文件

1. 数据处理

停止扫描后，按住鼠标左键框选装配件及周边平面数据，右键选择“全部反选”，如图 6-19 所示。反选后按【Delete】键删除多余数据，得到如图 6-20 所示数据。

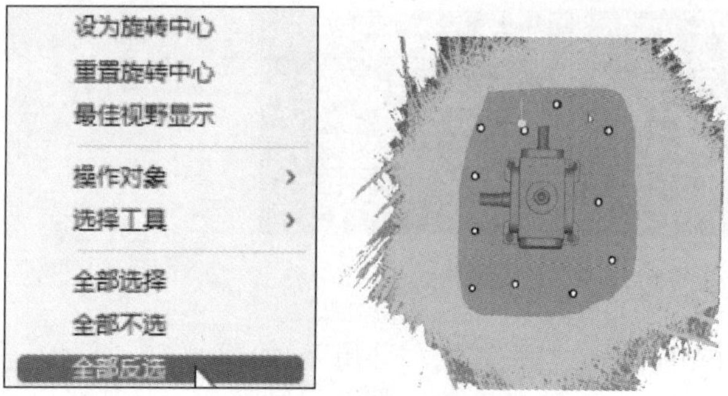

图 6-19 删除前

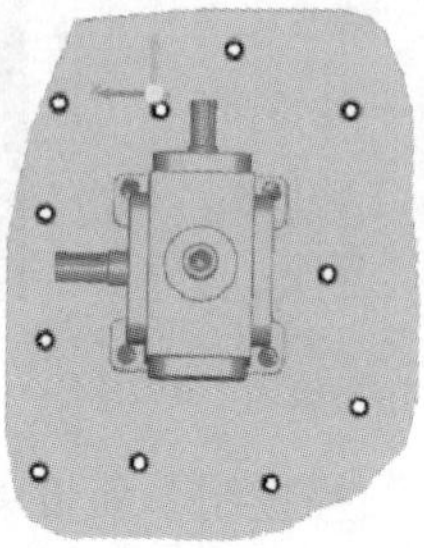

图 6-20 删除后

2. 数据网格化

选择“点工具条”下“激光点区域”，单击“网格化”，进行网格化参数设置，参数默认，单击“确定”完成网格化处理，如图 6-21 所示。

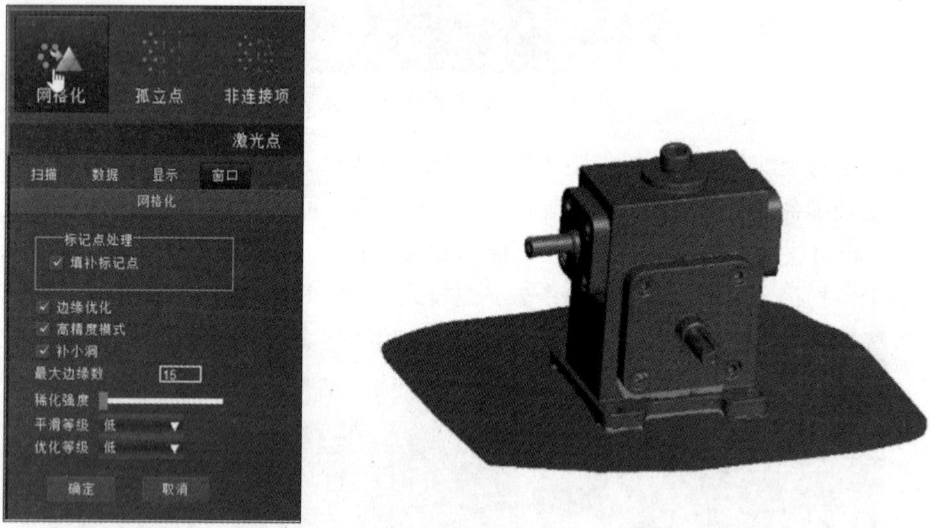

图 6-21 网格化

3. 保存数据

在“扫描控制面板”下的“数据”选中需保存的网格对象，单击“快速菜单栏”中的“保存”，选择“网格文件”，在弹出的“另存为”对话框中输入文件名，单击“保存”。

6.5.4 装配件数据分析比对

微课：蜗轮蜗杆升降机的三维数字化检测

1. 导入网格数据与模型数据

打开 Gemogic Control X 软件，单击软件左上角“导入”命令，在导入管理器中找到数据所在文件夹，将“装配件-扫描数据”和“蜗轮蜗杆升降机-CAD 模型”选中，选择“仅导入”将数据输入至软件界面中，如图 6-22 所示。

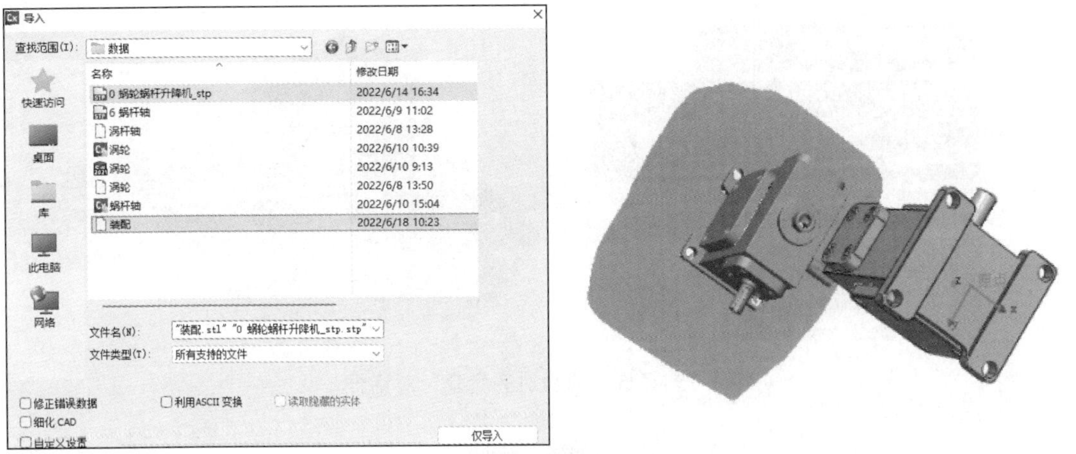

图 6-22　导入数据

2. 数据对齐

单击“初始对齐”命令，在命令对话框中选择“快”，如图 6-23 所示；单击“√”使测试数据与参考数据完成初始对齐，效果如图 6-24 所示。

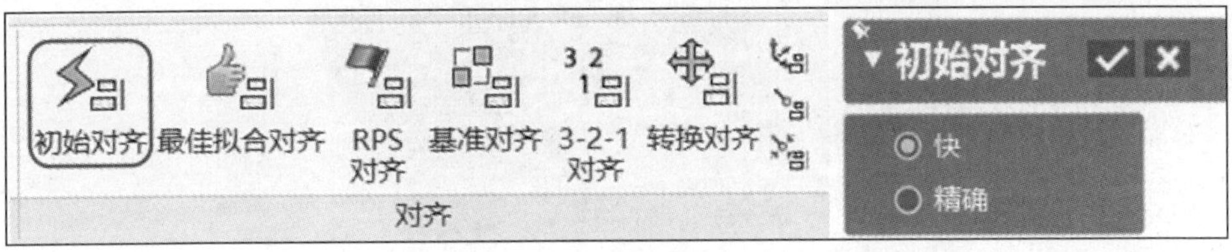

图 6-23　初始对齐命令

图 6-24　初始对齐效果

完成初始对齐后，单击“最佳拟合对齐”命令，参数默认，如图 6-25 所示；单击“√”使测试数据与参考数据完成最佳拟合对齐，如图 6-26 所示。

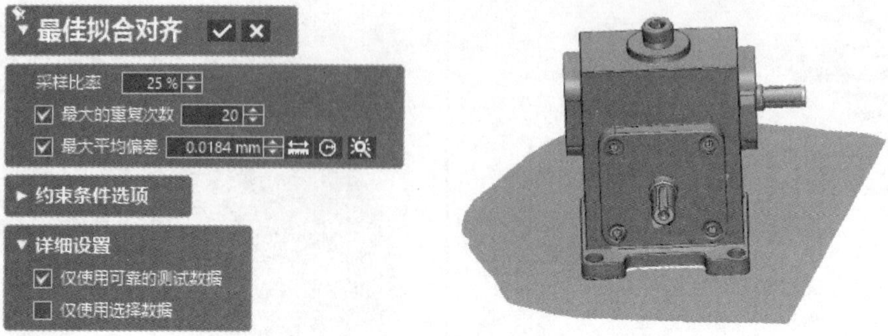

图 6-25 “最佳拟合对齐命令”对话框

图 6-26 最佳拟合对齐效果

3. 3D 比较分析

单击“3D 比较”命令，弹出如图 6-27 所示对话框，选择默认参数、单击➡进入下一步操作。

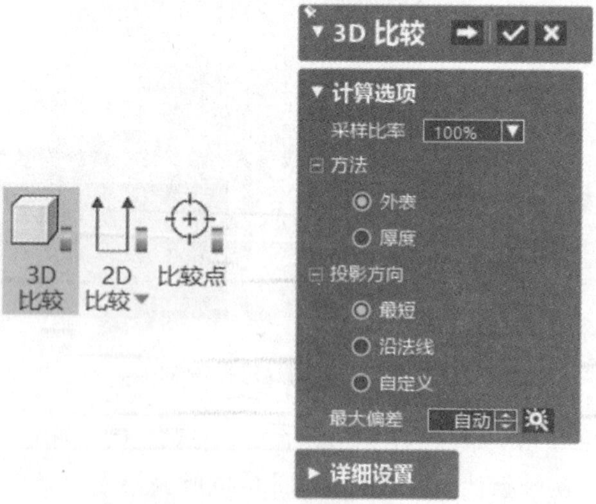

图 6-27 3D 比较命令

进入下一步操作后，测量数据将自动隐藏，因此可以清楚地看见色图。在“显示选项”选择“色图”，“最大范围”设置为“1”并回车或左键单击以确定，“最小范围”随“最大范围”自动变化，“颜色面板选项”下勾选“使用指定公差”，设置为 ± 0.1 mm，如图 6-28 所示，单击“√”，完成 3D 比较操作。

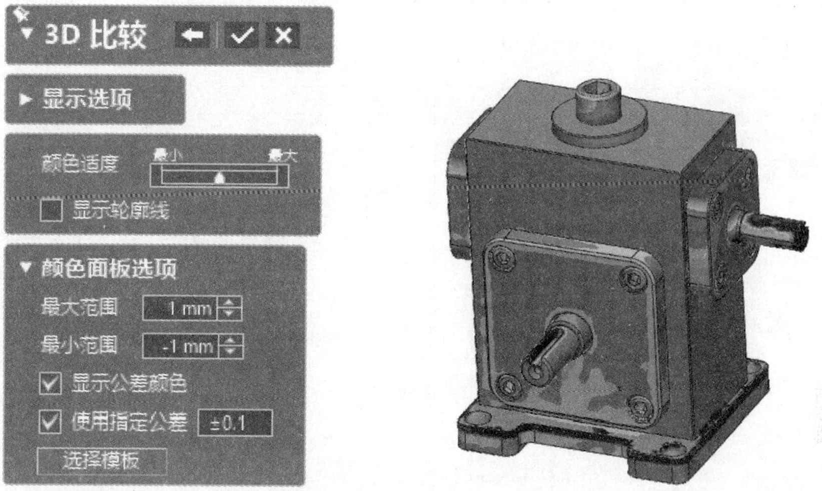

图 6-28 3D 比较参数设置

4. 比较点分析

单击“比较点”命令，将鼠标移动至颜色偏差比较深的地方单击一下鼠标左键创建和显示位置的偏差，单击“√”完成，如图 6-29 所示。

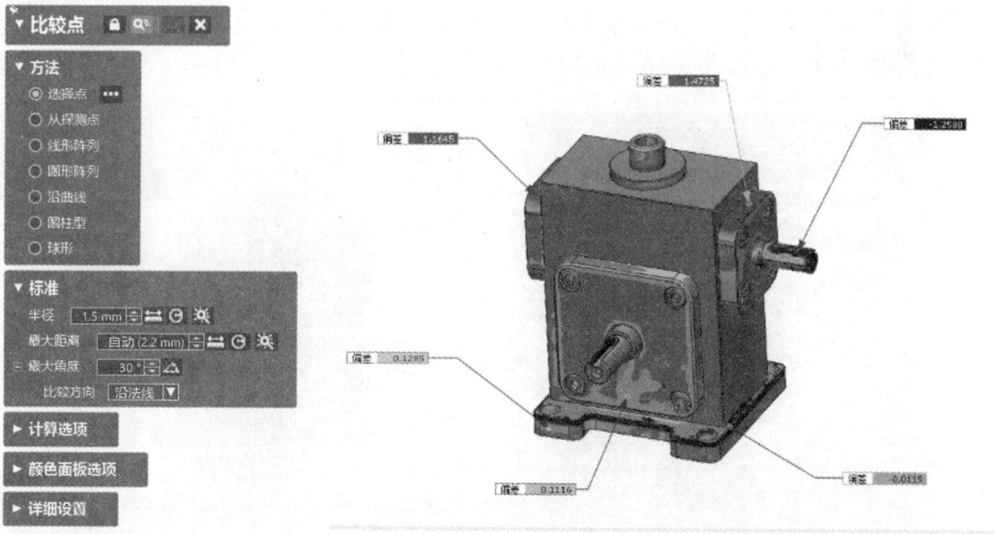

图 6-29 比较点命令

选择“捕捉”，手动调整标签布局，如图 6-30 所示。

图 6-30 自动排列

软件左侧选中“CMP1”，比较点显示的视角不是满足需求的视角，将视图调整后，单击左下角“更新视点”图标（重新分配视点），如图 6-31 所示。

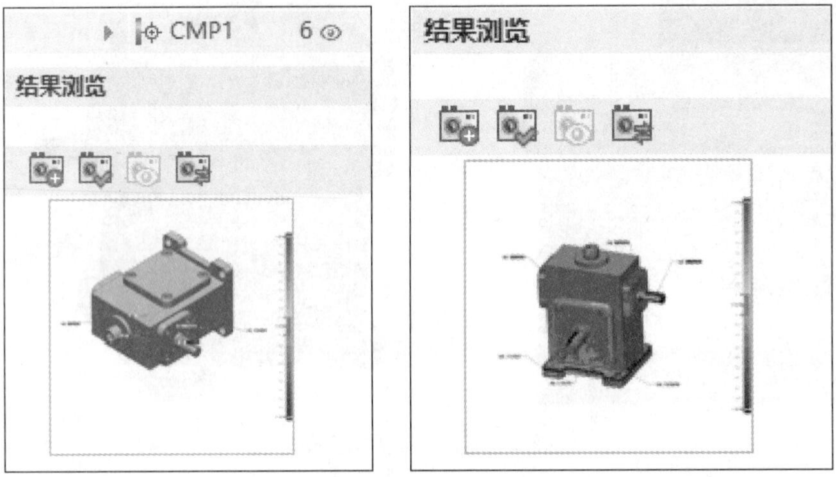

图 6-31 更新视点

5. 2D 比较分析

单击“2D 比较”命令，弹出“2D 比较”对话框，在“设置截面平面”中选择“偏移”，“基准平面”选择“*X*”完成，在偏移距离的输入框中输入“0 mm”来设置所选面的偏移距离，再单击进入下一步操作，如图 6-32 所示。

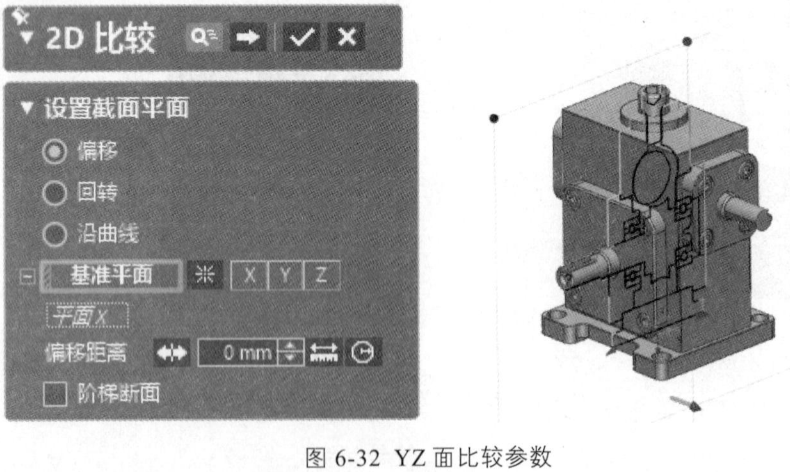

图 6-32 YZ 面比较参数

显示“截面图”后，可通过（逆时针旋转视图 90°）和（顺时针旋转视图 90°）来调整视图。“偏差标签”下选择“手动”，点选断面上若干点，来分析特定位置的偏差值。每个点位置和偏差的注释将会显示（黑色线条无数据），单击“√”完成，如图 6-33 所示。

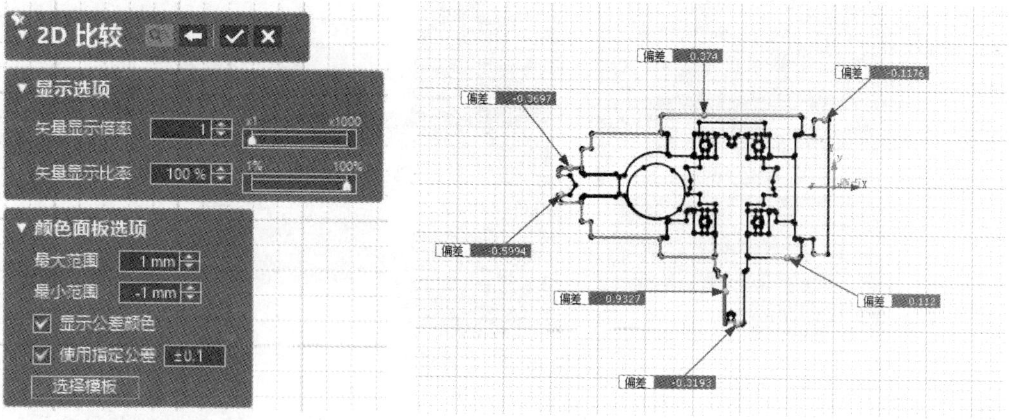

图 6-33 2D 比较

6. 3D 尺寸测量

尺寸菜单栏下选择“3D”，进入 3D 尺寸测量界面，如图 6-34 所示。

图 6-34 3D 尺寸测量切换

单击“长度尺寸”，“对象”选择尺寸 1 所处两平面，设置“公差”为“± 0.5”，“参照”为“144 mm”，如图 6-35 所示，单击“√”，完成尺寸测量 1。

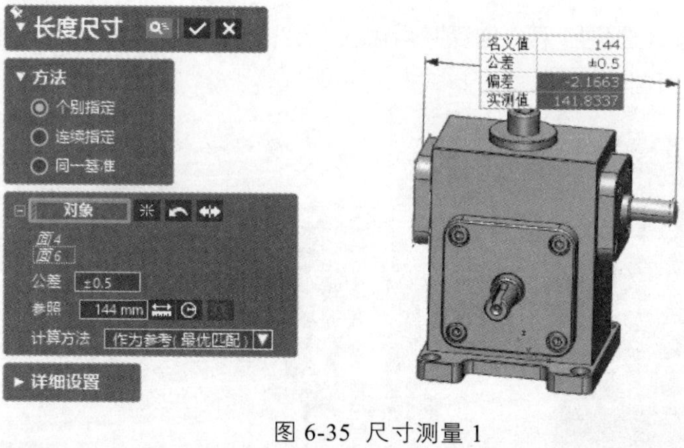

图 6-35 尺寸测量 1

单击“长度尺寸”，“方法”选择“个别指定”，“对象”选择尺寸 2 所处平面和圆柱面后，设置“公差”为“± 0.2”，“参照”为“22 mm”，“圆弧条件”选择“最大”，如图 6-36 所示，单击“√”，完成尺寸测量 2。

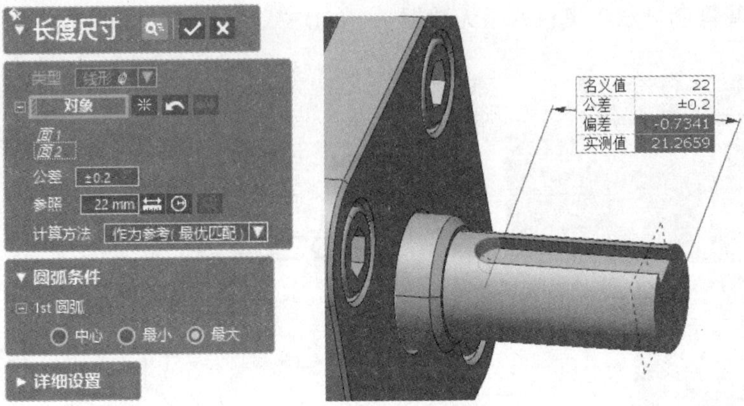

图 6-36 尺寸测量 2

单击“长度尺寸”，“方法”选择“个别指定”，“对象”选择尺寸 3 所处的两平面后，设置“公差”为“± 0.3”，“参照”为“116.8 mm”，如图 6-37 所示，单击“√”，完成尺寸测量 3。

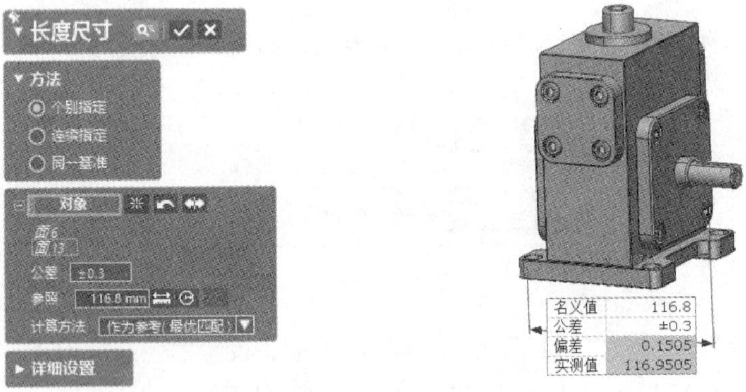

图 6-37 尺寸测量 3

单击“平面”，“输入选项”下“位置”均输入“0”，“法线”选择“Z”，如图 6-38 所示，单击“确定”，完成平面创建。

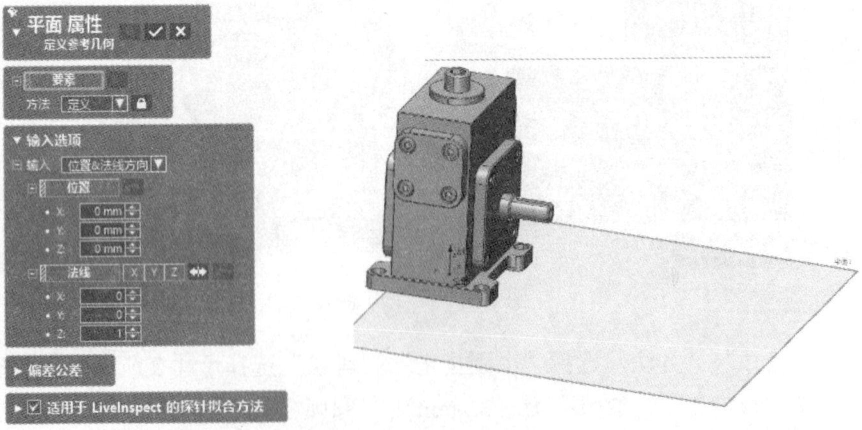

图 6-38 平面创建

单击“长度尺寸”，“方法”选择“个别指定”，“对象”选择尺寸 4 所处的圆柱面和平面后，设置“公差”为“± 0.3”，“参照”为“55 mm”，如图 6-39 所示，单击“√”，完成尺寸测量 4。

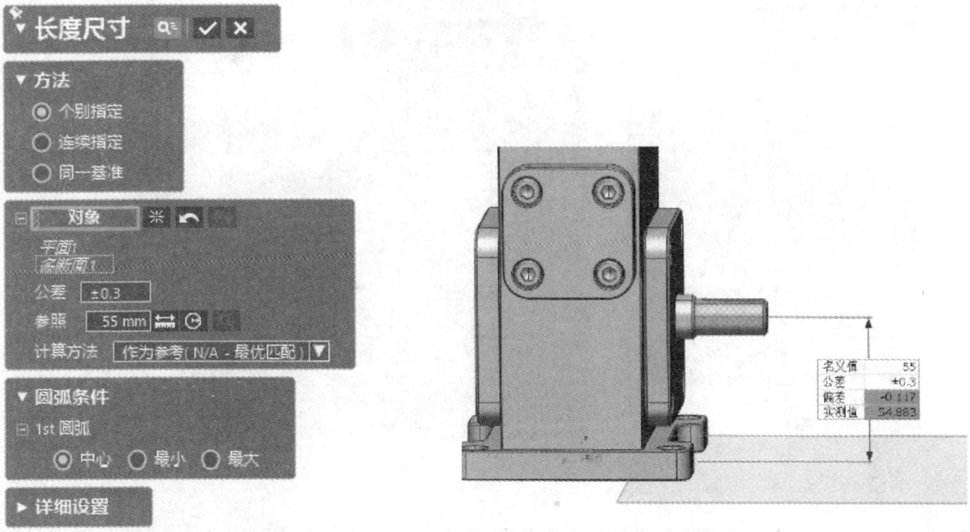

图 6-39 尺寸测量 4

单击“半径尺寸”，“对象”按住【shift】键选择尺寸 5 所处的两圆柱面后，设置“公差”为“± 0.5”，“参照”为“146 mm”，如图 6-40 所示，单击“√”，完成尺寸测量 5。

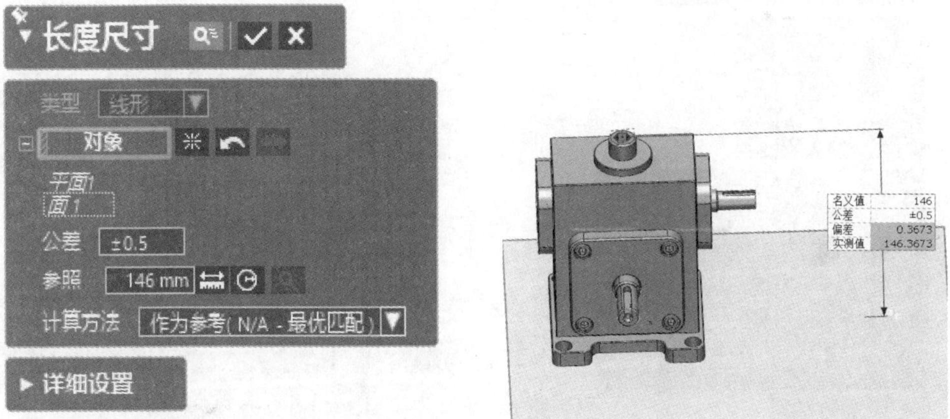

图 6-40 尺寸测量 5

单击“长度尺寸”，“方法”选择“个别指定”，“对象”选择尺寸 6 所处平面和圆柱面后，设置“公差”为“± 0.2”，“参照”为“25 mm”，“圆弧条件”选择“最大”，如图 6-41 所示，单击“√”，完成尺寸测量 6。

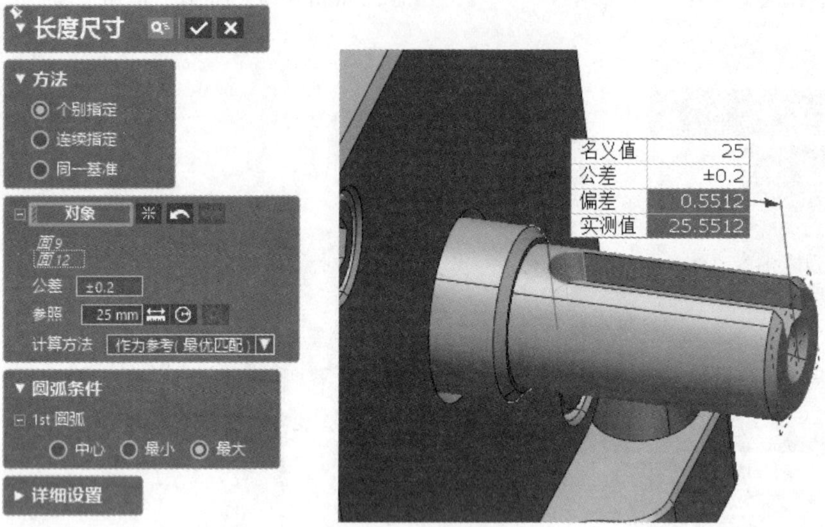

图 6-41 尺寸测量 6

单击“长度尺寸”，“方法”选择“个别指定”，“对象”选择尺寸 7 所处的两圆柱面后，设置“公差”为“± 0.3”，“参照”为“75 mm”，如图 6-42 所示，单击“√”，完成尺寸测量 7。

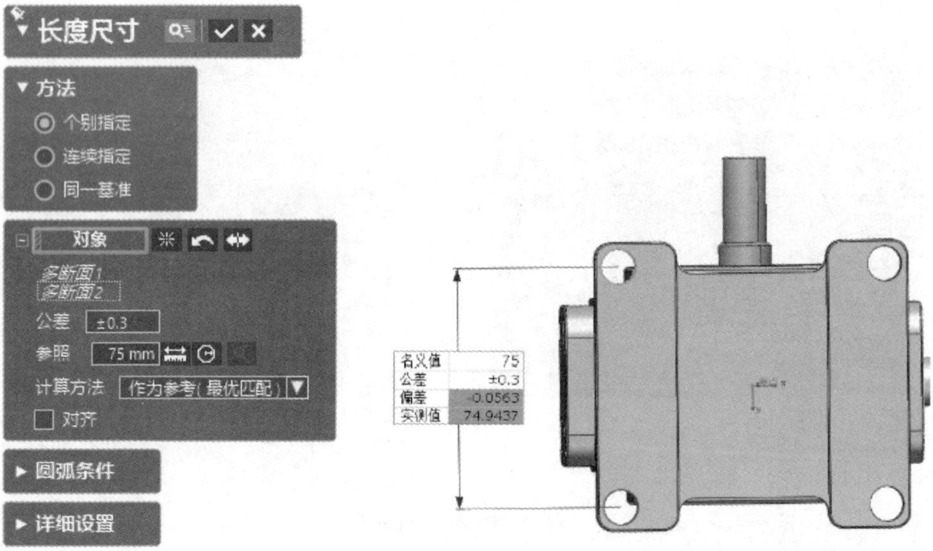

图 6-42 尺寸测量 7

单击“长度尺寸”，“方法”选择“个别指定”，“对象”选择尺寸 8 所处的两圆柱面后，设置“公差”为“± 0.3”，“参照”为“85 mm”，如图 6-43 所示，单击“√”，完成尺寸测量 8。

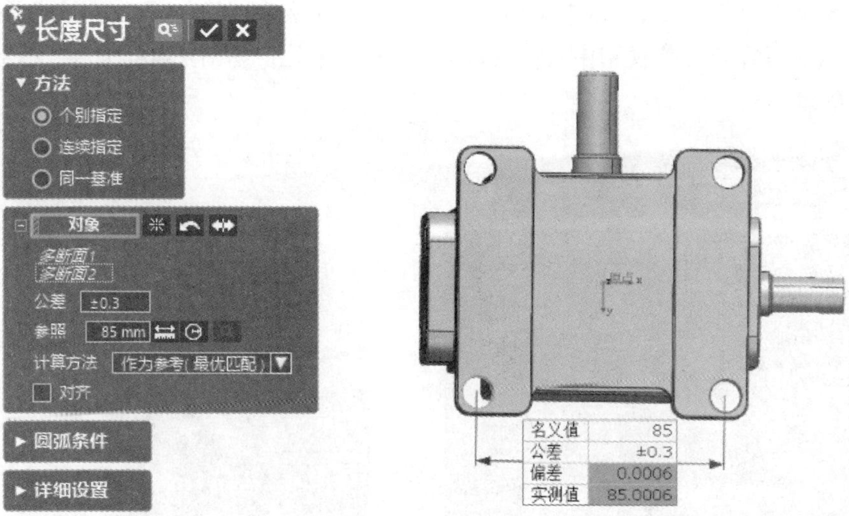

图 6-43　尺寸测量 8

单击“半径尺寸”，“对象”选择尺寸 9 所处的圆柱面后，设置“公差”为“± 0.2”，“参照”为“11 mm”，勾选“阵列”，如图 6-44 所示，单击“√”，完成尺寸测量 9。

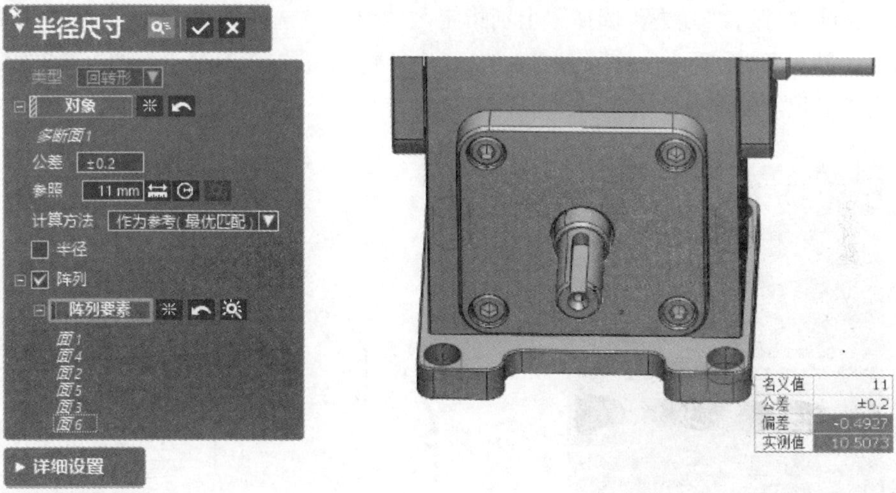

图 6-44　尺寸测量 9

7. 2D 尺寸测量

尺寸菜单栏下选择“2D”，进入 2D 尺寸测量界面，如图 6-45 所示。

图 6-45　2D 尺寸测量切换

单击“添加截面”命令，“基准平面”选择面 6，“偏移距离”输入“7 mm”并单击[icon]以反转方向，或鼠标左键按住视图中长箭头移动至 10 mm 处，如图 6-46 所示，单击“√”，完成 2D 截面创建。

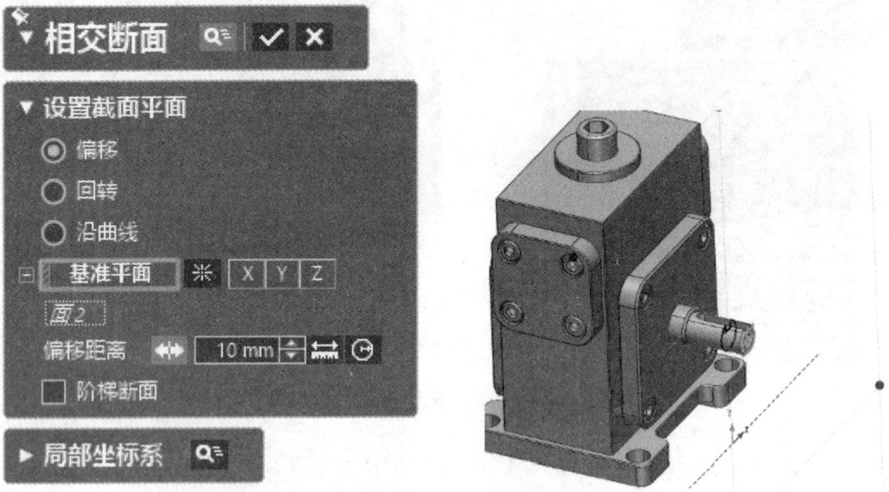

图 6-46 添加 2D 尺寸测量截面

单击“长度尺寸”，“方法”选择“个别指定”，“对象”选择尺寸 10 所在两边线后，“圆弧条件”选择“最大”，设置“公差”为“± 0.2”，“参照”为“10 mm”，如图 6-47 所示，单击“√”，完成长度尺寸测量。

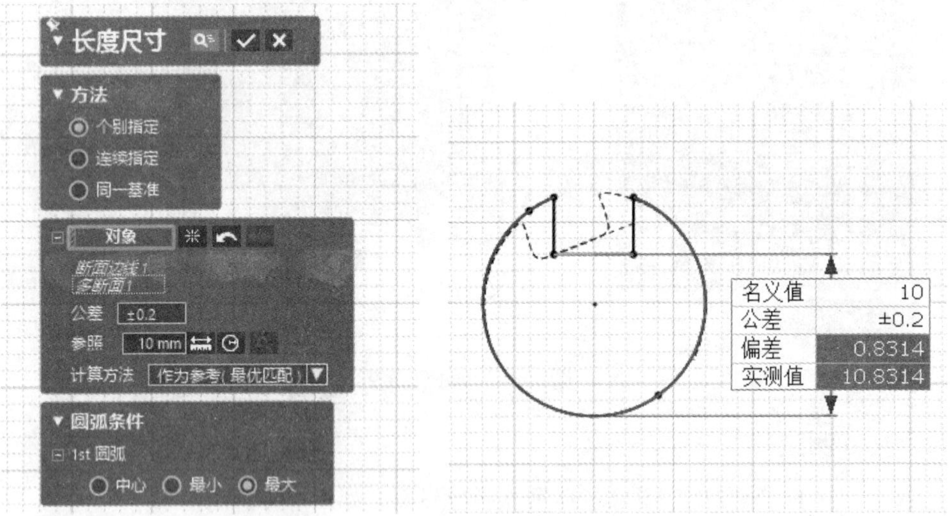

图 6-47 尺寸测量 10

单击“半径尺寸”，“对象”选择尺寸 11 所处的圆边线后，设置“公差”为“± 0.2”，“参照”为“14 mm”，如图 6-48 所示，单击“√”，完成尺寸测量 11。

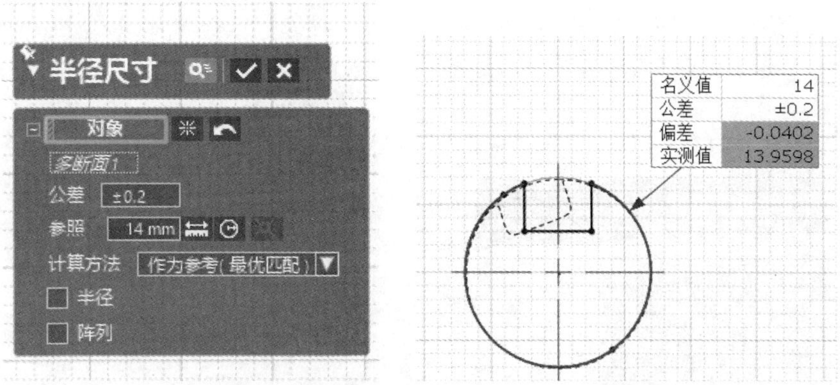

图 6-48 尺寸测量 11

单击“长度尺寸”，“方法”选择“个别指定”，“对象”选择尺寸 12 所在两边线后，设置“公差”为“± 0.1”，“参照”为“5 mm”，如图 6-49 所示，单击“√”，完成长度尺寸测量。

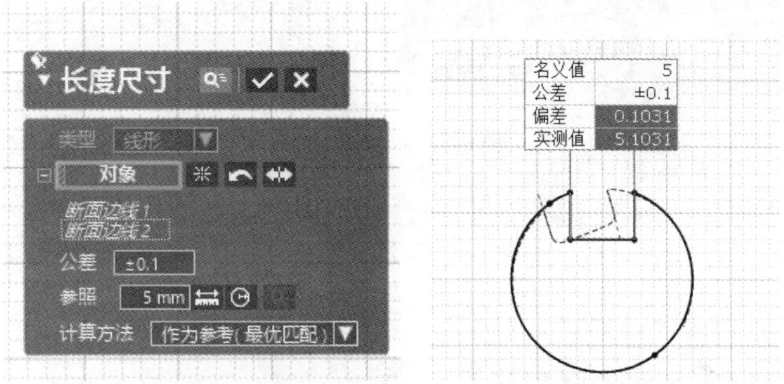

图 6-49 尺寸测量 12

单击“添加截面”命令，“基准平面”选择面 6，“偏移距离”输入“7 mm”并单击以反转方向，或鼠标左键按住视图中长箭头移动至 7 mm 处，如图 6-50 所示，单击“√”，完成 2D 截面创建。

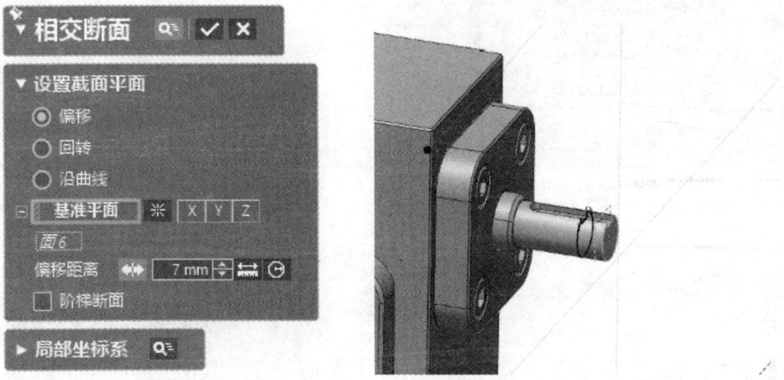

图 6-50 添加 2D 尺寸测量截面

单击“长度尺寸”，“方法”选择“个别指定”，“对象”选择尺寸 13 所在两边线后，设置“公差”为“± 0.1”，“参照”为“4 mm”，如图 6-51 所示，单击“√”，完成长度尺寸测量。

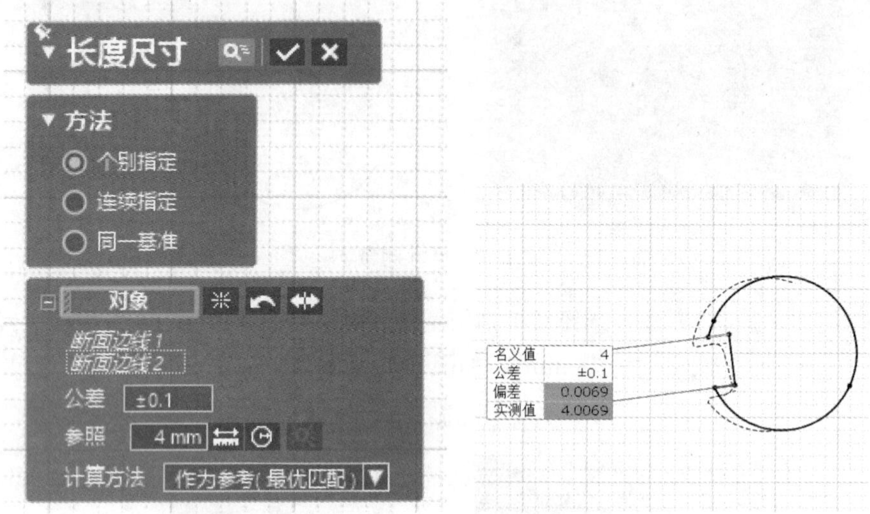

图 6-51 尺寸测量 13

单击“半径尺寸”，“对象”选择尺寸 14 所处的圆边线后，设置“公差”为“± 0.2”，“参照”为“12 mm”，勾选“阵列”，如图 6-52 所示，单击“√”，完成尺寸测量 14。

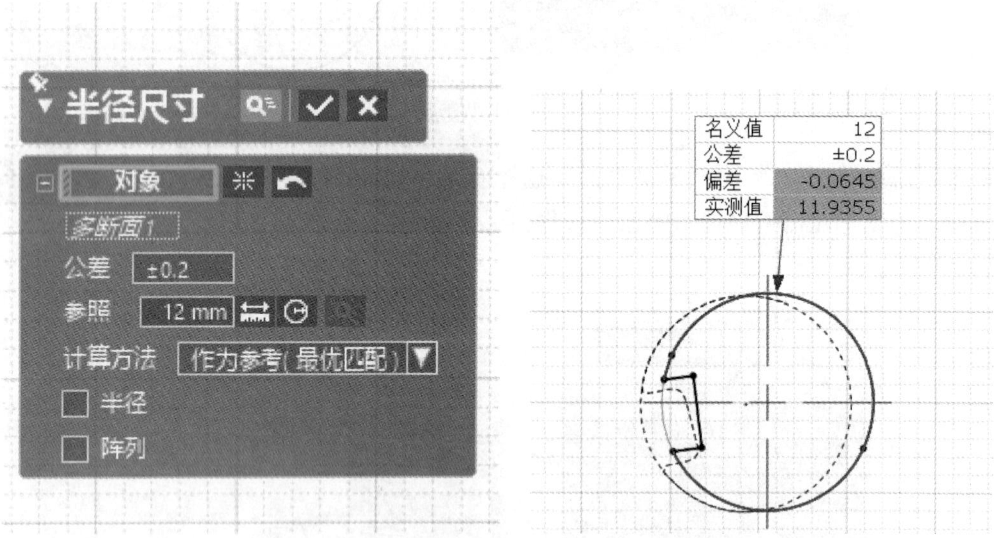

图 6-52 尺寸测量 14

单击“长度尺寸”，“方法”选择“个别指定”，“对象”选择尺寸 15 所在两边线后，“圆弧条件”选择“最大”，设置“公差”为“± 0.2”，“参照”为“10 mm”，如图 6-53 所示，单击“√”，完成长度尺寸测量。

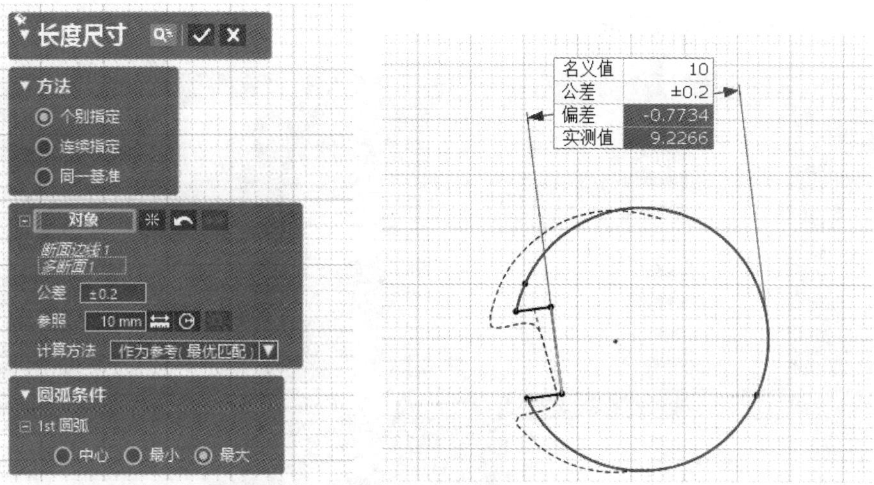

图 6-53　尺寸测量 15

完成全部尺寸测量之后，在模型管理器下将尺寸按图纸上所示顺序命名。

8. 报告生成与导出

单击“生成报告”，弹出“创建报告”对话框，单击“生成”，可自动生成之前所操作的检测数据报告，确认添加在激活结果数据中的特征都在“所选实体”列表中列出，如图 6-54 所示。

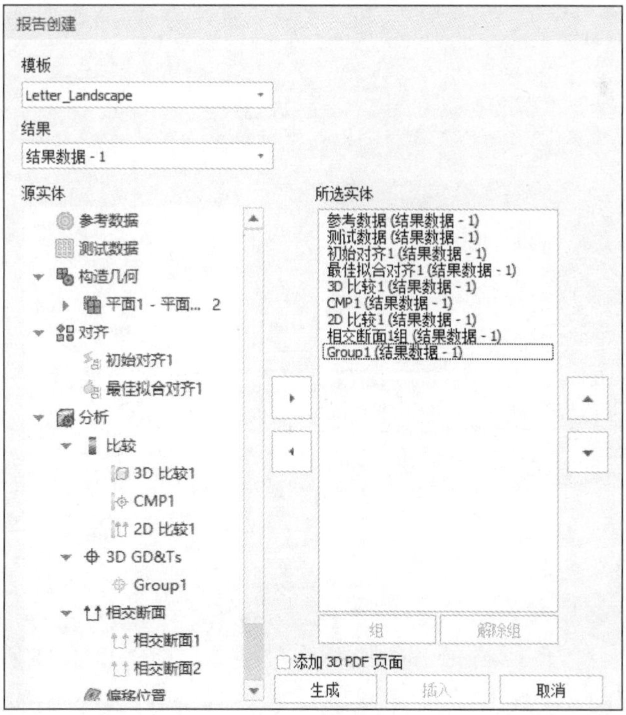

图 6-54　生成报告

报告部分内容如图 6-55 所示。

名称	结果名称	公差	偏差	名义值	实测值
1	结果数据 - 1	±0.5	-2.1651	144	141.8349
2	结果数据 - 1	±0.2	-0.7341	22	21.2659
3	结果数据 - 1	±0.3	0.1505	116.8	116.9505
4	结果数据 - 1	±0.3	-0.117	55	54.883
5	结果数据 - 1	±0.5	0.3673	146	146.3673
6	结果数据 - 1	±0.2	0.5512	25	25.5512
7	结果数据 - 1	±0.3	-0.0563	75	74.9437
8	结果数据 - 1	±0.3	0.0006	85	85.0006
9	结果数据 - 1	±0.2	-0.4927	11	10.5073

名称	结果名称	名义值	实测值	偏差	公差	# 点
10	结果数据 - 1	10	10.8314	0.8314	±0.2	201
11	结果数据 - 1	14	13.9598	-0.0402	±0.2	167
12	结果数据 - 1	5	5.1031	0.1031	±0.1	36
13	结果数据 - 1	4	4.0069	0.0069	±0.1	38
14	结果数据 - 1	12	11.9355	-0.0645	±0.2	130
15	结果数据 - 1	10	9.2266	-0.7734	±0.2	153

图 6-55 PDF 报告

项目 7

蜗轮蜗杆升降机的质量管理分析

学习目标

1. 知识目标

（1）掌握统计学的基本概念。

（2）了解质量管理五大工具及七种方法。

（3）掌握控制图的分类及分析。

（4）了解统计过程控制的各参数含义。

2. 技能目标

（1）能熟练使用 ZC-QDM 软件。

（2）能通过检测数据进行简单的质量管理分析。

3. 素养目标

（1）具有理解问题、分析问题、解决问题的能力。

（2）具有认真、细心的学习态度和精益求精的工匠精神。

考核要求

完成本项目学习内容，能够熟练地读懂图纸，熟练掌握 ZC-QDM 的使用方法，能对已有的检测数据进行分析，培养学生的质量管理意识。

任务 7.1 质量分析任务描述

某企业现已完成一批透盖的零件加工，根据检测组反馈，本批次的零件较多尺寸存在误差，图 7-1 和图 7-2 为透盖的零件图和图纸，现请根据产品的实测值，使用 ZC-QDM 软件进行尺寸分析，并提交分析报告。

表 7-1 透盖检测表 单位：mm

序号	方位	尺寸类型	公称尺寸（mm）	上偏差（mm）	下偏差（mm）
1	C3	*L*	75	+0.05	−0.05
2	A4	*R*	10	+0.05	−0.05
3	B5	ϕ	40	0	−0.025
4	B5	ϕ	68	0	−0.03
5	C2	*f*	0	0.06	

图 7-1 透盖零件图

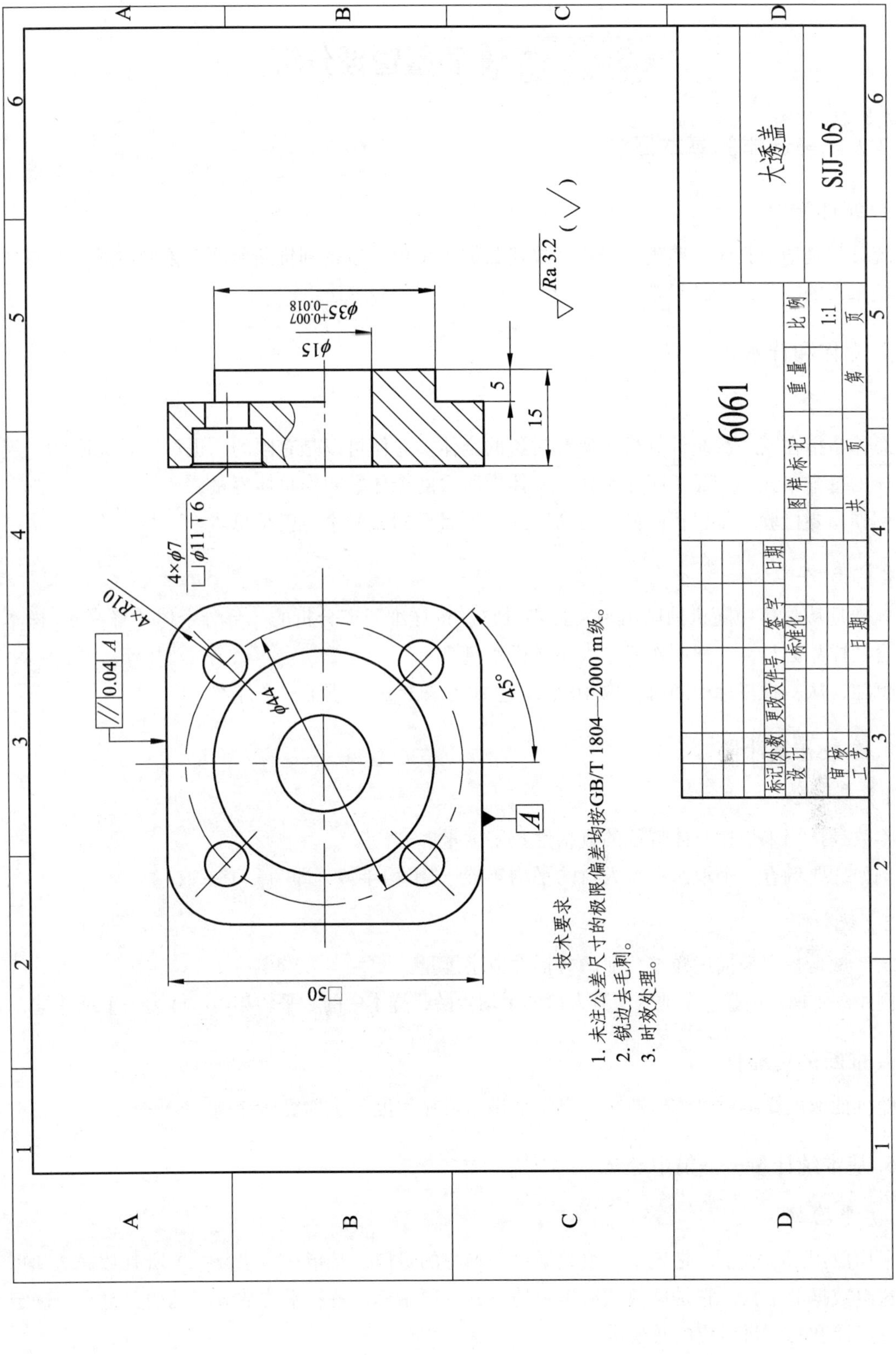
技术要求
1. 未注公差尺寸的极限偏差均按GB/T 1804—2000 m级。
2. 锐边去毛刺。
3. 时效处理。
大透盖
SJJ-05
6061
□50
φ44
45°
4×R10
4×φ7
⌴φ11↧6
φ15
φ35+0.007 -0.018
5
15
Ra 3.2
0.04 A
A
标记 处数 更改文件号 签字 日期
设计 标准化
审核
工艺 日期
图样标记 重量 比例
1:1
共 页 第 页

图 7-2　透盖图纸

任务 7.2 质量管理分析

7.2.1 统计学的基本概念

1. 统计学

统计学是通过搜索、整理、分析、描述数据等手段，以达到推断所测对象的本质，甚至预测对象未来的一门综合性科学。

2. 总体和样本

1）总 体

总体是指在某一次统计分析中研究对象的全体。总体可以是有限的，也可以是无限的。组成总体的每个单元（产品）叫作个体。总体中所含的个体数叫作总体容量。

例如，要检验一批鼠标的使用寿命，这一批鼠标构成的集合就是总体。

2）样 本

样本是从总体中随机抽取出来并且要对它进行详细研究分析的一部分个体（样品）。样本中所含的样品数目，一般叫作样本大小或样本量。

例如，从一批鼠标中随机抽取 10 个，这 10 个鼠标就构成了一个样本。

3. 参数和统计量

1）参 数

参数是指用来描述总体特征的概括性数字度量。

例如，要调查一个地区所有人口的平均年龄，“平均年龄”即为一个参数。

2）统计量

统计量是指用来描述样本特征的概括性数字度量。

例如，要抽样调查一个地区所有人口的平均年龄，样本中的“平均年龄”即为一个统计量。

4. 推断的可靠性

随机抽取的样本对总体推断所得出的结果的可靠程度，也称置信度。

5. 基本统计量——集中趋势

1）平均数

平均数用 X_{bar} 表示，是表示一组数据集中趋势的量值，是指在一组数据中所有数据之和再除以这组数据的个数。它是反映数据集中趋势的一项指标。解答平均数应用题的关键在于确定总数量以及和总数量对应的总份数。

2）算述平均数

算术平均数（Arithmetic Mean），又称均值，用 $\bar{X}$ 表示，是统计学中最基本、最常用的一种平均指标，分为简单算术平均数、加权算术平均数。它主要适用于数值数据，不适用于品质数据。根据表现形式的不同，算术平均数有不同的计算形式和计算公式，即 $\bar{X}=\frac{\sum_{i=1}^{n}X_i}{n}$。

3）中位数

中位数（Median），又称中值，用 Md 表示，是统计学中的专有名词，是按顺序排列的一组数据中居于中间位置的数，代表一个样本、种群或概率分布中的一个数值，其可将数值集合划分为相等的上下两部分。对于有限的数集，可以通过把所有观察值高低排序后找出正中间的一个作为中位数。如果观察值有偶数个，通常取最中间的两个数值的平均数作为中位数。

4）众　数

众数（Mode）又称模数，用 Mo 表示，是指在统计分布上具有明显集中趋势的数值，代表数据的一般水平。众数也是一组数据中出现次数最多的数值，有时在一组数中有好几个。

6. 基本统计量——变化趋势

1）极　差

极差又称范围误差或全距（Range），用 R 表示，是用来表示统计资料中的变异量数（Measures of variation），其最大值与最小值之间的差距，即最大值减最小值后所得数据，即 $R=X_{\max}-X_{\min}$。

2）方　差

方差，用 σ^2 表示，是在概率论和统计方差衡量随机变量或一组数据时离散程度的度量。概率论中方差用来度量随机变量和其数学期望（即均值）之间的偏离程度。统计中的方差（样本方差）是每个样本值与全体样本值的平均数之差的平方值的平均数。在许多实际问题中，研究方差即偏离程度有着重要意义，即 $\sigma^2=\frac{\sum_{i=1}^{n}(X_i-\bar{X})^2}{n}$。

3）标准差

标准差（Standard deviation），也称均方差（Mean square error），用 σ 表示，是各数据偏离平均数的距离的平均数，能反映一个数据集的离散程度。平均数相同的，标准差未必相同，即 $\sigma=\sqrt{\frac{\sum_{i=1}^{n}(X_i-\bar{X})^2}{n}}$。

7. 正态分布

1）正态分布

正态分布，亦称常态分布或常态分配，如图 7-3 所示，一种用于计量型数据的连续的对称的钟形频率分布。它是计量型数据用控制图的基础，当一组测量数据服从常态分配（正态分布）时，有大约 68.27%的测量值落在平均值处正负一个标准差的区间内，大约 95.45%的测量值落在平均值处正负两个标准差的区间内，大约 99.73%的测量值落在平均值处正负三个标准差的区间内。这些百分数是控制界限或控制图分析的基础（因为即使整个输出的全部数据不服从常态分配，但其子组平均值趋向于正态分布），而且是许多过程能力确定的基础。

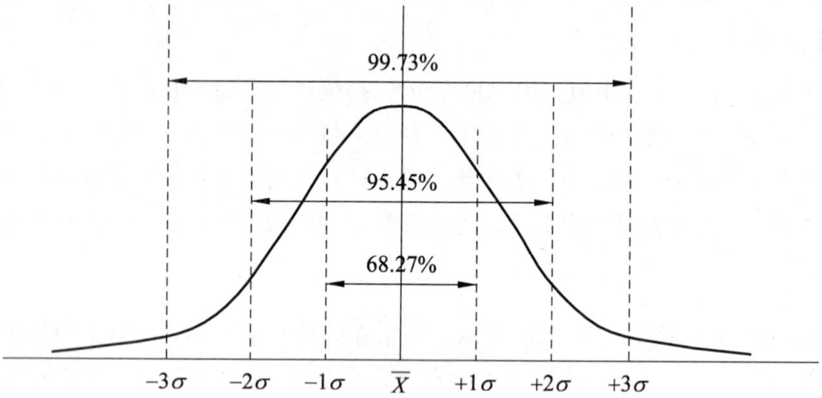

图 7-3 正态分布图

2）分 布

分布，描述具有稳定系统变差的输出的一种方式，其中单个值是不可预测的，但一组单值就可形成一种图形，并可用位置、分布宽度和形状这些术语来描述。位置一般用均值来表示，或者用中位数表示。分布宽度用样本的标准差或样本极差表示，形状包括许多特性，比如对称性及峰度，但经常使用常见分布的名称来概括，如正态分布、二项分布或泊松分布。

7.2.2 质量管理控制

1. 质 量

按 ISO9000：2000 标准定义，指一组固有特性满足要求的程度；休哈特博士认为，产品质量就是产品好的程度；朱兰博士认为，产品质量就是产品的适用性，即产品在使用时能成功地满足用户需要的程度，用户对产品的基本要求就是适用，适用性恰如其分地表达了质量的内涵。

2. 质量管理

ISO9000：2000 标准中明确定义，质量管理是在质量方面指挥和控制组织协调的活动。全面质量管理是指一个组织以质量为中心，以全员参与为基础，目的在于通过让顾客满意和本组所有成员及时受益而达到长期成功的管理。

3. 影响质量的因素

“人机料法环”是对全面质量管理理论中的五个影响产品质量的主要因素的简称。人，指制造产品的人员；机，指制造产品所用的设备；料，指制造产品所使用的原材料；法，指制造产品所使用的方法；环，指产品制造过程中所处的环境。

4. 质量管理五大工具

质量管理五大工具，也称品管五大工具，即统计过程控制（Statistical Process Control，SPC）、测量系统分析（Measurement System Analyse，MSA）、失效模式和效果分析（Failure Mode & Effect Analyse，FMEA）、产品质量先期策划（Advanced Product Quality Planning，APQP）、生产件批准程序（Production Part Approval Process，PPAP）。

5. 质量管理的七种方法

1）因果图

因果图是一种用于分析质量特性（结果）与可能影响质量特性的因素（原因）的工具，即分析引起某质量问题各种可能的原因的图。它能简明、准确表示事物的因果关系，进而识别和发现产生问题的原因和改进方向。

2）层别法

层别法是将具有共同性质，共同状态特征的要素作为一个层别，分别收集数据，加以分析、比较的方法。找出各层数据的特征，发现差异，收集影响结果的关键数据，从而找出影响质量的关键因素。

3）核查表

核查表是为了收集和分析数据提前准备的结构表格。它也可以用来证实和记录生产流程的步骤，以简单的数据，容易理解的方式，制成图形或表格，必要时做上检查记号，并加以统计整理，作为进一步分析或核对检查之用。

4）排列图

排列图，又称帕累托图，是一种建立在帕累托原理基础上的将项目发生频率按从高到低的顺序进行排列的图示方法。它可以帮助区分重要的和次要的项目，可以指导工作人员判断问题症结点，以最少的努力获得最佳的改进效果。

5）直方图

直方图又称质量分布图，它是将从样本中抽取的数据进行整理所绘制的一种工具图。可找出样本数据变化规律，其作用主要体现在预测质量好坏，估算不合格率，从而进行有效的质量分析。

6）控制图

控制图，用于分析和判断工序是否处于稳定状态所使用的带有控制界限的一种工序管理图。

7）散布图

散布图，是描绘两种质量特性值之间相关关系的分布状态的图形，通过将两种有关数据列出，并且用点填在坐标上，进而观察两种因素（数据）间的关系。

质量管理工具图如图 7-4 所示。

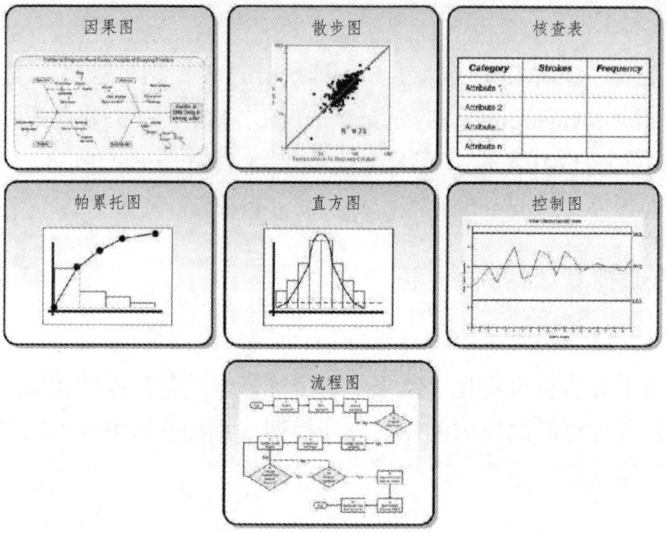

图 7-4 质量管理工具图

7.2.3 控制图的分类及性质

1. 控制图

控制图（Control Chart），是对过程质量特性进行测定、记录、评估，从而监察过程是否处于控制状态的一种用统计方法设计的图。图上有三条平行于横轴的直线：中心线（Central Line，CL）、上控制限（Upper Control Limit，UCL）和下控制限（Lower Control Limit，LCL），并有按时间顺序抽取的样本统计量数值的描点序列。UCL、CL、LCL 统称为控制限（Control Limit），通常控制界限设定在 ± 3 标准差的位置。中心线是所控制的统计量的平均值，上下控制界限与中心线相距数倍标准差。若控制图中的描点落在 UCL 与 LCL 之外或描点在 UCL 和 LCL 之间的排列不随机，则表明过程异常。

世界上第一张控制图是由美国贝尔电话实验室（Bell Telephone Laboratory）质量课题研究小组过程控制组学术负责人休哈特博士提出的不合格品率 P 控制图，所以又称为休哈特控制图，如图 7-5 所示。

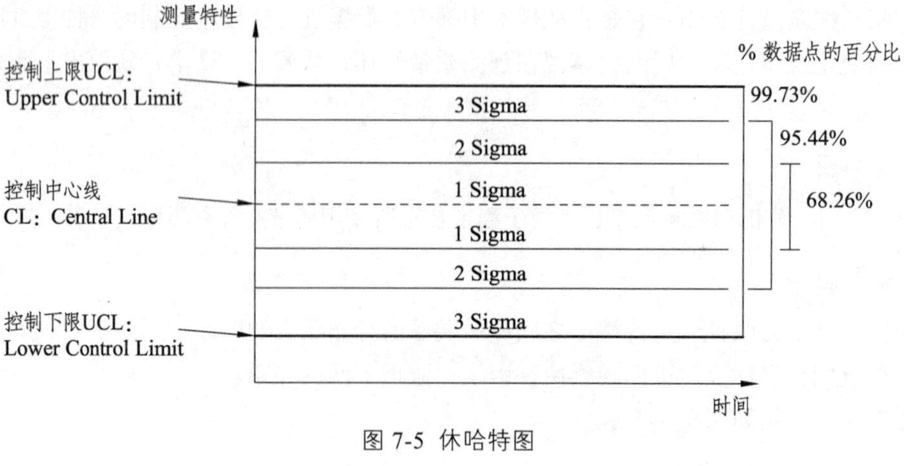

图 7-5 休哈特图

1）中心线

中心线是控制图上的一条线，代表所给数据平均值。

2）控制限

控制图上的一条线（或几条线），作为制定一个过程是否稳定的基础。如有超出了控制极限变差存在，则证明过程受特殊因素的影响。控制限是通过过程数据计算出来的，不要与工程的技术规范相混淆。上方的一条称为控制上限，在下方的称为控制下限。

2. 控制图的分类与选用

1）根据质量参数的数据类型分

根据质量参数的数据类型，控制图可分为计量型控制图和计数型控制图，如表 7-2 所示。

计数型数据：可以用来记录和分析的定性数据，如要求的标签出现，所有要求的紧固件安装，经费报告中不出现错误等特性量即为计数型数据的例子。其他的，如一些本来就可测量（即可以作为计量型数据处理）只是其结果用简单的“是／否”的形式来记录，用通过/不通过量规来检验一根轴的直径的可接受性，或一张图样上任何设计更改的出现。计数型数据通常以不合格品或不合格的形式收集，它们通过 P、NP、C 和 U 控制图来分析。

计量型数据：指定量的数据，可用测量值来分析。例如，用毫米表示的轴承轴颈直径、用牛顿表示关门的力、用百分数表示电解液的浓度、用牛顿 · 米表示紧固件的力矩。X-R、X-S、中位数、单值和移动极差控制图等都用于计量型数据。

表 7-2　按质量参数分类控制图

数据	分布	控制图	简称
计量值	正态分布	均值-极差控制图	X-R 控制图
		均值-标准差控制图	X-S 控制图
		中位数-极差控制图	Me-R 控制图
		单值-移动极差控制图	X-Rs 控制图
计件值	二项分布	不合格品率控制图	P 控制图
		不合格品数控制图	NP 控制图
计点值	泊松分布	单位不合格数控制图	U 控制图
		不合格数控制图	C 控制图

2）根据用途分

根据用途的不同，控制图分为分析用控制图和控制用控制图，如表 7-3 所示。

表 7-3 按用途分类控制图

控制图	作用
分析用控制图	（1）分析过程是否处于稳态，如果不处于稳态，调整过程使其达到稳态。 （2）分析生产过程的工序能力是否满足技术要求，若不满足，调整工序能力，使其满足
控制用控制图	确保生产过程处于稳定的状态，如发生异常，应进行调整使其恢复稳态

3）控制图的选用方法

控制图的选用方法如图 7-6 所示。

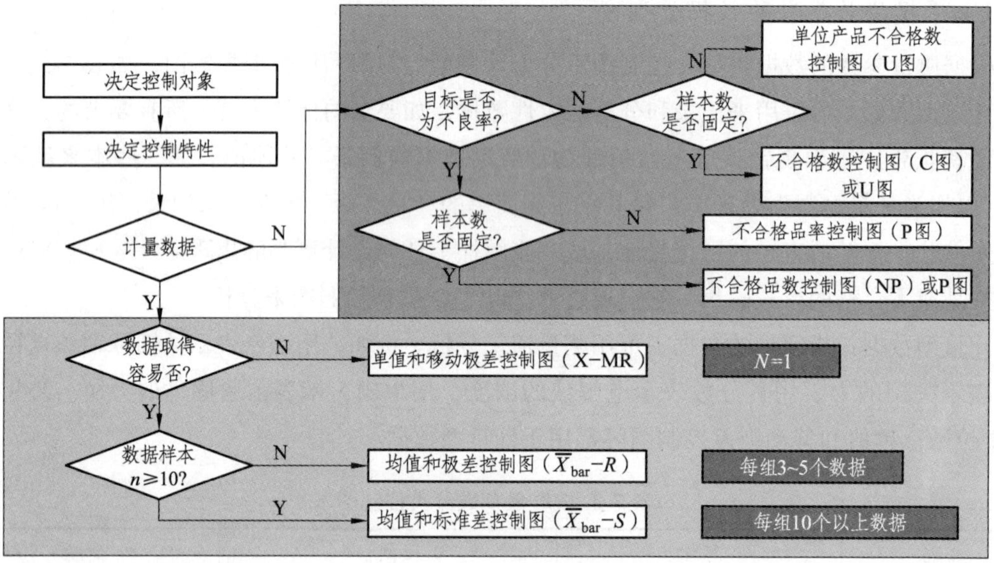

图 7-6 控制图的选用

3. 变 差

实际值与标准值之间可容忍的差异称作变差。如图 7-7 所示，它提供了一个范围，在这个范围里产品是可以变化的，且都能被客户所接受。控制变差是质量控制中的最大问题。

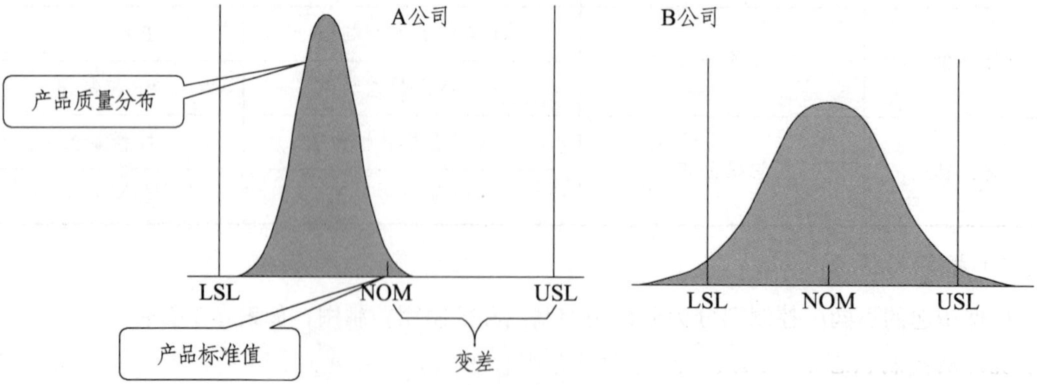

图 7-7 变差图

4. 过程变异理论

变异无处不在，正如世界上没有任何两片相同的树叶，世界上也不存在任何两个相同的产品。产品客观上存在变异，变异按照其来源通常可以简单地分为 4 M1E[Man（人）、Machine（机）、Material（料）、Method（法）、Environment（环）]等几个方面；按照其产生的原因又可以分为随机变异和非随机变异。

1）随机变异

造成随着时间的推移具有稳定的且可重复的分布过程中的许多变差原因，称之为普通原因，或一般原因。只有变差的普通原因存在且不改变时，过程的输出才是可以预测的。

随机变异又被称作偶然变异、普通变异等，是由一般原因（随机性原因、机遇原因）所造成的变异。在现实工作当中常见的一般原因由原材料的微小变化、机台的微小振动、环境的轻微变化等组成。一般原因通常由大量微小原因组成；具有次数多，影响小的显著特点。在统计过程理论中，由随机变异导致的过程变异通常只有 20%。实际上要想从根本上去除随机变异相当困难，甚至花费大量的人力、物力也不可能实现，通常需要采用新的管理方法才能改善。

一般原因所造成的随机变异，其分布与时间的关系是稳定而可重复、可预测的。如果过程中的变异仅由一般原因所造成，则称此过程是在统计的控制状态中，其产品的特性有固定的、稳定的分布；此时其过程的输出结果是可预测的，如图 7-8 所示。

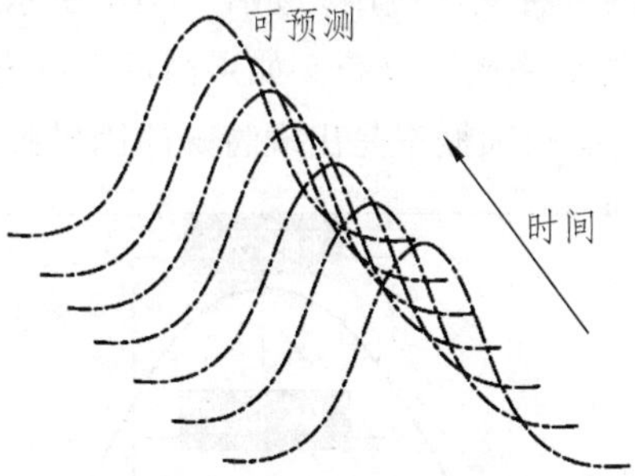

图 7-8　随机变异

2）非随机变异

造成不是始终作用于过程的变差的原因，称之为特殊原因。如果变差是源自特殊原因，过程的输出将不稳定。

非随机变异又被称作异常变异、特殊变异等，是由特殊原因（非随机性原因、非机遇原因）所造成的变异。特殊原因通常由一个或少数重大原因组成；具有次数少、影响大的显著特点。在现实工作当中特殊原因一般由原材料的不良、机台未复原、新手作业等异常变化所导致。在统计过程理论中，由非随机变异导致的过程变异占到 80%。相对于一般原因，特殊原因极易被识别出，所以在我国国家标准中又称之为可查明原因。

特殊原因所导致的非随机变异，其分布与时间的关系不稳定且无法预期，故称此过程不是处于统计的控制状态下。因其产品特性没有固定的分布，所以无法预料其发生方式和时间周期，如图 7-9 所示。

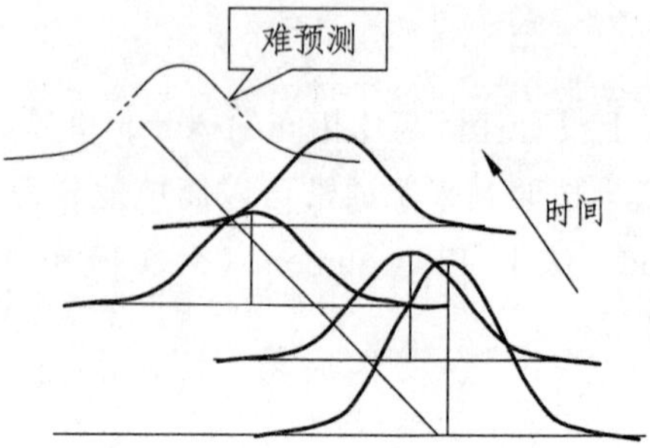

图 7-9 非随机变异

5. 控制图的应用

1）小概率事件

小概率事件即是小概率发生的事件。概率值因事件的不同属性，其评价的基准不尽相同；外观不良和安规性能不良，很显然不能一视同仁，相提并论。正常过程下外观不良为 0.1%，某天突然出现 1%，则要引起重视，排查原因并改善。

小概率事件原理是：小概率事件在单次试验中，基本上不太可能发生；若事情发生了，则是出现异常。张公绪教授针对异常处理提出 20 字工作法"查出异因，采取措施，加以消除，不再出现，纳入标准"。

控制图为小概率事件原理的一种实际应用，如图 7-10 所示。假设正态分布情况下，平均值 ± 3 倍的标准差涵括 99.73%的概率密度分布。如果当运行点出现在 ± 3 倍的控制限之外，意味着 0.37%的小概率事件发生，有很大概率是出现特殊原因导致的非随机变异。

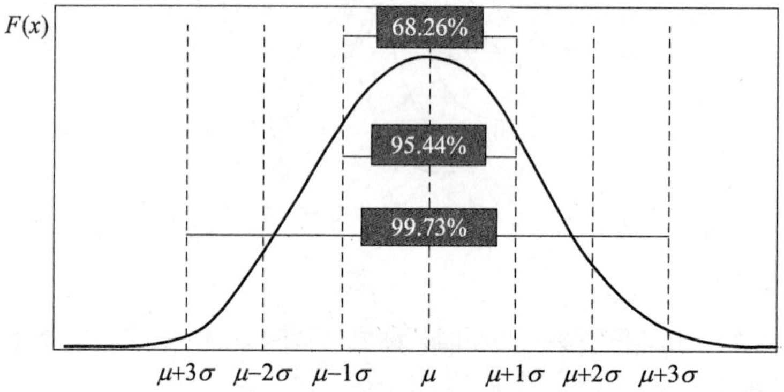

图 7-10 小概率事件应用

2）统计受控状态

当一个过程中不存在特殊原因导致的非随机变异，即过程中没有小概率事件发生时，这表示控制图没有异常点出界，过程往往是处于一种相对稳定的状态，这种状态被称作处于统计受控状态（State in Statistical Control），亦称"稳态"。

当一个过程处于统计受控状态时并不意味着该过程有足够能力生产出合格的产品，还需要结合过程能力分析评价、改善过程直至合乎需求。所以一个过程处于统计受控状态，且其过程能力合乎需求，这两者是控制图实施的前提。此时，该过程将具备如下特征：

（1）过程的质量变异是稳定的。过程处于现有的现场管理条件下的正常工作状态。

（2）对产品的质量有完全的把握。正常情况下，控制图的控制限都在规格界限之内，故至少有 99.73%的产品是合格的。

（3）产品的生产是经济的。一般原因和特殊原因都可以造成不合格品，但由一般原因造成的不合格品要少，不合格品主要由特殊原因造成，故在稳态下生产是最为经济的。

6. 控制图的错误

控制图的决策是基于小概率事件原理，即默认小概率事件不发生，一有小概率事件发生即判定异常发生。在现实情况中，小概率事件并不意味着其不会发生，所以控制图的决策必然存在着风险，很有可能决策错误，如图 7-11 所示。控制图常见的两类错误分别是第一类错误、第二类错误。

1）第一类错误

第一类错误又被称作弃真错误、虚发警报。过程正常时，其控制图仍有可能出现运行点出现在控制限之外；做出决策时，点出界即判定为异常发生，此类发生即第一类错误。通常将发生第一类错误的概率记作α，因此第一类错误导致的风险被称作α风险。这类错误将导致生产者浪费时间、人力、成本去寻找根本不存在的特殊原因，所以此类风险又被称作生产者风险。

2）第二类错误

第二类错误又被称作取伪错误、漏发警报。过程异常时，仍可能会有部分产品的质量特性数值大小在控制界限内。如果取样到这样的产品，控制图运行正常，此类发生即第二类错误。通常发生第二类错误的概率记为β，因此第二类错误导致的风险被称作β风险。这类错误将导致生产异常的产品可能流到消费者手中，所以此类风险又被称作消费者风险。

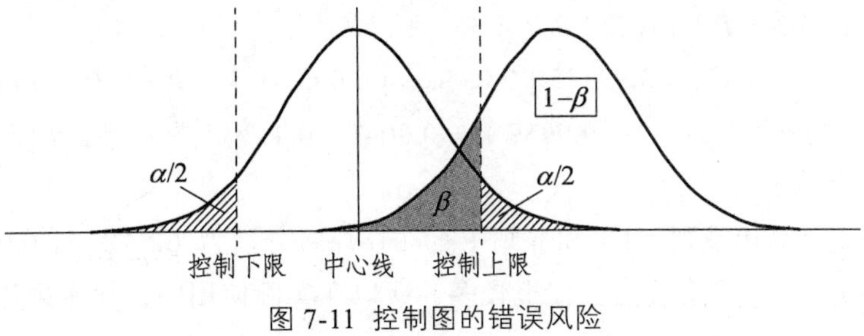

图 7-11 控制图的错误风险

3）平衡两类错误导致的风险措施

无论依据任何标准做出决策，α风险和β风险总是同时存在，不能完全避免。可以通过调整控制限的间隔距离来调整两类风险大小；间隔距离增加，则α风险减小，β风险增加；反之亦然。

如图 7-12 所示，通过平衡控制限间隔距离的设置，可减少两类错误导致的风险。经验证明休哈特博士提出的平均值 ± 3 倍的标准差作为控制限，在绝大部分情况下都接近最优间隔距离。在这种情况下，可以近似于处于总质量成本最低的经济平衡点。

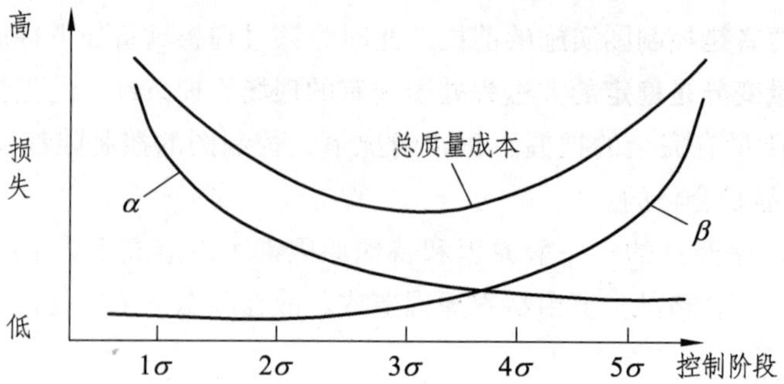

图 7-12 平衡风险错误图

7. 控制图的判断

1）判稳准则

如果控制图采用均值 ± 3 倍的标准差作为控制限，则通常在实际评价决策时存在的α风险为 0.27%，即如果控制图运行时间足够长，运行点数量足够多，小概率事件总会出现。此时运行点将出界，但其过程实际上仍是稳定的，不能仓促地做出过程出现异常的结论，而应去调整过程参数。

判稳准则的思路：如果有足够多连续的运行点在控制限内，即使有极个别运行点跑出控制界限，只要它出现的概率比α风险小，甚至差不多的情况下，依旧可以认为过程仍然处于稳定状态。在运行点随机排列的情况下，只要符合下列各准则之一即可判稳。

准则（1）：连续 25 个运行点，界外点数 $d=0$。

准则（2）：连续 35 个运行点，界外点数 $d\leqslant 1$。

准则（3）：连续 100 个运行点，界外点数 $d\leqslant 2$。

例题 1：假设过程正常，计算 P（连续 35 个运行点，界外点数 $d\leqslant 1$）。下面以上述准则（2）为例来分析其出现的概率。

因 P（35，d≤1）= P（35，0）+ P（35，1）

$$= C_{35}^{0}（0.99735）35 + C_{35}^{1}（0.0027）\times（0.99735）34 = 0.995\ 9$$

故准则（2）的α风险为（1 − 0.9959）= 0.0041 = 0.41%，非常接近常规控制图的α风险 0.27%。

同样我们可以计算出准则（1）和准则（3）的α风险分别为 6.54% 和 0.026%。在实际评价当中，鉴于准则（1）风险过高，虚报较多，所以在实际使用中，尽量采用准则（2）和准则（3）为妥。

2）判异准则

异常分为异常好和异常坏，异常好也是异常。当出现异常坏的情况可以按照异常处理；但当出现异常好的情况，或许需要重新评估过程能力是否过剩，可以适当地放宽控制。根据常规控制图国标 GB/T 4091—2001 要求，常见的判异准则可以分为“点出界判异”和“界内点排列不随机”两类；再细分，判异准则可以分为以下 8 条。

判异准则（1）：单独一点落于控制界限之外，如图 7-13 所示。

该判异准则是最经典，也是最常用的准则。其α风险为 0.27%，适用于所有常规控制图；由休哈特博士在 1931 年提出，沿用至今。可能导致出现该异常的原因有：人员操作异常、机台参数设定错误、设备故障、量测错误等。

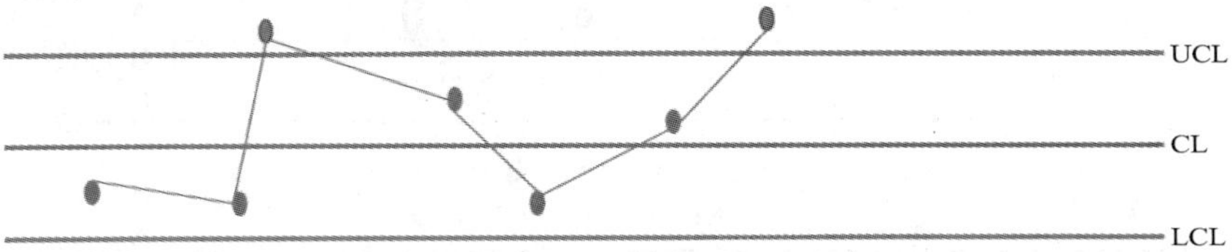

图 7-13　判异准则（1）

判异准则（2）：连续 9 点落在中心线同一侧，如图 7-14 所示。

该判异准则通常是为补充准则（1）而设计。其α风险为 0.38%，适用于所有常规控制图。可能导致出现该异常的原因有：新工人、新材料、新机器、新工艺、过程平均水准偏移、机台维护保养后作业等。

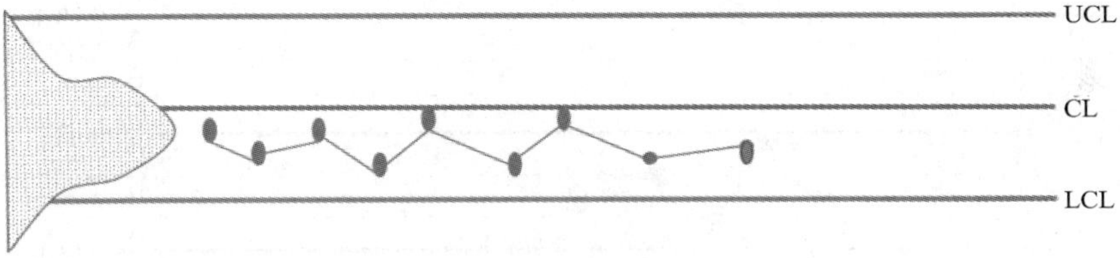

图 7-14　判异准则（2）

判异准则（3）：连续 6 点持续上升（或下降），如图 7-15 所示。

该判异准则的α风险为 0.273%，适用于所有常规控制图。可能导致出现该异常的原因有：工夹具磨损、人员疲劳、过程开始劣化等。

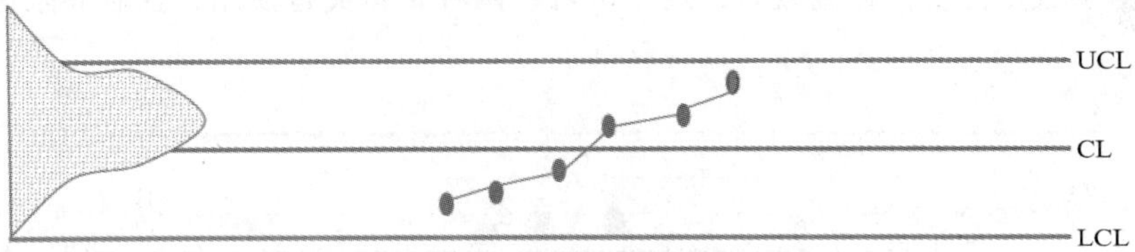

图 7-15　判异准则（3）

判异准则（4）：连续 14 点在中心线上下交互变动，如图 7-16 所示。

该判异准则的α风险为 0.4%，适用于所有常规控制图。可能导致出现该异常的原因是数据分层不够，如两种材料、两台设备、操作者过度控制、测量系统周期性变化等。

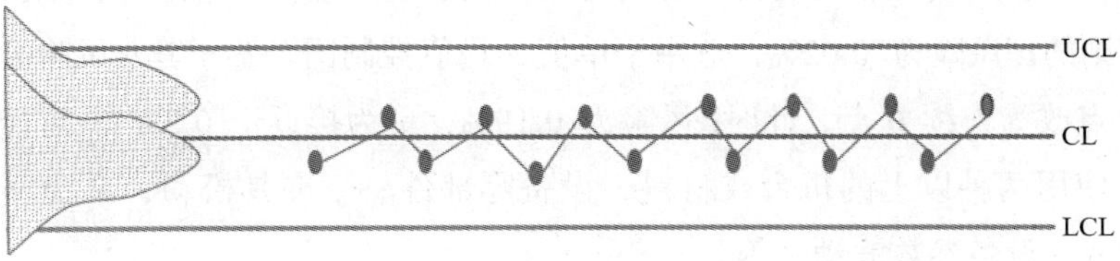

图 7-16　判异准则（4）

判异准则（5）：连续 3 点中有两点落在 2 个标准差之外，如图 7-17 所示。

该判异准则的α风险为 0.268%，适用于单值、均值控制图。可能导致出现该异常的原因有设备机台经重新调整、夹具位置不当、不同批原料混用等。

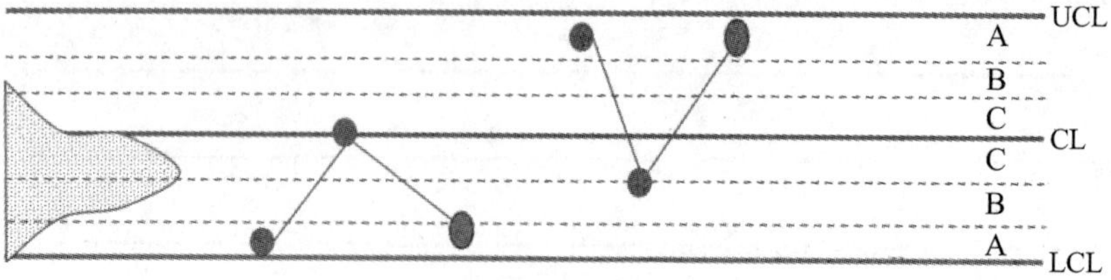

图 7-17 判异准则（5）

判异准则（6）：连续 5 点有 4 点超出 1 个标准差之外，如图 7-18 所示。

该判异准则的α风险为 0.21%，适用于单值、均值控制图。可能导致出现该异常的原因类似于准则（5）。

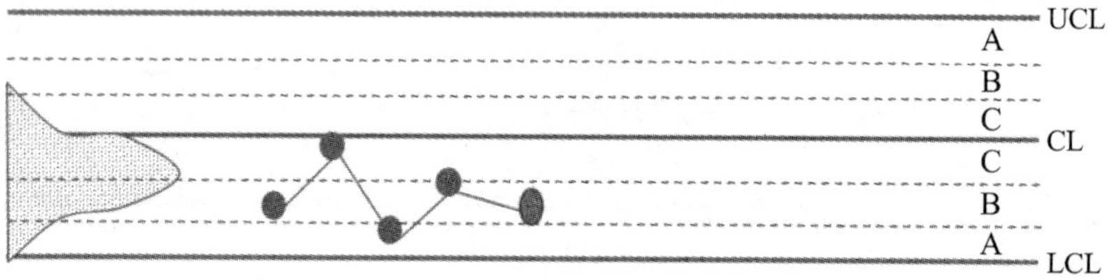

图 7-18 判异准则（6）

判异准则（7）：连续 15 点出现在 1 个标准差内，如图 7-19 所示。

该判异准则的α风险为 0.326%，适用于单值、均值控制图。可能导致出现该异常的原因有：量测数据小数点错误，虚假数据，两个机台、两种材料交替使用，控制界限计算错误或需重新计算等。

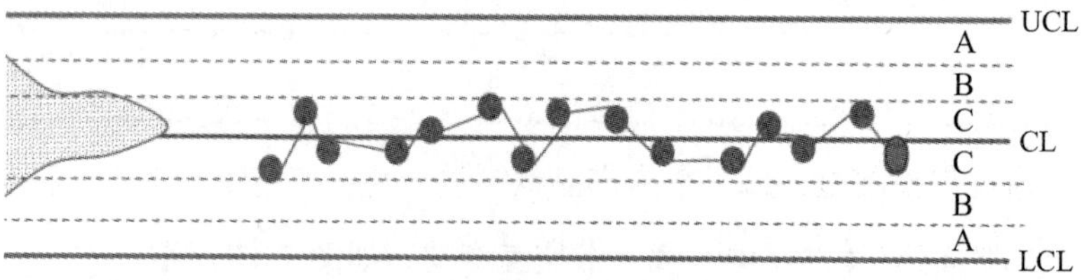

图 7-19 判异准则（7）

判异准则（8）：连续 8 点出现在中心线两侧，且超出一个标准差之外，如图 7-20 所示。

该判异准则的α风险为 0.02%，适用于单值、均值控制图。鉴于其α风险太小，张公绪教授建议连续 8 点改为连续 6 点，此时α风险为 0.19%，更为接近于 0.27%。可能导致出现该异常的原因有：使用两种以上的机台或材料，设备零部件、工夹具松动，系统环境的变化（温度、操作者疲劳、设备参数波动）等。

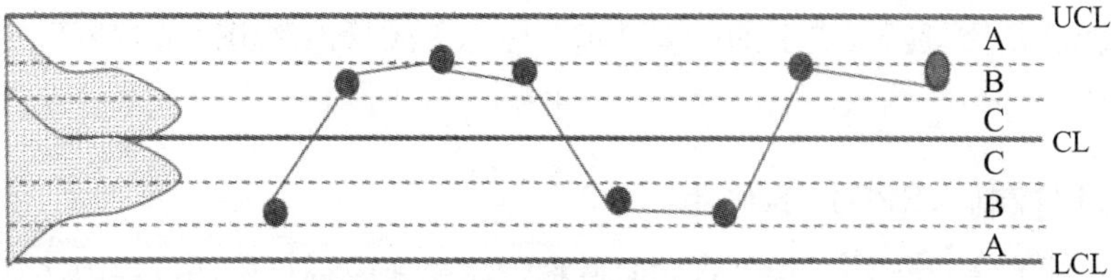

图 7-20　判异准则（8）

通常判异准则（1）、（2）、（3）最为常用；判异准则（2）、（6）对探测微小的过程变化较为敏感；判异准则（3）用来探测过程的漂移；判异准则（4）、（8）最能探测均值的变化及分层情况；判异准则（7）用于提出过程标准差的改进措施。在控制图的实际应用中，应当根据实际过程特性及需求加以灵活、正确应用。

7.2.4 统计过程控制（SPC）

1. 统计过程控制（SPC）概念

SPC 是统计过程控制 Statistical Process Control 的缩写。Statistical（统计）：以概率统计学为基础，用科学的方法分析数据、得出结论；Process（过程）：有“输入-输出”的一系列的活动；Control（控制），事物的发展和变化是可预测的；统计过程控制（SPC）是一种借助数理统计方法的过程控制工具。

统计过程控制（SPC）是对过程数据进行收集，利用基本图形、统计工具加以分析，从分析中发现影响过程的变异，通过问题分析找出异常原因，立即采取改善措施，使过程恢复正常，并借助过程能力分析与标准化，不断提升过程能力。随着现代科学技术的迅速发展，市面上涌现出越来越多的统计软件，SPC 的应用也越广泛。SPC 从内容上来说主要包含两部分，一部分是控制图，另一部分是过程能力；两者相辅相成，缺一不可。控制图可以用来分析过程是否稳定，对过程中存在的异常因素进行预警；过程能力可以用来评价过程状态是否具备能够满足客户需求的能力。

统计过程控制诞生于 20 世纪 20 年代美国贝尔电话实验室。当时贝尔电话实验室成立了两个课题组：一个为过程控制组，另一个为产品控制组。过程控制组负责人为休哈特（Walter A. Shewhart）博士，他于 1924 年 5 月 16 日发明了第一张 P 控制图；1931 年出版其划时代的名著《工业产品质量的经济控制》（*Economical Control of Quality Manufactured Products*，D. van Nostrand & Co. Inc.，1931）。这本书的面世，标志着统计质量控制时代（Statistical Quality Control）的开端。休哈特博士也因此被称为统计质量控制的奠基人，被后人冠以“SPC 之父”的美誉。

统计过程控制理论发展至今，已有 100 年历史，究其理论与当年休哈特理论尚无本质区别。张公绪教授在 1982 年提出两种质量诊断理论——统计过程控制和统计过程诊断，开辟了统计诊断理论的新方向。

统计过程控制是质量发展史上的一大进步，标志着质量控制由之前的事后检验，发展为过程控制。

2. 统计过程控制（SPC）的作用

应用统计分析技术对生产过程进行实时监控，科学地区分出生产过程中产品质量的随机波动与异常波动，从而对生产过程的异常趋势提出预警，以便生产管理人员及时采取措施，消除异常，恢复过程的稳定，从而达到提高和控制质量的目的。统计过程控制（SPC）具体可起到以下作用：

（1）全面、及时地了解质量信息，信息共享；

（2）有效监测和预防，提高生产率；

（3）提高客户的满意度，赢得更多客户；

（4）保持产品和服务质量的稳定性及作进一步的持续改进；

（5）降低总的质量成本。

3. 西格玛（σ）

西格玛（σ）在数理统计中表示标准差，是用来表征数据离散度的指标，是一种评估产品和生产过程特性波动大小的参数。

4. 过程能力指数

1）过程能力指数 C_p

过程能力指数 C_p：从生产过程中全数抽样或随机抽样（一般样本须在 50 个以上）所计算出来的样本标准差（σ_X），以推定实际群体的标准差（σ），用 3 个标准差（3σ）与规格公差比较或是以 6 个标准差（6σ）与规格公差比较。

$$C_p = \frac{\mathrm{USL} - LSL}{6\sigma}$$

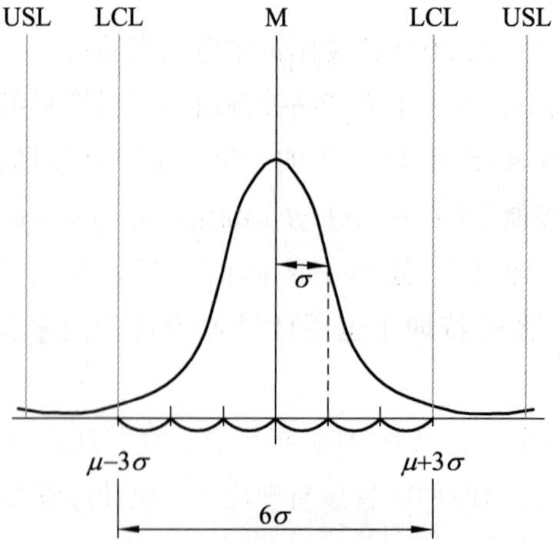

图 7-21 过程能力指数 C_p

C_p 值越大，说明过程能力越充足，产品加工质量越高，但这时对设备、原料和操作人员要求也越高，加工成本也越大。一个过程的 C_p 值定于何值要看实际的需要与可能，一般能使 C_p 在 1.33 左右已是一个很好的过程。

2）过程能力 K 指数 C_{pK}

过程能力 K 指数 C_{pK}：在实际中，过程中心 μ与规格中心 M 是有一定的偏离的，此时采用偏过程能力指数来评价过程能力，称为 C_{pk} 值。偏过程能力指数，也称“实际过程能力指数”，计算时须同时考虑过程数的趋势及该趋势接近于规格界限的程度，通常定义为 C_{pU} 或 C_{pL} 中的最小值。所以在多数情况下，采用 C_{pK} 来衡量过程能力。

偏过程能力指数 $C_{pK}=\min\left[\dfrac{\mu-LSL}{3\sigma},\dfrac{USL-\mu}{3\sigma}\right]$

单侧下限过程能力指数 $C_{pL}=\dfrac{\mu-LSL}{3\sigma}$

单侧上限过程能力指数 $C_{pU}=\dfrac{USL-\mu}{3\sigma}$

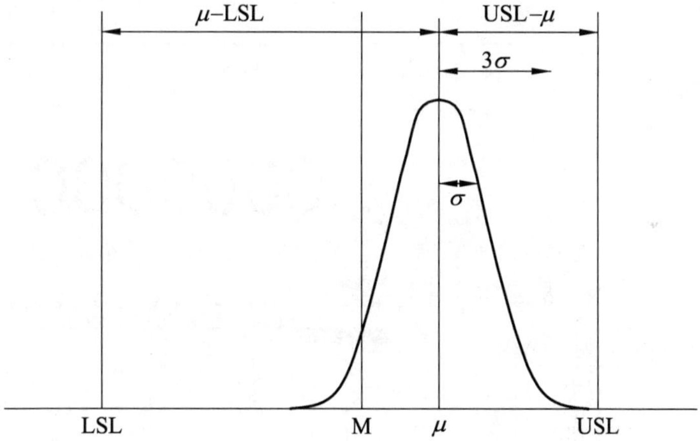

图 7-22　过程能力 K 指数 C_{pK}

任务 7.3　透盖数据的采集与分析

7.3.1 数据采集

1. 模板创建

如图 7-23 所示，根据图纸进行检测表模板创建。

微课：透盖的检测数据采集

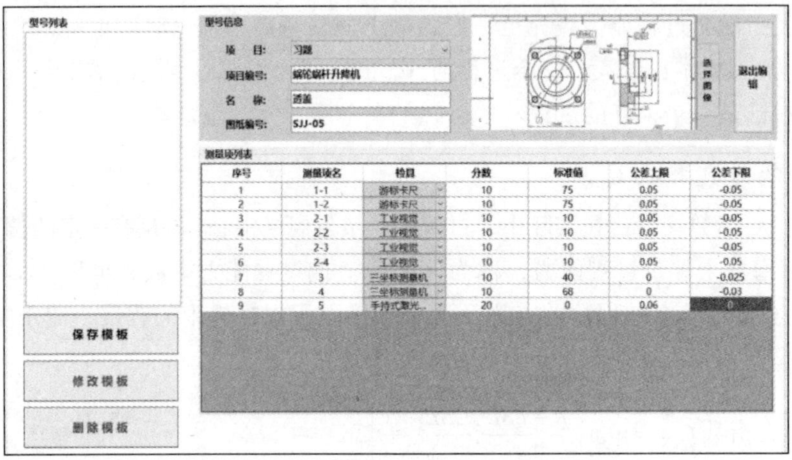

图 7-23 模板创建

2. 数据导入

如图 7-24 所示，在测量界面，将不同检测方式的实测值导入至 ZC-QDM。手工量具检测数据可通过无线传输至表中，其他检测方式的检测数据可通过软件的“数据导入”功能，由 Excel 表格导入。

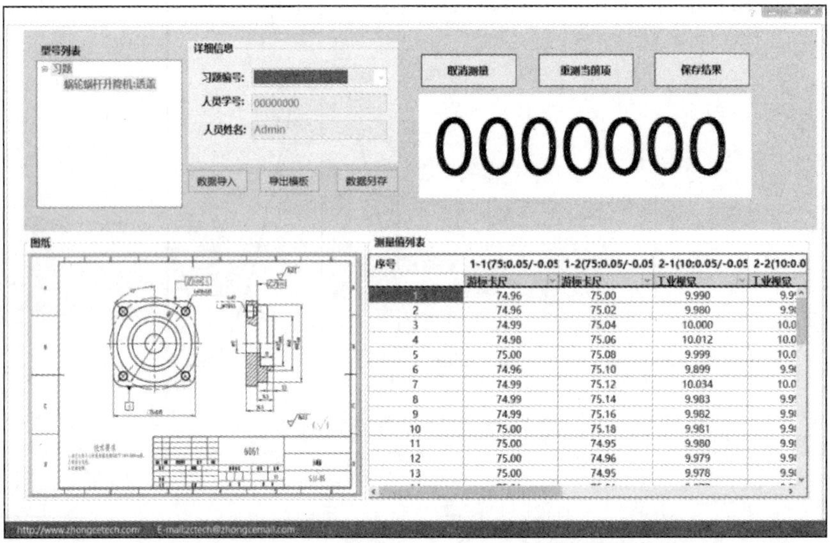

图 7-24 数据导入

7.3.2 数据的统计与分析

1. 数据查询

在查询记录模块，选择相应的零件参数和时间，单击“搜索”，搜索需要进行分析的数据，如图 7-25 所示。

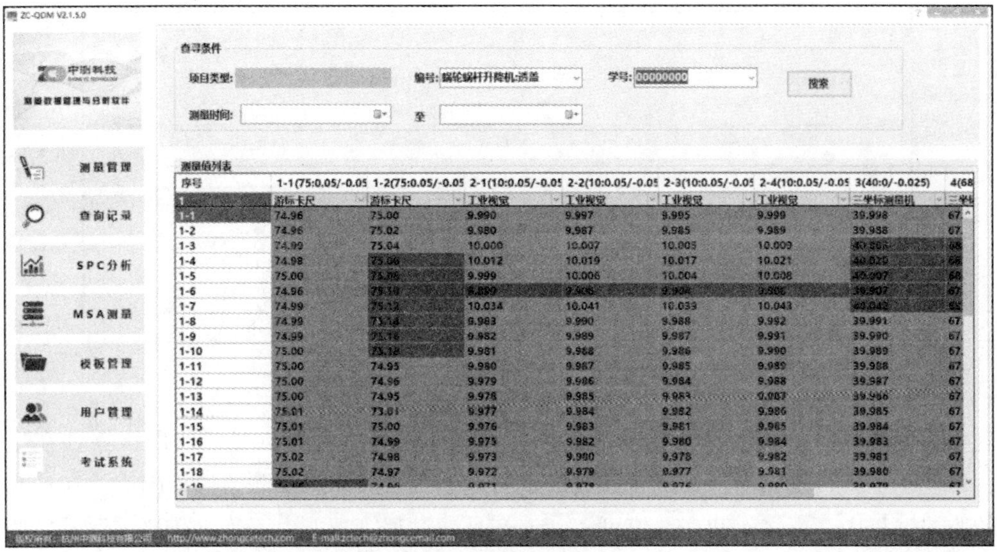

图 7-25　数据查询

2. 统计过程控制（SPC）分析

在查询记录模块查询到足够数据之后，单击 SPC 分析模块，即可进行数据分析；通过切换点位，可切换到不同的尺寸进行 SPC 分析，如图 7-26 所示。

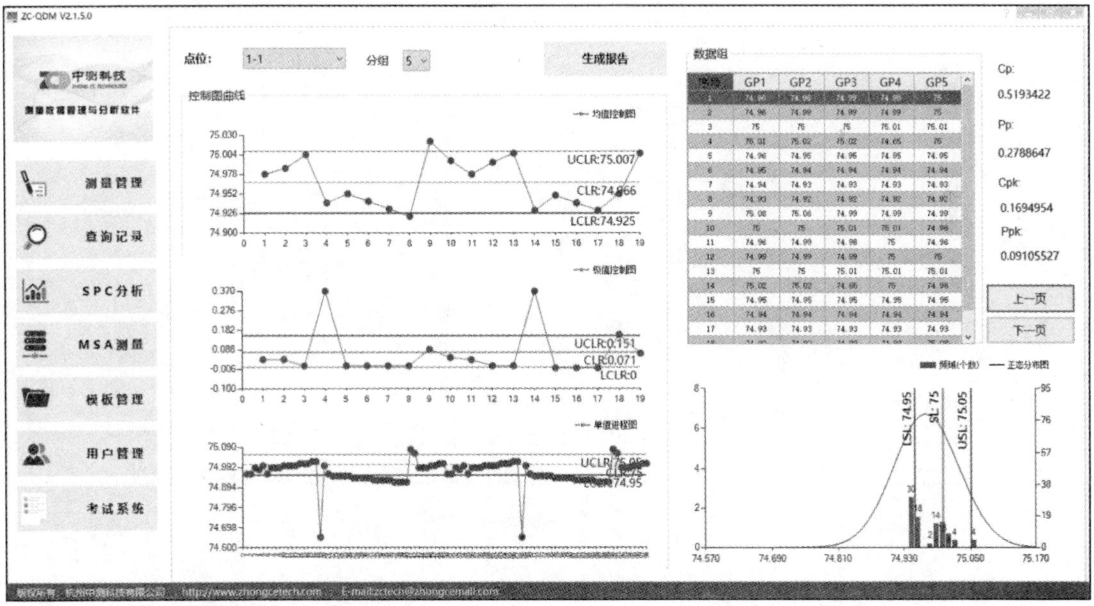

图 7-26　统计过程控制（SPC）分析

3. 分析生产过程

观察如图 7-27 所示的均制控制图，分析其生产过程。

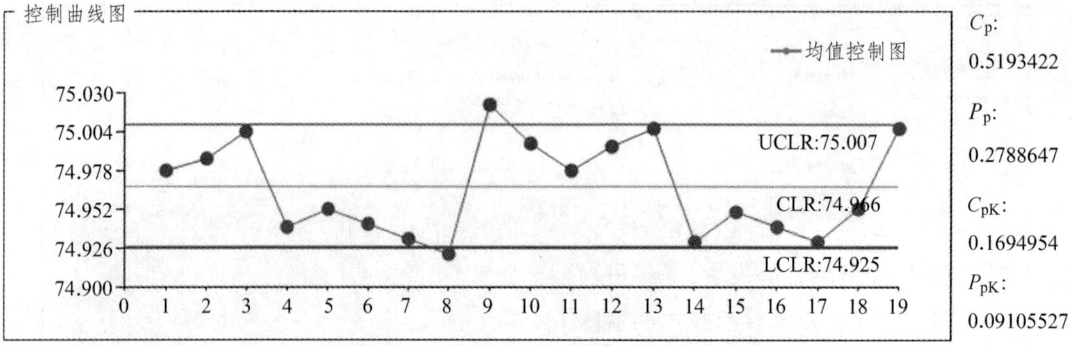

图 7-27 均值控制图

观察控制图可知，该图符合判异准则中的准则（1），点出界判异，所以该零件在生产过程中，可能存在人员操作异常、机台参数设定错误、设备故障、量测错误等因素。在产品短期样本的监控过程中，由 C_{pK} 和 P_{pK} 值可知，该产品的过程管理能力不足，需要采取紧急措施，确定质量差的原因，改善生产线，提高产品质量。

参考文献

[1] 罗晓晔，陆军华，等. 机械检测技术与实训教程[M]. 杭州：浙江大学出版社，2013.

[2] 罗晓晔，王慧珍，陈发泼，等. 机械检测技术 [M]. 北京：科学出版社，2019.

[3] 赵岩铁，等. 公差配合与技术测量[M]. 2 版. 北京： 北京航空航天大学出版社，2011.

[4] 孙开元，于战果，等. 公差与配合速查手册[M]. 2 版. 北京：化学工业出版社，2012.

[5] 王晓初，等. 产品质量检测[M]. 北京：中国劳动社会保障出版社，2013.

[6] 张德海，李艳芹，谢贵重，等. 三维光学扫描技术逆向工程应用研究[J]. 应用光学，2015，36（04）：519-525.

[7] 潘常春，李加文，卢骏，等. 逆向工程项目实践[M]. 杭州：浙江大学出版社，2014.

[8] 杜志忠，陆军华，等. 逆向工程项目实训[M]. 杭州：浙江大学出版社，2014.

[9] 季有昌，陈海芹，伊学辉，等. 手持式激光扫描仪在工件检测技术中的应用[J].北京测绘. 2022，36（4）：498-502.

[10] 徐茂功，等. 公差配合与技术测量[M]. 北京：机械工业出版社，2012.

[11] 鲁储生，张宁，等. 精密检测技术[M]. 北京：机械工业出版社，2018.

[12] 孙京平，魏伟，等. 互换性与测量技术基础[M]. 北京：中国电力出版社，2009.

[13] 中国国家标准化管理委员会. GB/T 1958—2017 产品几何技术规范（GPS）几何公差 检测与验证[S]. 北京：中国标准出版社，2017.

[14] 周兆元，李翔英，等. 互换性与测量技术基础[M]. 北京：机械工业出版社，2018.

[15] 王丹，等. 机械原理学习指导与习题解答[M]. 北京：科学出版社，2009.

[16] 中国国家标准化管理委员会. GB/T 16671—2018 产品几何技术规范（GPS）几何公差 最大实体要求（MMP）、最小实体要求（LMP）和可逆要求（RPP）[S]. 北京：中国标准出版社，2018.

[17] 中国国家标准化管理委员会. GB/T 4249-2018 产品几何技术规范（GPS）基础概念、原则和规则[S]. 北京：中国标准出版社，2018.

[18] 中国国家标准化管理委员会. GB/T 17989.2-2020 控制图 第 2 部分：常规控制图[S]. 北京：中国标准出版社，2020.